현대 공업수학

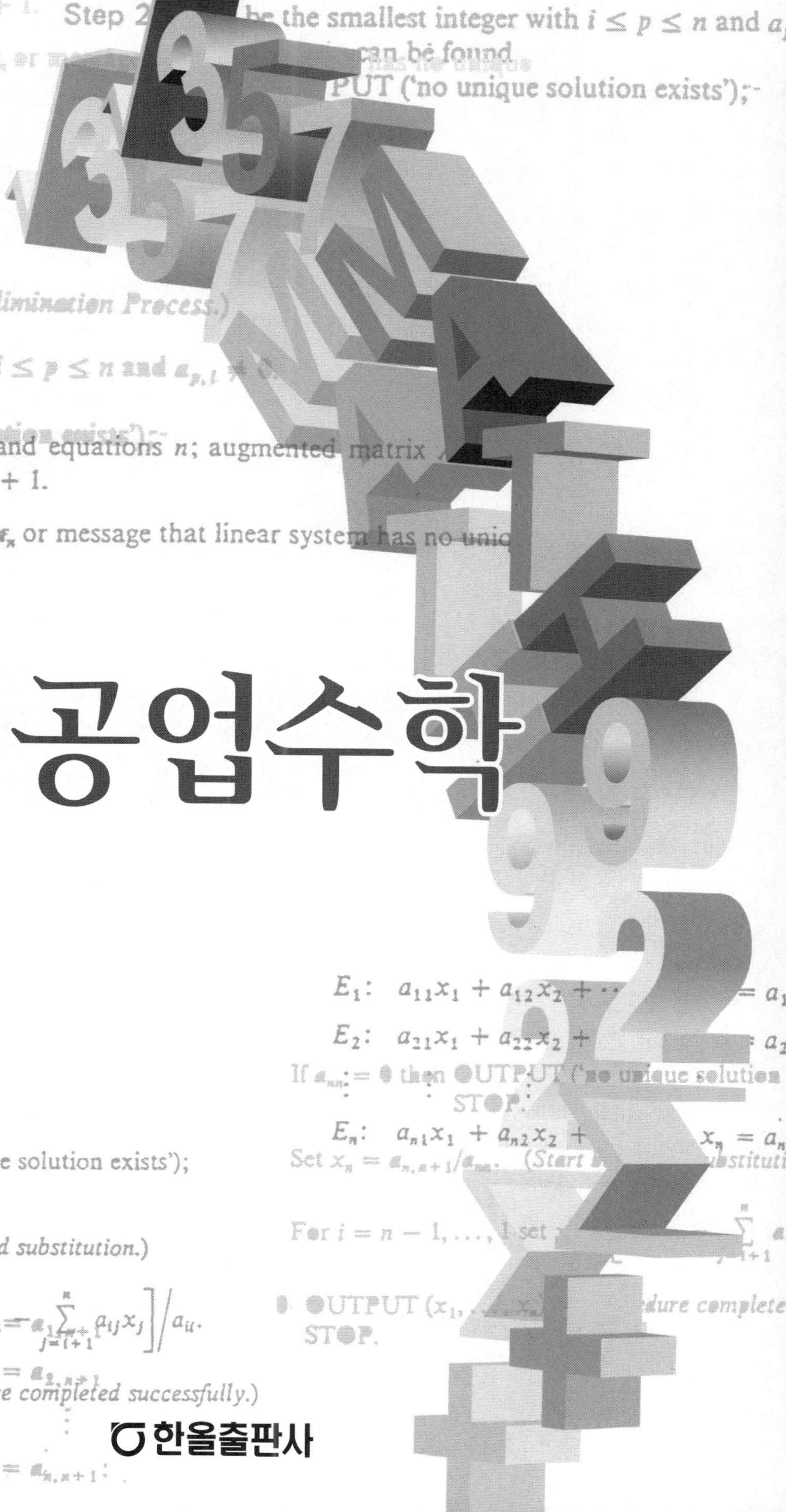

한울출판사

머리말

요즘 대학에 재학하고 있는 공업계 학생들이 수학에 대한 관심이 부족하여 전공을 공부하는데 많은 어려움이 있었다.

본 저서인 현대공업수학은 공업계의 모든 학과가 기초 학문과정으로서 꼭 필요한 과정이다.

현대공업수학은 이러한 특성을 감안하여 모든 학문 영역에 이용될 기초개념을 나름대로 쉽게 저술하였고, 지나치게 전문적인 것은 피하면서 전공학생은 물론 수학적인 개념이 부족한 문과학생도 다양한 예제와 문제를 통하여 혼자서도 이해할 수 있도록 하였다.

우선 제1장에서 제6장까지는 저학년에서 배운 최소한의 기초개념을 이해하도록 집필하였다.

다음 제7장에서 제9장까지는 공업계 학생들에게 꼭 필요한 미분적분을 학생들 스스로 이해할 수 있도록 쉽게 집필하였다.

끝으로 본 저서가 전공 공부에 많은 도움이 되기를 바라며 이 책의 출판을 위해 많은 도움을 주신 한올출판사 임순재 사장님과 직원여러분께 감사를 드립니다.

저자 이민희 씀

차례

제1장 집 합

제2장 명 제

제3장 함 수

제4장 지수함수

제5장 로그함수

제6장 삼각함수

제7장 극한과 미분법

제8장 부정적분

제9장 정적분

CHAPTER 1
집합

1 수와 집합

1. 집합과 원소

어떤 대상의 모임으로서 범위가 확실하게 정해져 있고 대상을 구별할 수 있는 것의 모임 전체를 집합(set)이라고 하며, 집합을 구성하고 있는 각각을 원소(element)라 한다.

집합을 기호로 나타내는 방법에는 집합에 속하는 원소 하나하나를 나열하여 나타내는 원소나열법과 그 집합의 원소들만이 공통으로 가지는 어떤 성질을 조건으로 제시하여 나타내는 조건제시법이 있다.

일반적으로 a 가 집합 A 에 속한다고 하고, 기호로는

$a \in A$ 또는 $A \ni a$

로 나타낸다. 또 a 가 집합 A 의 원소가 아닐 때, a 는 집합 A 에 속하지 않는다고 하고, 기호로는

$a \notin A$ 또는 $A \not\ni a$

로 나타낸다. 그리고 집합중에 원소를 하나도 가지고 있지 않은 집합을 공집합이라 하고, 기호로는 ϕ 로 나타낸다.

수의 분류 :

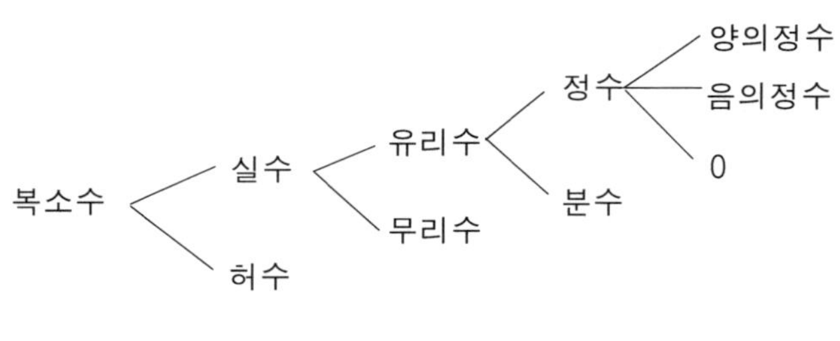

예제 1 (1) 집합 $A = \{(x, y) | ax - by = 12\}$ 가 있다. $(6,\ 2) \in A$, $(-3,\ -2) \in A$ 를 만족할 때, $a + b$ 의 값을 구하라.

(2) 집합 $A = \{x \mid x = a + b\sqrt{2},\ a, b$ 는 유리수$\}$ 일 때, 0, $2 - 3\sqrt{2}$, $\sqrt{6}$ 은 각각 집합 A 의 원소인지 아닌지를 기호로 나타내어라.

풀이 (1) $(6,\ 2)\in A$ 이므로 $6a-2b=12$ ············ ①

또, $(-3,\ -2)\in A$ 이므로 $-3a+2b=12$ ············ ②

①+②를 하면, $3a=24$ ∴ $a=8$ ············ ③

③을 ①에 대입하면, $48-2b=12$ ∴ $b=18$

따라서, $a+b=8+18=26$

(2) $0=0+0\sqrt{2}$ 이므로 $0\in A$ ⬅ $a=0$, $b=0$은 유리수

$2-3\sqrt{2}=2+(-3)\sqrt{2}$ 이므로, $2-3\sqrt{2}\in A$ ⬅ $a=2$, $b=-3$은 유리수

$\sqrt{6}=0+\sqrt{3}\sqrt{2}$ 로 나타낼 수 있으나, $\sqrt{3}$ 은 유리수가 아니다. 즉,

$\sqrt{6}=a+b\sqrt{2}$ 가 되는 유리수 $a,\ b$ 는 존재하지 않는다.

따라서, $0\in A$, $2-3\sqrt{2}\in A$, $\sqrt{6}\notin A$

예제 2 집합 A, B, C, D 에서 원소나열법은 조건제시법으로, 조건제시법은 원소나열법으로 나타내어라.

(1) $A=\{1,\ 2,\ 3,\ 6\}$

(2) $B=\{1,\ 3,\ 5,\ 7,\ 9,\ \cdots\cdots\}$

(3) $C=\{x \mid x$ 는 소수, $1\leq x\leq 10\}$

(4) $D=\{x \mid x^2-3x+2=0\}$

풀이 (1) $A=\{x \mid x$ 는 6의 약수, $x>0\}$

(2) $B=\{x \mid x=2n-1,\ n$ 은 자연수$\}$

(3) $C=\{2,\ 3,\ 5,\ 7\}$

(4) $D=(x-1)(x-2)=0$ 에서 $x=1$ 또는 $x=2$

$D=\{1,\ 2\}$

문제 1 두 정수의 제곱의 차로 나타나는 모든 정수의 집합을 A 라 할 때

(1) 정수 8, 9, 10에 대하여 집합 A 에 속하는가

(2) 홀수는 모두 A 에 속함을 증명하라.

2 부분집합

1. 부분집합

집합 A 에 속하는 모든 원소가 집합 B 에 속할 때, A 를 B 의 부분집합이라 하고, $A \subset B$ 또는 $B \supset A$ 로 나타낸다.

2. 서로 같다.

두 집합 A, B 에서 $A \subset B$ 이고 $B \supset A$ 이면, 두 집합 A, B 는 서로같다 또는 상등이라 하고 $A = B$ 로 나타낸다.

3. 진부분집합

두 집합 A, B 에서 $A \subset B$ 이고 $A \neq B$ 일 때, A 를 B 의 진부분집합이라고 한다.

4. 유한집합에 포함되는 부분집합의 개수

n개의 원소를 갖고 있는 유한집합 $\{a_1, a_2, a_3, \cdots, a_n\}$ 의 부분집합의 개수는 모두 2^n개 이다.

집합의 포함관계

〔1〕 $A \subset A$, $\phi \subset A$
〔2〕 $A \subset B$ 이고 $B \subset C$ 이면, $A \subset C$ 이다.
〔3〕 $A \subset B$ 이고 $B \subset A$ 이면, $A = B$ 이다.

예제 1 (1) $\{1,\ 2,\ 4\} \subset \{1,\ 2,\ 3,\ 4,\ 5\}$, $\{1,\ 2,\ 5\} \subset \{1,\ 2,\ 5\}$, $\phi \subset \{1,\ 2,\ 5\}$

(2) $\{1,\ 5,\ 4,\ 3\} = \{1,\ 3,\ 4,\ 5\}$, $\{1,\ 2,\ 3,\ 4\} = \{x \mid x<5$인 자연수$\}$

예제 2 $A=\{1,\ 2,\ 3\}$의 부분집합을 모두 구하여라.

ϕ, $\{1\}$, $\{2\}$, $\{3\}$, $\{1,\ 2\}$, $\{1,\ 3\}$, $\{2,\ 3\}$, $\{1,\ 2,\ 3\}$

예제 3 $A=\{0,\ 1,\ \{1,\ 2\}\}$의 부분집합을 모두 쓰고, 그 개수를 구하여라.

ϕ, $\{0\}$, $\{1\}$, $\{1,\ 2\}$, $\{0,\ 1\}$, $\{0,\ \{1,\ 2\}\}$, $\{1, \{1,\ 2\}\}$, $\{0,\ 1,\ \{1,\ 2\}\}$

예제 4 집합 $\{1,\ 2\}$의 진부분집합은 ϕ, $\{1\}$, $\{2\}$이다.

예제 5 집합 $A=\{1,\ 2,\ 3,\ 4,\ 5,\ 6,\ 7\}$일 때,

(1) A 의 부분집합 중 ϕ 이 아닌 진부분집합은 몇 개인가?

(2) A 의 부분집합 중 1, 2, 3을 모두 원소로 갖는 것은 몇 개인가?

풀이 (1) A 의 부분집합의 총수는

$2^7=128$(개) ⬅ A 의 원소의 개수가 7개

이 중에는 ϕ, A도 포함되어 있으므로, ϕ 이 아닌 진부분집합의 개수는

$128-2=126$(개) ⬅ A 는 A 의 진부분집합이 아니다.

(2) 원소 1, 2, 3은 반드시 포함되어야 하므로 구하는 개수는 집합 $\{4,\ 5,\ 6,\ 7\}$의 부분집합의 개수와 같다.

$\therefore\ 2^4=16$(개)

문제 1 집합 $A=\{1,\ 2,\ 3,\ 4,\ 5,\ 6,\ 7\}$의 부분집합 중 적어도 한 개의 짝수를 원소로 갖는 것은 모두 몇 개인가?

문제 2 집합 $A=\{x \mid -1 \leqq x \leqq -2k\}$, $B=\{x \mid k \leqq x < 6\}$에 대하여 $A \subset B$ 가 성립할 때 k 의 범위를 정하여라.

3 집합의 연산

1. 합집합, 교집합

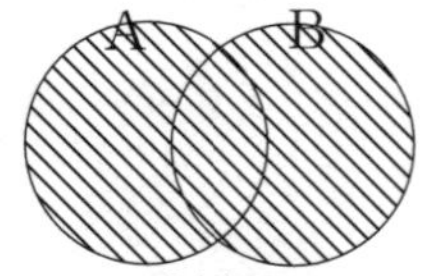

$A \cup B$

두 집합 A, B 에 대하여 A 에 속하거나 또는 B 에 속하는 원소 전체의 집합을 A 와 B 의 합집합이라 하고, $A \cup B$ 로 나타낸다. 즉,

$A \cup B = \{x \mid x \in A$ 또는 $x \in B\}$

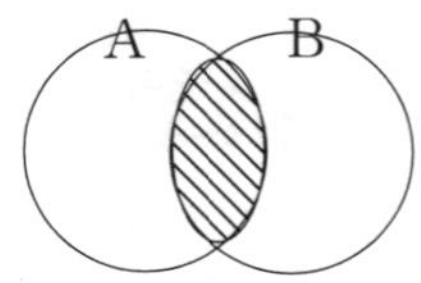

$A \cap B$

또 두 집합 A, B 에 대하여 A 에도 속하고 B 에도 속하는 원소 전체의 집합을 A 와 B 의 교집합이라 하고, $A \cap B$ 로 나타낸다. 즉,

$A \cap B = \{x \mid x \in A$ 그리고 $x \in B\}$

합집합 · 교집합

$A \cup B = \{x \mid x \in A$ 또는 $x \in B\}$

$A \cap B = \{x \mid x \in A$ 그리고 $x \in B\}$

특히 두 집합 A, B 에 대하여 $A \cap B = \phi$ 이면, 집합 A 와 B 는 서로 소라고 한다.

예제 1 집합 $A = \{1,\ 2,\ 3,\ 5\}$, $B = \{2,\ 4,\ 6\}$ 일 때, 집합 A 와 B 에 들어 있는 모든 원소로 된 새로운 집합$\{1,\ 2,\ 3,\ 4,\ 5,\ 6\}$을 A 와 B 의 합집합이라 하고 $A \cup B$ 로 나타낸다.

즉, $A \cup B = \{1,\ 2,\ 3,\ 5\} \cup \{2,\ 4,\ 6\} = \{1,\ 2,\ 3,\ 4,\ 5,\ 6\}$

위의 두 집합 A, B 에 공통으로 들어 있는 원소로 된 새로운 집합 $\{2\}$를 A 와 B 의 교집합이라 하고 $A \cap B$ 로 나타낸다. 즉,

$A \cap B = \{1,\ 2,\ 3,\ 5\} \cap \{2,\ 4,\ 6\} = \{2\}$

예제 2 특히 두 집합 $A=\{1, 2, 3\}$, $B=\{4, 5\}$에서는 $A\cap B=\phi$ 이다.
이 때 집합 A 와 B 는 서로 소라고 한다.

참고 ∪과 ∩에 대하여 다음 관계가 있음을 알 수 있다.
$A\cup A=A$, $A\cap A=A$, $\phi\cup A=A$, $\phi\cap A=\phi$

예제 3 $A=\{0, 1, 2, 5\}$, $B=\{1, 2, 3, 6\}$, $C=\{2, 3, 4, 5\}$ 일 때

(1) $A\cup B=\{0, 1, 2, 3, 5, 6\}$, $B\cup A=\{0, 1, 2, 3, 5, 6\}$ 에서
$A\cup B=B\cup A$
$A\cap B=\{1, 2\}$, $B\cap A=\{1, 2\}$이므로 $A\cap B=B\cap A$

(2) $(A\cup B)\cup C=\{0, 1, 2, 3, 5, 6\}\cup\{2, 3, 4, 5\}=\{0, 1, 2, 3, 4, 5, 6\}$
$A\cup(B\cup C)=\{0, 1, 2, 5\}\cup\{1, 2, 3, 4, 5, 6\}=\{0, 1, 2, 3, 4, 5, 6\}$
즉, $(A\cup B)\cup C=A\cup(B\cup C)$
$(A\cap B)\cap C=\{1, 2\}\cap\{2, 3, 4, 5\}=\{2\}$
$A\cap(B\cap C)=\{0, 1, 2, 5\}\cap\{2, 3\}=\{2\}$
즉, $(A\cap B)\cap C=A\cap(B\cap C)$

(3) $A\cap(B\cup C)=\{0, 1, 2, 5\}\cap\{1, 2, 3, 4, 5, 6\}=\{1, 2, 5\}$
$(A\cap B)\cup(A\cap C)=\{1, 2\}\cup\{2, 5\}=\{1, 2, 5\}$
즉, $A\cap\{B\cup C\}=(A\cap B)\cup(A\cap C)$
$A\cup(B\cap C)=\{0, 1, 2, 5\}\cup\{2, 3\}=\{0, 1, 2, 3, 5\}$
$(A\cup B)\cap(A\cup C)=\{0, 1, 2, 3, 5, 6\}\cap\{0, 1, 2, 3, 4, 5\}$
$=\{0, 1, 2, 3, 5\}$
즉, $A\cup(B\cap C)=(A\cup B)\cap(A\cup C)$

문제 1 $A=\{0, 1, 2, 3, 4\}$, $B=\{2, 3, 4, 5, 6\}$, $C=\{6, 7, 8, 9\}$ 일 때 다음을 구하여라?

(1) $A\cup B$, $B\cup C$, $A\cap C$, $B\cap C$

(2) $A\cup B\cup C$, $A\cap B\cap C$

(3) $(A\cup B)\cap C$

(4) $(A\cap B)\cup C$

(5) $A\cap(B\cup C)$

(6) $A\cup(B\cap C)$

예제 4 두 집합 $A=\{x\mid x^3+2x^2-x-2>0\}$, $B=\{x\mid x^2+ax+b\leqq 0\}$ 에 대하여 $A\cup B=\{x\mid x+2>0\}$, $A\cap B=\{x\mid 1<x\leqq 3\}$ 을 만족시키는 상수, a, b 의 값을 정하라.

풀이 $x^3+2x^2-x-2=(x+2)(x+1)(x-1)$ 이므로,
부등식 $x^3+2x^2-x-2>0$ 의 해의 집합은
$A=\{x\mid -2<x<-1, x>1\}$
또, B 는 공집합이 아니므로 $x^2+ax+b\leqq 0$ 을 만족하는 x 가 존재한다.
따라서 부등식 $x^2+ax+b\leqq 0$ 의 해의 집합을
$B=\{x\mid \alpha\leqq x\leqq\beta\}$
라 놓으면,
$A\cup B=\{x\mid x>-2\}$ 이므로
$-2\leqq\alpha\leqq -1,\ 1\leqq\beta$ ······························· ①
이어야 한다. 그런데
$A\cap B=\{x\mid \alpha\leqq x<-1,\ 1<x\leqq\beta\}$
$A\cap B=\{x\mid 1<x\leqq 3\}$
이 일치하여야 하므로
$\alpha\geqq -1,\ \beta=3$ ······························· ②
①, ②에서 $\alpha=-1,\ \beta=3$
여기서
$(x+1)(x-3)=x^2-2x-3=x^2+ax+b$
$\therefore\ a=-2,\ b=-3$

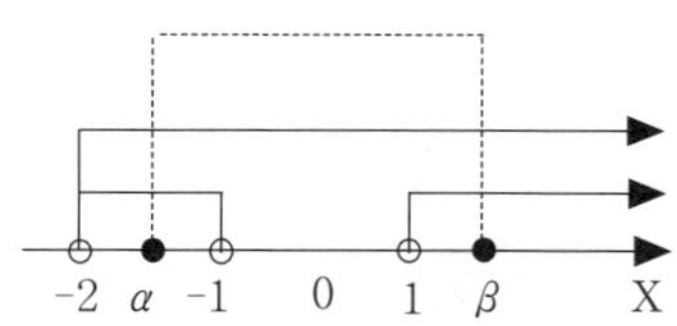

문제 2 세 집합 $A=\{0, 1, 2\}$, $B=\{2, 3, 4\}$, $C=\{-1, 0, 3\}$ 에 대하여 다음을 구하여라.

(1) $(A\cup B)\cap(A\cup C)$

(2) $A\cap(A\cup C)$

(3) $A\cap X=A$, $(A\cup B)\cap X=X$ 를 만족하는 집합 X

4 여집합과 차집합

이를테면, 10이하의 자연수에서 소수의 집합 A 를 생각할 때, 대상이 되는 수는 10이하의 자연수이므로, 전체집합 U 는

$U=\{1, 2, 3, 4, 5, 6, 7, 8, 9, 10\}$ 이다.

이 때, U 의 부분집합인 소수의 집합 A 는 다음과 같다.

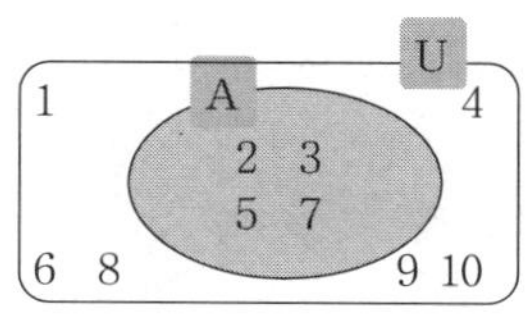

$A=\{2, 3, 5, 7\}$

일반적으로 집합을 이용하는 어떤 문제에서 대상이 되는 원소 전체의 집합을 전체집합이라 하고, U 로 나타낸다.

10이하의 자연수 전체를 원소로 하는 집합을 전체집합 U 라 하고, U 에서 소수전체를 원소로 하는 집합을 A 라 할 때, U 에는 속하지만 A 에 속하지 않는 원소 전체의 집합을 A^c 라 하면

$A^c=\{1, 4, 6, 8, 9, 10\}$

이 된다.

일반적으로, 전체집합 U 에는 속하지만 그의 부분집합 A에 속하지 않는 원소전체의 집합을 U 에서 A 의 여집합이라 하고, A^c 로 나타낸다.

$A^c=\{x \mid x\notin A$ 그리고 $x\in U\}$

가 되고, 벤 다이어그램으로 나타내면 오른쪽 그림과 같다.

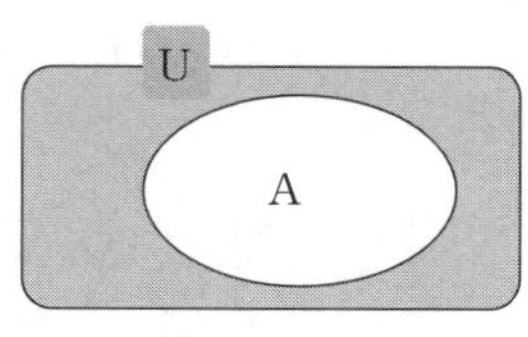

두 집합 A, B 를 각각

$A=\{1, 2, 3, 4, 5\}$, $B=\{2, 4, 6, 8\}$

이라 할 때, A 에는 속하지만 B 에는 속하지 않는 원소 전체의 집합을 $A-B$라 하면,

$A-B=\{1, 3, 5\}$

이다.

일반적으로, 두 집합 A, B 에서 A 에는 속하지만 B 에는 속하지 않는 집합을 A 에 대한 B 의 차집합이라 하고, $A-B$ 로 나타낸다.

이 $A-B=\{x \mid x \in A$ 그리고 $x \notin B\}$

가 된다.

또, 두 집합 A, B 가 전체집합 U 의 부분집합일 때, A 에 대한 B 의 차집합 $A-B$ 를 다음 벤 다이어그램을 이용해서 알아 보면,

$$A-B=A\cap B^c=A-(A\cap B)$$

가 된다.

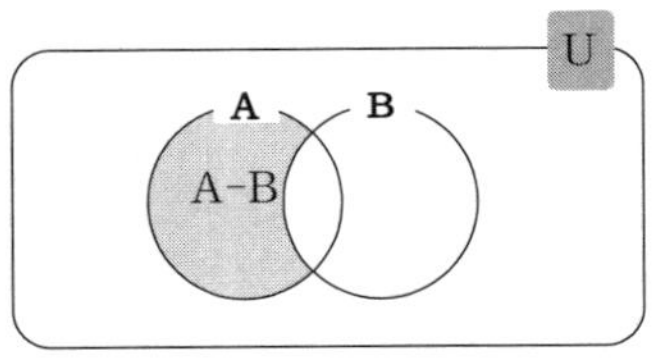

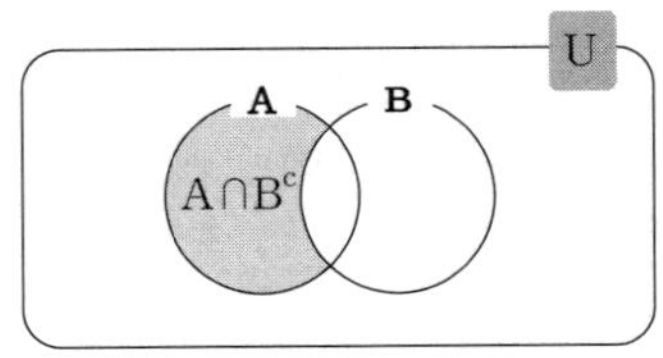

참고 여집합은 차집합의 특수한 경우로 생각할 수 있다.

여집합의 정의에 의하면,

$A^c=\{x \mid x \notin A$ 그리고 $x \in U\}$

$\quad=\{x \mid x \in U$ 그리고 $x \notin A\}$

따라서, $A^c=U\cap A^c=U-A$

임을 알 수 있다.

참고 $A\cup(B\cap C)=(A\cup B)\cap(A\cup C)$

$A\cap(B\cup C)=(A\cap B)\cup(A\cap C)$

집합의 연산에는 다음과 같은 법칙이 성립한다.

(1) $U\cup A=U$ $\qquad$ $U\cap A=A$

$\phi\cup A=A$ $\qquad$ $\phi\cap A=\phi$

(2) $(A^c)^c=A$ $\qquad$ $\phi^c=U$

(3) $A\cup A^c=U$ $\qquad$ $A\cap A^c=\phi$

(4) $A\subset B \Leftrightarrow B^c\subset A^c$

(5) $(A\cup B)^c=A^c\cap B^c$ $\qquad$ $(A\cap B)^c=A^c\cup B^c$ 〔드 모르간의 법칙〕

예제 1 $A=\{x \mid 0 \leq x \leq 10,\ x$ 는 정수 $\}$, $B=\{x \mid 0<x<10,\ x$ 는 소수 $\}$
$C=\{x \mid 1 \leq x \leq 9,\ x$ 는 실수 $\}$일 때, 집합$(A-B) \cap C$ 를 구하여라.

풀이 $A-B$

$A=\{0,\ 1,\ 2,\ 3,\ 4,\ 5,\ 6,\ 7,\ 8,\ 9,\ 10\}$

$B=\{2,\ 3,\ 5,\ 7\}$

$\therefore\ A-B=\{0,\ 1,\ 4,\ 6,\ 8,\ 9,\ 10\}$

$(A-B) \cap C$ 를 구하면

$(A-B) \cap C$

$=\{0,\ 1,\ 4,\ 6,\ 8,\ 9,\ 10\} \cap \{x \mid 1 \leq x \leq 9,\ x$ 는 실수 $\}$

$=\{1,\ 4,\ 6,\ 8,\ 9\}$

예제 2 (1) 전체집합 $U=\{1,\ 2,\ 3,\ 4,\ 5,\ 6,\ 7,\ 8,\ 9\}$의 두 부분집합 A, B 에 대하여 $A^c \cap B^c=\{1,\ 9\}$, $A \cap B=\{2\}$, $A^c \cap B=\{4,\ 6,\ 8\}$일 때, 집합 A, B 를 구하라.

(2) $A=\{1,\ 2,\ 3,\ 4\}$, $(A \cup B) \cap (A^c \cup B^c)=\{1,\ 3,\ 6\}$일 때, 집합 B 를 구하라.

풀이 (1) $A^c \cap B^c=(A \cup B)^c$ 이므로

$A \cup B=U-(A^c \cap B^c)=U-\{1,\ 9\}$

$=\{2,\ 3,\ 4,\ 5,\ 6,\ 7,\ 8\}$

$B=(A \cap B) \cup (A^c \cap B)$

$=\{2\} \cup \{4,\ 6,\ 8\}=\{2,\ 4,\ 6,\ 8\}$

또, $A=(A \cup B)-(A^c \cap B)$

$=\{2,\ 3,\ 4,\ 5,\ 6,\ 7,\ 8\}-\{4,\ 6,\ 8\}$

$=\{2,\ 3,\ 5,\ 7\}$

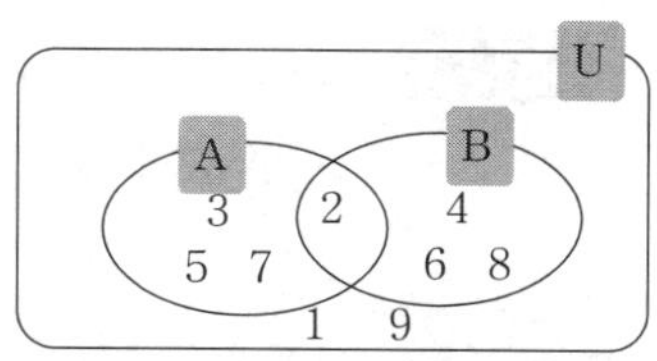

위의 그림에서

$A=\{2,3,5,7\}$

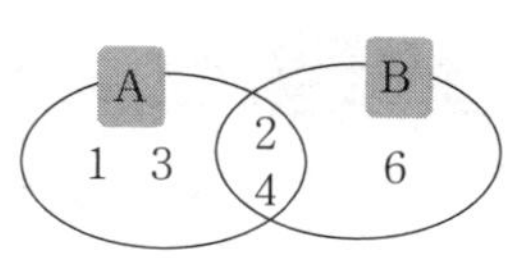

(2) $(A \cup B) \cap (A^c \cup B^c)=(A \cup B) \cap (A \cap B)^c$

$=(A \cup B)-(A \cap B)=\{1,\ 3,\ 6\}$

그런데 $(A \cup B)-(A \cap B)=(A-B) \cup (B-A)$ 이므로,

$(A-B) \cup (B-A)=\{1,\ 3,\ 6\}$

$A=\{1,\ 2,\ 3,\ 4\}$ 이므로,

$A \cap B=\{1,\ 2,\ 3,\ 4\}-\{1,\ 3,\ 6\}=\{2,\ 4\}$

즉, $A - B= A-(A \cap B)=\{1,\ 2,\ 3,\ 4\}-\{2,\ 4\}=\{1,\ 3\}$

또, $B - A=\{1,\ 3,\ 6\}-\{1,\ 3\}=\{6\}$

$\therefore\ B=(A \cap B)\cup(B - A)=\{2,\ 4\}\cup\{6\}$

$=\{2,\ 4,\ 6\}$

문제 1 다음 등식이 성립함을 밝혀라.(단, U 는 전체집합)

(1) $(A \cap U)\cap(\phi \cup A^c)=\phi$ (2) $A\cap(A^c \cup B)=A \cap B$

(3) $A\cup(A^c \cap B)=A \cup B$ (4) $(A-B)^c-B=(A \cup B)^c$

문제 2 다음 등식이 성립함을 증명하여라.

(1) $(U \cap A)\cup(B \cap A)=A$ (2) $(\phi \cup A)\cap(B \cup A)=A$

(3) $(A \cap B)\cup(A - B)=A$ (4) $(A \cap B)\cap(A - B)=\phi$

예제 3 $A=\{x \mid x<1\}$, $B=\{x \mid x>2\}$ 일 때,

$(x-1)(x-2)\leq 0$ 을 A, B 로 나타내면?

풀이 $(x-1)(x-2)\leq 0$의 graph는

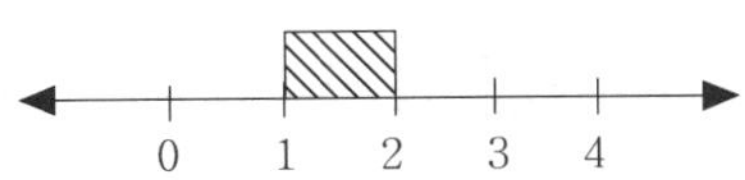

$\therefore\ A^c\cap B^c=(A\cup B)^c$ 이다.

예제 4 전체집합 U 의 세부분집합 A, B, C 사이에

$(A \cap B)\cup[C-(A \cap B)]=C$ 을 간단히 하면

풀이 $(A \cap B)\cup[C-(A \cap B)]=(A \cap B)\cup[C \cap(A \cap B)^c]$

$=[(A \cap B)\cup C]\cap[(A \cap B)\cup(A \cap B)^c]$

$=[(A \cap B)\cup C]\cap U=(A \cap B)\cup C$

$\therefore(A \cap B)\cup C=C$

$\therefore\ (A \cap B)\subset C$

5 유한집합의 원소의 개수

유한집합에서는 원소의 개수를 생각할 수 있다. 이를테면, 집합 $A=\{1, 2, 3, 4, 5\}$ 에서 $n(A)=5$이다.

차집합 · 합집합 · 교집합의 원소의 개수 사이의 관계

벤 다이어그램을 그려서 생각하자.

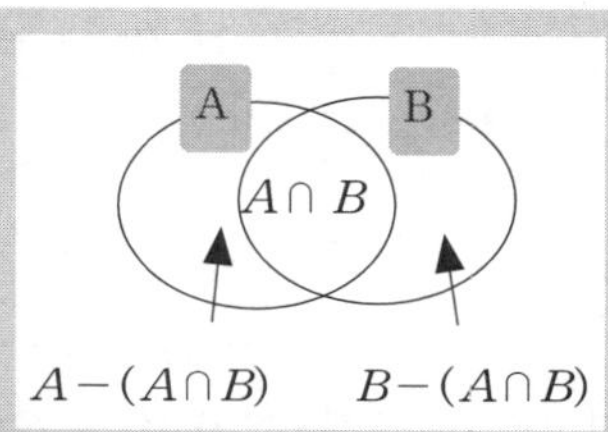

(1) $A-B=A\cap B^c=A-(A\cap B)$

$n(A-B)=n(A)-n(A\cap B)$

(2) $A\cup B=\{A-(A\cap B)\}\cup\{B-(A\cap B)\}\cup(A\cap B)$

$\therefore n(A\cup B)=\{n(A)-n(A\cap B)\}$
$+\{n(B)-n(A\cap B)\}+n(A\cap B)$
$=n(A)+n(B)-n(A\cap B)$

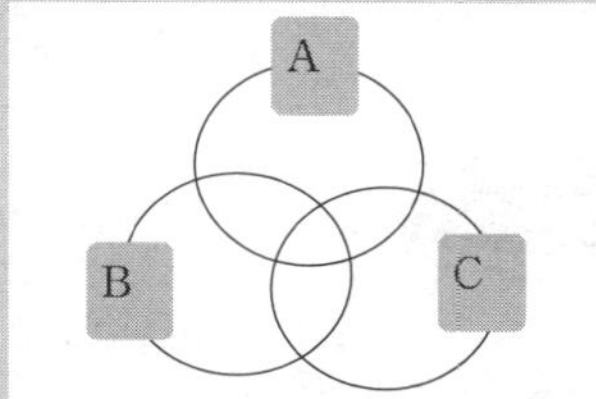

(3) $n(A\cup B\cup C)=n\{(A\cup B)\cup C\}$
$=n(A\cup B)+n(C)-n\{(A\cup B)\cap C\}$
$=n(A)+n(B)-n(A\cap B)+n(C)$
$-n\{(A\cap C)\cup(B\cap C)\}$
$=n(A)+n(B)-n(A\cap B)+n(C)-\{n(A\cap C)+n(B\cap C)$
$-n(A\cap B\cap C)\}$

$\therefore n(A\cup B\cup C)=n(A)+n(B)+n(C)-n(A\cap B)-n(B\cap C)$
$-n(C\cap A)+n(A\cap B\cap C)$

예제 1 60명의 학생에 대하여 A, B 두 과목에 대한 수강 신청자 수를 조사하였더니 A 과목을 신청한 학생이 39명, B 과목을 신청한 학생이 24명이고, 두 과목을 모두 신청하지 않은 학생이 6명이었다.

(1) A, B 두 과목 중 적어도 한 과목을 신청한 학생수를 구하라.

(2) A, B 두 과목 모두 신청한 학생수를 구하라.

(3) A 과목만을 신청한 학생 수를 구하라.

풀이 (1) 적어도 한 과목을 신청한 학생수 $n(A \cup B)$ 는

$$n(A \cup B) = n(U) - n\{(A \cup B)^c\} = n(U) - n(A^c \cap B^c)$$
$$= 60 - 6 = 54\text{(명)}$$

(2) A, B 두 과목을 모두 신청한 학생 수 $n(A \cap B)$ 는

$n(A \cup B) = n(A) + n(B) - n(A \cap B)$ 는

에서 $54 = 39 + 24 - n(A \cap B)$

⬅ $n(A \cup B) = 54$, $n(A) = 39$, $n(B) = 24$

$\therefore$ $n(A \cap B) = 39 + 24 - 54 = 9$(명)

(3) A 과목만을 신청한 학생수 $n(A - B)$ 는

$n(A - B) = n(A) - n(A \cap B) = 39 - 9 = 30$(명)

예제 2 어느 공장에서 세 성분 A, B, C 중에서 적어도 하나를 갖는 약품을 만들고 있다. 각종 약품 중에서 전체의 a%는 성분 A 를, b %는 성분 B 를, c %는 성분 C 를 반드시 갖는다. 또 전체의 p %는 성분 B 및 C 를, q %는 성분 C 및 A 를, r %는 성분 A 및 B 를 반드시 갖는다. 다음 물음에 답하라.

(1) 세 성분 A, B, C 를 모두 갖는 것은 전체의 몇 %인가?

(2) 성분 A 만을 갖는 것은 전체의 몇 %인가?

풀이 전체의 개수를 100이라 하고, 성분 A, B, C 를 갖는 약품의 집합을 차례로 a, b, c 로 나타내면, 주어진 조건에서

$n(A \cup B \cup C) = 100$

$n(A) = a$, $n(B) = b$, $n(C) = c$

$n(B \cap C) = p$, $n(C \cap A) = q$, $n(A \cap B) = r$

(1) $n(A \cup B \cup C) = n(A) + n(B) + n(C) - n(A \cap B)$
$- n(B \cap C) - n(C \cap A) + n(A \cap B \cap C)$
이므로,
$n(A \cap B \cap C) = 100 - a - b - c + p + q + r(\%)$

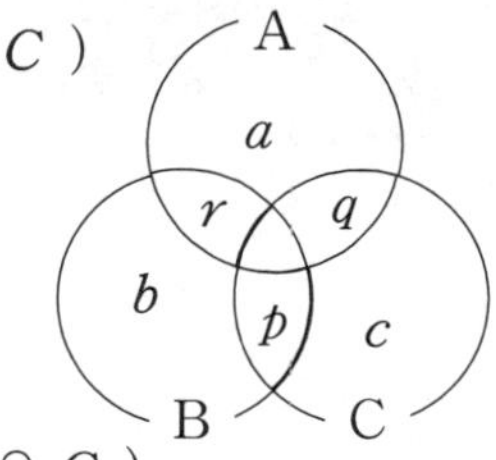

(2) 구하는 값은 $n(A \cup B \cup C) - n(B \cup C)$
그런데 $n(B \cup C) = n(B) + n(C) - n(B \cap C)$
$= b + c - p$
$\therefore\ n(A \cup B \cup C) - n(B \cup C) = 100 - (b + c - p)$
$= 100 - b - c + p(\%)$

문제1 $n(U)=60$, $n(A)=35$, $n(B)=32$, $n(A \cup B)=43$일 때 $n(A \cap B^c)$을 구하여라.

문제2 학생 80명이 수학, 전산 두 과목 중 적어도 한 쪽을 신청하였다. 수학을 신청한 학생이 52명, 전산을 신청한 학생이 45명일 때, 수학 과목만을 신청한 학생의 수를 구하여라.

문제3 어떤 전산학과에서 A 기사 시험 응시자가 42명이고, B 기사시험 응시자가 38명이다. 이 중 14명은 두 시험 모두 응시하였다. 시험에 응시하는 전체 학생수는 얼마인가?

문제4 50명의 수험생에게 문제 a, b, c 를 풀게 하였더니 a, b, c 의 정답자가 각각 37명, 30명, 25명이었다. 또 a와 b, a와 c, b와 c 그리고 a와 b와 c의 정답자가 각각 20명, 17명, 13명 5명이었다.

(1) 3문제 모두 틀린 수험생의 수

(2) a 만의 정답자 수를 구하여라.

연습문제

1 전체집합 U 의 임의의 두 부분집합 A, B 에 대하여 집합 $\{A^c \cup (A \cap B)\}^c$ 을 집합 A, B 로 표시하면

2 집합 A, B 가 $A=\{2, 4, 6, 8\}$, $(A \cup B) \cap (A^c \cup B^c)=\{1, 2, 3, 6\}$ 일 때 집합 B의 모든 원소의 합은?

3 두 집합 A, B 에 대하여 $[(A \cap B) \cup (A - B)] \cap B = A$ 인 관계가 성립할 때 집합 A, B 사이의 관계는?

4 두 집합 A, B 에 대하여 $A \subset B$ 일 때 $(A \cup B)-(A \cap B)$을 집합 A, B 로 표시하면?

5 전체집합 U 의 부분집합 A, B 에 대하여 $n(U)=35$, $n(A)+n(B)=25$, $n(A \cap B)=10$ 일 때 $n(A^c \cap B^c)$ 의 값을 구하여라.

6 Cartesian Product

2개의 원소가 일정한 순서를 갖고 구성되어 있으면 이를 순서쌍(ordered pair)이라 하며 (x, y)로 나타내고, x 를 첫째 성분, y 를 둘째 성분이라 한다.

(x, y)와 (y, x)는 서로 다른 순서쌍이다.

집합 A, B 에서 $x \in A$, $y \in B$ 인 모든 순서쌍(x, y)들의 집합을 $A \times B$ 로 표시하고 A 와 B 의 곱집합(product) 또는 카티션곱(cartesian product)이라 한다.

$A \times B = \{(x, y) : x \in A$, 그리고 $y \in B\}$

$\quad = \{(x, y) : (x \in A) \wedge (y \in B)\}$

곱집합의 정의에 의해서 집합 A, B, C 에 대한 다음 법칙이 성립한다.

(1) $A \times (B \cap C) = (A \times B) \cap (A \times C)$

(2) $A \times (B \cup C) = (A \times B) \cup (A \times C)$

(3) A, B 가 집합이고 $n(A) = m$, $n(B) = n$ 이면 $n(A \times B) = m \cdot n$ 이다.

(4) 차집합에 대한 분배법칙이 성립한다.

$A \times (B - C) = (A \times B) - (A \times C)$ 이다.

예제 1 집합 $A = \{1, 2\}$이고 집합 $B = \{a, b, c\}$ 일 때 $A \times B$ 와 $B \times A$ 를 구하라.

(1) $A \times B = \{(1, a), (1, b), (1, c), (2, a), (2, b), (2, c)\}$

(2) $B \times A = \{(a, 1), (a, 2), (b, 1), (b, 2), (c, 1), (c, 2)\}$

(3) $A \times A = \{(1, 1), (1, 2), (2, 1), (2, 2)\}$

(4) $B \times B = \{(a, a), (a, b), (a, c), (b, a), (b, b), (b, c), (c, a), (c, b), (c, c)\}$

(5) $(A \times B) \cap (B \times A) = \phi$

(6) $n(A \times B) = 2 \cdot 3 = 6 = n(A) \cdot n(B)$

(7) 교환법칙 : $A \times B \neq B \times A$이다.

예제 2 실수 집합 R 에서 $R^2=R\times R$ 은 실수의 순서쌍의 집합이고 R^2 을 곱집합 평면(cartesian plane)이라 한다. 따라서 $R\times R$ 의 원소들은 평면 위의 점으로 그리면 다음과 같다.

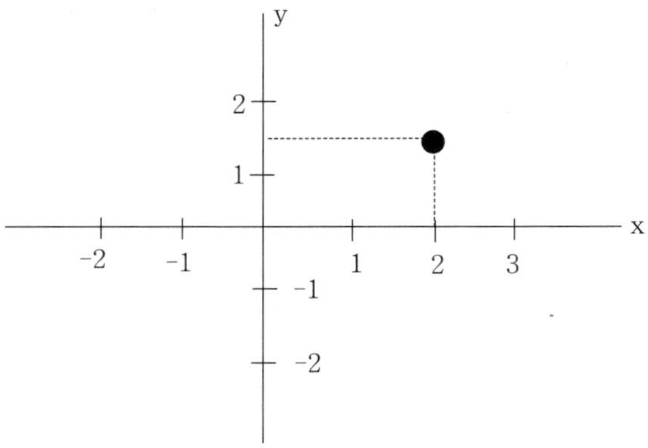

집합의 창시자 G. Cantor

19세기말 밀 칸토어(G. Cantor, 1845~1918)에 의하여 창시된 집합론은 현대 수학의 가장 중요한 도구로서 힐베르트(D. Hilbert, 1862~1943)의 공리적 방법과 함께 현대 수학이 추상 수학으로 발전할 수 있었던 동기가 된다. 칸토어는 집합의 정의를 『집합이란 우리들의 직관 또는 사고의 대상으로 확정되고, 서로 명확하게 구별되는 것들을 하나의 전체로 모은 것이다』 고 하였다. 이와 같은 칸토어의 집합의 정의는 그 후에 수정이 되긴 하였지만, 이 개념은 당시의 수학계에 혁명적인 내용이었다.

논리학은 그리스 아리스토텔레스(Aristoteles, 기원전 384~322)에 의해 시작되었다고 할 수 있으나, 19세기에 들어 볼(G. Boole, 1815~1871)에 의해 기호 논리학이 형성되면서 현대의 수학적 논리학 또는 수리 논리학으로 발전되었다. 그 후 좀 더 현대적인 기호 논리학에의 접근은 프레게(F. L. G. Frege, 1848~1925)와 페아노(G. Peano, 1858~1932)에 의하여 이루어졌다. 페아노의 연구는 논리적 해석으로 모든 수학을 전개하려 시도하였으며, 프레게는 논리를 통하여 수학의 기초를 확립하려 하였다.

예제 3 $A=\{a_1, a_2\}$ 이고 $B=\{b_1, b_2\}$ 일 때 다음 곱집합을 구하여라.

(1) $A\times B$

(2) $A\times A$

(3) $B\times A$

(4) $B\times B$

풀이 (1) $A\times B=\{(a_1, b_1), (a_1, b_2), (a_2, b_1), (a_2, b_2)\}$

(2) $A\times A=\{(a_1, a_1), (a_1, a_2), (a_2, a_1), (a_2, a_2)\}$

(3) $B\times A=\{(b_1, a_1), (b_1, a_2), (b_2, a_1), (b_2, a_2)\}$

(4) $B\times B=\{(b_1, b_1), (b_1, b_2), (b_2, b_1), (b_2, b_2)\}$

곱집합 $A\times B$ 의 순서쌍 (a, b)에 대하여 a 와 b 간의 어떤 관계가 성립하는 순서쌍만을 원소로 하는 집합을 이항관계 또는 관계라 하고 R 로 표시한다.

순서쌍 (a, b)에 대하여 $(a, b)\in R$ 이면 "a 는 b 에 대하여 R 의 관계가 있다."라고 하며 기호로 aRb 로 표시한다.

첫 번째 집합 a 를 정의역(domain)이라 하고, 두 번째 원소 b 를 치역(range)이라 한다.

또 집합 A 에서 B 로의 관계 R 에 대하여, 집합 B 에서 A 로의 관계를 역관계(inverse relation)라 하고 R^{-1} 로 표시한다.

$R=\{(a, b) : (a, b)\in R\} \rightarrow R^{-1}=\{(b, a) : (a, b)\in R\}$

문제 1 $A=\{1, 2\}$, $B=\{1, 2, 3\}$ 에 대하여 R 이 다음과 같다.

$R=\{(1, 1\}$, $(1, 3), (2, 3)\}$ 일 때

(1) 정의역과 치역을 구하여라

(2) R^{-1}을 구하여라.

CHAPTER 2

명제

1 수의 표현

1. 진법과 수의 표현

사람은 0에서 9까지 10개의 수로 구성되는 10진수(decimal number)를 사용한다. 컴퓨터는 10진수 외에도 2진수(binary number), 8진수(octal number), 16진수(hexadecimal number) 등을 사용하고 있는데 컴퓨터 내부에서는 근본적으로 2진수를 수치표현의 기본으로 삼고 있다.

일반적으로 자연수(counting numbers)는 1, 2, 3, 4, 5, …… 형태를 말하며, 집합을 형성한다. 자연수의 집합은 N 으로 표시하고 n 이 자연수이면 n 을 N 의 원소라 하고 $n \in N$ 으로 표시한다. 자연수의 표현은 밑수(=기수, base, radix)를 10으로 하고 있으며, 이 시스템은 수를 0부터 9까지의 연속으로 표시하며 각 수자의 위치는 10의 멱승(=거듭제곱, power)의 형태로 나타낸다.

따라서 자연수 n 은 다음과 같이 표현될 수 있다.

$n = a_k b^k + a_{k-1} b^{k-1} + \cdots + a_1 b_1 + a_0$ 여기서 $0 \le a_k < b$, $a_k \ne 0$ 이다.

$748 = 7 \times 10^2 + 4 \times 10^1 + 8 \times 10^0$

다음에는 10진법, 2진법, 8진법, 16진법의 상호관계를 알아본다.

2진법 · 8진법 · 16진법

■ 2진법

2진법은 0, 1로 구성되며 컴퓨터 내부에서 주로 사용하는 진법 체계이다. 컴퓨터 내부의 데이터 표현은 전기적 신호의 "ON", "OFF" 상태의 두 가지로만 표현되기 때문에 2진수 하나를 여기에 각각 대응시켜 사용한다.

■ 8진법

8진법에서 사용되는 수는 0에서 7까지이며 3자리의 2진수를 하나로 묶어서 표현할 수 있기 때문에 컴퓨터의 데이터 표현에 자주 쓰인다.

■ 16진법

16진법에서 사용되는 수는 0에서 15까지이나 0에서 9까지는 그대로 사용하고 10부터 15까지는 하나의 기호로 표시하기 위하여 각각 A, B, C, D, E, F 로 표시한다. 16진법은 4자리의 2진수를 하나의 수로써 표현할 수 있기 때문에 컴퓨터의 데이터 표현에 널리 쓰인다.

‖ 여러 가지 진법 표현 ‖

2진법	3진법	4진법	8진법	10진법	16진법
0	0	0	0	0	0
1	1	1	1	1	1
10	2	2	2	2	2
11	10	3	3	3	3
100	11	10	4	4	4
101	12	11	5	5	5
110	20	12	6	6	6
111	21	13	7	7	7
1000	22	20	10	8	8
1001	100	21	11	9	9
1010	101	22	12	10	A
1011	102	23	13	11	B
1100	110	30	14	12	C
1101	111	31	15	13	D
1110	112	32	16	14	E
1111	120	33	17	15	F
10000	121	100	20	16	10
10001	122	101	21	17	11
10010	200	102	22	18	12
10011	201	103	23	19	13
10100	202	110	24	20	14

2. 진법의 계산

1) 주어진 10진수를 2진법이나 8진법, 또는 16진법으로 변환하기 위해서는 주어진 10진수를 변환하고자 하는 r 진법의 밑수 r 로 나누어 준다. 더 이상 나눌 수 없을 때까지 나눈 후 나머지들을 역으로 읽는다. 소수점 이하의 수들은 변환하고자 하는 밑수 r 로 곱하여 나온 값들의 정수 부분을 순서대로 읽는다.

이 과정을 예를 들면 다음과 같다.

예제 1 다음 진법을 구하여라.

(1) $(924)_{10}$을 8진법

풀이

```
8) 924
8) 115-----4
8)  14-----3
     1-----6
```

$\therefore (924)_{10} \to (1634)_8$

(2) $(21)_{10}$을 2진법

풀이

```
2) 21
2) 10-----1
2)  5-----0
2)  2-----1
    1-----0
```

$\therefore (21)_{10} \to (10101)_2$

(3) $(142)_{10}$을 8진법

풀이

```
8) 142
8)  17-----6
     2-----1
```

$\therefore (142)_{10} \to (216)_8$

(4) $(49)_{10}$을 2진법

풀이

```
2) 49
2) 24-----1
2) 12-----0
2)  6-----0
2)  3-----0
    1-----1
```

$\therefore (49)_{10} \to (110001)_2$

(5) $(675.6)_8$과 $(1100.11)_2$을 10진법으로 고쳐라.

풀이

$$(675.6)_8 = 6\times8^2+7\times8^1+5\times8^0+6\times8^{-1}$$
$$=384+56+5+0.75$$
$$=(445.75)_{10}$$
$$(1100.11)_2 = 1\times2^3+1\times2^2+0\times2^1+0\times2^0+1\times2^{-1}+1\times2^{-2}$$
$$=8+4+0.5+0.25$$
$$=(12.75)_{10}$$

(6) $(0.25)_{10}$을 2진법

풀이

```
  0.25
×    2
------
  0.50 -----0
×    2
------
   1.0 -----1
   0.0
```

$\therefore\ (0.25)_{10} \rightarrow (0.01)_2$

(7) $(21.3125)_{10}$를 2진법

풀이

```
2) 21
2) 10-----1
2)  5-----0
2)  2-----1
    1-----0
```

```
  0.3125
×      2
--------
   0.625 -------0
×      2
--------
    1.25 -------1
    0.25
×      2
--------
     0.5 -------0
×      2
--------
     1.0 -------1
     0.0
```

$\therefore\ (21.3125)_{10} \rightarrow (10101.0101)_2$

(8) $(0.5678)_{10}$을 4진수

```
  0.5678
×      4
  2.2712 -------2
  0.2712
×      4
  1.0848 -------1
  0.0848
×      4
  0.3392 -------0
×      4
  1.3568 -------1
  0.3568
×      4
  1.4272 -------1
  0.4272
×      4
  1.7088 -------1
```

소수점이하 6자리까지의 답을 얻으면 다음과 같다.

$(0.5678)_{10} \rightarrow (0.210111 \cdots\cdots)_4$

문제 1 다음을 구하여라.

(1) $(698)_{10} \rightarrow$ 7진법

(2) $(284)_{10} \rightarrow$ 9진법

(3) $(6789.3145)_{10} \rightarrow$ 2진법(소수점 7자리까지)

(4) $(269)_{10} \rightarrow$ 16진법

3. 진법의 변환

어떤 진법을 10진법으로 변환하고자 할 때에는 원래 수의 밑수 r 을 이용한다.

$$(413211)_5 = 4\times5^5+1\times5^4+3\times5^3+2\times5^2+1\times5^1+1\times5^0$$
$$= 12500+625+375+50+5+1$$
$$= (13601)_{10}$$
$$(1111.11)_2 = 1\times2^3+1\times2^2+1\times2^1+1\times2^0+1\times2^{-1}+1\times2^{-2}$$
$$= 8+4+2+1+0.5+0.25$$
$$= (15.75)_{10}$$

2진법을 4진법, 8진법, 16진법으로 변환하기 위하여 각각 2자리 3자리 4자리로 변환하여 계산한다.

2진법 → 4진법

$$(\ \underline{1}\ \underline{0\ 0}\ \underline{1\ 0}\ \underline{0\ 1}\ .\ \underline{1\ 1}\ \underline{0\ 0}\ \underline{1\ 1}\ \underline{0\ 0}\ )_2$$
$$\downarrow$$
$$(\ 1\quad 0\quad 2\quad 1\ .\ 3\quad 0\quad 3\quad 0\ )_4$$

2진수의 소수점을 기준으로 두 개의 자릿수씩 끊어서 계산한다.

2진법 → 8진법

$$(\ \underline{1}\ \underline{0\ 0\ 1}\ \underline{0\ 0\ 1}\ .\ \underline{1\ 1\ 0}\ \underline{0\ 1\ 1}\ \underline{0\ 0}\ )_2$$
$$\downarrow$$
$$(\ 1\quad 1\quad 1\ .\ 6\quad 3\quad 0\ )_8$$

8진법은 소수점을 기준으로 3개의 자릿수씩 끊어서 계산한다.

2진법 → 16진법

$$(\ \underline{1\ 0\ 0}\ \underline{1\ 0\ 0\ 1}\ .\ \underline{1\ 1\ 0\ 0}\ \underline{1\ 1\ 0\ 0}\ )_2$$
$$\downarrow$$
$$(\ 4\quad 9\ .\ C\quad C\ )_{16}$$

16진법을 소수점을 기준으로 4개의 자릿수를 끊어서 계산한다.

4진법 → 2진법

(2 3 3 . 3 0 3 0)$_4$

↓

(10 11 11 . 11 00 11 00)$_2$

4진법의 한자리수를 2자리수로 고친다.

8진법 → 2진법

(6 1 3 . 4 2 5)$_8$

↓

(110 001 011 . 100 010 101)$_2$

8진법의 한자리수를 3자리 수로 고친다.

4진법 → 8진법으로 고치는 방법

4진법을 2진법으로 변환시킨 후 2진법을 다시 8진법으로 변환시킨다.

(2 1 3 . 1 2 3)$_4$ → (100111 . 011011)$_2$

(100 111 . 011 011)$_2$ → (4 7 . 3 3)$_8$

문제 2 다음 진법을 구하여라.

(1) 10진수들을 2진수, 4진수, 8진수로 고쳐라.

1) 0.645　　2) 3.625

3) 548　　4) 8.365

5) 1.475　　6) 9.125

(2) 다음의 2진수를 4진수, 8진수, 10진수로 고쳐라.

1) 11　　2) 11111

3) 101011　　4) 0.11

5) 0.1111　　6) 101.1101

문제 3 32400,(5진법)에서 110100,(2진법의) 차를 5진법으로 표시하여라.

예제 2 5진법의 수 324를 3진법의 수로 나타내어라.

풀이 $(324)_5=3\times5^2+2\times5^1+4\times5^0=89$ $\therefore (89)_{10}$

10진법 89를 3진법으로 표시하면 $(10022)_3$이다.

```
3) 89
3) 29 -----2
3)  9 -----2
3)  3 -----0
    1 -----0
```

예제 3 계수가 3진법으로 나타내어진 2차 방정식 $22x^2-1002x+120=0$의 근을 2진법으로 표시하여라.

풀이 $(22)_3=2\times3^1+2\times3^0=8$, $(1002)_3=1\times3^3+2=29$, $(120)_3=1\times3^2+2\times3=15$

∴10진법으로 사용하면	∴ 2진법으로 표시하면	
$8x^2-29x+15=0$	$3=(11)_2$, $\frac{5}{8}=0.625$	$0.625 \times 2 = 1.250$ ----1
$(x-3)(8x-5)=0$	$=(0.101)_2$	$0.25 \times 2 = 0.5$ ----0
$x=3$ $\quad x=\frac{5}{8}$		$\times 2 = 1.0$ ----1

2 명제의 역, 이, 대우

논리(logic)는 사고의 규칙, 객관적인 법칙에 따라서 명확한 법칙을 체계적으로 추구하는 방법론이라고도 한다.

현대에 와서 논리는 일상적 사고의 합리화와 실천을 위하여 매우 필요한 것으로 Kant에 의해서 기호 논리학(symbol logic)이 탄생하였다.

기호 논리학은 논리회로, 인공지능, 데이터 베이스 등 컴퓨터 전반에 걸쳐 매우 중요하게 사용되고 있다.

1. 명제

주장이나 판단을 나타낼 때 참인가 거짓인가를 명확하게 판단할 수 있는 문장이나 수식을 명제라 한다.

예제 1

(1) $1+2=3$	참인 명제
(2) $3+2=1$	거짓인 명제
(3) $1+2$	명제가 아니다.
(4) $3 \in \{1, 2\}$	명제가 아니다.

예제 2

(1) 1년은 365일이다.

(2) 너의 이름은 무엇이냐?

(3) $\sqrt{2}$는 유리수이다.

(4) 그 여자 미인이다.

(5) 5는 소수이다.

(6) 그녀가 너를 좋아할 것이다.

풀이 (1), (3), (5)는 명제이고 (2), (4), (6)은 명제가 아니다.

명제는 어떤 두 개의 조건 p, q 에 대하여 「p 이면 q 이다.」와 같이 나타낼 수 있는 것이 많다. 이 때 p 를 **가정**, q 를 **결론**이라 한다.

명제 p 이면 q 이다. ⇒ $p \to q$ 로 표시한다.

예제3 다음 명제들을 「p 이면 q 이다.」의 꼴로 나타내어라.

(1) 여름은 날씨가 덥다.

(2) 겨울에는 눈이 많이 온다.

(3) 정사각형은 네 각이 직각이다.

(4) a 와 b 가 같다는 것은 a 의 제곱과 b 의 제곱이 같다는 것이다.

풀이

(1) 가정 : 여름이다.(p)

결론 : 날씨가 덥다.(q)

$p \to q$: 여름이면 덥다.

(2) 가정 : 겨울이다.(p)

결론 : 눈이 많이 온다.(q)

$p \to q$: 겨울이면 눈이 많이 온다.

(3) 가정 : 정사각형이다.(p)

결론 : 네 각이 직각이다.(q)

$p \to q$: 정사각형이면 네 각이 직각이다.

(4) 가정 : $a = b$(p)

결론 : $a^2 = b^2$(q)

$p \to q$: $a = b$ 이면 $a^2 = b^2$ 이다.

문제1 다음 중에서 명제를 찾아라.

(1) 수업시간에 지각하지 말아라.

(2) 1억원은 큰 돈이다.

(3) 날씨가 좋다.

(4) 7은 짝수이다.

2. 명제의 부정

명제 p 에 대하여 「p 가 아니다.」와 같은 명제를 명제 p 의 부정이라 하고, 기호로는 $\sim P$ 와 같이 나타낸다. 그리고 이것은 'p 가 아니다.'로 읽는다.

P	~P
T	F
F	T

예제 4 다음 명제의 부정명제를 만들어라.

(1) 비가 오거나 눈이 온다.

(2) 비가 오고 눈이 온다.

(3) $-2<0$ 또는 $(-2)^2=4$

(4) $|-2|=2$ 그리고 $\sqrt{4}\neq 4$

풀이 (1) 비도 오지 않고 눈도 오지 않는다.

(2) 비가 오지 않거나 눈이 오지 않는다.

(3) $-2\geq 0$ 또는 $(-2)^2\neq 4$

(4) $|-2|\neq 2$ 그리고 $\sqrt{4}=4$

예제 5 (1) 부산은 한국에 있다.

(2) 부산이 한국에 있다는 것은 거짓이다.

(3) 부산은 한국에 있지 않다.

(4) $4+2=5$

(5) $4+2=5$인 것은 거짓이다.

(6) $4+2=5$가 아니다.

풀이 (2), (3)은 (1)의 부정이고 (5), (6)은 (4)의 부정이다.

∴ (1), (5), (6)은 참이다.

3. 논리곱(logical and)

임의의 두 명제, P, Q 가 "그리고(AND)"로 결합되었을 때 이 합성 명제를 논리곱(logical conjunction)이라 하고 $p \wedge q$ 로 표시하고 "P 그리고 Q" 로 읽는다.

합성 명제 $P \wedge Q$ 의 진리값은 다음과 같다.

P	Q	$P \wedge Q$
T	T	T
T	F	F
F	T	F
F	F	F

$P \wedge Q$ 는 둘다 참일 때만 참이고 여러 개의 명제가 논리곱으로 연결되어 있을 때 한 명제라도 거짓이면 진리값은 거짓이다.

예제 6 (1) $2 \times 4 = 8$이고 $2 + 4 = 6$이다.

(2) $2 \times 4 = 8$이고 $2 + 4 = 7$이다.

(3) $2 \times 4 = 10$이고 $2 + 4 = 6$이다.

(4) $2 \times 4 = 10$이고 $2 + 4 = 7$이다.

풀이 (1)만 참이고 나머지는 거짓이다.

4. 논리합(logical sum)

임의의 두 명제 P, Q 가 "또는(or)" 으로 연결되었을 때 이 합성 명제를 논리합이라고 한다.

기호도 $P \vee Q$ 로 표시하고 "P 또는 Q" 라고 읽는다.

합성명제 $P \vee Q$ 의 진리값은 다음과 같다.

P	Q	$P \vee Q$
T	T	T
T	F	T
F	T	T
F	F	F

$P \vee Q$ 의 합성명제는 적어도 한쪽이 참이면 참이 된다.

예제 5 (1) $2\times4=8$이거나 $2+4=6$이다.

(2) $2\times4=8$이거나 $2+4=7$이다.

(3) $2\times4=10$이거나 $2+4=6$이다.

(4) $2\times4=10$이거나 $2+4=7$이다.

풀이 (4)만 거짓이다.

문제 2 P 를 "우리는 건강하다." Q 를 "우리는 열심히 노력한다."라고 할 때 다음 각각의 명제들을 문장으로 표현하여라.

(1) $\sim P$

(2) $\sim Q$

(3) $P \vee Q$

(4) $P \wedge Q$

(5) $\sim P \wedge \sim Q$

(6) $\sim P \vee \sim Q$

(7) $\sim P \vee Q$

문제 3 다음 명제 또는 조건의 부정을 말하여라.

(1) P : $9=7$

(2) q : $\sqrt{(-5)^2}=5$

(3) P : $x \geqq 0$

(4) q : x 는 짝수이다.

「또는」과 「그리고」의 부정

⇨ 'or' 는 'and' 로, 'and' 는 'or' 로 바뀐다.

(1) 「A or B」의 부정

⇨ 「~A and ~B」

(2) 「A and B」의 부정

⇨ 「~A or ~B」이다.

「모든」과 「어떤」의 부정

⇨ 'All'은 'Some'으로, 'Some'은 'All'로 바뀐다.

(1) 「All x 에 대하여 A 이다.」의 부정

⇨ 「Some x 에 대하여 ~A 이다.」

(2) 「Some x 에 대하여 A 이다.」의 부정

⇨ 「All x 에 대하여 ~A 이다.」

참고 논리어와 논리기호

(1) 논리합($\vee$)

⇨ 논리어 '또는' ⇨ p or q ⇨ $p \vee q$

(2) 논리곱($\wedge$)

⇨ 논리어 '그리고' ⇨ p and q ⇨ $p \wedge q$

(3) 부정($\sim$)

⇨ 논리어 '아니다' ⇨ not p ⇨ $\sim p$

(4) 조건문($\rightarrow$)

⇨ 논리어 '이면' ⇨ p 이면 이다. ⇨ $p \rightarrow q$

5. 명제와 조건

일반적으로 전체집합을 U 라 하고, U 의 부분집합 P, Q 를 각각 조건 p 와 조건 q 를 만족시키는 집합이라고 할 때, 명제

「$p \rightarrow q$」가 참이면

$P \subset Q$ 이다.

역으로 $P \subset Q$ 이면 조건 p 를 만족시키는

집합 P 의 원소는 모두 집합 Q 의 원소이고,

조건 q 를 만족시키므로 명제 「$p \rightarrow q$」는 참이 된다.

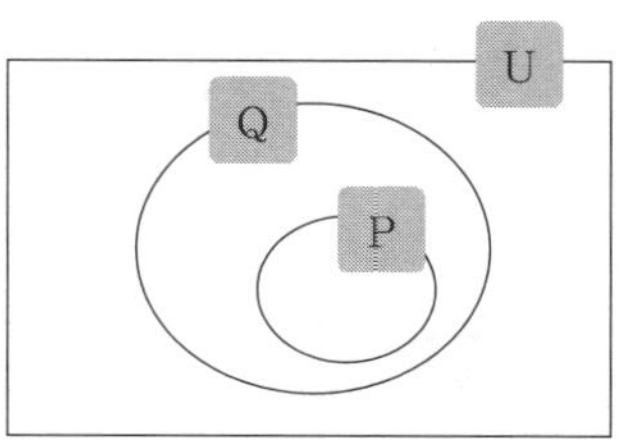

예제 8 자연수의 집합 N 에 대하여, 명제「 x 가 4의 약수이면 x 는 12의 약수이다.」가 참이라는 것을 집합을 이용하여 설명하여라.

풀이 조건 $p : x$ 는 4의 약수 q : x 는 12의 약수에 대하여 조건 p, q 를 만족하는 집합을 각각 P, Q 라 하면 $P=\{1, 2, 4\}$ $Q=\{1, 2, 3, 4, 6, 12\}$ 이므로 $P \subset Q$ 이다. 따라서 「 $p \rightarrow q$」는 참이다.
즉 「x 가 4의 약수이면 x 는 12의 약수이다.」는 참이다.

조건 p, q 를 만족시키는 집합을 각각 P, Q 라 할 때, 명제 「 $p \rightarrow q$」가 거짓일 때는 P 의 원소 중에는 Q 의 원소가 아닌 것이 있고, 그 원소를 명제「 $p \rightarrow q$」의 반례라고 한다.
그리고 전체 집합을 U 라 하고 조건 p 를 만족시키는 집합을 P 라 하면, 조건 $\sim P$ 를 만족시키는 집합은 P 의 여집합 P^c 이다.

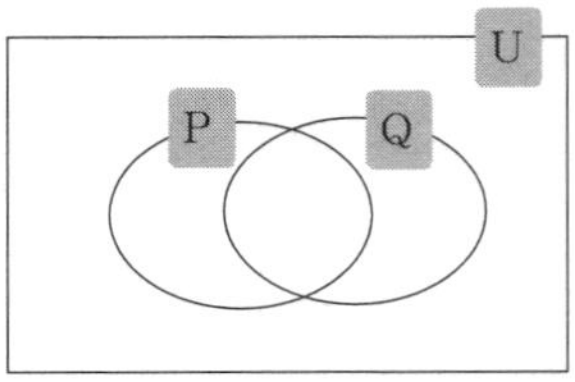

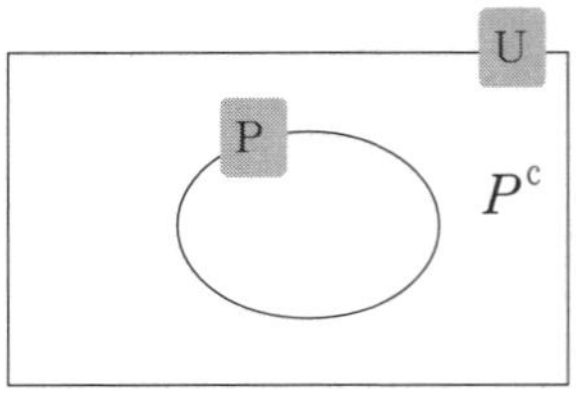

예제 9 전체 집합이 $U=\{1, 2, 3, 4, 5, 6\}$이고 조건
p : x 는 2의 배수이다.
에 대하여 조건 $\sim p$ 를 만족시키는 집합을 구하여라.

풀이 조건 p 를 만족시키는 집합을 P 라 하면
$P=\{2, 4, 6\}$
이고, 조건 $\sim p$ 를 만족시키는 집합을 P^c 라 하면
$P=\{1, 3, 5\}$

예제 10 명제 { $x^2-5x+6<0$이면 $x>1$이다.}의 참, 거짓을 판정하여라.

풀이 $A=\{x \mid x^2-5x+6<0\}$, $B=\{x \mid x>1\}$이라 하면
A에서 $x^2-5x+6<0$, $(x-2)(x-3)<0$
$\therefore 2 < x < 3$

A, B의 존재 범위를 수직선 위에 도시하면

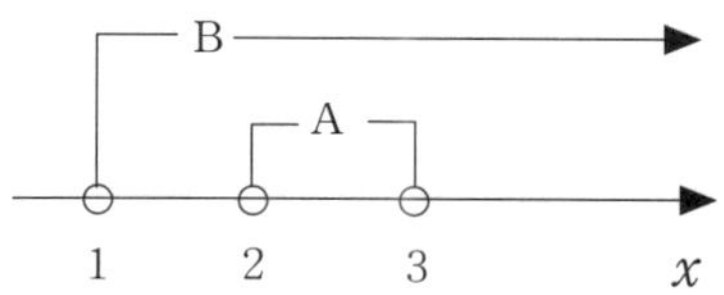

그림에서 A⊂B 이다.

∴ 「A → B」는 참이다.

문제4 세 명제 p, q, r 를 〔p: 1+2=3〕, 〔q: 서울은 수도이다.〕, 〔r: 눈은 희다〕라고 할 때 다음 명제를 p, q, r, ~, and, or 로 표시하여라.

(1) 1+2≠3이거나 서울은 수도이다.

(2) 1+2=3이고 눈은 희지 않다.

문제5 p : x 는 10이하의 소수 q: $x<0$ or $x \geq 3$ 일 때

다음 조건의 진리집합을 만들어라.

(1) p or q　　(2) p and q　　(3) $\sim p$

6. 명제의 역, 이, 대우

일반적으로, 명제 「$p \rightarrow q$」에 있어서 가정과 결론을 바꾸어 놓는 명제「$q \rightarrow p$」를 명제 「$p \rightarrow q$」의 역이라고 한다.

예를 들면 전체집합이 실수 전체의 집합일 때,

명제 「$x > 3$이면 $x > 0$이다.」

의 역은 가정 「$x > 3$이다.」와 결론 「$x > 0$이다.」를 바꾸어 놓은

명제 「$x > 0$이면 $x > 3$이다.」가 된다.

위에서 알 수 있는 바와 같이 어떤 명제가 참이라도 그의 역이 반드시 참이라고는 할 수 없다.

또 명제 「$p \rightarrow q$」에 대하여 명제 「$\sim p \rightarrow \sim q$」를 명제 「$p \rightarrow q$」의 이라고 한다.

이상으로부터 명제와 그의 역, 이, 대우의 관계를 그림으로 나타내면 다음과 같다.

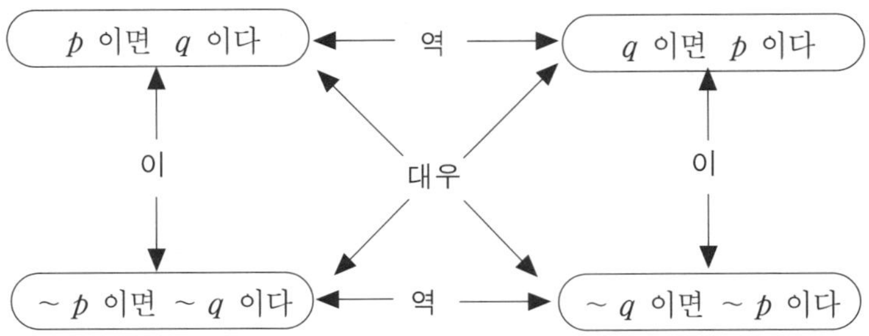

명제 중 더 이상 분해할 수 없는 명제를 단순명제라 하고, 단순명제와 단순명제 사이에 「또는」, 「그리고」 등으로 연결된 명제를 합성명제라 한다.

논 리 합	$p \vee q$	p 또는 q	p or q
논 리 곱	$p \wedge q$	p 그리고 q	p and q
부 정	$\sim p$	p가 아니다	not p
조 건 문	$p \rightarrow q$	p 이면 q	if p then q
쌍 조 건 문	$p \leftrightarrow q$	p일 때만 q	p if and only if q

예제 11 다음 명제의 대우를 말하여라.

(1) $a=0$ 이면 $ab=0$ 이다.

(2) $\sim p \rightarrow q$

(3) 정사각형은 모든 각이 직각이다.

풀이 명제 「$p \rightarrow q$」의 대우는 「$\sim q \rightarrow \sim p$」이다.

(1) 대우 : $ab \neq 0$ 이면 $a \neq 0$ 이다.

(2) 대우 : $\sim q \rightarrow p$

(3) 대우 : 적어도 한 각이 직각이 아니면 정사각형이 아니다.

예제 12 a, b, c 가 모두 실수일 때, 명제 「$a>0$, $b^2-4ac<0$ 이면 모든 실수 x 에 대하여 $ax^2+bx+c>0$ 이다.」의 역, 이, 대우를 말하여라.

풀이

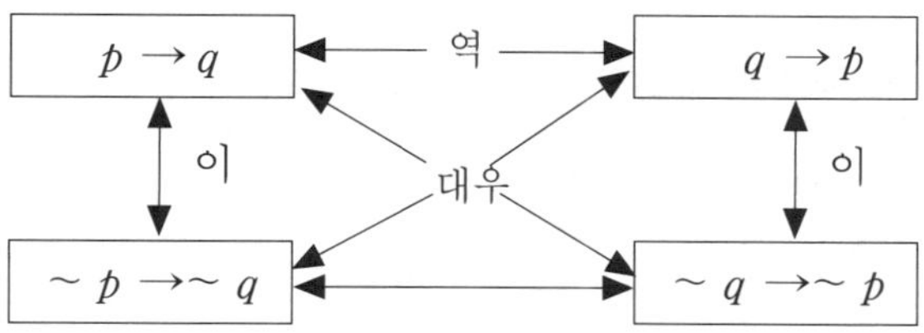

역 : 모든 실수 x 에 대하여 $ax^2+bx+c>0$ 이면
$a>0$, $b^2-4ac<0$ 이다.

이 : $a\leqq 0$ 이든가 $b^2-4ac\geqq 0$ 이면
어떤 실수 x 에 대하여 $ax^2+bx+c\leqq 0$ 이다.

대우 : 어떤 실수 x 에 대하여 $ax^2+bx+c\leqq 0$ 이면
$a\leqq 0$ 이든가 $b^2-4ac\geqq 0$이다.

예제 13 다음 명제의 역, 이, 대우를 구하고, 참, 거짓을 구하여라.

(1) $x>3$ 이면 $x>1$ 이다.

(2) $x>2$ 이면 $x>5$ 이다.

풀이 (1) 역 : $x>1$ 이면 $x>3$ 이다.(거짓)
이 : $x\leqq 3$ 이면 $x\leqq 1$ 이다.(거짓)
대우 : $x\leqq 1$ 이면 $x\leqq 3$ 이다.(참)

(2) 역 : $x>5$ 이면 $x>2$ 이다.(참)
이 : $x\leqq 2$ 이면 $x\leqq 5$ 이다.(참)
대우 : $x\leqq 5$ 이면 $x\leqq 2$ 이다.(거짓)

연습문제

1 정수 a, b 에 대하여 다음 명제를 증명하여라.
「ab 가 짝수이면 a 또는 b 는 짝수이다.」

2 양수 a, b 에 대하여 명제 「$ax+by>0$ 이면 $x>0$ 또는 $y>0$ 이다.」를 증명하여라.

3 자연수 n 에 대하여 다음 명제를 증명하여라.
「n^2 이 3의 배수이면 n 도 3의 배수이다」

4 (1) 전체집합을 $U=\{1, 2, 3, 4, \cdots, 12\}$라 하고, 명제 p, q 를 각각

p : x 는 2의 배수이다. q: x 는 3의 배수이다.

라 할 때, 다음 명제를 만족하는 집합을 구하라.

1) p 이거나 q

2) p 이고 q

3) p 가 아니다.

(2) 전체집합을 $U=\{1, 2, 3, 4, \cdots, 12\}$라 하고, 명제 S, T 를 각각

S : $1 \leqq x \leqq 4$ $\qquad$ T : $x < -1$ 또는 $x \geqq 3$

이라 할 때, 다음 명제를 만족하는 집합을 구하라.

1) $(\sim S)$이고 $(\sim T)$

2) $\sim\{(\sim S)$ 또는 $T\}$

5 다음 명제의 역, 이, 대우를 말하고, 그 참, 거짓을 밝혀라.

(1) $x \neq 1$ 이면 $x^2 \neq x$ 이다.

(2) $x \geqq 1$ 이고 $y \geqq 1$ 이면 $x+y \geqq 2$ 이다.

(3) $a > b$ 이고 $c > d$ 이면 $a+c > b+d$ 이다.

3 합성명제의 진리표

1. 합성명제의 진리값

(1) 합성명제의 진리값을 표로 나타낸 것을 진리표라 하며 합성명제의 진리값은 단순명제의 진리값에 따라 결정된다.

두 단순명제 p, q 에 대하여

논리합 $p \vee q$ 는 명제 p, q 중 적어도 한 쪽이 T 일 때 T, p, q 모두 F 일 때 F 이다.

논리곱 $p \wedge q$ 는 명제 p, q 가 모두 T 일 때 T 이외의 경우는 F 이다.

부정 $\sim p$ 는 p 가 T 일 때 F, p 가 F 일 때 T 이다.

(2) 두 명제 p, q 가 p: 「날씨가 맑다」, q: 「산에 간다」라 할 때,

조건문 $p \rightarrow q$ 즉, 「날씨가 맑으면 산에 간다」라는 약속을 생각하자.

날씨가 맑았을 때 산에 가면 약속은 지킨 것이 된다.

즉, p 가 T, q 가 T 이면 $p \rightarrow q$ 도 T

날씨가 맑았을 때 산에 가지 않으면 약속을 어긴 것이 된다.

즉, p 가 T, q 가 F 이면 $p \rightarrow q$ 는 F

날씨가 맑지 않았을 때 산에 갔다고 하여 약속을 어겼다고는 볼 수 없으므로 p 가 F, q 가 T 이면 $p \rightarrow q$ 는 T

날씨가 맑지 않았을 때 산에 가지 않았다고 약속을 어겼다고는 볼 수 없으므로 p가 F, q 가 F 이면 $p \rightarrow q$ 는 T

따라서, 조건문 $p \rightarrow q$ 의 진리값은 오른쪽 표와 같이 정의한다.

p	q	$p \rightarrow q$
T	T	T
T	F	F
F	T	T
F	F	T

(3) 위의 명제 p, q 에서 쌍조건문 $p \leftrightarrow q$ 즉, '날씨가 맑을 때에만 산에 간다'는 p, q 의 진리값이 같을 때 T 이고, 다를 때 F 가 됨을 알 수 있다.

합성 명제의 진리표를 다음과 같이 정의한다.

p	q	$p \vee q$	$p \wedge q$	$\sim p$	$p \rightarrow q$	$p \leftrightarrow q$
T	T	T	T	F	T	T
T	F	T	F	F	F	F
F	T	T	F	T	T	F
F	F	F	F	T	T	T

예제 1 다음 명제의 진리값을 구하여라.

(1) $p \rightarrow q = \sim p \vee q$

풀이

p	q	$\sim p$	$p \rightarrow q$	$\sim p \vee q$
T	T	F	T	T
T	F	F	F	F
F	T	T	T	T
F	F	T	T	T

$\therefore\ p \rightarrow q = \sim p \vee q$

풀이 (2) $\sim(\sim p \vee q)$

p	q	$\sim p$	$\sim p \vee q$	$\sim(\sim p \vee q)$
T	T	F	T	F
T	F	F	F	T
F	T	T	T	F
F	F	T	T	F

풀이 (3) $(p \wedge q) \rightarrow (\sim p \vee q)$

p	q	$p \wedge q$	$\sim p \vee q$	$(p \wedge q) \rightarrow (\sim p \vee q)$
T	T	T	T	T →T = T
T	F	F	F	F →F = T
F	T	F	T	F →T = T
F	F	F	T	F →T = T

예제 2 다음 합성명제의 진리표를 만들어라.

풀이 $(p \wedge q) \to \sim q$

p	q	$p \wedge q$	$\sim q$	$(p \wedge q) \to \sim q$
T	T	T	F	F
T	F	F	T	T
F	T	F	F	T
F	F	F	T	T

예제 3 명제 p, q 에 대하여 다음 합성명제의 진리표를 만들어라.

$(p \vee \sim q) \to (q \wedge \sim p)$

풀이

p	q	$p \vee \sim q$	$q \wedge \sim p$	$(p \vee \sim q) \to (q \wedge \sim p)$
T	T	T Ⓣ F	T Ⓕ F	T Ⓕ F
T	F	T Ⓣ T	F Ⓕ F	T Ⓕ F
F	T	F Ⓕ F	T Ⓣ T	F Ⓣ T
F	F	F Ⓣ T	F Ⓕ T	T Ⓕ F

예제 4 다음 합성명제의 진리표를 만들어라.

$[(p \to q) \wedge (q \to r)] \to (p \to r)$

풀이

p	q	r	$(p \to q) \wedge (q \to r)] \to (p \to r)$
T	T	T	T T T Ⓣ T
T	T	F	T F F Ⓣ F
T	F	T	F F T Ⓣ T
T	F	F	F F T Ⓣ F
F	T	T	T T T Ⓣ T
F	T	F	T F F Ⓣ T
F	F	T	T T T Ⓣ T
F	F	F	T T T Ⓣ T

문제 1 진리표를 이용하여 다음 동치 관계가 성립함을 보여라.

(1) $p \leftrightarrow q \equiv (p \rightarrow q) \wedge (q \rightarrow p)$　　(2) $\sim(\sim p) \equiv p$

(3) $\sim(p \vee q) \equiv \sim p \wedge \sim q$　　(4) $\sim(p \wedge q) \equiv \sim p \vee \sim q$

문제 2 다음 각 명제의 진리표를 만들어, 두 명제가 서로 동치명제임을 밝혀라.

(1) $p \vee q$, $\sim(p \rightarrow q) \vee q$　　(2) $\sim(\sim p \rightarrow q)$, $\sim(p \vee q)$

문제 3 실수 전체의 집합 R 에서 두 조건 $p(x)$: $x^2 > 1$, $q(x)$: $x^2 > 2x$ 에 대하여 $\sim[p(x) \rightarrow q(x)]$의 값은?

4 논리 회로

컴퓨터의 계산에서 입력과 출력의 전기 신호를 2진 연산의 방법으로 계산할 수 있다. 이 경우 논리곱, 논리합, 논리부정의 세가지의 도합을 이용하여 표현이 가능하다. 특히, ASA(american standard association)에 의하여 스위치가 닫혀 있는 상태를 논리 "1"로 열려 있는 상태를 논리 "0"으로 표시하기로 한다.

1. 논리합(OR)

두 개의 논리 변수 x, y 의 논리합을 $x+y$ 로 표시한다. 변수 x, y 가 병렬 스위치로 접속되어 있고 어느 한쪽 또는 양쪽 스위치가 닫힌 경우 전구의 불이 들어온다.

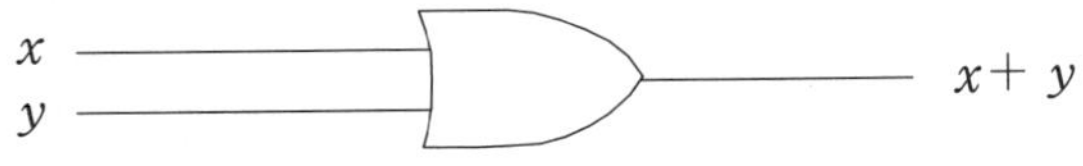

OR 게이트(gate)

x	y	$x+y$
1	1	1
1	0	1
0	1	1
0	0	0

OR 연산

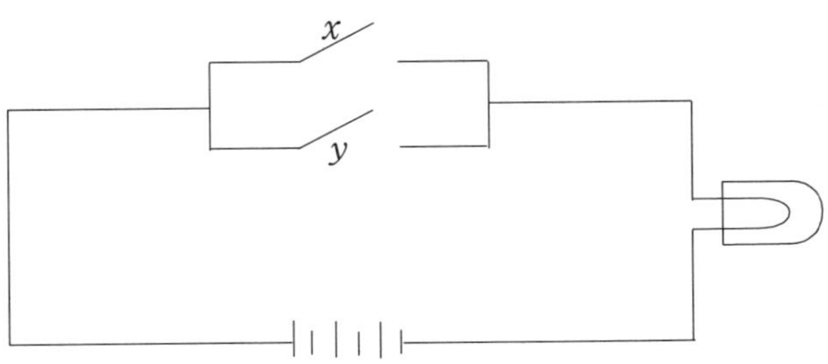

스위치에 의한 OR 회로

2. 논리곱(AND)

두 개의 논리 변수 x, y 의 논리곱 연산을 $x \cdot y$ 로 표시한다. 변수 x, y 가 직렬로 스위치가 접속되어 있고 양쪽의 스위치가 모두 켜진 경우만 불이 들어온다.

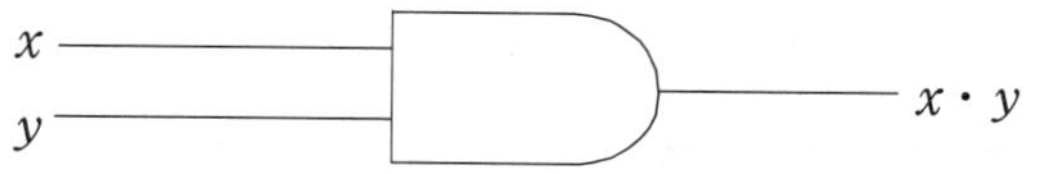

AND 게이트(gate)

x	y	$x \cdot y$
1	1	1
1	0	0
0	1	0
0	0	0

AND 연산

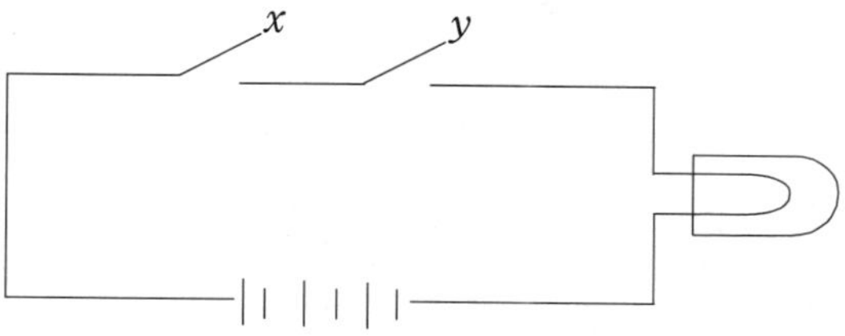

스위치에 의한 AND 회로

3. 논리 부정(NOT)

논리 변수 x 의 부정 $\overline{x}$ 로 표시한다. x 가 접속되어 있고 스위치를 누르면 불이 꺼지고 스위치를 누르지 않을 때만 불이 켜지는 경우이다.

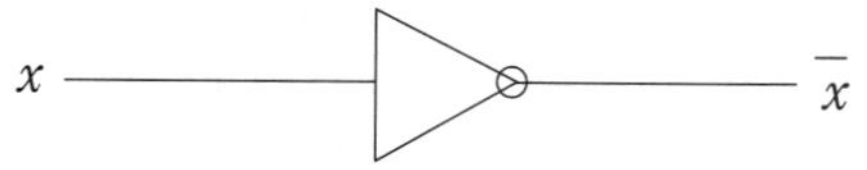

NOT 게이트(gate)

x	$\overline{x}$
1	0
0	1

NOT 연산

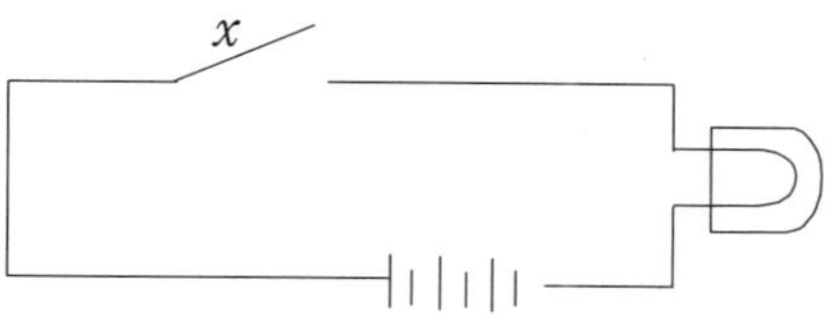

스위치에 의한 NOR 회로

예제 1 $x(y+\bar{x})$ 의 스위치 회로와 연산결과를 구하여라.

풀이

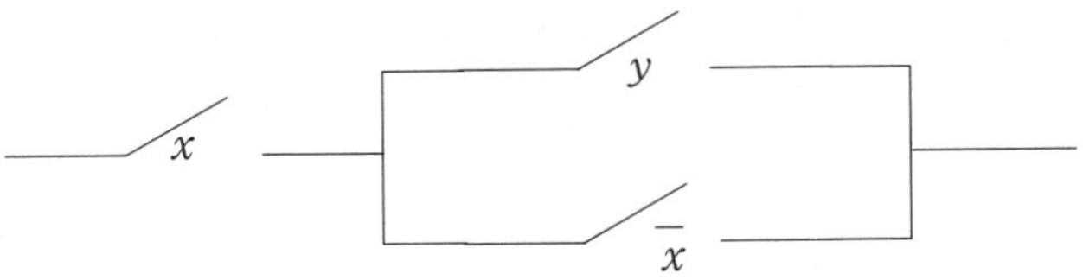

x	y	$\bar{x}$	$\bar{x}+y$	$x(y+\bar{x})$
1	1	0	1	1
1	0	0	0	0
0	1	1	1	0
0	0	1	1	0

예제 2 $(x\cdot y)+〔(\bar{x})(\bar{y}+x+y)〕$의 스위치 회로와 연산 결과를 구하여라.

풀이

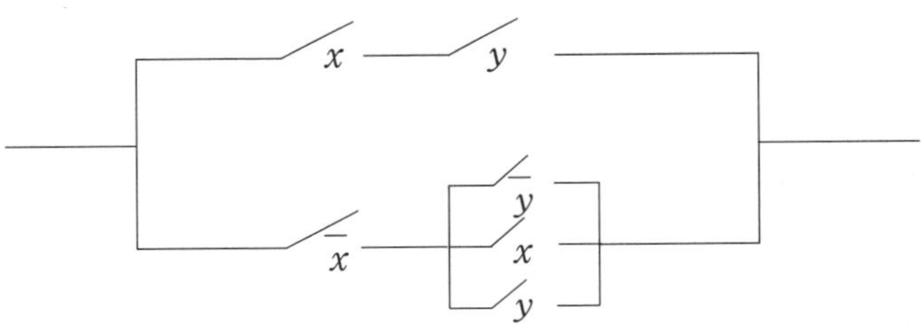

x	y	$x\cdot y$	$\bar{x}$	$\bar{y}$	$x+y$	$\bar{y}+x+y$	$\bar{x}(\bar{y}+x+y)$	$(x\cdot y)+[(\bar{x})(\bar{y}+x+y)]$
1	1	1	0	0	1	1	0	1
1	0	0	0	1	1	1	0	0
0	1	0	1	0	1	1	1	1
0	0	0	1	1	0	1	1	1

예제 3 다음의 스위치 회로를 간단히 하여라.

(1)

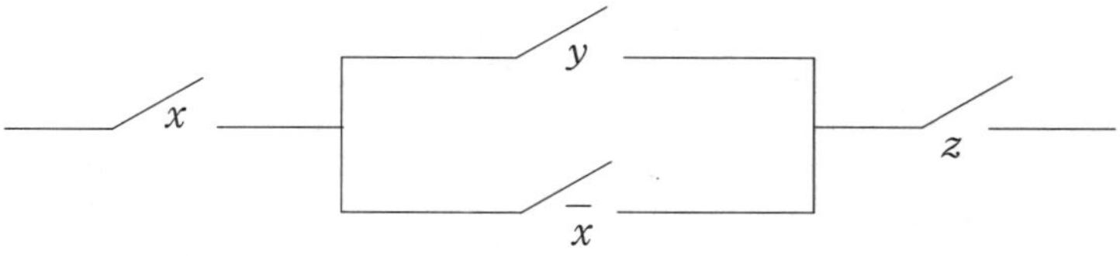

풀이 $x \cdot [\overline{x} + y] \cdot z$

x	y	z	$\overline{x} + y$	$x \cdot z$	$x \cdot (\overline{x} + y) \cdot z$
1	1	1	1	1	1
1	1	0	1	0	0
1	0	1	0	1	0
1	0	0	0	0	0
0	1	1	1	0	0
0	1	0	1	0	0
0	0	1	1	0	0
0	0	0	1	0	0

문제 1 다음 스위치 회로를 간단히 하여라.

예제 4

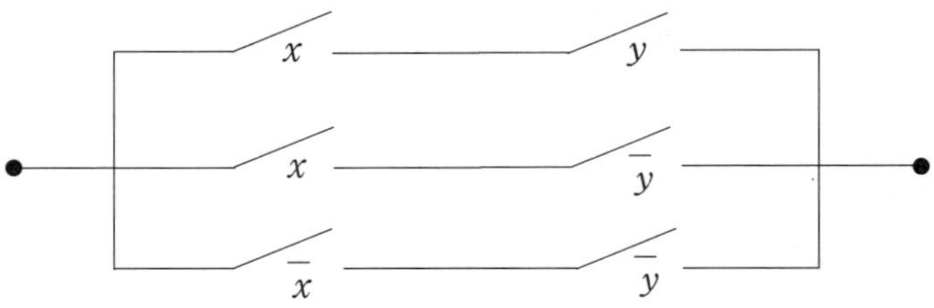

(1) 논리 회로를 간단히 하여라.

(2) 주어진 회로와 간략화한 회로가 같다는 것을 진리표를 이용하여 증명하여라.

풀이

(1) $E=(x \wedge y)\vee(x \wedge \bar{y})\vee(\bar{x} \wedge \bar{y})$

$= x \wedge(y \vee \bar{y})\vee(\bar{x} \wedge \bar{y})$

$=[x\wedge(I)]\vee(\bar{x} \wedge \bar{y})= x\vee(\bar{x} \wedge \bar{y})$

$=(x \vee \bar{x})\wedge(x \vee \bar{y})=(I)\wedge(x \vee \bar{y})= x \vee \bar{y}$

(2)

x	y	$x\wedge y$	$x \wedge \bar{y}$	$\bar{x}\wedge \bar{y}$	$(x\wedge y)\vee(x\wedge \bar{y})\vee(\bar{x}\wedge \bar{y})$	$x \vee \bar{y}$
1	1	1	0	0	1	1
1	0	0	1	0	1	1
0	1	0	0	0	0	0
0	0	0	0	1	1	1

예제 5

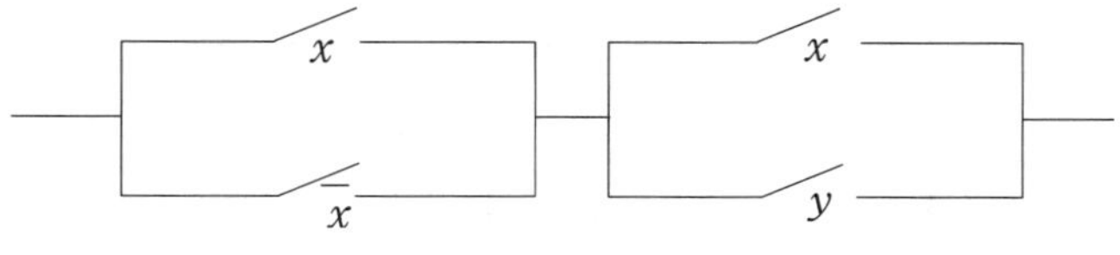

(1) 논리 회로를 간단히 하여라.

(2) 주어진 회로와 간략화한 회로가 같다는 것은 진리표로 증명하여라.

풀이 (1) $E=(x \vee \overline{x}) \wedge (x \vee y) = I \wedge (x \vee y) = x \vee y$

(2)

x	y	$x \vee \overline{x}$	$x \vee y$	$(x \vee \overline{x}) \wedge (x \vee y)$	$x \vee y$
1	1	1	1	1	1
1	0	1	1	1	1
0	1	1	1	1	1
0	0	1	0	0	0

문제 2

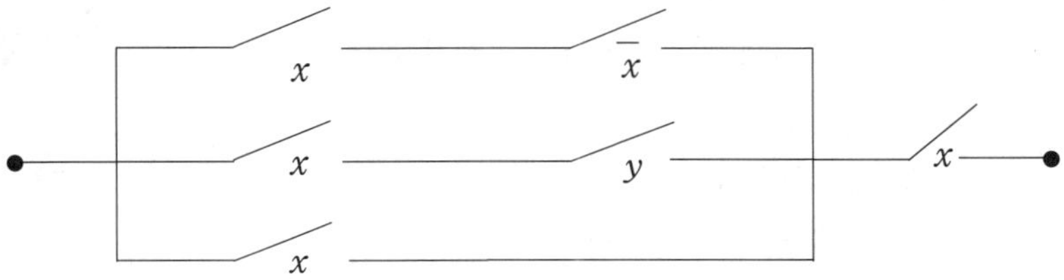

(1) 논리 회로를 간단히 하여라.

(2) 주어진 회로와 간략화한 회로가 같다는 것을 진리표로 증명하여라.

5 필요조건, 충분조건

일반적으로 명제 「 p 이면 q 이다.」가 참일 때, 즉 $p \Rightarrow q$ 일 때

q 는 p 이기 위한 필요조건

p 는 q 이기 위한 충분조건

이라고 한다. 이것은 간단히 q 는 p 의 필요조건, p 는 q 의 충분조건이라고도 한다.

p	$\Rightarrow$	q
:		:
충분조건		필요조건

예를들면, 명제

「 $x=1$ 이면 $x^2=1$ 이다.」

는 참으로 $x=1$ 은 $x^2=1$ 이기 위한 충분조건이고,

$x^2=1$ 은 $x=1$ 이기 위한 필요조건이다.

명제 「 $p \to q$ 」와 명제 「 $q \to p$ 」가 모두 참일 때, 즉 $p \Leftrightarrow q$ 일 때

q 는 p 이기 위한 필요충분조건 또는 p 는 q 이기 위한 필요충분조건이다. 이 때 p 와 q 는 서로 동치라고 한다.

조건과 집합과의 관계

조건 p, q 를 만족시키는 집합을 각각 P, Q 라고 하면

(1) p 가 q 이기 위한 필요조건 일 때 $Q \subset P$

(2) p 는 q 이기 위한 충분조건 일 때 $P \subset Q$

(3) p 는 q 이기 위한 필요충분조건 또는 q 는 p 이기 위한 필요충분조건 일 때 $P \subset Q$ 이고, $Q \subset P$ 이므로 $P = Q$

예제 1 p, q 를 모두 r 의 충분조건, s 를 r 의 필요조건, q 를 s 의 필요조건이라고 할 때, 다음을 구하여라.

(1) r 은 s 의 어떤 조건인가?

(2) p 는 q 의 어떤 조건인가?

풀이 $p \Rightarrow r$, $q \Rightarrow r$, $r \Rightarrow s$, $s \Rightarrow q$ 가 성립하므로 p, q, r, s 를 만족하는 집합을 각각 P, Q, R, S 라고 하면

$$\begin{array}{ccccc} p & \Rightarrow & r & \Rightarrow & s \\ & & \Uparrow & \swarrow & \\ & & q & & \end{array} \qquad \therefore \begin{cases} r \Leftrightarrow s \\ s \Leftrightarrow q \\ q \Leftrightarrow r \end{cases}$$

$$\therefore\ p \Rightarrow q \Leftrightarrow r \Leftrightarrow s$$

$$\therefore\ P \subset Q = R = S$$

(1) r 는 s 의 필요충분조건

(2) p 는 q 의 충분조건

예제 2 다음에서 p 는 q 이기 위한 무슨 조건인지 말하여라. (단, x, y는 실수)

(1) p : $x+y=0$, q: $x=0$ 그리고 $y=0$

(2) p : $xy=|xy|$, q: $x=0$ 또는 $y=0$

(3) p : $x^2+y^2=0$, q: $xy=0$

(4) p : $x^2=y^2$, q: $|x|=|y|$

(5) p : $x>y$, q: $x^2>y^2$

(6) p : $x<0$ 또는 $y<0$, q : $xy<0$

풀이 (1) $x+y=0 \not\Rightarrow x=0$ 이고 $y=0$(반례 : $x=1$, $y=-1$)

$x+y=0 \Leftarrow x=0$ 이고 $y=0$

따라서, $p \Leftarrow q$ 이므로 필요조건이다.

(2) $xy=|xy| \not\Rightarrow x=0$ 이고 $y=0$(반례 : $x=0$, $y=2$)

$xy=|xy| \Leftarrow x=0$ 이고 $y=0$

따라서, $p \Leftarrow q$ 이므로 필요조건이다.

(3) $x^2+y^2=0 \Rightarrow xy=0$($x^2+y^2=0 \Leftrightarrow x=0$ 이고 $y=0$)

$x^2+y^2=0 \not\Leftarrow xy=0$(반례 : $x=0$, $y=1$)

따라서, $p \Rightarrow q$ 이므로 충분조건이다.

(4) $x^2 = y^2 \Leftrightarrow x^2 - y^2 = 0 \Leftrightarrow (x+y)(x-y) = 0$

$\Leftrightarrow x+y=0$ 또는 $x-y=0 \Leftrightarrow x=\pm y \Leftrightarrow |x|=|y|$

따라서, $p \Leftrightarrow q$ 이므로 필요충분조건이다.

(5) $x > y \not\Rightarrow x^2 > y^2$ (반례 : $x=1$, $y=-2$)

$x > y \not\Leftarrow x^2 > y^2$ (반례: $x=-2$, $y=0$)

따라서, 필요조건도 충분조건도 아니다.

(6) $x<0$ 또는 $y<0 \not\Rightarrow xy<0$ (반례 : $x=-1$, $y=-2$)

$x<0$ 또는 $y<0 \Leftarrow xy<0$

따라서, $p \Leftarrow q$ 이므로 필요조건이다.

문제 1 다음 각각에서 조건 p 는 q 이기 위한 어떤 조건인가? (단, 문자는 모두 실수이다.)

(1) p : $x = 0$ $\qquad$ q : $xy=0$

(2) p : $x < 2$ $\qquad$ q : $-2 < x < 2$

(3) p : $x > -2$ $\qquad$ q : $x > 2$

(4) p : $x^2 = 3x$ $\qquad$ q : $x=0$ 또는 $x=3$

(5) p : $x>0$, $y>0$ $\qquad$ q : $x+y>0$, $xy>0$

(6) p : $1 \leqq x \leqq 7$ $\qquad$ q : $2 \leqq x \leqq 5$

예제 3 두 명제 「봄이 오면 따뜻하다.」, 「따뜻하면 꽃이 핀다.」가 모두 참이라고 할 때, 다음 명제 중에서 반드시 참이라고 할 수 없는 것은?

㉠ 따뜻하지 않으면 봄이 오지 않는다.

㉡ 봄이 오면 꽃이 핀다.

㉢ 꽃이 피면 봄이 온다.

㉣ 꽃이 피지 않으면 봄이 오지 않는다.

풀이 ① 「$p \to q$」, 「$q \to r$」가 참이면 「$p \to r$」도 참이다.

② 어떤 명제가 참일 때, 그 대우는 반드시 참이다.

㉠ 「봄이 오면 따뜻하다.」의 대우 ∴ 참

㉡ 삼단논법 ∴ 참

㉣ 「봄이 오면 꽃이 핀다.」의 대우 ∴ 참

(답) ㉢

예제 4 조건 p, q, r 에 있어서 p 는 q 의 충분조건이고, r 은 q 의 필요조건이며, p 는 r 의 필요조건일 때, q 는 r 의 무슨 조건인가?

풀이 성립 방향을 화살표로 나타내면

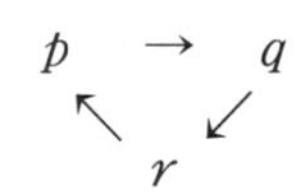

$\therefore\ q \leftrightarrows r$ (필요충분조건)

예제 5 $x+y$, xy 정수인 것은 x, y 가 정수이기 위한 무슨 조건인가?

풀이 x 가 정수이고 y 가 정수이면, $x+y$ 가 정수이고 xy 도 정수이다. 그러나 $x+y$ 가 정수이고 xy 가 정수라고 해서 x, y 가 모두 정수라고 할 수는 없다. ($\because\ x=\sqrt{2}$, $y=-\sqrt{2}$ 인 경우)

즉, $x+y$, xy 가 정수 $\not\rightleftarrows$ x, y 가 정수

$\because$ 필요조건

문제 2 실수 x 에 대하여

$A=\{x \mid x^2-4x+3 \leqq 0\}$, $B=\{x \mid x^2-4x-5 \leqq 0\}$

일 때, B 가 되기 위하여 A 는 무슨 조건인가?

예제 6 다음 조건을 구하여라. (단, a, b, c 는 실수)

(1) $a+b+c=0$ 은 $a^2+b^2+c^2=0$ 이기 위한 무슨 조건인가.

(2) $a^2+b^2+c^2=0$ 은 $a^2+b^2+c^2-ab-bc-ca=0$ 이기 위한 무슨 조건인가.

(3) $a^2+b^2+c^2=0$ 은 $a^2+b^2+c^2+ab+bc+ca=0$ 이기 위한 무슨 조건인가.

(4) $a+b+c=0$ 은 $a^2+b^2+c^2+ab+bc+ca=0$ 이기 위한 무슨 조건인가.

풀이

(1) $a+b+c=0 \;\overset{\times}{\underset{\circ}{\rightleftarrows}}\; a^2+b^2+c^2=0$: 필요조건

(예) $2+2-4=0$

(2) $a^2+b^2+c^2=0 \;\overset{\circ}{\underset{\times}{\rightleftarrows}}\; \frac{1}{2}[(a-b)^2+(b-c)^2+(c-a)^2]=0$

(예) $a=b=c=0$　　　$a=b=c$ or $a=b=c=0$: 충분조건

(3) $a^2+b^2+c^2=0 \;\overset{\circ}{\underset{\circ}{\rightleftarrows}}\; \frac{1}{2}[(a+b)^2+(b+c)^2+(c+a)^2]=0$

(예) $a=b=c=0$　　　$a=b=c=0$: 필요충분조건

(4) $a+b+c=0 \;\overset{\times}{\underset{\circ}{\rightleftarrows}}\; \frac{1}{2}[(a+b)^2+(b+c)^2+(c+a)^2]=0$

(예) $2+3-5=0$　　　$a=b=c=0$: 필요조건

CHAPTER 3

함수

1 함수(function)

1. 함수의 뜻

두 집합 X, Y 에 대하여 X 의 각 원소 x 가 Y 의 오직 하나의 원소 y 에 대응할 때, 이러한 대응 관계를 집합 X 에서 Y 로의 함수라 하고, 이 대응 관계를 기호로는

$$f : X \to Y \text{ 또는 } X \xrightarrow{f} Y$$

로 나타낸다. 이 때 집합 X 를 함수 f 의 정의역, Y 를 공역이라고 한다. 또 정의역 X 의 각 원소 x 에 Y 의 원소 y 가 대응할 때

$$y = f(x) \text{ 또는 } f : x \to y$$

로 나타나고, $f(x)$ 를 함수 f 에 의한 x 의 상, 또는 x 에서의 함수값이라고 한다.

여기서 x 를 독립변수, y 를 종속변수라고 한다.

그리고 X 의 모든 원소의 상 전체의 집합 $\{f(x) \mid x \in X\}$ 를 함수 f 의 치역이라고 한다. 따라서 치역은 공역의 부분집합이다.

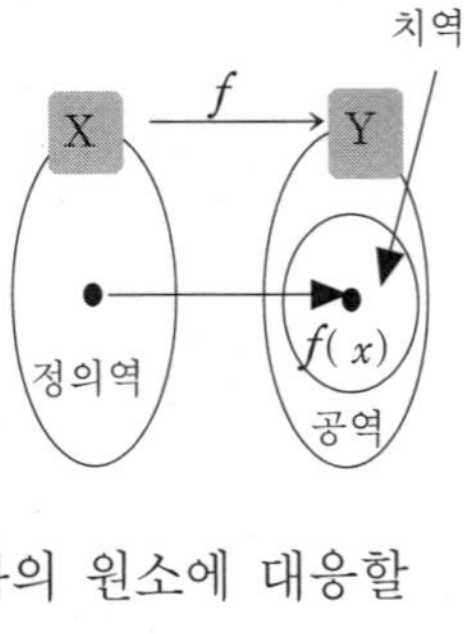

두 함수 $f : x \to y$, $g : A \to B$ 에서, 이 두 함수의 정의역이 일치하고, 이 정의역의 임의의 원소 x 에 대한 함수값이 같을 때, 즉

$X = A$ 이고 $f(x) = g(x)$

일 때, 두 함수와 f 와 g 는 같다고 하고, $f = g$ 로 나타낸다.

함수 $f: X \to Y$ 에서 정의역 X 의 임의의 원소 x 와 Y 의 오직 하나의 원소에 대응할 때, 이 함수 f 를 상수함수라고 한다.

또 함수 $f: X \to Y$ 에서 정의역 X 의 임의의 원소 x 에 대하여 $f(x) = x$ 인 함수 f 를 항등함수라고 한다.

예제 1 두 집합 $X=\{-1,\ 0,\ 1\}$, $Y=\{0,\ 1,\ 2,\ 3\}$이 있다. 다음 중 X 에서 Y 로의 대응이 함수인 것을 골라라.

(1) $f: x \rightarrow x$　　　　(2) $f: x \rightarrow |x|$

(3) $f: \begin{cases} x \geqq 0 \text{ 일 때 } x \rightarrow \text{짝수} \\ x < 0 \text{ 일 때 } x \rightarrow \text{홀수} \end{cases}$　　　　(4) $f: \begin{cases} x \geqq 0 \text{ 일 때 } x \rightarrow x+2 \\ x < 0 \text{ 일 때 } x \rightarrow x+1 \end{cases}$

풀이 X 의 모든 원소에 Y 의 원소가 오직 한 개씩만 대응하는 것만이 함수 대응관계를 그림으로 나타내면 다음과 같다.

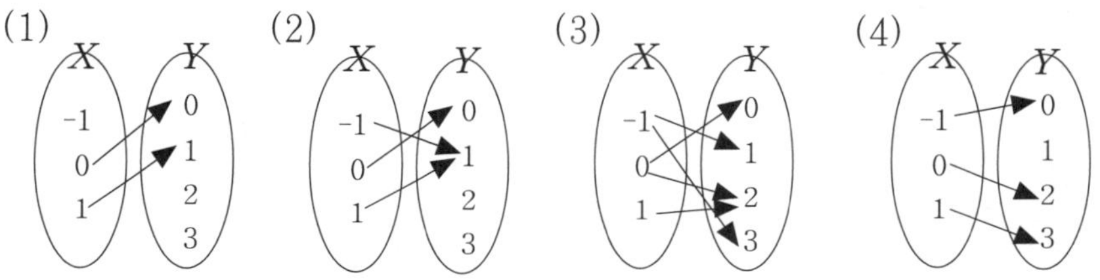

(1) -1 에 대한 상이 없다.

(3) X 의 각 원소에 Y 의 원소가 2개씩 대응하므로 함수가 아니다.

(2), (4) X 의 각 원소에 Y 의 원소가 하나씩 대응한다.

$\therefore$ 함수인 것은 (2)와 (4)

예제 2 $X=\{2,\ 3,\ 4,\ 5\}$, $Y=\{1,\ 2,\ 3,\ 4,\ 5,\ 6\}$ 일 때, 다음 중에서 $f: X \rightarrow Y$가 함수인 것은? (단, $x \in X$)

(1) x 에 x 의 양의 약수가 대응한다.

(2) x 에 x 의 양의 약수가 개수가 대응한다.

(3) x 에 x 의 양의 배수가 대응한다.

(4) x 에 x 의 15이하의 양의 배수가 개수가 대응한다.

풀이 (1) $f(2)=1$, $f(2)=2$ 가 되어 f 는 함수가 될 수 없다.

(2) $f(2)=2$, $f(3)=2$, $f(4)=3$, $f(5)=2$ 이므로 함수가 될 수 있다.

(3) $f(2)=2$, $f(2)=4$, $f(2)=6$ 이 되어 f 는 함수가 될 수 없다.

(4) $f(2)=7$ 이 되어 X 의 2에 대응하는 Y 의 원소가 없으므로 함수가 될 수 없다.

문제 1 다음 X 에서 Y 로의 함수의 정의역, 치역, 공역을 구하여라.

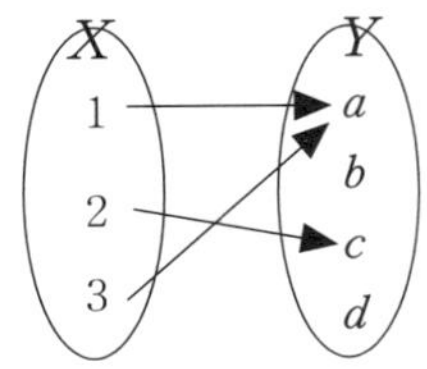

예제 3 두 집합 X, Y 가 $X=\{-1, 1, 2\}$, $Y=\{1, 2, 3, 4, 5\}$ 라고 한다. X 의 임의의 원소 x 에 대하여 X 에서 Y 로의 대응을 생각할 때, 다음 중 함수인 것을 찾아라.

(1) $x \rightarrow x$ (2) $x \rightarrow x+2$

(3) $x \rightarrow x^2+1$ (4) $x \rightarrow |x|$

(5) $\begin{cases} x \geqq 0 \text{ 일 때 } x \rightarrow 3\text{의 배수} \\ x < 0 \text{ 일 때 } x \rightarrow 2\text{의 배수} \end{cases}$ (6) $\begin{cases} x \geqq 0 \text{ 일 때 } x \rightarrow x+1 \\ x < 0 \text{ 일 때 } x \rightarrow 2x+3 \end{cases}$

풀이 (1)

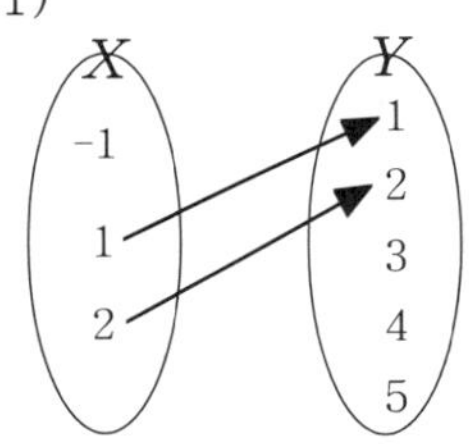

(2)

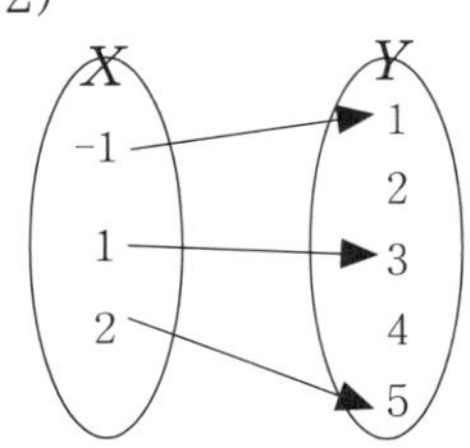

(3)

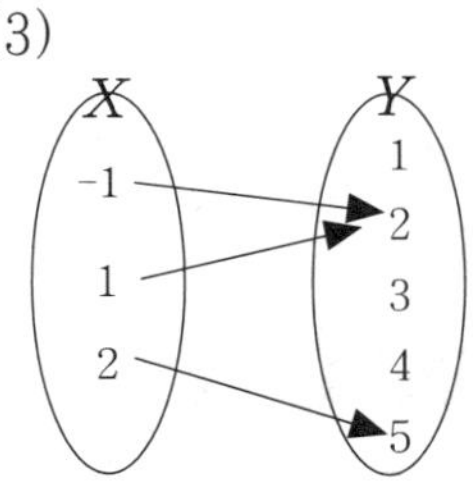

(4)

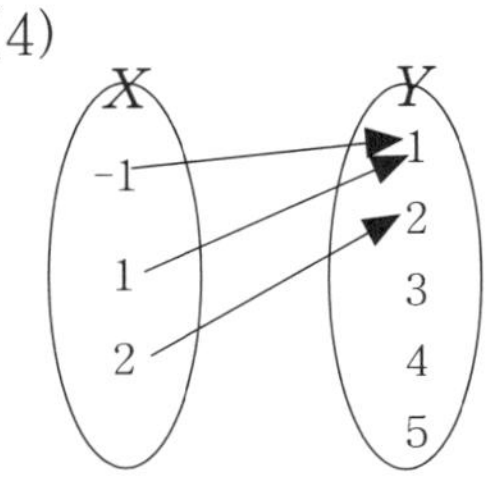

(5)

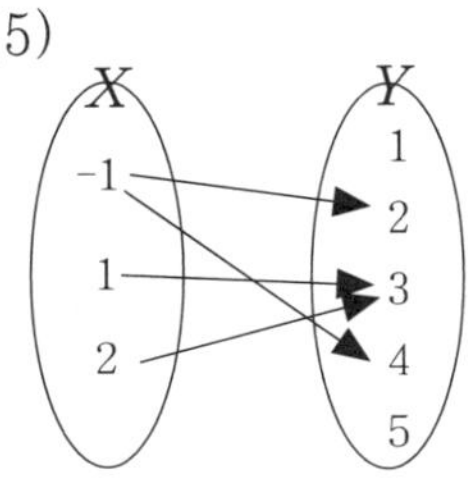

(6)

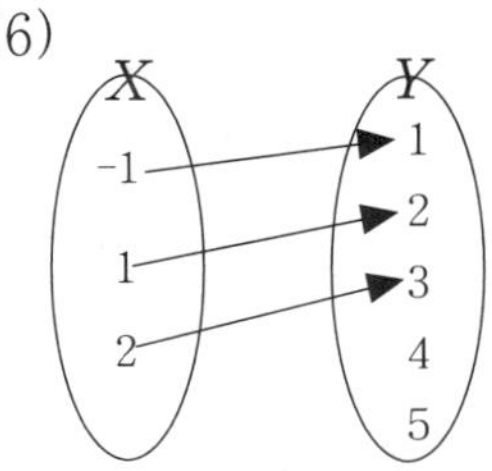

위의 그림에서와 같이 (1)의 대응은 X 의 원소 -1에 대응하는 Y 의 원소가 없으므로 함수가 아니고, (5)의 대응은 X 의 원소 -1에 대응하는 Y 의 원소가 2와 4 두 개 이므로 함수가 아니다.

(답) (2), (3), (4), (6)

예제 4 R 을 실수 전체의 집합이라 하고, 함수 f 를

$f: R \rightarrow R,\ f: x \rightarrow 2x^2-3$

이라 할 때, 함수값 $f(0)$, $f(1)$, $f(2)$를 구하여라.

풀이 $f: x \rightarrow 2x^2-3$ 은 x 의 상 $f(x)$가 $2x^2-3$ 임을 의미하므로 $f(x)=2x^2-3$으로 나타낼 수 있다.

$$\therefore\ f(0)=2\cdot0^2-3=-3$$
$$f(1)=2\cdot1^2-3=-1$$
$$f(2)=2\cdot2^2-3=5$$

문제 2 두 집합 $X=\{-1,\ 0,\ 1\}$, $Y=\{-1,\ 0,\ 1,\ 2\}$에 대하여 함수 f 를 $f: X \rightarrow Y,\ f(x) \rightarrow x^2-1$ 이라 할 때, 다음 물음에 답하여라.

(1) 함수 f 의 그래프를 집합을 써서 나타내어라.

(2) 함수 f 의 그래프를 좌표평면 위에 그려라.

(3) 함수 f 의 치역을 구하여라.

예제 5 $A=\{2,\ 3,\ 4,\ 5,\ 9\}$, $B=\{2,\ 3,\ 5,\ 6,\ 7,\ 8\}$일 때 A 의 원소 a 와 B 의 원소 b 사이에 "$a \in A$ 의 최소 약수는 $b \in B$ 이다."라는 관계의 치역을 구하여라.

풀이 2, 4의 최소 약수는 2이고, 3, 9의 최소 약수는 3이며 5의 최소 약수는 5이다.

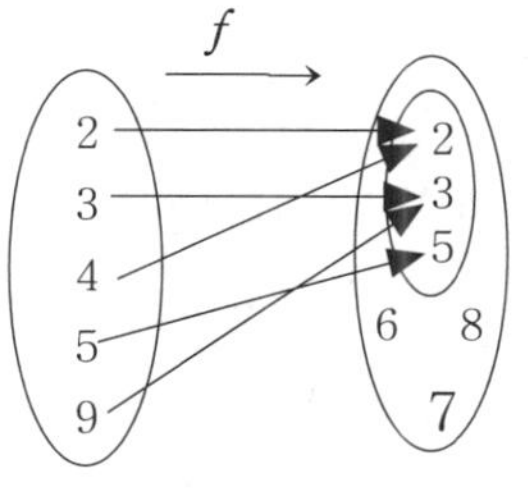

정의역 $\{2,\ 3,\ 4,\ 5,\ 9\}$, 공역 $\{2,\ 3,\ 5,\ 6,\ 7,\ 8\}$, 치역 $\{2,\ 3,\ 5\}$

예제 6 (1) 그림과 같을 때 다음을 구하여라.

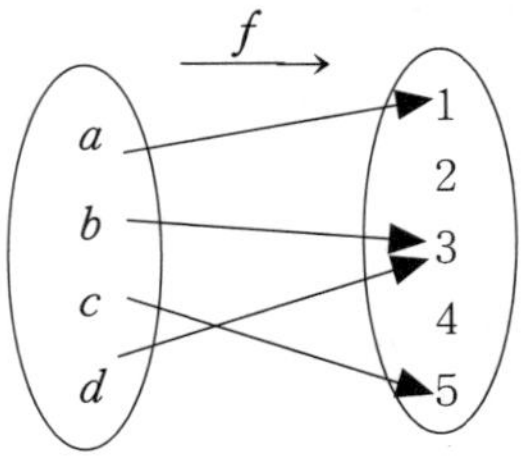

① $f(a)$, $f(b)$의 값

② $f(x)=3$인 집합 X 의 원소 x

③ 함수 $f(x)$ 의 치역

(2) 다음 함수의 정의역 치역을 구하여라.

① $y=x+1$　　　　② $y=-x^2+2x$

풀이 (1) ① $f(a)=1$, $f(b)=3$

② $f(b)=3$, $f(d)=3$이므로 $x=b$, d

③ $\{1, 3, 5\}$

(2) ① 정의역 R, 치역 R

② $y=-(x-1)^2+1$ 이므로 정의역 R, 치역 $\{y \mid y\leq1\}$

예제 7 정수 전체의 집합 Z 에서 Z 로의 함수 f 가 $f(m+n)=f(m)+f(n)$ 가 성립시킬 때, 다음에 답하여라.

$f(1)=3$일 때, 함수 f 의 치역을 구하여라.

풀이 $f(2)=f(1)+f(1)=2f(1)=2\cdot3=6$

$f(3)=f(1)+f(2)=f(1)+f(1)+f(1)=3f(1)=3\cdot3=9$

....

$f(n)=f(1)+f(1)+\cdots f(1)=nf(1)=n\cdot3=3n$ (n 은 자연수) --------- ①

한편, $f(0)=f(0+0)=f(0)+f(0)$에서 $f(0)=0$ ---------------------- ②

그리고, 자연수 n에 대하여 $f(0)=f(n-n)=f(n)+f(-n)$이므로

$0=f(n)+f(-n)$에서 $f(-n)=-f(n)=-3n$ ---------------------- ③

①, ②, ③에 의하여 $f(p)=3p$ (p는 정수)이므로 f 의 치역은 $\{3p \mid p\in Z\}$

예제8 집합 $A=\{-1,\ 0,\ 1\}$에서 함수 $f(x)=x^2$ 의 값을 구하여라.

풀이 $f(-1)=1$, $f(0)=0$, $f(1)=1$

$\therefore\ f(A)=\{0,\ 1\}$이다.

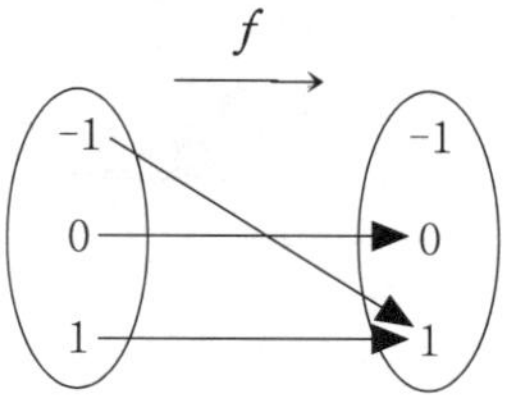

문제3 다음 함수의 정의역을 구하여라.

(1) $y=x^2-2x$

(2) $y=\sqrt{4-x^2}$

(3) $y=\dfrac{5}{(x+1)(x-2)}$

2 함수의 graph

2개의 원소가 일정한 순서를 갖고 구성되어 있으면 이를 순서쌍(ordered pair)이라 하며 (x, y)로 나타내고, x 를 첫째 성분 y 를 둘째 성분이라 한다.

(x, y)와 (y, x)는 서로 다른 순서쌍이다.

집합 X, Y에서 $x \in X$, $y \in Y$ 인 모든 순서쌍(x, y)들의 집합을 $X \times Y$로 표시하고 x 와 y 의 공집합 또는 카티션곱(cartesion product)이라 한다.

$$X \times Y = \{(x, y) \mid x \in X, \ y \in Y\}$$

또한, $f: X \longrightarrow Y$, $y = f(x)$ 가 주어지면

이 함수에 대응하는 $G = \{(x, f(x))\} \mid \{x \in X\}$ 가 된다.

예제 1 $f: R \to R$, $y = x^2$ 의 graph를 집합으로 표시하여라.

풀이 $G = \{(x, y) \mid y = x^2, \ x \in R\}$ 또는 $G = \{(x, x^2) \mid x \in R\}$

예제 2 순서쌍 집합 $\{(2, 2), (4, 1), (3, 3), (2, 3), (1, 2)\}$을 좌표도면상에 나타내어라.

풀이

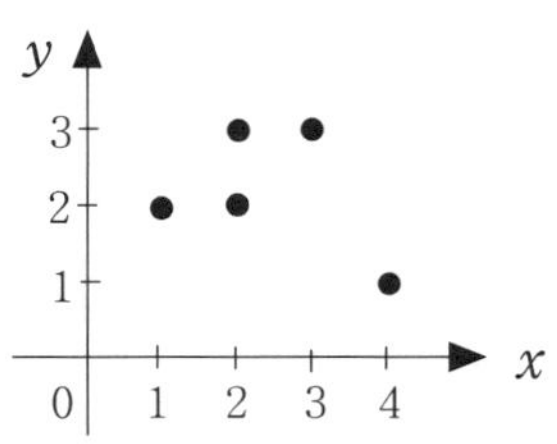

문제 1 $f: R \to R$, $y = x^2 - 1$의 graph를 집합으로 나타내어라.

예제3 두 집합 $X=\{1,\ 2,\ 3,\ 4\}$, $Y=\{0,\ 1,\ 2,\ 3,\ 4,\ 5\}$에 대하여 $f : X \rightarrow Y,\ x \rightarrow x-1$ 일 때 다음을 구하여라.

(1) 함수 f 의 graph를 집합으로 표시하여라.

(2) 함수 f 의 graph를 $X \times Y$ 로 표시하여라.

(3) 함수 f 의 치역을 구하여라.

풀이

(1)

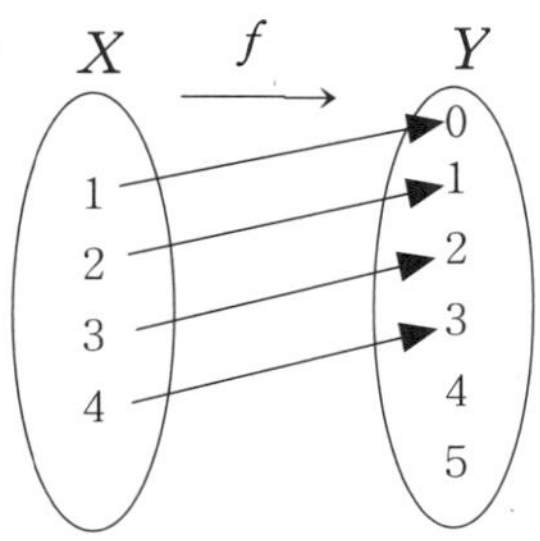

$\therefore \{(1,\ 0),\ (2,\ 1),\ (3,\ 2),\ (4,\ 3)\}$

(2)

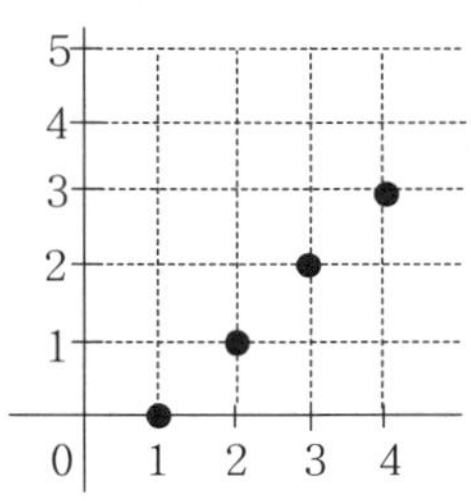

(3) 치역 $= \{0,\ 1,\ 2,\ 3\}$

문제2 $X = \{x \mid 2 \leqq x \leqq 6,\ x$는 정수$\}$ 이고 $f : X \rightarrow R,\ f(x)=x^2$ 인 함수 $f(x)$가 있다.

(1) 함수 $f(x)$ 의 graph를 집합으로 표시하여라.

(2) 함수 f 의 치역을 구하여라.

3 수와 집합

함수 $f: X \rightarrow Y$ 에서 정의역 X 의 서로 다른 원소에 공역 Y 의 서로 다른 원소가 대응되면, f 는 X 에서 Y 로의 일대일이 된다.

즉, 함수 $f: X \rightarrow Y$ 에서 $x_1, x_2 \in X$ 인 x_1, x_2 에 대하여

$x_1 \neq x_2$ 일 때 $f(x_1) \neq f(x_2)$

이면, 함수 f 를 X 에서 Y 로의 일대일이라고 한다.

예제 1 (1) $f: R \rightarrow R$, $f(x)=x^2+1$ 일 때

$2 \neq -2$이지만 $f(2)=f(-2)$ 이므로 함수 f 는 일대일이 아니다.

(2) $f: R \rightarrow R$, $f(x)=x^3$일 때

$x_1 \neq x_2$이면 반드시 $f(x_1) \neq f(x_2)$ 이므로 함수 f 는 일대일이다.

1. 일대일 대응

함수 $f: X \rightarrow Y$ 의 대응 관계가 일대일이고 치역과 공역이 일치하면, f 는 X 에서 Y 로의 일대일 대응이 된다.

즉, 함수 $f: X \rightarrow Y$ 가 있어서 정의역 X 의 각 원소의 함수값이 서로 다르고, $f(X)=Y$ 이면 함수 f 는 일대일 대응이라고 한다.

예제 2

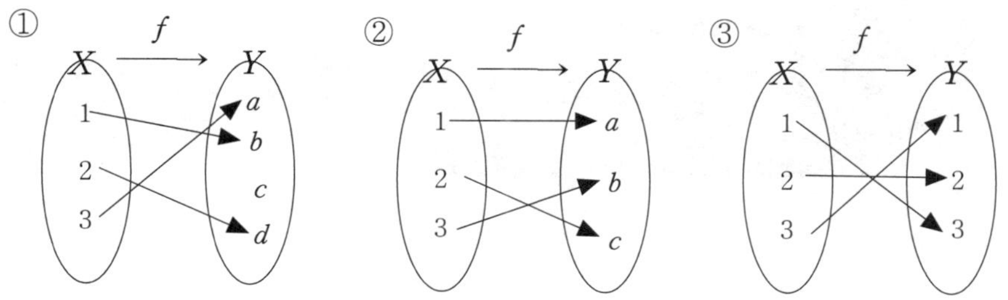

- 일대일 함수 : ①, ②, ③ 와 같이 X 의 원이 Y의 서로 다른 원과 대응하는 경우 일대일 함수라 한다.(공역과 치역은 일치하지 않아도 된다.)
- 일대일 대응 : ②, ③과 같이 일대일 함수이며 공역과 치역이 일치하는 함수를 일대일 대응이라 한다.

예제 3 다음과 같은 두 함수 f 와 g 가 일대일 대응임을 보여라.

(1) $f: R \rightarrow R,\ f(x)=2x+3$,

풀이 (1) (ⅰ) 정의역 R 의 임의의 두 원소, x_1, x_2 에 대하여 $x_1 \neq x_2$ 라고 하면 $f(x_2)-f(x_1)=(2x_2+3)-(2x_1+3)=2(x_2-x_1)\neq 0$

그러므로 $f(x_1)\neq f(x_2)$

따라서, f 는 일대일 함수이다.

(ⅱ) 공역 R 의 임의의 한 원소를 y 라고 하면 $f(x)=2x+3$으로부터 $y=2x+3$인 x 는

$x=\frac{1}{2}y-\frac{3}{2}$ 이고, $f\left\{\frac{1}{2}y-\frac{3}{2}\right\}=y$

y 의 f 에 대한 역상 $\frac{1}{2}y-\frac{3}{2}$은 정의역 R 의 원소이므로 함수 f 의 치역과 공역이 일치한다.

따라서, (ⅰ), (ⅱ)로부터 함수 f 는 일대일 대응이다.

문제 1 다음 함수가 일대일 함수인지 조사하여라.

(1) $y=2x+5$

(2) $y=x^2-1$

4 합성함수, 전사, 단사, 전단사 함수

다음의 〔그림 1〕과 같이 두 함수 f 와 g 가 주어졌을 때, X 의 원소 1인 f 에 의하여 Y 의 원소 $f(1)=a$ 와 대응하고, 이 a 는 g 에 의하여 Z 의 원소 $g(a)=y$ 와 대응하므로 X 의 원소 1 은 Z 의 원소 $g(f(1))=y$ 와 대응한다. 마찬가지로 X 의 원소 2, 3, 4는 각각 Z 의 원소 $g(f(2))=z$, $g(f(3))=z$, $g(f(4))=x$ 에 대응한다. 이 대응관계는 〔그림 2〕와 같은 X 에서 Z 로의 함수가 된다.

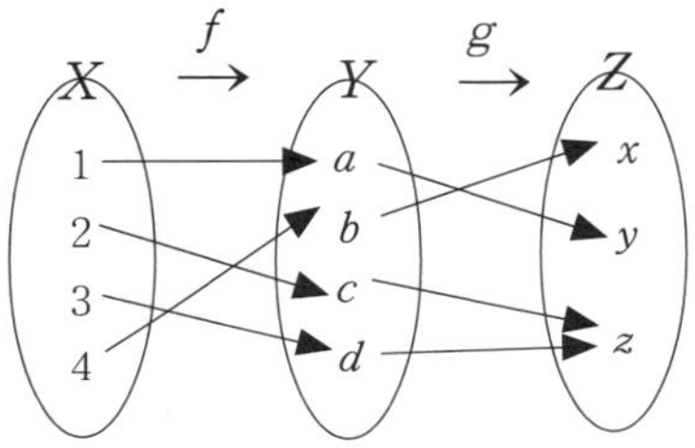

〔그림 1〕

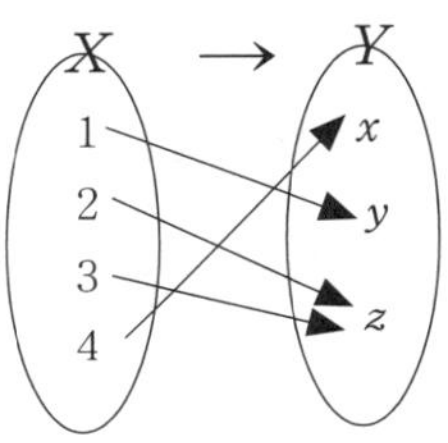

〔그림 2〕

일반적으로, 세 집합 X, Y, Z 에 대하여 두 함수

$f: X \rightarrow Y$, $g: Y \rightarrow Z$ 가 주어지면 X 의 임의의 원소 x 에 대하여 f 에 의한 함수값 $f(x)$ 는 Y 에 속하고, $f(x)$ 의 g 에 의한 함수값 $g(f(x))$ 는 Z 에 속한다.

이 때, X 의 임의의 원소 x 에 대하여 Z 의 원소 $g(f(x))$ 가 대응하므로 X 를 정의역, Z 를 공역으로 하는 새로운 함수를 정의할 수 있다.

이 함수를 f 와 g 의 합성함수라 하고, 기호로는

$$g \circ f: X \rightarrow Z$$

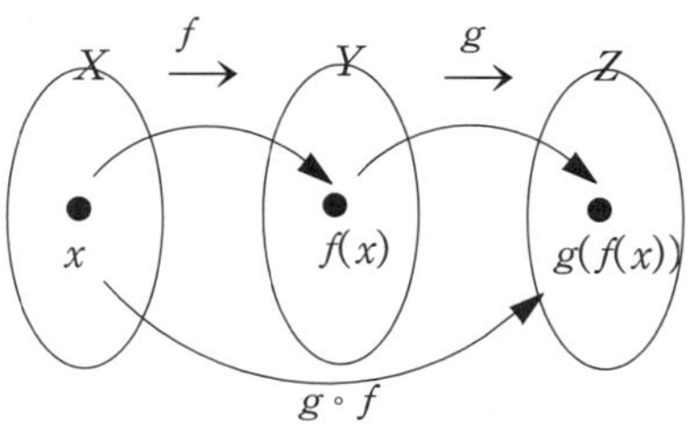

로 나타내면, X 의 임의의 원소 x 에 대하여

$(g \circ f)(x)=g(f(x))$

로 정의한다.

함수 $f: X \rightarrow Y$ 에서

(1) 전사함수 : $\{f(x) \mid x \in X\} = Y$ 즉,

치역이 공변역과 일치하는 함수를 f 를 전사함수라 한다.

(2) 단사함수 : X 의 서로 다른 원소들이 같은 상을 가지지 않는 함수 즉, $x_1, x_2 \in X$ 에 대하여 $x_1 \neq x_2$이면 $f(x_1) \neq f(x_2)$ 인 함수 f 를 단사함수

또는 X 에서 Y 로의 일대일 함수라 한다.

(3) 전단수함수 : 전사이면서 단사일 함수를 전단사함수라 한다.

함수 $f: X \rightarrow Y$ 의 종류를 그림으로 나타내어 보면 다음 네 종류로 나눌 수 있다.

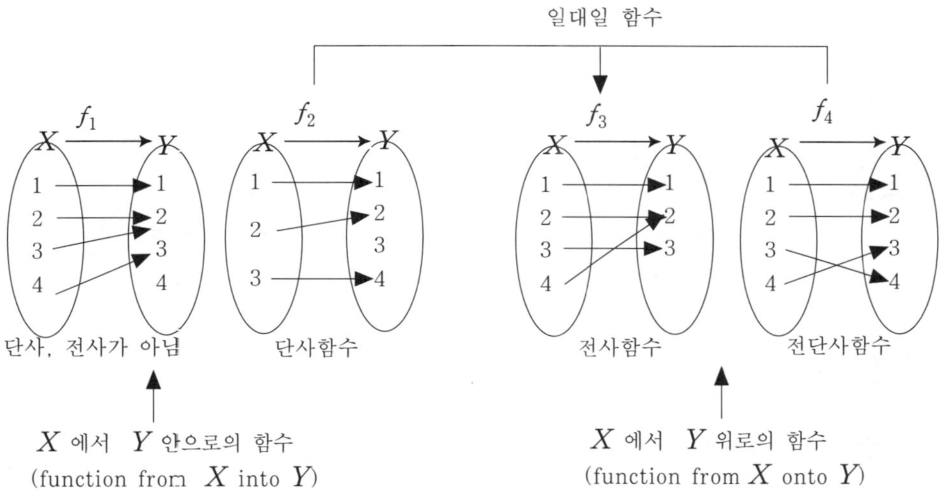

그림에서 함수 f_3 와 f_4 는 각각 치역이 공변역과 일치한다. 이와 같은 함수를 전사함수라 한다.

주의 전사함수에서는 치역과 공변역이 같으므로 Y 의 임의의 원소 y 에 대하여 $y=f(x)$ 가 되는 x 가 정의구역 X 의 원소 중에 적어도 하나 존재한다.

그림에서 함수 f_2 와 f_4 는 X 의 두 원소 x_1, x_2 에 대하여 $x_1 \neq x_2$ 이면 $f(x_1) \neq f(x_2)$ 인 경우이다. 이와 같은 함수를 단사함수라 한다.

함수 f_4 는 전사함수이면서 단사함수이다. 이와 같은 함수를 전단사함수라 한다.

예제 1 다음 함수의 종류를 말하여라.

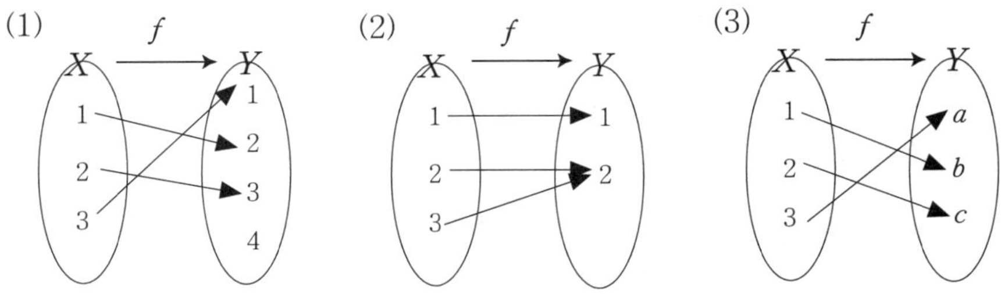

풀이 (1)은 단사함수이다. 그러나 전사함수는 아니다.
(2)은 전사함수이다. 그러나 단사함수는 아니다.
(3)은 공역과 치역이 같으므로 전사이고 단사이다. 즉, 전단사 함수이다.

예제 2 $f: R \rightarrow R$ 일 때 $f(x)=x^3$ 은 어떤 종류의 함수인가?

풀이 임의의 실수 x_1, x_2 에 대하여 $x_1 \neq x_2$ 이면 $f(x_1) \neq f(x_2)$ 이므로 단사이고 임의의 실수 y 에 대하여 역상 $x=\sqrt[3]{y}$ 이므로 전사함수이다. 따라서 $y=x^3$은 전단사함수이다.

예제 3 $f: R \rightarrow R$, $f(x)=x^2$ 은 어떤 종류의 함수인가?

풀이 임의의 실수 x_1, x_2 에 대하여 $x \neq -x$ 인데도 $f(x)=f(-x)$ 이므로 단사함수가 아니고 $y<0$ 에 대하여 역상 $y=\sqrt{x}$ 가 존재하지 않으므로 전사함수도 아니다.

예제 4 함수 $f: A \rightarrow B$, $g: B \rightarrow C$ 가 다음과 같다.
이 때 f 와 g 는 각각 어떤 함수인가?

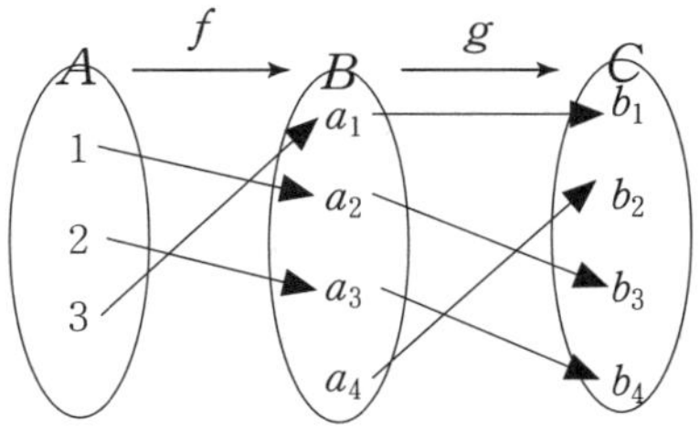

풀이 함수 f 는 B 에 어느 원소도 A 에 2개 이상의 원소에 대한 상이 아니므로 단사함수이다. 함수 g 는 전사이고 단사이다. 즉, 전단사함수이다.

$\therefore$ f : 단사함수

g : 전단사함수

예제 5 두 함수 $f(x)=3x-2$, $g(x)=x+1$ 의 합성함수 $(g\circ f)(x)$, $(f\circ g)(x)$ 를 구하여라. (단, 각 함수의 정의역은 실수 전체의 집합이다.)

풀이 각 함수의 정의역이 실수 전체의 집합이면, 치역도 실수 전체의 집합이다.

$(g\circ f)(x)=g(f(x))=(3x-2)+1=3x-1$

$(f\circ g)(x)=f(g(x))=3(x+1)-2=3x+1$

$\therefore (g\circ f)(x)=3x-1, \quad (f\circ g)(x)=3x+1$

예제 6 세 함수 $f(x)=x+3$, $g(x)=|x|$, $h(x)=3x-1$ 일 때, 다음을 구하여라.

(1) $(f\circ g)(1)$, $(g\circ f)(1)$

(2) $(f\circ g)(x)$, $(g\circ f)(x)$

(3) $(f\circ g\circ h)(1)$, $(f\circ g\circ h)(x)$

풀이 (1) $(f\circ g)(1)=f(g(1))=f(|1|)=f(1)=1+3=4$

$(g\circ f)(1)=g(f(1))=g(1+3)=g(4)=|4|=4$

(2) $(f\circ g)(x)=f(g(x))=f(|x|)=|x+3|$

$(g\circ f)(x)=g(f(x))=g(x+3)=|x+3|$

(3) $(f\circ g\circ h)(1)=f(g(h(1)))=f(g(3\times1-1)=f(g(2))$

$=f(|2|)=f(2)=2+3=5$

$(f\circ g\circ h)(x)=f(g(h(x))=f(g(3x-1))$

$=f(|3x-1|)=|3x-1|+3$

예제 7 $f(x)=2x+3$, $g(x)=-4x+3$ 일 때, $(h\circ f)(x)=g(x)$ 를 만족하는 일차함수 $h(x)$에 대하여 $(h\circ g)(-2)$의 값은?

풀이 $h(x)=ax+b$ 로 놓으면

$(h\circ f)(x)=h(f(x))=h(2x+3)=a(2x+3)+b$

$=2ax+3a+b$

$h\circ f=g$ 이므로 $2ax+3a+b=-4x+3$

$\therefore\ 2a=-4,\quad 3a+b=3 \qquad\qquad \therefore\ a=-2,\quad b=3$

$h(x)=-2x+3$

$\therefore\ (h\circ g)(-2)=h(g(-2))=h(11)=-2(11)+3=-19$

예제 8 실수 전체의 집합을 R 라 할 때, $f: X \rightarrow Y$ 가 다음과 같이 주어져 있다. 단사함수, 전사함수, 전단사함수 중 어떤 함수인가?

(1) $f(x)=2x$, $X=R$, $Y=R$

(2) $f(x)=x^2$, $X=R$, $Y=\{y\mid y\geq 0\}$

(3) $f(x)=2x-1$, $X=\{x\mid x\geq 0\}$, $Y=R$

(4) $f(x)=x^2+1$, $X=R$, $Y=R$

풀이 (1) 정의구역 R 의 원소 x_1, x_2 를 $x_1\neq x_2$ 인 임의의 두 실수라 하면,

$f(x_1)-f(x_2)=2x_1-2x_2=2(x_1-x_2)\neq 0 \qquad \therefore\ f(x_1)\neq f(x_2)$

즉, 일대일 대응하므로 단사함수이다.

또, 공변역 R 의 임의의 원소를 a 라 하면, a 는 실수이고, 또 b 에 대응되는 정의구역 원소는 $f\left(\frac{a}{2}\right)=2\cdot\frac{a}{2}=a$ 에 의하면 $\frac{a}{2}$ 인 실수이므로 공변역과 치역이 일치한다. 즉, 전사함수이다.

따라서, 주어진 함수는 전단사함수이다.

(2) $x_1=2$, $x_2=-2$ 일 때, $f(x_1)=f(x_2)=4$ 이므로, 단사함수가 아니다.

그런데, $x^2\geq 0$ 이므로, f 의 치역과 공변역 $\{y\mid y\geq 0\}$ 는 일치한다.

따라서, 주어진 함수는 전사함수이다.

(3) (1)과 같이 $x_1 \neq x_2$ 이면,

$f(x_1)-f(x_2)=(2x_1-1)-(2x_2-1)=2(x_1-x_2)\neq 0 \quad \therefore f(x_1)\neq f(x_2)$

그런데, 공변역 R 의 원소 중에는 치역의 원소가 아닌 것이 있다.

따라서, 주어진 함수는 단사함수이다.

(4) (2)와 마찬가지로 생각하면 단사함수가 아니다. 또, $x^2+1 \geqq 1$ 이므로, f 의 치역은 공변역 R 와 일치하지 않는 부분집합이다.

따라서, 전사도 아니고 단사도 아닌 함수이다.

예제 9 두 함수 $f(x)=\dfrac{x}{x-1}$, $g(x)=\dfrac{1}{1-x}$ 에 대하여 $f(g(a))=a$ 가 되는 a 의 값은?

풀이 $f(g(a))=\dfrac{g(a)}{g(a)-1}=\dfrac{\dfrac{1}{1-a}}{\dfrac{1}{1-a}-1}=\dfrac{\dfrac{1}{1-a}}{\dfrac{1-1+a}{1-a}}=a$

$\therefore \dfrac{1}{a}=a$, $a^2=1$, $a=\pm 1$

$a=1$은 부적당 $\quad \therefore a=-1$

예제 10 함수 $f(x)=x-\dfrac{8}{x}$ 에 대하여 $f(f(x))=x$ 를 만족하는 x 의 값을 구하여라.

풀이 $f(x)=x-\dfrac{8}{x}$ 이므로

$f(f(x))=f(x)-\dfrac{8}{f(x)}=x-\dfrac{8}{x}-\dfrac{8}{x-\dfrac{8}{x}}$

$f(f(x))=x$ 이므로

$x-\dfrac{8}{x}-\dfrac{8}{x-\dfrac{8}{x}}=x$, $\quad -\dfrac{8}{x}-\dfrac{8}{x-\dfrac{8}{x}}=0$

양변에 $(x-\dfrac{8}{x})$ 을 곱하면

$-\dfrac{8}{x}(x-\dfrac{8}{x})-8=0$, $\quad -16+\dfrac{64}{x^2}=0$

$x^2=4 \quad\quad \therefore x=\pm 2$

예제 11 두 함수 $f(x)$, $g(x)$ 가 $f(x)=2x+1$, $g(x)=x^2-5x+7$ 일 때, $(f\circ g)(x)=(g\circ f)(x)$를 성립시키는 x 의 값을 구하여라.

풀이

$$(f\circ g)(x)=f(g(x))=f(x^2-5x+7)$$
$$=2(x^2-5x+7)+1$$
$$=2x^2-10x+15$$
$$(g\circ f)(x)=g(f(x))=g(2x+1)$$
$$=(2x+1)^2-5(2x+1)+7$$
$$=4x^2-6x+3$$

그러므로, $2x^2-10x+15=4x^2-6x+3$에서 $x^2+2x-6=0$

따라서, $x=-1\pm\sqrt{7}$

문제 1 1을 제외한 모든 실수 x 에서 $f\left(\dfrac{x+1}{x-1}\right)=3x-2$ 일 때 $f(2)$ 을 구하여라.

예제 12 두 함수 $f(x)=2x+3$, $g(x)=-x+a$ 에 대하여 다음을 구하여라.

(1) $(f\circ g)(x)=(g\circ f)(x)$ 가 항상 성립하는 상수 a 의 값

(2) $a=3$일 때, $(f\circ h)(x)=g(x)$를 성립시키는 함수 $h(x)$

(3) $a=3$일 때, $(h\circ g\circ f)(x)=g(x)$를 성립시키는 함수 $h(x)$

풀이

(1) $(f\circ g)(x)=f(g(x))=f(-x+a)=2(-x+a)+3=-2x+2a+3$

$(g\circ f)(x)=g(f(x))=g(2x+3)=(2x+3)+a=-2x-3+a$

그러므로, 모든 x 에 대하여 $(f\circ g)(x)=(g\circ f)(x)$ 이려면

$2a+3=-3+a$

따라서, $a=-6$

(2) $(f\circ h)(x)=f(h(x))=2h(x)+3$ 이고,

$a=3$ 일 때, $g(x)=-x+3$ 이므로 $2h(x)+3=-x+3$

따라서 $h(x)=-\dfrac{1}{2}x$

(3) $a=3$ 일 때, $g(x)=-x+3$ 이므로

$(g\circ f)(x)=g(f(x))=g(2x+3)=-(2x+3)+3=-2x$

그러므로, $(h\circ g\circ f)(x)=h((g\circ f)(x))=h(-2x)$

문제의 조건에서 $h(-2x)=-x+3$

여기서, $-2x=y$ 하고 하면 $x=-\frac{1}{2}y$ 이므로 $-x+3=\frac{1}{2}y+3$

따라서, $h(y)=\frac{1}{2}y+3$, 즉 $h(x)=\frac{1}{2}x+3$

예제 13 $f: x\rightarrow\frac{x}{x-1}$, $g: x\rightarrow\frac{1}{1-x}$ 일 때, 합성함수 $f\circ g$와 $g\circ f$ 를 구하여라.

풀이 $f(x)=\frac{x}{x-1}$, $g(x)=\frac{1}{1-x}$ 일 때

$f\circ g=f(g(x))$, $g\circ f=g(f(x))$

i) $f\circ g=f(g(x))$

$$=\frac{g(x)}{g(x)-1}=\frac{\frac{1}{1-x}}{\frac{1}{1-x}-1}=\frac{1}{x}$$

ii) $g\circ f=g(f(x))$

$$=\frac{1}{1-f(x)}=\frac{1}{1-\frac{x}{x-1}}=1-x$$

예제 14 다음과 같은 세 함수에 대하여 아래 합성함수를 구하여라.

$f: x\rightarrow x+1$ $g: x\rightarrow -2x+1$ $h: x\rightarrow x^2$

(1) $g\circ f$ (2) $h\circ(g\circ f)$ (3) $g\circ(g\circ g)$

풀이 (1) $(g\circ f)(x)=g(f(x))=-2(x+1)+1=-2x-1$

$\therefore\ g\circ f: x\rightarrow -2x-1$

(2) $(h\circ(g\circ f))(x)=h(g(f(x))=h(-2x-1)$

$=(-2x-1)^2=(2x+1)^2$

$\therefore\ h\circ(g\circ f): x\rightarrow(2x+1)^2$

(3) $(g\circ g)(x)=g(g(x))=-2(-2x+1)+1=4x-1$

$(g\circ(g\circ g))(x)=g(4x-1)=-2(4x-1)+1=-8x+3$

$\therefore\ g\circ(g\circ g): x\rightarrow -8x+3$

예제 15 실수 전체의 집합에서 $f(x)=\frac{1}{2}x+1$ 로 정의된 f 에 대하여 $(f\circ(f\circ f))(x)=2$ 가 되는 x 의 값을 구하여라.

풀이 $(f\circ f)(x)=f(f(x))$를 구하면

$$(f\circ f)(x)=f\left(\frac{1}{2}x+1\right)$$
$$=\frac{1}{2}\left(\frac{1}{2}x+1\right)+1=\frac{1}{4}x+\frac{3}{2}$$

$(f\circ f\circ f)(x)=f(f(f(x)))$를 구하면

$$(f\circ f\circ f)(x)=f((f\circ f)(x))=f\left(\frac{1}{4}x+\frac{3}{2}\right)$$
$$=\frac{1}{2}\left(\frac{1}{4}x+\frac{3}{2}\right)+1=\frac{1}{8}x+\frac{7}{4}$$

$(f\circ f\circ f)(x)=2$에서 x 를 구하면

$\frac{1}{8}x+\frac{7}{4}=2$ 에서 $x=2$

예제 16 함수 $f(x)=ax$, ($a\neq0$인 정수)이고 $f\circ f=I$ 라 할 때, a의 값을 구하면? (단, I 는 항등함수)이다.

풀이 $f\circ f=I$에서 $f\circ f(x)=I(x)=x$, $f(ax)=x$

$a(ax)=x$ $\quad\therefore\ a^2=1$ $\quad\therefore\ a=\pm1$

문제 2 두 함수 $f(x)=2x+3$, $g(x)=4x-5$ 가 있다.
$(f\circ h)(x)=g(x)$를 만족하는 일차함수 $h(x)$ 를 구하여라.

문제 3 두 함수 f, g 각각 $f(x)=2x+1$, $g(x)=-3x+4$ 일 때, 합성함수 $g\circ f$ 와 $f\circ g$ 를 구하여라.

문제 4 $f\left(\frac{x-1}{x+2}\right)=\frac{x+5}{2x+7}$ 일 때, $f(4)$ 의 값.

5 역함수

다음의 〔그림 1〕과 같이 X 에서 Y 로의 함수 f 가 일대일 대응일 때, 이 대응의 역인 〔그림 2〕에서와 같이 Y 의 모든 원소에 X 의 원소가 하나씩 대응하고 있으므로 f 의 역인 대응은 Y 에서 X가 된다.

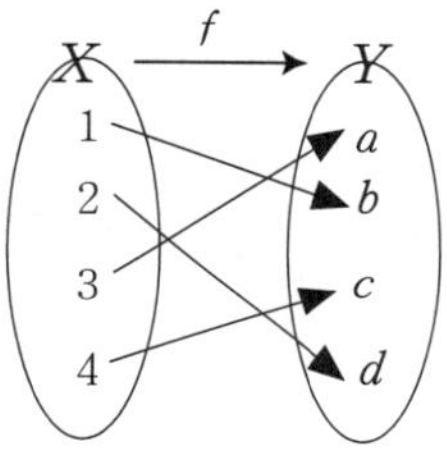

〔그림 1〕

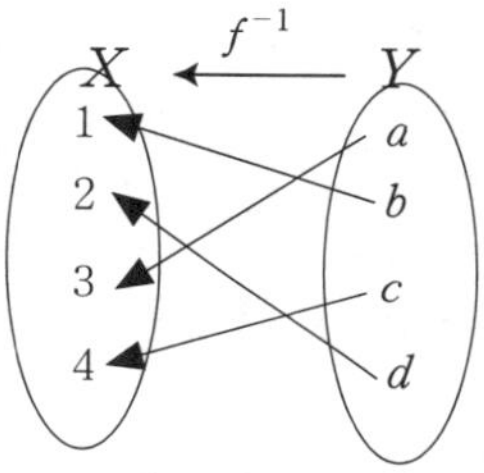

〔그림 2〕

일반적으로, 함수 $f: X \to Y$ 가 일대일 대응일 때, Y 의 각 원소 y 에 대하여 $f(x)=y$ 인 x 가 X 에 오직 하나뿐이므로, Y 의 원소 y 에 $f(x)=y$ 인 X 의 원소 x 를 대응시켜 Y 를 정의역으로, X 를 공역으로 하는 새로운 함수를 정의할 수 있다. 이 함수를 함수 f 를 역함수라 하고, 기호로는

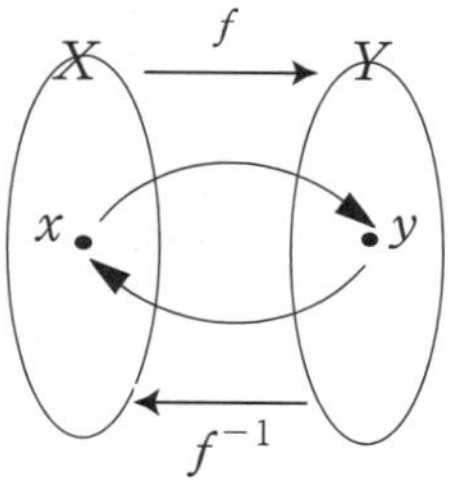

$$f^{-1}: Y \to X$$

로 나타낸다. 이 때, $y=f(x)$ 이므로 $f^{-1}(y)=x$ 이다.

역함수의 정의에 의하여 다음과 같은 역함수의 성질이 있음을 알 수 있다.

$y=f(x) \Leftrightarrow x=f^{-1}(y) \Leftrightarrow y=(f^{-1})^{-1}(x)$

따라서, $(f^{-1})^{-1}=f$ 이다.

그리고, $(f^{-1}\circ f)(x)=f^{-1}(f(x))=f^{-1}(y)=x \quad (x \in X)$

$(f \circ f^{-1})(y) = f(f^{-1}(y)) = f(x) = y \quad (y \in Y)$

이므로, 합성함수 $f^{-1} \circ f$ 와 $(f \circ f^{-1})$는 각각 X, Y 에서의 항등함수, 즉 I_x , I_y 이다.

또한, $(f^{-1} \circ g^{-1}) \circ (g \circ f) = f^{-1} \circ (g^{-1} \circ g) \circ f = f^{-1} \circ I \circ f = f^{-1} \circ f = I$

$$(g \circ f) \circ (f^{-1} \circ g^{-1}) = g \circ (f \circ f^{-1}) \circ g^{-1} = g \circ I \circ g^{-1} = g \circ g^{-1} = I$$

따라서, $(g \circ f)^{-1} = f^{-1} \circ g^{-1}$ 이다.

역함수의 표시

원함수 $f: X \to Y$ ⇨ 역함수 $f^{-1} : Y \to X$

원함수 $f: x \to y$ ⇨ 역함수 $f^{-1} : y \to x$

원함수 $y = f(x)$ ⇨ 역함수 $x = f^{-1}(y)$

역함수의 성질

(1) $f \circ f^{-1} = f^{-1} \circ f = I$ (2) $(f^{-1})^{-1} = f$

(3) $(f \circ g)^{-1} = g^{-1} \circ f^{-1}$

(4) **함수 $y=f(x)$ 의 그래프와 그 역함수 $y=f^{-1}(x)$ 의 그래프는 직선 $y=x$ 에 여 대칭이다.**

예제 1 다음 함수의 역함수를 구하고, 그 그래프를 그려라.

(1) $f(x) = 3x - 3 \ (0 \leqq x \leqq 2)$

(2) $g(x) = |x+2| \ (x \geqq -2)$

풀이 (1) 함수 f 가 일대일 함수이고, 정의역이 $\{x \mid 0 \leqq x \leqq 2\}$, 치역이 $\{y \mid -3 \leqq y \leqq 3\}$ 이므로, 공역을 $\{y \mid -3 \leqq y \leqq 3\}$ 으로 보아 함수 f 는 일대일 대응이다. 그러므로, f 의 역함수가 존재한다.

함수 $y = 3x - 3$ 에서 이것을 x 에 대하여 풀면

$$x = \frac{1}{3}y + 1$$

여기서 x 와 y 를 바꾸면, 구하는 역함수는 $y=\frac{1}{3}x+1$ 이고,

정의역은 $\{x \mid -3 \leqq x \leqq 3\}$

따라서, $f^{-1}(x)=\frac{1}{3}x+1\ (-3 \leqq x \leqq 3)$

그리고, 구하는 그래프는 아래 그림과 같다.

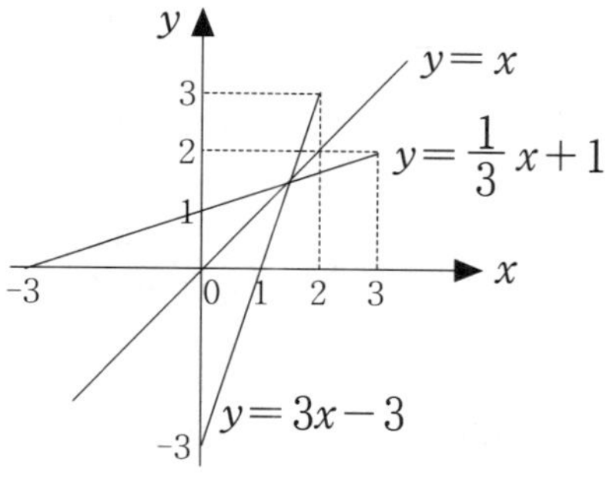

(답) $f^{-1}(x)=\frac{1}{3}x+1 \qquad (-3 \leqq x \leqq 3)$

(2) 함수 g 가 일대일 함수이고, 치역이 $\{y \mid y \geqq 0\}$ 이므로 공역을 $\{y \mid y \geqq 0\}$ 으로 보아 함수 g 는 일대일 대응이다.

그러므로, 함수 g의 역함수가 존재한다.

함수 $y=|x+2|$ 는 x 가 $x \geqq -2$ 이므로 $y=x+2$

이것을 x 에 대하여 풀면

$x=y-2$

여기서 x 와 y 를 바꾸면, 구하는 역함수는

$y=x-2$ 이고, 정의역은 $\{x \mid x \geqq 0\}$

따라서, $g^{-1}(x)=x-2\ \ (x \geqq 0)$이다.

그리고, 구하는 그래프는 아래 그림과 같다.

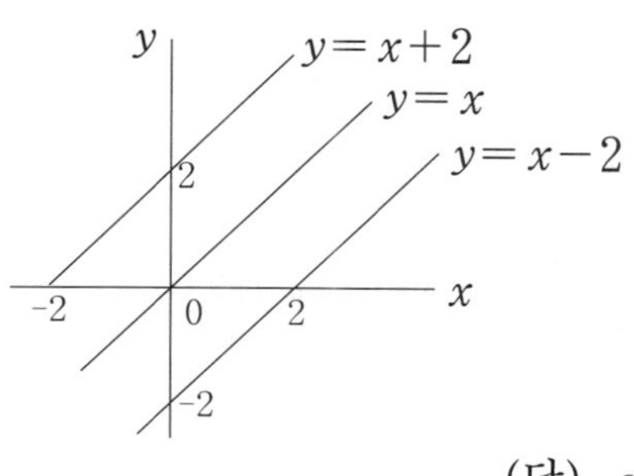

(답) $g^{-1}(x)=x-2\ \ (x \geqq 0)$

예제 2 $y=\sqrt{x-1}+2$ 의 역함수 $g(x)$ 를 구하여라.

풀이 $y=\sqrt{x-1}+2$ 의 정의역과 치역을 구하면

$x-1 \geqq 0$ 에서 정의역 $x \geqq 1$

$\sqrt{x-1} \geqq 0$ 이므로 치역 $y \geqq 2$

$y=\sqrt{x-1}+2$ 를 x 에 관해 풀면

$y-2=\sqrt{x-1}$ $\qquad (y-2)^2=(\sqrt{x-1})^2$

$y^2-4y+4=x-1$

$\therefore\ x=y^2-4y+5 \quad (x \geqq 1,\ y \geqq 2)$ ………… ①

① 에서 x 와 y 를 호환하면

$y=x^2-4x+5 \qquad (y \geqq 1,\ x \geqq 2)$

예제 3 $X=\{1,\ 2,\ 3\}$, $Y=\{a,\ b,\ c\}$ 이고 $f: x \rightarrow y$ 의 상을

$f=\{(1,\ a),\ (2,\ b),\ (3,\ b)\}$ 일 때 역함수가 존재하는가?

풀이 $f^{-1}=\{(a,\ 1),\ (b,\ 2),\ (b,\ 3)\}$이며 b 의 상이 두 개이므로 함수가 아니다.

$\therefore$ 역함수가 존재하지 않는다.

예제 4 $y=\dfrac{x-2}{x-3}$ 의 역함수를 구하여라.

풀이 $x \neq 3$, $\quad x-2=y(x-3) \qquad x-2=xy-3y$

$xy-x=3y-2 \qquad x(y-1)=3y-2$

$\therefore\ x=\dfrac{3y-2}{y-1} \qquad x \leftrightarrow y$

$\therefore\ y=\dfrac{3x-2}{x-1}$ 단$(x \neq 3,\ y \neq 1)$

예제 5 $f(x)=ax+b$, $g(x)=x+c$, $(g\circ f)(x)=3x-2$, $f^{-1}(2)=1$

일 때 실수, a, b, c 를 구하여라.

풀이 $f^{-1}(2)=1$ 에서 $f\circ f^{-1}=I$ 이므로 $(f\circ f^{-1})(2)=f(1)$ $\therefore f(1)=2$

$a+b=2$ .... ①

$(g\circ f)(x)=g(f(x))=g(ax+b)$

$=(ax+b)+c=ax+b+c$

$(g\circ f)(x)=3x-2$ 이므로 $ax+b+c=3x-2$ .... ②

$\therefore$ ①, ②에서 $a=3$, $b=-1$, $c=-1$

예제 6 f, g, h 가 다음과 같이 정의할 때 $(g\circ f)^{-1}\circ h=g$ 가 성립하도록 a, b 의 값을 구하여라.

$f(x)=x+3$, $g(x)=2x-1$, $h(x)=ax+b$

풀이 $(f\circ f^{-1})=I$ 이므로 $(g\circ f)\circ(g\circ f)^{-1}=I$ 이다.

$(g\circ f)^{-1}\circ h=g$ 에서 $(g\circ f)\circ(g\circ f)^{-1}\circ h=(g\circ f)\circ g$

$\therefore$ $h=(g\circ f)\circ g=(g\circ f)(2x-1)=g\circ(f(2x-1))$

$=g[(2x-1)+3]=g(2x+2)=2(2x+2)-1=4x+4-1$

$=4x+3=ax+b$

$\therefore$ $a=4$, $b=3$

예제 7 $f(x)=\dfrac{x}{x+1}$, $g(x)=1-x$ 에 대하여

$(h^{-1}\circ f)^{-1}(x)=g(x)$ 일 때, $h(3)$ 의 값은?

풀이 $(h^{-1}\circ f)^{-1}=f^{-1}\circ h=g$ 에서

$f\circ[f^{-1}\circ h]=f\circ g$ $\therefore$ $h=f\circ g$

$h(3)=f\circ g(3)=f[1-3]=f(-2)$

$\therefore$ $h(3)=\dfrac{-2}{-2+1}=2$ $\therefore$ $h(3)=2$

예제 8 함수 $f(x)=\dfrac{cx+d}{ax+b}$, $(a\neq 0)$ 의 역함수를 $f^{-1}(x)$라 할 때, $f^{-1}=f$ 가 성립할 조건은?

풀이 $y=\dfrac{cx+d}{ax+b}$ 의 역함수는 $x=\dfrac{cy+d}{ay+b}$

$axy+bx=cy+d,\quad (ax-c)y=-bx+d$

$y=\dfrac{-bx+d}{ax-c}\qquad \therefore\ \dfrac{cy+d}{ay+b}=\dfrac{-bx+d}{ax-c}$

$acx^2+(ad-c^2)x-cd=-abx^2+(ad-b^2)x+bd$

$\therefore\ a(b+c)x^2+(b^2-c^2)x-d(b+c)=0$

$\therefore\ (b+c)[ax^2+(b-c)x-d]=0\qquad \therefore\ b+c=0$

예제 9 함수 $y=x^2-2x$, $(x\geqq 2)$ 의 역함수는

풀이 $y=x^2-2x$, 정의구역: $x\geqq 2$, 치역: $y\geqq 0$

$x^2-2x-y=0$

$\therefore$ $x=1\pm\sqrt{y+1}$, $x\geqq 2$ 이므로 $x=1+\sqrt{y+1}$ 이다.

$\therefore$ 구하는 역함수는 $y=1+\sqrt{x+1}$, $(x\geqq 0)$

예제 10 $f(x)=\dfrac{1}{x}$, $g(x)=\dfrac{x}{x+1}$ 일 때 $(h\circ f)(x)=g(x)$ 인 함수 $h(x)$ 를 구하여라.

풀이 $y=\dfrac{1}{x}$, $x=\dfrac{1}{y}$, $x\leftrightarrow y$, $f^{-1}(x)=\dfrac{1}{x}$

$(h\circ f)\circ f^{-1}=g(f^{-1}(x))$

$$h(x)=g(f^{-1}(x))=\frac{f^{-1}(x)}{f^{-1}(x)+1}=\frac{\frac{1}{x}}{\frac{1}{x}+1}$$

$\therefore\ h(x)=\dfrac{1}{x+1}$

예제 11 다음 함수의 역함수를 구하여라.

(1) $y=f(x)=|x-1|\ (x \geqq 1)$　　　　(2) $y=\dfrac{1-x}{2+x}\ \left(0 \leqq x \leqq \dfrac{1}{2}\right)$

풀이 (1) 함수 f 는 정의역이 $\{x \mid x \geqq 1\}$ 이고,

치역이 $\{y \mid y \geqq 0\}$ 이다.

따라서 함수 f 는 공역이 $\{y \mid y \geqq 0\}$ 이면 일대일 대응이므로, 함수 f 의 역함수가 존재한다.

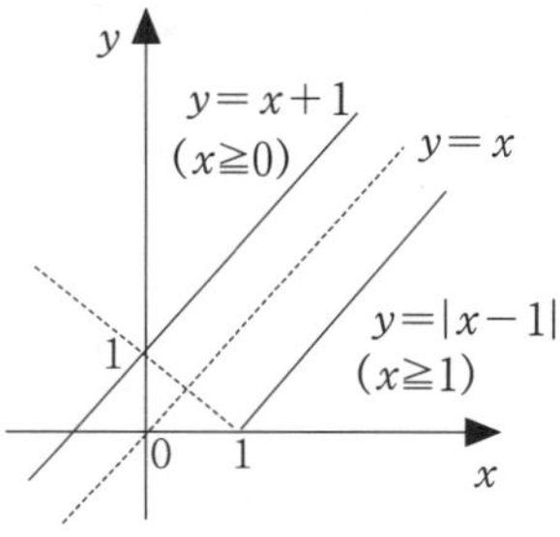

$y=|x-1|$ 에서 $x \geqq 1$이므로

$y=x-1 \qquad \therefore\ x=y+1$

여기서 x 와 y 를 바꾸면, 구하는 역함수는

$y=x+1\ (x \geqq 0)$

(2) $y=\dfrac{1-x}{2+x}=\dfrac{-(x+2)+3}{x+2}=\dfrac{3}{x+2}-1$

여기서, $\dfrac{3}{x+2}$ 은 x 가 증가할 때 감소하므로, y 의 최대값은 $x=0$ 일 때 $\dfrac{1}{2}$, 최소값은 $x=\dfrac{1}{2}$ 일 때 $\dfrac{1}{5}$ 이다.

그러므로 $y=\dfrac{1-x}{2+x}\left(0 \leqq x \leqq \dfrac{1}{2}\right)$ 의 치역은 $\left\{y \,\middle|\, \dfrac{1}{5} \leqq x \leqq \dfrac{1}{2}\right\}$ 이다.

즉 구하는 역함수의 정의는 $\left\{x \,\middle|\, \dfrac{1}{5} \leq x \leq \dfrac{1}{2}\right\}$ 이다.

다음에 $y=\dfrac{3}{x+2}-1$ 을 x 에 대하여 풀면, $x=\dfrac{3}{y+1}-2$

여기서, x, y 를 바꾸면, $y=\dfrac{3}{x+1}-2=\dfrac{-2x+1}{x+1}$

따라서, 구하는 역함수는

$y=\dfrac{1-2x}{x+1}$, $\left(\dfrac{1}{5} \leqq x \leqq \dfrac{1}{2}\right)$

문제 1 $x \geqq -1$ 인 실수 x 에 대하여, $f(x)=\sqrt{x+1}$ 로 정의된 함수 f 의 역함수를 f^{-1} 라고 할 때, 모든 양수 t 에 대하여 $\dfrac{f^{-1}(t)}{(t+1)^2}$ 를 구하라.

예제 12 함수 $f: A \to B,\ g: B \to C$ 가, 일대일 대응일 때

$(g \circ f)^{-1} = f^{-1} \circ g^{-1}$

임을 증명하여라.

풀이 집합 A 의 임의의 원소 x 에 대하여

$f(x) = y \in B, \qquad g(y) = z \in C$

라고 하면 $z = g(y) = g(f(x)) = (g \circ f)(x)$

합성함수 $g \circ f: A \to C$ 는 일대일 대응이므로

그 역함수 $(g \circ f)^{-1}: C \to A$가 존재해서

$(g \circ f)^{-1}(z) = x$ .... ①

그리고 $x = f^{-1}(y),\ y = g^{-1}(z)$이므로

$x = f^{-1}(y) = f^{-1}(g^{-1}(z)) = (f^{-1} \circ g^{-1})(z)$ .... ②

따라서 ①, ②에서 $(g \circ f) = f^{-1} \circ g^{-1}$

예제 13 (1) 세 함수 $f,\ g,\ h$ 를 다음과 같이 정의할 때, $(g \circ f)^{-1} \circ h = g$ 가 성립하도록 상수 $a,\ b$ 의 값을 구하여라.

$f(x) = 2x+1, \quad g(x) = x-3, \quad h(x) = ax+b$

(2) 두함수 $f(x) = ax+b,\ g(x) = x+c$ 에 대하여

$(g \circ f)(x) = 3x-2,\ f^{-1}(2) = 1$ 이 성립할 때, 실수 $a,\ b,\ c$ 의 값을 구하여라.

풀이 (1) $(g \circ f) \circ (g \circ f)^{-1} = I$ 이므로 $(g \circ f)^{-1} \circ h = g$ 에서 $h = (g \circ f) \circ g$

$((g \circ f) \circ g)(x) = (g \circ f)(g(x)) = (g \circ f)(x-3)$

$= g(f(x-3)) = g(2(x-3)+1)$

$= g(2x-5) = (2x-5)-3$

$= 2x-8$

그러므로, $2x-8 = ax+b$

따라서, $a=2,\ b=-8$

(2) $f^{-1}(2)=1$ 에서 $f\circ f^{-1}=I$ 이므로 $(f\circ f^{-1})(2)=f(1)$, 즉 $2=f(1)$

$a+b=2$ ·· ①

$(g\circ f)(x)=g(f(x))=g(ax+b)$

$=(ax+b)+c=ax+b+c$

$(g\circ f)(x)=3x-2$ 에서 $ax+b+c=3x-2$

그러므로, $a=3$ ·· ②

$b+c=-2$ ·· ③

①, ②, ③으로부터 $a=3$, $b=-1$, $c=-1$

문제 2 함수 $f(x)=\dfrac{ax+3}{x+b}$ 의 역함수가 $f^{-1}(x)=\dfrac{4x-3}{-x+3}$ 이라고 한다. 상수 a, b 의 값을 구하라.

예제 14 1보다 큰 실수 전체의 집합 A 에서 A 로의 함수 $f(x)=\dfrac{x+1}{x-1}$

$g(x)=\sqrt{2x-1}$ 에 대하여 $(f\circ(g\circ f)^{-1}\circ f)(3)$의 값을 구하여라.

(단, $(g\circ f)^{-1}$ 는 합성함수 $g\circ f$ 의 역함수이다.)

풀이 $(f\circ(g\circ f)^{-1}\circ f)(3)$ 을 정리하면

$(f\circ(g\circ f)^{-1}\circ f)(3)=(f\circ f^{-1}\circ g^{-1}\circ f)(3)=(g^{-1}\circ f)(3)$

$f(3)=\dfrac{3+1}{3-1}=2$ 이므로 $(g^{-1}\circ f)(3)=g^{-1}(2)$

$g(x)^{-1}$의 역함수를 구하면,

$y=\sqrt{2x-1}$에서 $y^2=2x-1$

$\therefore\ x=\dfrac{y^2}{2}+\dfrac{1}{2}$

$\therefore\ g^{-1}(x)=\dfrac{x^2}{2}+\dfrac{1}{2}$

$\therefore\ g^{-1}(2)=\dfrac{4}{2}+\dfrac{1}{2}=\dfrac{5}{2}$

문제 3 양의 실수 전체의 집합 A 에서 A 로의 함수 f 와 h 를 각각

$f(x)=x^2+x$, $h(x)=\dfrac{x+2}{f(x)}$ 로 정의하자.

g 와 f 의 역함수라 할 때, $h(g(2))$ 의 값을 구하여라.

연습문제

1 $f(x)=x^2-2x+1$, $g(x)=2x+1$ 일 때, $(f\circ(g\circ f)^{-1}\circ f)(3)$ 의 값을 구하여라.

2 f 는 구간 $0\leqq x\leqq 1$ 에서 다음과 같이 정의된 함수이다.

$$f(x)=\begin{cases} x & (x \text{ 가 유리수일때}) \\ 1-x & (x \text{ 가 무리수일때}) \end{cases}$$

이 때 다음을 계산하여라.

(1) $f(f(x))$　　(2) $f(x)+f(1-x)$

3 $f(x)=-x+3$, $g(x)=2x+a$ 에 대하여 $g\circ f=f\circ g$ 가 되도록 상수 a 의 값을 정하여라.

4 $g(x)=3x-5$, $f(x-1)=g(x+1)$ 일 때, $f(x)$ 를 구하여라.

5 $f(x)=ax+b$, $g(x)=2x+c$ 에 대하여 $(g\circ f)(x)=4x-1$, $f^{-1}(3)=2$ 가 성립할 때 실수 a, b, c 를 구하여라.

CHAPTER 4

지수함수

1 거듭제곱과 거듭제곱근

어떤 수 a 를 n 번 거듭 곱한 것을 a 의 n 제곱이라 하고 a^n 으로 나타낸다.

a^1, a^2, a^3, …을 모두 a 의 거듭제곱이라 하고, a^n 에서 a 를 거듭제곱의 밑, n 을 거듭제곱의 지수라고 한다.

지수법칙 $a^m \times a^n = a^{m+n}$ $(a \neq 0)$이 $m=0$ 일 때에도 성립한다면

$$a^0 \times a^n = a^{0+n} = a^n \qquad \therefore a^0 = \frac{a^n}{a^n} = 1$$

또 지수법칙 $a^m \times a^n = a^{m+n}$ $(a \neq 0)$이 $m+n=0$ 즉 $m=-n$일 때에도 성립한다면

$$a^{-n} \times a^n = a^{-n+n} = a^0 = 1 \qquad \therefore a^{-n} = \frac{1}{a^n} \text{ 이다.}$$

0 또는 음의 정수의 지수

$a \neq 0$, n 이 양의 정수일 때

$$a^0 = 1 \qquad a^{-n} = \frac{1}{a^n}$$

0 또는 음의 정수의 지수를 이용하면, 지수법칙 $a^m \div a^n = a^{m-n}$ 은

$m = n$ 일 때, $a^m \div a^n = a^n \div a^n = 1 = a^0 = a^{m-n}$

$m < n$ 일 때, $a^m \div a^n = \dfrac{1}{a^{n-m}} = a^{-(n-m)} = a^{m-n}$

따라서 0 또는 음의 정수의 지수를 앞에서와 같이 정하면, 모든 정수 m, n 에 대하여 다음과 같은 지수법칙이 성립한다.

m, n 이 정수이고 $a \neq 0$, $b \neq 0$일 때

(1) $a^m \times a^n = a^{m+n}$ (2) $(a^m)^n = a^{mn}$

(3) $(ab)^n = a^n b^n$ (4) $a^m \div a^n = a^{m-n}$

예제 1 (1) $a^8 \cdot a^{-2} = a^8 \cdot \frac{1}{a^2} = \frac{a^8}{a^2} = a^{8-2} = a^6$

(2) $(a^3)^{-2} = \frac{1}{(a^3)^2} = \frac{1}{a^6} = a^{-6}$

a 의 n 제곱근

n 이 자연수일 때, 실수 x 를 n 제곱하여 a 가 되는 수 x 를 a 의 n 제곱근 이라고 한다.

a 의 n 제곱은 $x^n = a$ 의 근이다.

① n 이 홀수인 경우

a 의 n 제곱근으로 되는 실수는 1개이다. ⇨ $\sqrt[n]{a}$

② n이 짝수인 경우

i) $a>0$ 일 때

a 의 n 제곱으로 되는 실수는 2개이다. ⇨ $\pm\sqrt[n]{a}$

ii) $a<0$ 일 때

a 의 n 제곱근으로 되는 실수는 없다.

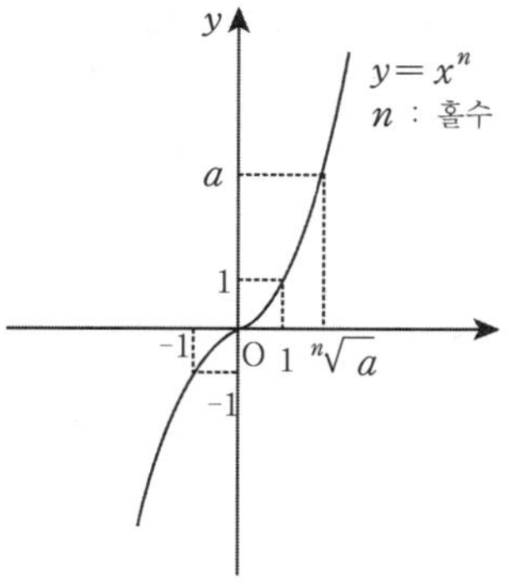

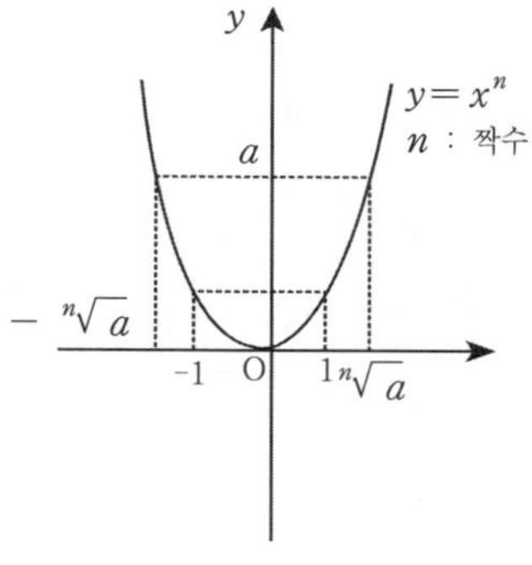

예제 2 $\sqrt[3]{27} = 3$, $\sqrt[3]{-27} = -3$

$\sqrt[2]{16} = 4$ 이고 $\sqrt[4]{-16}$ 은 정의되지 않는다.

특히 0 의 n 제곱근은 0 이고 $\sqrt[n]{0} = 0$ 으로 정하면, $\sqrt[2]{a}$ 는 간단히 $\sqrt{a}$ 로 나타낸다.

또 a 의 n 제곱근은 n 제곱하여 a 가 되는 수이므로 다음이 성립한다.

$(\sqrt[n]{a})^n = a$ (단, $a \geqq 0$)

거듭제곱근에 대하여도 다음이 성립한다.

거듭제곱근의 성질

m, n 이 양의 정수이고 $a > 0$, $b > 0$ 일 때

(1) $\sqrt[n]{a}\ \sqrt[n]{b} = \sqrt[n]{ab}$

(2) $\dfrac{\sqrt[n]{a}}{\sqrt[n]{b}} = \sqrt[n]{\dfrac{a}{b}}$

(3) $(\sqrt[n]{a})^m = \sqrt[n]{a^m}$

(4) $\sqrt[m]{\sqrt[n]{a}} = \sqrt[mn]{a}$

예제 3 다음 각 값을 구하여라.

(1) $\sqrt[4]{81}$

(2) $\sqrt[5]{-32}$

(3) $\sqrt[4]{2}\ \sqrt[4]{8}$

(4) $\sqrt[3]{0.0001}\ \sqrt[3]{10}$

(5) $\dfrac{\sqrt[3]{2}}{\sqrt[3]{16}}$

(6) $\dfrac{\sqrt[4]{64}}{\sqrt[4]{4}}$

(7) $\sqrt[4]{16^3}$

(8) $\sqrt[3]{\left(\dfrac{8}{27}\right)^2}$

(9) $\sqrt[4]{\sqrt[3]{16}} \times \sqrt{\sqrt[3]{16}}$

(10) $\sqrt[12]{3^4} \times \sqrt[9]{3^6}$

풀이

(1) $\sqrt[4]{81} = \sqrt[4]{3^4} = 3$

(2) $\sqrt[5]{-32} = \sqrt[5]{(-2)^5} = -2$

(3) $\sqrt[4]{2}\ \sqrt[4]{8} = \sqrt[4]{2 \times 8} = \sqrt[4]{16} = \sqrt[4]{2^4} = 2$

(4) $\sqrt[3]{0.0001}\ \sqrt[3]{10} = \sqrt[3]{0.0001 \times 10} = \sqrt[3]{0.001} = \sqrt[3]{0.1^3} = 0.1$

(5) $\dfrac{\sqrt[3]{2}}{\sqrt[3]{16}} = \sqrt[3]{\dfrac{2}{16}} = \sqrt[3]{\dfrac{1}{8}} = \sqrt[3]{\left(\dfrac{1}{2}\right)^3} = \dfrac{1}{2}$

(6) $\dfrac{\sqrt[4]{64}}{\sqrt[4]{4}} = \sqrt[4]{\dfrac{64}{4}} = \sqrt[4]{16} = \sqrt[4]{2^4} = 2$

(7) $\sqrt[4]{16^3} = (\sqrt[4]{16})^3 = 2^3 = 8$

(8) $\sqrt[3]{\left(\dfrac{8}{27}\right)^2} = \left(\sqrt[3]{\dfrac{8}{27}}\right)^2 = \left(\dfrac{2}{3}\right)^2 = \dfrac{4}{9}$

(9) $\sqrt[4]{\sqrt[3]{16}} \times \sqrt{\sqrt[3]{16}} = \sqrt[3]{\sqrt[4]{16}} \times \sqrt[3]{\sqrt{16}} = \sqrt[3]{2} \times \sqrt[3]{4} = \sqrt[3]{8} = 2$

(10) $\sqrt[12]{3^4} \times \sqrt[9]{3^6} = \sqrt[3\times4]{3^{1\times4}} \times \sqrt[3\times3]{3^{2\times3}} = \sqrt[3]{3} \times \sqrt[3]{3^2} = \sqrt[3]{3^3} = 3$

예제 4 다음 각 식을 간단히 하여라. (단, $a > 0$)

(1) $\sqrt[3]{54} \div \sqrt[3]{2}$

(2) $\sqrt[3]{3\sqrt{3}}$

(3) $\sqrt[3]{\sqrt{729}}$

(4) $\sqrt{a} \times \sqrt[3]{a} \times \sqrt[6]{a}$

(5) $\sqrt[5]{a^2} \times \sqrt[3]{a}$

(6) $\sqrt[3]{\dfrac{\sqrt{a}}{\sqrt[4]{a}}} \times \sqrt{\dfrac{\sqrt[6]{a}}{\sqrt[3]{a}}}$

풀이

(1) $\sqrt[3]{54} \div \sqrt[3]{2} = \dfrac{\sqrt[3]{54}}{\sqrt[3]{2}} = \sqrt[3]{\dfrac{54}{2}} = \sqrt[3]{27} = \sqrt[3]{3^3} = (\sqrt[3]{3})^3 = 3$

(2) $\sqrt[3]{3\sqrt{3}} = \sqrt[3]{\sqrt{3^2}\sqrt{3}} = \sqrt[3]{\sqrt{3^3}} = \sqrt[6]{3^3} = \sqrt[2]{3} = \sqrt{3}$

(3) $\sqrt[3]{\sqrt{729}} = \sqrt[6]{729} = \sqrt[6]{3^6} = (\sqrt[6]{3})^6 = 3$

(4) $\sqrt{a} \times \sqrt[3]{a} \times \sqrt[6]{a} = \sqrt[6]{a^3} \times \sqrt[6]{a^2} \times \sqrt[6]{a} = \sqrt[6]{a^3 \times a^2 \times a} = \sqrt[6]{a^6} = a$

(5) $\sqrt[5]{a^2} \times \sqrt[3]{a} = \sqrt[15]{a^6} \times \sqrt[15]{a^5} = \sqrt[15]{a^6 \cdot a^5} = \sqrt[15]{a^{11}}$

(6) 준식$= \dfrac{\sqrt[3]{\sqrt{a}}}{\sqrt[3]{\sqrt[4]{a}}} \times \dfrac{\sqrt{\sqrt[6]{a}}}{\sqrt{\sqrt[3]{a}}} = \dfrac{\sqrt[6]{a}}{\sqrt[12]{a}} \times \dfrac{\sqrt[12]{a}}{\sqrt[6]{a}} = 1$

예제 5 다음 식을 간단히 하여라.

$\sqrt[5]{\dfrac{\sqrt{x}}{\sqrt[3]{x}}} \times \sqrt[3]{\dfrac{\sqrt[5]{x}}{\sqrt{x}}} \times \sqrt{\dfrac{\sqrt[3]{x}}{\sqrt[5]{x}}}$ (단, $x > 0$)

풀이 거듭제곱근의 성질을 이용하면

$$준식= \frac{\sqrt[5]{\sqrt{x}}}{\sqrt[5]{\sqrt[3]{x}}} \times \frac{\sqrt[3]{\sqrt[5]{x}}}{\sqrt[3]{\sqrt{x}}} \times \frac{\sqrt{\sqrt[3]{x}}}{\sqrt{\sqrt[5]{x}}}$$

$$= \frac{\sqrt[10]{x}}{\sqrt[15]{x}} \times \frac{\sqrt[15]{x}}{\sqrt[6]{x}} \times \frac{\sqrt[6]{x}}{\sqrt[10]{x}} = = 1$$

예제 6 $a > 0$ 이고, m, n 이 양의 정수일 때, 다음을 증명하여라.

(1) $\sqrt[m]{\sqrt[n]{a}} = \sqrt[mn]{a}$

(2) $\sqrt[np]{a^{mp}} = \sqrt[n]{a^m}$

증명 (1) $(\sqrt[m]{\sqrt[n]{a}})^{mn}=\{(\sqrt[m]{\sqrt[n]{a}})^{m}\}^{n}=(\sqrt[n]{a})^{n}=a$

그런데, $a>0$ 이므로 $\sqrt[m]{\sqrt[n]{a}}>0$

따라서, $\sqrt[m]{\sqrt[n]{a}}$ 는 양수 a 의 양의 mn 제곱근이다.

$\therefore\ \sqrt[m]{\sqrt[n]{a}}=\sqrt[mn]{a}$

(2) $(\sqrt[np]{a^{mp}})^{n}=(\sqrt[n]{\sqrt[p]{a^{mp}}})^{n}=\sqrt[p]{a^{mp}}$

$=\sqrt[p]{(a^{m})^{p}}=(\sqrt[p]{a^{m}})^{p}=a^{m}$

그런데, $a>0$ 이므로 $\sqrt[np]{a^{mp}}>0$,

따라서, $\sqrt[np]{a^{mp}}$ 은 양수 a^{m} 의 양의 n 의 제곱근이다.

$\therefore\ \sqrt[np]{a^{mp}}=\sqrt[n]{a^{m}}$

문제 1 (1) $\sqrt[5]{(-3)^5}$ (2) $\sqrt[4]{(-3)^4}$

(3) $(\sqrt[5]{-3})^5$ (4) $(\sqrt[4]{-3})^4$

문제 2 다음 식을 간단히 하여라.

$\sqrt[3]{(-8)^2}-\sqrt[3]{-8^2}-(\sqrt[3]{(-8)})^2$

2 지수의 확장

지수의 확장 : 0 의 지수, 음의 정수의 지수, 유리수의 지수를 다음과 같이 정의한다.

① $a \neq 0$ 일 때 : $a^0=1$

② $a \neq 0$, n 이 양의 정수일 때 : $a^{-n}=\frac{1}{a^n}$

③ $a>0$, m 은 임의의 정수, n 은 양의 정수일 때 :

$a^{\frac{m}{n}}=\sqrt[n]{a^m}$, $\quad a^{\frac{1}{n}}=\sqrt[n]{a}$

위와 같은 정의는 지금까지 양의 정수 m, n 에 대하여 성립하던 지수법칙을 유리수일 때도 성립하도록 하기 위한 것이다. 이를테면,

$a^0 \times a^3=a^{0+3}=a^3 \qquad \therefore\ a^0=1$

$a^3 \div a^5=a^{3-5}=a^{-2}$ 한편, $a^3 \div a^5=\frac{1}{a^2} \qquad \therefore\ a^{-2}=\frac{1}{a^2}$

$(a^{\frac{2}{3}})^3=a^{\frac{2}{3}\times 3}=a^2$ 한편, $(\sqrt[3]{a^2})^3=a^2 \qquad \therefore\ a^{\frac{2}{3}}=\sqrt[3]{a^2}$

지수를 유리수까지 확장한 지수법칙은 다음과 같다.

지수법칙의 확장 : $a>0$, $b>0$ 이고 m, n 이 유리수일 때,

(1) $a^m \times a^n=a^{m+n}$ (2) $a^m \div a^n=a^{m-n}$ (3) $(a^m)^n=a^{mn}$

(4) $(ab)^n=a^nb^n$ (5) $\left(\frac{a}{b}\right)^n=\frac{a^n}{b^n}$

예제 1 $x^{\frac{1}{2}}+x^{-\frac{1}{2}}=3$ 일 때, 다음의 값을 구하여라.

(1) $x+x^{-1}$ (2) $x^{\frac{3}{2}}+x^{-\frac{3}{2}}$ (3) $x^{\frac{1}{4}}+x^{-\frac{1}{4}}$

풀이 (1) 조건식의 양변을 제곱한다.

즉, $(x^{\frac{1}{2}}+x^{-\frac{1}{2}})^2=9$, $(x^{\frac{1}{2}})^2+2x^{\frac{1}{2}}x^{-\frac{1}{2}}+(x^{-\frac{1}{2}})^2=9$

따라서, $x+2+x^{-1}=9$ $\therefore\ x+x^{-1}=7$

(2) $x^{\frac{3}{2}}+x^{-\frac{3}{2}}=(x^{\frac{1}{2}})^3+(x^{-\frac{1}{2}})^3$

$=(x^{\frac{1}{2}}+x^{-\frac{1}{2}})\ \{(x^{\frac{1}{2}})^2-x^{\frac{1}{2}}\cdot x^{-\frac{1}{2}}+(x^{-\frac{1}{2}})^2\}$

$=(x^{\frac{1}{2}}+x^{-\frac{1}{2}})(x-1+x^{-1})=3\times(7-1)=18$

(3) $(x^{\frac{1}{4}}+x^{-\frac{1}{4}})^2=(x^{\frac{1}{4}})^2+2\cdot x^{\frac{1}{4}}\cdot x^{-\frac{1}{4}}+(x^{-\frac{1}{4}})^2=x^{\frac{1}{2}}+2+x^{-\frac{1}{2}}$

$=3+2=5$

그런데, $x^{\frac{1}{4}}>0$, $x^{-\frac{1}{4}}>0$ 이므로, $x^{\frac{1}{4}}+x^{-\frac{1}{4}}>0$

$\therefore\ x^{\frac{1}{4}}+x^{-\frac{1}{4}}=\sqrt{5}$

예제 2 다음 각 식을 간단히 하여라. (단, $a>0$, $b>0$)

(1) $(a^{\frac{1}{4}}-b^{\frac{1}{4}})(a^{\frac{1}{4}}+b^{\frac{1}{4}})(a^{\frac{1}{2}}+b^{\frac{1}{2}})$

(2) $(a-b)\div(a^{\frac{1}{3}}-b^{\frac{1}{3}})$

풀이 (1) $a^{\frac{1}{4}}=x$, $b^{\frac{1}{4}}=y$ 로 놓으면 $a^{\frac{1}{2}}=x^2$, $b^{\frac{1}{2}}=y^2$

$\therefore\ (a^{\frac{1}{4}}-b^{\frac{1}{4}})(a^{\frac{1}{4}}+b^{\frac{1}{4}})(a^{\frac{1}{2}}+b^{\frac{1}{2}})=(x-y)(x+y)(x^2+y^2)$

$=(x^2-y^2)(x^2+y^2)=x^4-y^4=(a^{\frac{1}{2}})^2-(b^{\frac{1}{4}})^2=a-b$

(2) $a-b=(a^{\frac{1}{3}})^3-(b^{\frac{1}{3}})^3$ 이므로 $a^{\frac{1}{3}}=x$, $b^{\frac{1}{3}}=y$ 로 놓으면

$=(a-b)\div(a^{\frac{1}{3}}-b^{\frac{1}{3}})=(x^3-y^3)\div(x-y)$

$=(x-y)(x^2+xy+y^2)\div(x-y)$

$=x^2+xy+y^2=(a^{\frac{1}{3}})^2+a^{\frac{1}{3}}b^{\frac{1}{3}}+(b^{\frac{1}{3}})^2$

$=a^{\frac{2}{3}}+a^{\frac{1}{3}}b^{\frac{1}{3}}+b^{\frac{2}{3}}$

예제 3 다음 식을 계산하여라.

$$\sqrt{\sqrt{a}\times\frac{a}{\sqrt[3]{a}}}$$

풀이 $\sqrt{\sqrt{a}\times\frac{a}{\sqrt[3]{a}}}=\sqrt{a^{\frac{1}{2}}\times\frac{a}{a^{\frac{1}{3}}}}=\sqrt{a^{\frac{1}{2}}\times a\times a^{-\frac{1}{3}}}=\left(a^{\frac{1}{2}+1-\frac{1}{3}}\right)^{\frac{1}{2}}$

$=\left(a^{\frac{7}{6}}\right)^{\frac{1}{2}}=a^{\frac{7}{12}}=\sqrt[12]{a^7}$

문제 1 다음 식을 간단히 하여라.

(1) $(a^{-3}b)^{\frac{1}{2}}\times(a^{-1}b^7)^{\frac{1}{3}}\times(ab^{-1})^{\frac{5}{6}}$

(2) $4\times 24^{\frac{1}{3}}-5\times 192^{\frac{1}{3}}$

(3) $\sqrt[3]{25^4}\times\sqrt{5^3}\div\sqrt[6]{5}$

(4) $\sqrt[7]{4\times\sqrt[4]{16^{\frac{2}{3}}\times 8^{-2}}}$

문제 2 다음 식을 간단히 하여라.

(1) $(a+a^{\frac{1}{2}}+1)(a-a^{\frac{1}{2}}+1)$

(2) $(a-b)\div(a^{\frac{1}{2}}+b^{\frac{1}{2}})$

3 지수함수

1. 지수함수의 graph와 성질

a 가 1 이 아닌 양수일 때, 실수 전체의 집합을 정의역으로 하는 함수

$$f(x)=a^x \qquad (a>0,\ a \neq 1)$$

을 a 를 밑으로 하는 x 의 지수함수라고 한다.

좌표평면 위에 함수 $y=2^x$ 의 그래프를 그려보자.

x 의 여러 가지 값에 대응되는 2^x 의 값을 구하여 표로 나타내면 다음과 같다.

x	$\cdots$	-2	-1.5	-1	-0.5	0	0.5	1	1.5	2	$\cdots$
2^x	$\cdots$	0.25	0.354	0.5	0.707	1	1.414	2	2.828	4	$\cdots$

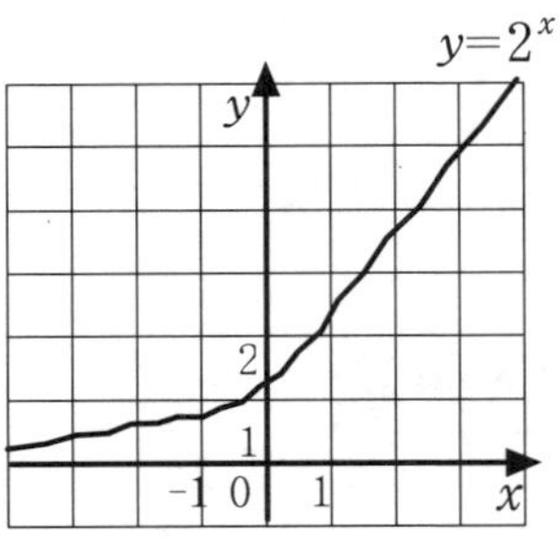

위의 대응표를 이용하여 좌표 평면 위에 몇 개의 점을 찍고, 이 점들을 매끄러운 곡선으로 연결하면, 오른쪽 그림과 같은 곡선을 그릴 수 있다.

이 그래프에서 알 수 있듯이, 함수 $y=2^x$ 에서 x 의 값이 증가하면 y 의 값도 증가한다.

또한 함수 $y=2^x$ 의 그래프에서 x 의 값이 한없이 작아지면, 이 그래프는 x 축에 한없이 가까워짐을 알 수 있다.

따라서 x 축은 이 그래프의 점근선이다.

또한, $y=\left(\frac{1}{2}\right)^x$ 의 그래프는

$\left(\frac{1}{2}\right)^x=(2^{-1})^x=2^{-x}$ 이므로,

$y=2^x$ 의 그래프와 y 축에 대하여 대칭인 그래프가 된다.

일반적으로 지수함수 $y=a^x$ 은 다음과 같은 성질을 갖는다.

① 모든 실수 x 에 대하여 $a^x > 0$ 이다.

② 그래프는 y 축과 점(0, 1)에서 만난다.

③ $a > 1$ 일 때, x 가 증가하면 y 도 증가하고, x 가 감소하면 y 도 감소한다.

④ $0 < a < 1$ 일 때, x 가 증가하면 y 는 감소하고, 또 x 가 감소하면 y 는 증가한다.

예제 1 다음 지수함수의 그래프를 그려라.

(1) $y=2^{|x|}$　　　　(2) $|y-1|=2^{|x|}$

풀이 (1) $y=2^{|x|} \rightarrow \begin{cases} x\geq 0 \text{ 일 때 : } y=2^x \\ x<0 \text{ 일 때 : } y=2^{-x} \end{cases}$

(2) $|y-1|=2^{|x|}$ 은 다음과 같은 네 가지 경우로 나눈다.

(i) $x \geq 0,\ y \geq 1$ 일 때 : $y-1=2^x$　　$\therefore\ y=2^x+1$

(ii) $x \geq 0,\ y < 1$ 일 때 : $-(y-1)=2^x$　　$\therefore\ y=-2^x+1$

(iii) $x < 0,\ y \geq 1$ 일 때 : $y-1=2^{-x}$　　$\therefore\ y=2^{-x}+1$

(iv) $x < 0,\ y < 1$ 일 때 : $-(y-1)=2^{-x}$　　$\therefore\ y=-2^{-x}+1$

이상을 그래프로 그리면 다음과 같다.

(1)

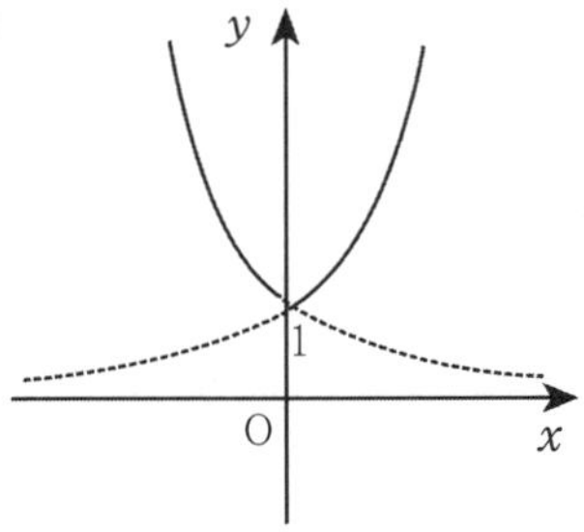

(2)

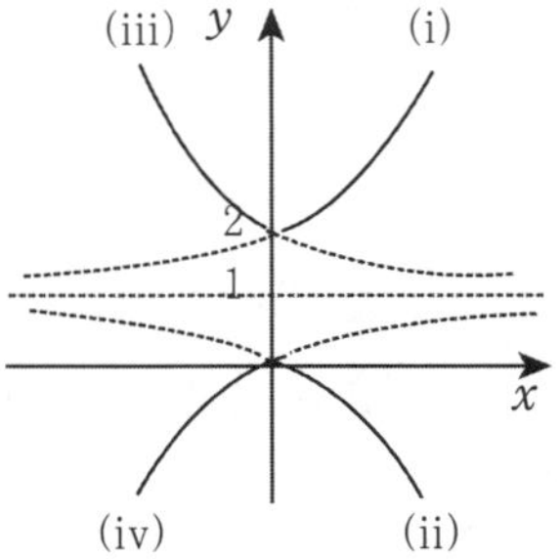

예제 2 함수 $f(x)=\dfrac{e^x-e^{-x}}{e^x+e^{-x}}$ 에서 $f(a)=\dfrac{1}{2}$ 일 때, e^{2a} 의 값을 구하여라.

풀이 분모, 분자에 곱해서 정리한다.

e^x 을 분모, 분자에 곱하면

$$f(x)=\frac{e^x\cdot e^x-e^{-x}\cdot e^x}{e^x\cdot e^x+e^{-x}\cdot e^x}=\frac{e^{2x}-1}{e^{2x}+1}$$

x 대신 a 를 대입하면 e^{2a} 의 값을 구하면

$f(a)=\dfrac{e^{2a}-1}{e^{2a}+1}=\dfrac{1}{2}$ 에서

$2(e^{2a}-1)=e^{2a}+1 \qquad \therefore\ e^{2a}=3$

예제3 x 의 모든 실수값에 대하여 $(2^x+2^{-x})^2-k(2^{2x}+2^{-2x})=2$ 가 항상 성립할 때, k 의 값을 구하여라.

풀이 $(a^x+a^{-x})^2=a^{2x}+a^{-2x}+2$ 를 이용한다.

: $(2^x+2^{-x})^2-k(2^{2x}+2^{-2x})=2$

$2^{2x}+2^{-2x}+2-k(2^{2x}+2^{-2x})=2 \qquad (1-k)(2^{2x}+2^{-2x})=0$

: $2^{2x},\ 2^{-2x}>0$ 이므로 $2^{2x}+2^{-2x}>0$

$\therefore\ 1-k=0 \qquad k=1$

예제4 함수 $y=2^{x+2}-4^x+1$ 의 최대값을 M, 최소값을 m 이라 할 때, M$-m$ 의 값을 구하여라. (단, $0\leqq x\leqq 1$)

풀이 준식을 정리하면

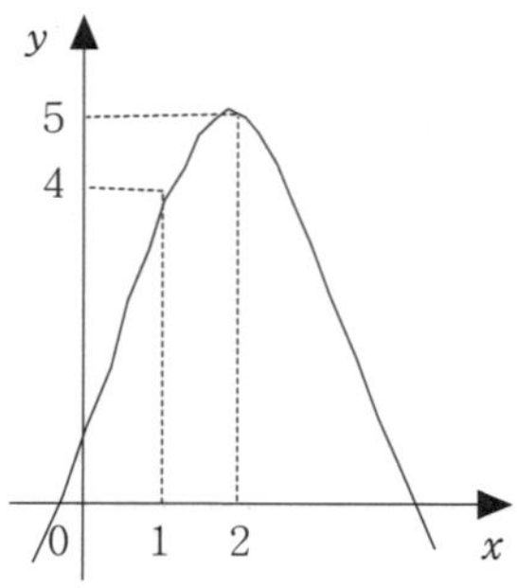

$y=2^x\cdot 2^2-(2^2)^x+1$

$=4\cdot 2^x-(2^x)^2+1$

$=-(2^x)^2+4\cdot 2^x+1 \quad (0\leqq x\leqq 1)$ ··············· ①

①에서 $2^x=t$ 로 치환하면

$0\leqq x\leqq 1$ 에서 $2^0\leqq 2^x\leqq 2^1$

$\therefore\ 1\leqq t\leqq 2$ ························ ②

$y=-t^2+4t+1$

$=-(t-2)^2+5$ ······································ ③

② 의 범위에서 ③ 의 최대·최소값을 구하면

$t=2$ 일 때, 최대값 M$=5$

$t=1$ 일 때, 최소값 $m=4$

M$-m$ 의 값을 구하면

M$-m=5-4=1$

예제 5 $a^{4x}=\sqrt{3+2\sqrt{2}}$ 일 때, $\dfrac{a^{6x}+a^{-6x}}{a^{2x}+a^{-2x}}$ 의 값을 구하여라.

풀이 조건식의 이중근호를 벗기면

$a^{4x}=\sqrt{3+2\sqrt{2}}=\sqrt{2}+1$

준식의 분모, 분자에 a^{2x} 을 곱하면

$$\text{준식}=\frac{a^{8x}+a^{-4x}}{a^{4x}+1}=\frac{(a^{4x})^2+(a^{4x})^{-1}}{a^{4x}+1} \quad \cdots\cdots ①$$

① 에 a^{4x} 의 값을 대입하면

$$\text{준식}=\frac{(\sqrt{2}+1)^2+\dfrac{1}{\sqrt{2}+1}}{\sqrt{2}+1+1}=\frac{3+2\sqrt{2}+\sqrt{2}-1}{2+\sqrt{2}}$$

$$=\frac{2+3\sqrt{2}}{2+\sqrt{2}}=\frac{(2+3\sqrt{2})(2-\sqrt{2})}{(2+\sqrt{2})(2-\sqrt{2})}$$

$$=\frac{-2+4\sqrt{2}}{2}=2\sqrt{2}-1$$

문제 1 $(2+3^{\frac{1}{2}})^{\frac{1}{2}}\times(2-3^{\frac{1}{2}})^{-\frac{1}{2}}$ 을 간단히 하여라.

예제 6 $f(x)=\dfrac{e^x-e^{-x}}{e^x+e^{-x}}$ 일 때, $f(a)=\dfrac{1}{2}$, $f(b)=\dfrac{1}{3}$ 이다.

$f(a+b)$ 의 값을 구하여라.

풀이 $f(x)=\dfrac{e^{2x}-1}{e^{2x}+1}$ 에서 e^{2x} 를 $f(x)$ 로 나타내면

$e^{2x}f(x)+f(x)=e^{2x}-1 \qquad \therefore\ e^{2x}=\dfrac{1+f(x)}{1-f(x)}$

e^{2a} 와 e^{2b} 의 값을 구하면

$$e^{2b}=\frac{1+f(a)}{1-f(a)}=\frac{1+\dfrac{1}{2}}{1-\dfrac{1}{2}}=3$$

$$e^{2b}=\frac{1+f(b)}{1-f(b)}=\frac{1+\frac{1}{3}}{1-\frac{1}{3}}=2$$

$f(a+b)$ 의 값을 구하면

$$f(a+b)=\frac{e^{2(a+b)}-1}{e^{2(a+b)}+1}=\frac{e^{2a}\cdot e^{2b}-1}{e^{2a}\cdot e^{2b}+1}=\frac{5}{7}$$

예제 7 $f(x+y)=f(x)\cdot f(y)$, $f(3)=27$ 일 때, $f(4)$ 를 구하여라.

풀이 $f(x+y)=f(x)\cdot f(y)$ 이므로

$f(x)=a^x$

$f(3)=27$ 이므로

$a^3=27 \qquad \therefore\ a=3$

$\therefore\ f(x)=3^x$

$\therefore\ f(4)=3^4=81$

예제 8 다음 방정식을 풀어라.

(1) $9^x=3\sqrt{3}$ (2) $4^{x^2}-2^{9x+5}=0$

풀이 (1) $9^x=(3^2)^x=3^{2x}$, $3\sqrt{3}=3\cdot 3^{\frac{1}{2}}=3^{1+\frac{1}{2}}=3^{\frac{3}{2}}$ 이므로

$3^{2x}=3^{\frac{3}{2}} \qquad \therefore\ 2x=\frac{3}{2} \qquad \therefore\ x=\frac{3}{4}$

(2) $4^{x^2}=2^{9x+5}$에서 $4^{x^2}=(2^2)^{x^2}$이므로 $2^{2x^2}=2^{9x+5}$

$\therefore\ 2x^2=9x+5 \qquad \therefore\ 2x^2-9x-5=0$

이것을 풀면, $x=-\frac{1}{2}$ 또는 5이다.

문제 2 다음 부등식을 풀어라.

(1) $2^x < 1$ (2) $(\frac{1}{2})^x < 4$

CHAPTER 5
로그함수

1 log의 정의

$2^x=8$ 이면 $x=3$, $3^x=9$ 이면 $x=2$ 이다. 그러나 $2^x=5$ 라 하면, x 의 값은 유리수 범위에서는 존재하지 않는다.

이런 경우, $2^x=5$ 을 $x=\log_2 5$ 로 나타내고, x 는 2를 밑으로 하는 5의 로그라고 읽는다.

이 때, 2를 밑, 5를 진수라고 한다.

로그의 정의

> $a>0$, $a \neq 1$ 일 때, 임의의 양수 b 에 대하여 $a^x=b$ 를 만족시키는 실수 x는 오직 하나 존재한다. 이 실수 x 를 a 를 밑으로 하는 b 의 로그라 하고, $x=\log_a b$ 로 나타낸다. 이 때 b 를 $\log_a b$ 의 진수라 한다.
>
> $a>0$, $a \neq 1$, $b>0$ 일 때 $a^x=b \quad x=\log_a b$

참고 ① $\log_a b$ 을 쓸 때에는 정의에 의하여 항상 $a>0$, $a \neq 1$, $b>0$인 것으로 한다.

② log 는 logarithm의 약자이다.

예제 1 다음 등식을 $x=\log_a x$ 의 꼴로 바꾸어라.

(1) $2^0=1$ (2) $2^3=8$ (3) $2^{-3}=\frac{1}{8}$ (4) $2^{\frac{1}{3}}=\sqrt[3]{2}$

풀이 $y=\log_a x$ 의 꼴로 바꾸면

(1) $2^0=1 \iff 0=\log_2 1$

(2) $2^3=8 \iff 3=\log_2 8$

(3) $2^{-3}=\frac{1}{8} \iff -3=\log_2 \frac{1}{8}$

(4) $2^{\frac{1}{3}}=\sqrt[3]{2} \iff \frac{1}{3}=\log_2 \sqrt[3]{2}$

예제 2 다음 각 식에서 x 의 값을 구하여라.

(1) $\log_8(\sin 30°)=x$ (2) $\log_x 9=\frac{2}{3}$

(3) $\log_4 x=5$ (4) $\log_3(\log_8 x)=-1$

풀이 (1) $x=\log_8\left(\frac{1}{2}\right)=\log_8\left(\frac{1}{8}\right)^{\frac{1}{3}}=\log_8 8^{-\frac{1}{3}}=-\frac{1}{3}$

(2) $\log_x 9=\frac{2}{3}$ 에서 $x^{\frac{2}{3}}=9$

양변을 세제곱하면, $(x^{\frac{2}{3}})^3=(3^2)^3$, $x^2=(3^2)^3$ $\therefore\ x=27$

(3) $\log_4 x=5$ 에서 $\therefore\ x=4^5=2^{10}=1024$

(4) $\log_3(\log_8 x)=-1$ 에서 $\log_8 x=3^{-1}$

$\therefore\ x=(8)^{\frac{1}{3}}=(2^3)^{\frac{1}{3}}=2$

예제 3 다음 값을 구하여라.

(1) $\log_4 32=x$ (2) $\log_{\sqrt{3}}9$

풀이 (1) $x=\log_4 32$ 라 놓으면, $4^x=32$ 이므로

$(2^2)^x=32$ 즉, $2^{2x}=2^5$

따라서 $2x=5$ $\therefore\ x=\frac{5}{2}$

(2) $x=\log_{\sqrt{3}} 9$라 놓으면, $(\sqrt{3})^x=9=3^2$

따라서, $(3^{\frac{1}{2}})^x=3^{\frac{1}{2}x}=3^2$ 즉, $\frac{1}{2}x=2$

$\therefore\ x=4$

예제 4 $\log_{x-1}(-x^2+x+6)$의 값이 존재하기 위한 x 의 범위를 구하여라.

풀이 진수 조건에서

$-x^2+x+6>0$ $x^2-x-6<0$

$(x-3)(x+2)<0$

$\therefore\ -2<x<3$ ……………………… ①

밑수 조건에서

$x-1 \neq 1, \quad x-1 > 0$

$x \neq 2, \; x > 1$

$\therefore \; 1 < x < 2, \quad x > 2$ .... ②

①, ②의 공통범위를 구하면

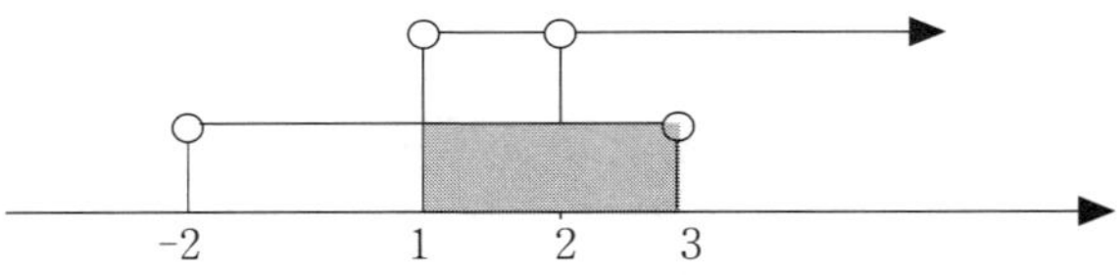

$\therefore \; 1 < x < 2, \quad 2 < x < 3$

예제 5 $\log_k x = a, \; \log_k y = b, \; \log_k z = c$ 라 할 때, 다음을 $a, \; b, \; c$ 로 나타내어라.

(1) $\log_k x^2yz$　　　　(2) $\log_k \dfrac{\sqrt[3]{xy}}{(\sqrt{z})^3}$

풀이 (1) $\log_k x^2yz = \log_k x^2 + \log_k y + \log_k z$

$= 2\log_k x + \log_k y + \log_k z$

$= 2a + b + c$

(2) $\log_k \dfrac{\sqrt[3]{x}\; y}{(\sqrt{z})^3} = \log_k \sqrt[3]{x}\; y - \log_k (\sqrt{z})^3 = \log_k x^{\frac{1}{3}} \cdot y - \log_k z^{\frac{3}{2}}$

$= \dfrac{1}{3}\log_k x + \log_k y - \dfrac{3}{2}\log_k z = \dfrac{a}{3} + b - \dfrac{3}{2}c$

2 log의 성질

로그의 성질

* $a \neq 1$, $a > 0$일 때

(1) $\log_a 1 = 0$

(2) $\log_a a = 1$

(3) $\log_a xy = \log_a x + \log_a y$ $(x > 0,\ y > 0)$

(4) $\log_a \dfrac{x}{y} = \log_a x - \log_a y$ $(x > 0,\ y > 0)$

(5) $\log_a \dfrac{xy}{uv} = \log_a x + \log_a y - \log_a u - \log_a v$ $(x > 0,\ y > 0,\ u > 0,\ v > 0)$

(6) $\log_a x^n = n\log_a x$ $(x > 0$, n은 실수$)$

(7) $\log_{a^m} b^n = \dfrac{n}{m}\log_a b$ $(b > 0$, m, n은 실수$)$

(8) $\log_a b = \log_{a^n} b^n$ $(b > 0$, n은 실수$)$

(9) $\log_a \dfrac{1}{b} = \log_a b^{-1} = -\log_a b$ $(b > 0)$

(10) $\log_{\frac{1}{a}} b = \log_{a^{-1}} b = -\log_a b$ $(b > 0)$

(11) $\log_a b = \dfrac{\log_c b}{\log_c a}$ $(b > 0,\ c \neq 0,\ c > 0)$

(12) $\log_a b = \dfrac{1}{\log_b a}$ $(b \neq 1,\ b > 0)$

(13) $\log_a b \cdot \log_b c \cdot \log_c d = \log_a d$ $(b \neq 1,\ b > 0,\ c \neq 1,\ c > 0,\ d > 0)$

(14) $\log_a b \cdot \log_b c \cdot \log_c a = \log_a a = 1$ $(b \neq 0,\ b > 0,\ c \neq 1,\ c > 0)$

(15) $a^{\log_c b} = b^{\log_c a}$ $(b > 0,\ c \neq 1,\ c > 0)$

(16) $a^{\log_a b} = b^{\log_a a} = b$ $(b > 0)$

(17) $\log_a b \cdot \log_c d = \log_c b \cdot \log_a d$ $(b > 0,\ c \neq 1,\ c > 0,\ d > 0)$

증명 $\log_a 1=0$, $\log_a a=1$ 의 증명

$a^1=a$ 로부터 $\log_a a=1$, $a^0=1$ 로부터 $\log_a 1=0$

(예) $\log_{10}10=1$, $\log_3 3=1$, $\log_{10}1=0$, $\log_3 1=0$

증명 $\log_a xy=\log_a x+\log_a y$ 의 증명

$\log_a x=m$, $\log_a y=n$ 이라 놓으면

로그의 정의에서 $x=a^m$, $y=a^n$

지수법칙에서 $xy=a^m\times a^n=a^{m+n}$

$\therefore\ xy=a^{m+n}$

로그의 정의에서 $m+n=\log_a xy$

$\therefore\ \log_a xy=m+n=\log_a x+\log_a y$

증명 $\log_a \dfrac{x}{y}=\log_a x-\log_a y$ 의 증명

$\log_a x=m$, $\log_a y=n$ 으로 놓으면 $a^m=x$, $a^n=y$

$\therefore\ \dfrac{x}{y}=\dfrac{a^m}{a^n}=a^{m-n}$ 곧, $a^{m-n}=\dfrac{x}{y}$

로그 관계로 나타내면 $\log_a \dfrac{x}{y}=m-n$

곧, $\log_a \dfrac{x}{y}=\log_a x-\log_a y$

(예) $\log_2 \dfrac{7}{3}=\log_2 7-\log_2 3$, $\log_{10}\dfrac{2\times 7}{3}=\log_{10}2+\log_{10}7-\log_{10}3$

증명 $\log_a x^n=n\log_a x$ 의 증명

$\log_a x=p$ 라 놓으면

로그의 정의에서 $x=a^p$ 양변을 n 제곱하며

$x^n=a^{np}$

로그의 정의에서 $np=\log_a x^n$

$\therefore\ \log_a x^n=np=n\log_a x$

증명 $\log_a b = \dfrac{\log_c b}{\log_c a}$ 의 증명

$\log_a b = x$ 라 놓으면

로그의 정의에서 $b = a^x$

양변에 c 를 밑으로 하는 로그를 취하면

$\log_c b = \log_c a^x \quad x\log_c a = \log_c b \quad a \neq 1$, 즉 $\log_c a \neq 0$ 이므로

$x = \dfrac{\log_c b}{\log_c a}$, 즉 $\log_a b = \dfrac{\log_c b}{\log_c a}$

증명 $a^{\log_c b} = b^{\log_c a}$ **의 증명**

좌변을 x 로 놓으면

$a^{\log_c b} = x$

양변에 c 를 밑으로 하는 로그를 취하면

$\log_c a^{\log_c b} = \log_c x$

$\log_c b \log_c a = \log_c x$

$\log_c a \cdot \log_c b = \log_c x$

공식 $n\log_a b = \log_a b^n$ 을 이용하면

$\log_c b^{\log_c a} = \log_c x$

※ 다음의 경우는 성립하지 않는다.

(1) $\log_a 0 \neq 1$

(2) $\log_a (A + B) \neq \log_a A + \log_a B$

(3) $\log_a (A - B) \neq \log_a A - \log_a B$

(4) $\log_a A \cdot \log_a B \neq \log_a AB$

(5) $\log_a A \cdot \log_a B \neq \log_a (A+B)$

(6) $\log_a \dfrac{A}{B} \neq \dfrac{\log_a A}{\log_a B}$

(7) $\log_a b \neq -\log_b a$

(8) $(\log_a b)^n \neq n\log_a b$

예제 1 $\frac{1}{2}\log_2 5-\log_2\frac{\sqrt{5}}{4}$ 를 계산하여라.

풀이 $\frac{1}{2}\log_2 5-\log_2\frac{\sqrt{5}}{4}=\log_2\sqrt{5}-\log_2\sqrt{5}+\log_2 4$

$=2\ \log_2 2=2$

예제 2 (1) $\log_2 3\cdot\log_3 4\cdot\log_4 7\cdot\log_7 8$ 을 간단히 하여라.

(2) $\log_2 6-\log_4 9$ 를 간단히 하여라.

(3) $\log_2 3=a$, $\log_3 7=b$ 일 때, $\log_{42} 56$ 을 a, b 를 써서 나타내어라.

풀이 (1) 준식$=\log_2 3\times\frac{\log_2 4}{\log_2 3}\times\frac{\log_2 7}{\log_2 4}\times\frac{\log_2 8}{\log_2 7}$

$=\log_2 8=\log_2 2^3=3$

(2) $\log_4 9=\frac{\log_2 9}{\log_2 4}=\frac{\log_2 3^2}{\log_2 2^2}=\frac{2\ \log_2 3}{2\ \log_2 2}=\log_2 3$

$\therefore$ 준식$=\log_2 6-\log_2 3=\log_2\frac{6}{3}=\log_2 2=1$

(3) $\log_{42} 56=\frac{\log_2 56}{\log_2 42}=\frac{\log_2(7\times8)}{\log_2(7\times6)}=\frac{\log_2 7+\log_2 8}{\log_2 7+\log_2 6}$

$=\frac{\log_2 7+\log_2 2^3}{\log_2 7+\log_2(3\times2)}=\frac{\log_2 7+3}{\log_2 7+\log_2 3+1}$

그런데, $\log_2 3=a$

$\log_2 7=\frac{\log_3 7}{\log_3 2}=\frac{1}{\log_3 2}\cdot\log_3 7=\log_2 3\cdot\log_3 7=ab$

따라서, $\log_{43} 56=\frac{ab+3}{ab+a+1}$

예제 3 $a>1$ 일 때, $a^{\frac{\log(\log\ a)}{\log\ a}}$ 를 간단히 하여라.

풀이 공식 $\frac{\log_c b}{\log_c a}=\log_a b$ 를 이용하면

준식$=a^{\frac{\log(\log\ a)}{\log a}}=a^{\log\ a^{(\log\ a)}}$

공식$=a^{\log_c b}=b^{\log_c a}$ 를 이용하면

준식$=a^{\log_a a(\log\ a)}=(\log\ a)^{\log_a a}=\log\ a$

예제 4 다음 각 식을 간단히 하여라.

(1) $2\log_3\sqrt{3}+3\log_3 2+6\log_3(\sin 45°)$

(2) $2\log\frac{5}{3}-\log\frac{7}{4}+2\log 3+\frac{1}{2}\log 49$

(3) $3^{2\log_3 4+\log_3 5-3\log_3 2}$

풀이 (1) 준식$=\log_3(\sqrt{3})^2+\log_3 2^3+\log_3\left(\frac{1}{\sqrt{2}}\right)^6=\log_3\left(3\times 8\times\frac{1}{8}\right)$

$=\log_3 3=1$

(2) 준식$=\log_3\left(\frac{5}{30}\right)^2-\log\frac{7}{4}+\log 3^2+\log\sqrt{49}=\log\left(\frac{25}{9}\times\frac{4}{7}\times 9\times 7\right)$

$=\log 100=2$

(3) $2\log_3 4+\log_3 5-3\log_3 2=\log_3 4^2+\log_3 5-\log_3 2^3$

$=\log_3\left(16\times 5\times\frac{1}{8}\right)=\log_3 10$

$\therefore\ 3^{2\log_3 4+\log_3 5-3\log_3 2}=3^{\log_3 10}=10$

예제 5 $a>1$, $b>1$일 때, $(2\log_2 a+\log_{\sqrt{2}}b)\log_{ab}16$의 값은?

풀이 $\log_{\sqrt{2}}b=\frac{lob_2 b}{\log_2\sqrt{2}}=\frac{\log_2 b}{\frac{1}{2}\log_2 2}=2\log_2 b$

$\log_{ab}16=\frac{\log_2 16}{\log_2 ab}=\frac{4}{\log_2 ab}$

$\therefore\ (2\log_2 a+\log_{\sqrt{2}}b)\log_{ab}16=2(\log_2 a+\log_2 b)\frac{4}{\log_2 ab}$

$=2\log_2 ab\frac{4}{\log_2 ab}=8$

예제 6 $(\log_2 3)(\log_4 x)=\log_4 3$ 일 때, x 의 값을 구하여라.

풀이 밑을 2로 통일하여 정리하면

$(\log_2 3)(\log_4 x)=\log_4 3$

$(\log_2 3)(\log_{2^2} x)=\log_{2^2} 3$

$(\log_2 3)\cdot\frac{1}{2}(\log_2 x)=\frac{1}{2}(\log_2 3)$

$\log_2 x=1 \qquad \therefore\ x=2$

예제 7 2차방정식 $x^2-5x+5=0$ 의 두 근을 α, β 라 한다.

(1) $\log_6(\alpha+\beta^{-1})+\log_6(\beta+\alpha^{-1})+\log_6\alpha\beta$ 의 값은?

(2) $a=\alpha-\beta\ (\alpha>\beta)$라 할 때 $\log_a \alpha+\log_a \beta$ 의 값은?

풀이 근과 계수와의 관계로부터 $\alpha+\beta=5$, $\alpha\beta=5$ 이다.

(1) 준식$=\log_6(\alpha+\beta^{-1})(\beta+\alpha^{-1})\alpha\beta$

$=\log_6\left(\alpha+\frac{1}{\beta}\right)\left(\beta+\frac{1}{\alpha}\right)\alpha\beta=\log_6\left(\alpha\beta+1+1+\frac{1}{\alpha\beta}\right)\alpha\beta$

$=\log_6\{(\alpha\beta)^2+2\alpha\beta+1\}=\log_6(5^2+2\cdot5+1)$

$=\log_6 36=\log_6 6^2=2$

(2) $\alpha>\beta$ 이므로 $a=\alpha-\beta>0$

$\therefore\ a=\alpha-\beta=\sqrt{(\alpha-\beta)^2}=\sqrt{\alpha^2-2\alpha\beta+\beta^2}=\sqrt{(\alpha+\beta)^2-4\alpha\beta}$

$=\sqrt{5^2-4\cdot5}=\sqrt{5}$

$\therefore\ \log_a\alpha+\log_a\beta=\log_a\alpha\beta=\log_{\sqrt{5}}5=\log_{\sqrt{5}}(\sqrt{5})^2=2$

예제 8 (1) $x=\log_{10}\left(1+\frac{1}{7}\right)$, $y=\log_{10}\left(1+\frac{1}{49}\right)$ 이라 할 때,

$\log_{10}2$, $\log_{10}7$ 을 각각 x, y 로 나타내어라.

(2) $67^x=27$, $603^y=81$ 일 때, $\frac{4}{y}-\frac{3}{x}$ 의 값을 구하여라.

풀이 (1) $x=\log_{10}\frac{8}{7}=\log_{10}8-\log_{10}7=3\log_{10}2-\log_{10}7$

$y=\log_{10}\frac{50}{49}=\log_{10}50-\log_{10}49=\log_{10}\frac{10^2}{2}-\log_{10}7^2$

$=2-\log_{10}2-2\log_{10}7$

즉, $3\log_{10}2-\log_{10}7=x$ ………………………………… ①

$\log_{10} 2+2\log_{10} 7=2-y$ ………………………………………… ②

①×②+②하면, $7\log_{10} 2=2x-y+2$ $\quad\therefore\ \log_{10} 2=\dfrac{2x-y+2}{7}$

이것을 ①에 대입하면, $\quad\therefore\ \log_{10} 7=\dfrac{-x-3y+6}{7}$

(2) $67^x=27$, $603^y=81$ 의 양변에 10을 밑으로 하는 로그를 취하면,

$\log_{10} 67^x=\log_{10} 27$, $\quad \log_{10} 603^y=\log_{10} 81$

$\therefore\ x\log_{10} 67=3\log_{10} 3$, $\quad y\log_{10} 603=4\log_{10} 3$

따라서, $\dfrac{3}{x}=\dfrac{\log_{10} 67}{\log_{10} 3}$, $\quad \dfrac{4}{y}=\dfrac{\log_{10} 603}{\log_{10} 3}$

$$\therefore\ \frac{4}{y}-\frac{3}{x}=\frac{\log_{10} 603}{\log_{10} 3}-\frac{\log_{10} 67}{\log_{10} 3}=\frac{\log_{10}(603\div 67)}{\log_{10} 3}$$

$$=\frac{\log_{10} 9}{\log_{10} 3}=2$$

문제1 다음 식을 간단히 하여라.

(1) $\frac{1}{2}\log_2 3+3\log_2\sqrt{2}-\log_2\sqrt{6}$

(2) $2\log_3 5+\frac{1}{4}\log_3\frac{1}{125}-\frac{5}{2}\log_3\sqrt{5}$

(3) $\log_{10}\frac{1}{4}-\log_{10}9-2\log_{10}\frac{5}{3}$

(4) $\log_3\sqrt{2}+\frac{1}{2}\log_3\frac{1}{3}-\frac{3}{2}\log_3\sqrt[3]{6}$

문제2 $\log_5 2=a$, $\log_5 3=b$ 일 때, 다음을 a, b 로 나타내어라.

(1) $\log_5\frac{8}{9}$ (2) $\log_5\frac{2}{\sqrt{6}}$

문제3 $45^x=27$, $5^y=81$ 일 때,

(1) x, y 의 값을 각각 로그를 써서 나타내어라.

(2) $\dfrac{3}{x}-\dfrac{4}{y}$ 의 값을 구하여라.

3 상용 log

1. 상용 log의 정의

일상 생활에서 사용하는 십진법의 수를 계산할 때는 10을 밑으로 하는 로그를 사용하는 것이 편리하다. 이때 10을 밑으로 하는 로그를 사용로그라 하고, 흔히 밑 10은 생략한다.

$$\log_{10} x \Longleftrightarrow \log\ x$$

예제 1

$\log 10 = \log_{10} 10 = 1 \qquad \log\sqrt{10} = \log_{10}\sqrt{10} = 0.5$

$\log 10x = \log 10 + \log x = 1 + \log x$

$\log 100x = \log 100 + \log x = 2 + \log x$

$\log 1000x = \log 1000 + \log x = 3 + \log x$

$\log \frac{1}{10}x = \log \frac{1}{10} + \log x = -1 + \log x$

$\log \frac{1}{100}x = \log \frac{1}{100} + \log x = -2 + \log x$

$\log \frac{1}{1000}x = \log \frac{1}{1000} + \log x = -3 + \log x$

2. 상용로그(Common logarithm)의 지표와 가수

상용로그 log A 의 값을
logA=(정수)+(0 또는 양의 소수)
의 꼴을 나타낼 때,
정수를 logA 의 가수라 한다.
사용로그표에서는 1.00부터 9.99까지의 값이 나와 있다.

이것을 이용하여 log815 또는 log8.15의 값을 구해 보자.

$$\log 815 = \log(10^2 \times 8.15) = \log 10^2 + \log 8.15$$
$$= 2 + 0.9112 = 2.9112$$
$$\log 0.815 = \log(10^{-1} \times 8.15) = \log 10^{-1} + \log 8.15$$
$$= -1 + 0.9112 = \overline{1}.9112$$

$\log 81.5 = \log(10 \times 8.15) = 1.9112$. $\log 0.815 = \log(10^{-1} \times 8.15) = \overline{1}.9112$

$\log 815 = \log(10^2 \times 8.15) = 2.9112$. $\log 0.0815 = \log(10^{-2} \times 8.15) = \overline{2}.9112$

$\log 8150 = \log(10^3 \times 8.15) = 3.9112$. $\log 0.00815 = \log(10^{-3} \times 8.15) = \overline{3}.9112$

이상에서 가수는 어느 것이나 0.9112이다. 즉, 모두 같다.(가수의 성질)
또, 진수의 정수 부분이 n 자리이면 지표는 $n-1$이다. (지표의 성질)
진수의 0이 아닌 숫자가 소수 n 째의 자리에서 처음으로 나타나면 지표는 $\overline{n}$ 이다.

상용 log의 지표와 가수의 성질

〔1〕 정수부분이 n 자리인 수의 사용로그의 지표는 $n-1$이다.
〔2〕 소수점 이하 n 째 자리에서 처음으로 0이 아닌 숫자가 나타나는 소수의 상용로그의 지표는 $\overline{n}$, 즉 $-n$ 이다.
〔3〕 숫자의 배열이 같고, 소수점의 자리만 다른 수의 상용로그의 가수는 모두 같다.
〔4〕 위의 〔1〕, 〔2〕의 역도 성립한다.

예제 2 로그표를 이용하여 다음 로그의 지표와 가수를 구하여라.

(1) log 6510　　　　(2) log 0.0651, 단 log 6.51=0.8136

풀이 (1) $\log 6510 = \log(6.51 \times 10^3) = 3 + \log 6.51 = 3 + 0.8136 = 3.8136$
따라서, 지표는 3, 가수는 0.8136이다.
(2) $\log 0.0651 = \log(6.51 \times 10^{-2})$
$= -2 + \log 6.51 = -2 + 0.8136 = \overline{2}.8136$
따라서 지표는 −2, 가수는 0.8136이다.

예제 3 다음을 구하여라.(단, log2=0.3010, log3=0.4771)

(1) log3000　　　　(2) log900　　　　(3) log0.008

풀이 (1) $\log 3 = 0.4771$이므로

$\log 3000 = 3.4771$

(2) $\log 9 = 2\log 3 = 0.9542$이므로

$\log 900 = 2.9542$

(3) $\log 8 = 3\log 10^2 = 0.9030$이므로

$\log 0.0008 = \overline{4}.9030$

예제 4 2^{30}은 몇 자리의 정수인가? 단, $\log 2 = 0.3010$

$x = 2^{30}$이라 놓으면

$\log x = \log 2^{30} = 30\log 2 = 30 \times 0.3010 = 9.030$

지표가 9이므로 x 는 10자리의 정수

예제 5 log 표를 사용하여 x 의 값을 구하여라.

$\log 0.02318 = x$

풀이 $\log 2.31 = 0.3636$

$\log 0.0231 = \overline{2}.3636$

(비례부분)8 ⋯ 15

$\log 0.02318 = \overline{2}.3651$

$\therefore\ x = \overline{2}.3651$

예제 6 $\log 2.346 = x$ 일 때, x 를 구하여라. (로그표 참조)

풀이 로그표에서

수	⋯	4	⋯	비례부분		
				⋯	6	⋯
⋯	⋯	⋯ ↓	⋯	⋯	⋯ ↓	⋯
⋯	⋯	⋯ ↓	⋯	⋯	⋯ ↓	⋯
2.3	→	.3692	⋯	⋯	11	⋯
⋯	⋯	⋯	⋯	⋯	⋯	⋯

$\log 2.34 = 0.3692$

$6 \rightarrow 11$

$\log 2.346 = 0.3703$

예제 7 로그표를 사용하여 433×0.624 을 계산하여라.

풀이 $x=433\times0.624$ 로 놓고, 양변의 로그를 잡으면

$$\log x = \log 433 + \log 0.624$$

$$\begin{array}{rl} \log 433 &= 2.6365 \\ +)\ \underline{\log 0.624} &\underline{= \bar{1}.7952} \\ \log x &= 2.4317 \end{array}$$

$$\begin{array}{rl} \underline{2.4314} & \cdots\ 270 \\ 3\ \cdots & \quad 2 \\ \hline x &= 270.2 \end{array}$$

예제 8 오른쪽 표는 로그표의 일부분이다. 이 표를 이용하여 다음 계산하여라.

$$A = \frac{\sqrt[3]{12^2 \times 13.4}}{1.03}$$

	0	1	2	3	4
1.0	.0000	.0043	.0086	.0128	.0170
1.1	.00414	.0453	.0492	.0531	.0569
1.2	.0792	.0828	.0864	.0899	.0934
1.3	.1139	.1173	.1206	.1239	.1271

풀이 $\log\ A = \log \dfrac{\sqrt[3]{12^2 \times 13.4}}{1.03} = \dfrac{1}{3}(2\log 12 + \log 13.4) - \log 1.03$

주어진 로그표를 보면

$\log 12 = 1.0792,\quad \log 13.4 = 1.1271,\quad \log 1.03 = 0.0128$

$\therefore\ \log A = \dfrac{1}{3}(2\times1.0792 + 1.1271) - 0.0128 = 1.0824$

여기서 $\log 12 = 1.0792$, $\log 12.1 = 1.0828$을 이용하면 $\log\ A = 1.0824$ 를 만족하는 A를 구하면

(지수 변화) (로그값 변화)

12.0 ⋯ 1.0792

A ⋯⋯ 1.0824

12.1 ⋯ 1.0828

(1, x, 32, 36)

$$\begin{array}{rl} \log\ 12.0 &= 1.0792 \\ 9 \longleftarrow & 32 \\ \hline \log\ 12.09 &= 1.0824 \end{array}$$

$1 : 36 = x : 32$ $\qquad \therefore\ x \fallingdotseq 0.9$

$\therefore\ \log\ 12.09 = 1.0824$ $\qquad \therefore\ A = 12.09$

예제 9 log 표를 이용하여 $\sqrt[5]{2538}$ 을 계산하여라.

풀이 $x=\sqrt[5]{2538}$ 이라 놓고, 양변에 상용로그를 취하면

$$\log x=\frac{1}{5}\log 2538$$

이고, 로그표에 의하면

$\log 2530=3.4031$

이며, 비례부분의 진수는 8은 가수 14에 대응하므로

$\log 2538=3.4045$

$$\therefore \log x=\frac{1}{5}\times 3.4045=0.6809$$

다시 로그표에 의하면

$\log\ 4.79=0.6803$

7 ← 6

$\log\ 4.797=0.6809$

따라서, $\sqrt[5]{2538}=4.797$

현대 공업수학

4 지수함수와 log 함수

1. 지수함수, log 함수의 graph와 성질

$y=2^x$, $y=3^x$, …등과 같이

$y=a^x \quad (a \neq 1, a>0)$

으로 표시될 때 y 는 a 를 밑으로 하는 x 의 지수함수라 한다.

또, $y=\log_2 x$, $y=\log_3 x$, …등과 같이

$y=\log_a x \qquad (a \neq 1, a>0)$

으로 표시될 때 y 는 a 를 밑으로 하는 x 의 로그함수라 한다.

$y=2^x$ 의 그래프를 그려 보자.

$x=\cdots, -2, -1, 0, 1, 2, 3, \cdots$을 대입하고, 이에 대응하는 y의 값을 잡아 이들 각 쌍의 x, y의 값을 좌표로 하는 점(x, y)의 집합으로서 오른편 그림의 곡선이 함수 $y=2^x$ 의 그래프를 개형인 것이다.

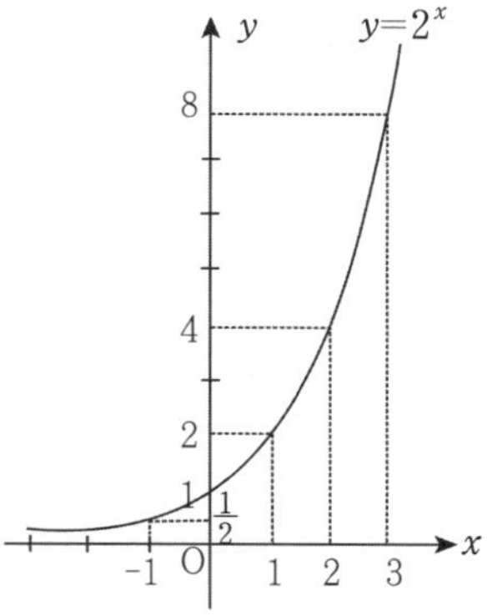

이와 같은 방법으로 하여

$y=3^x$

$y=\left(\frac{1}{2}\right)^x$, $y=\left(\frac{1}{3}\right)^x$

등의 그래프를 그려 보면 오른쪽과 같다.

오른쪽 그래프에서 알 수 있는 바와 같이 일반으로

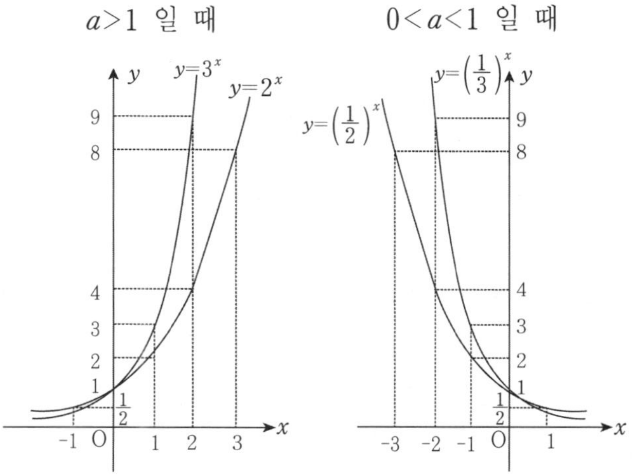

지수함수 $y=a^x$ 에서는

$a>1$ 인 경우

$0<a<1$ 인 경우

의 증감상태가 다르다는 것에 주의한다.

1) 지수함수 $y=a^x$ 의 성질

(1) 정의구역은 실수 전체의 집합 R 이고, 치역은 $\{y \mid y>0\}$ 이다.

(2) 그래프는 점(0, 1)을 지난다.

(3) 그래프는 직선 $y=0$ (x축)을 점근선으로 한다.

(4) $a>1$ 일 때 단조증가하고, $0<a<1$ 일 때 단조감소한다.

일반적으로 지수 함수

$$y=a^x \quad (a>0,\ a \neq 1) \cdots\cdots\cdots\cdots\cdots \text{①}$$

의 정의역을 실수 전체의 집합으로 하고, 공역을 양의 실수 전체의 집합으로 하면, 지수함수 ①은 앞의 지수함수의, 그래프에서 보는 바와 같이, y 의 한 양의 값에 대하여 x의 값이 오직 하나 대응하므로 역함수가 존재한다.

따라서 로그의 정의에서

$$y=a^x \Longleftrightarrow x=\log_a y \qquad (a>0,\ a \neq 1)$$

이므로 $x=\log_a y$ 에서 x 와 y 를 바꾸어서 얻은 x 의 함수

$$y=\log_a x$$

는 지수함수 ①의 역함수이다.

이 함수를 a 를 밑으로 하는 로그함수라고 한다.

즉, 로그함수 $y=\log_a x$ $(a>0,\ a \neq 1)$ 는 지수함수 $y=a^x$ 의 역함수이므로, 로그함수의 정의역은 양의 실수 전체의 집합이고, 치역은 실수 전체의 집합이다.

로그함수와 지수함수 사이의 관계를 정리하면 다음과 같다.

2) 로그함수와 지수함수

(1) $y=\log_a x \Leftrightarrow x=a^y$

(2) $y=\log_a x$ 는 $y=a^x$ 의 역함수이다. (단, $a>0$, $a \neq 1$)

$y=\log_a x$ 와 $y=a^x$ 은 서로 역함수이므로

$y=\log_a x$ 의 그래프와 $y=a^x$ 의 그래프는

⇨ 직선 $y=x$ 에 관하여 대칭이다.

이 성질을 이용하면 $y=a^x$ 의 그래프로부터 $y=\log_a x$ 의 그래프를 그릴 수 있다.

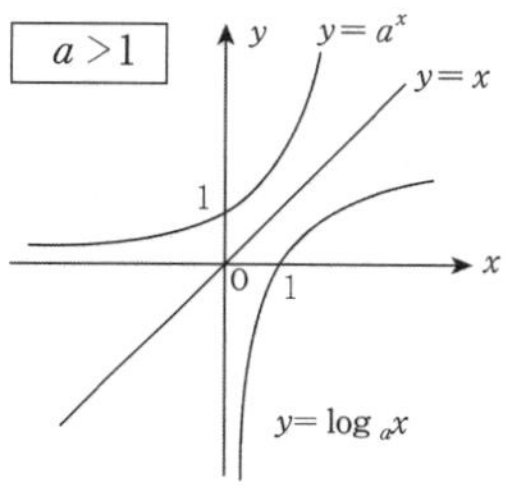

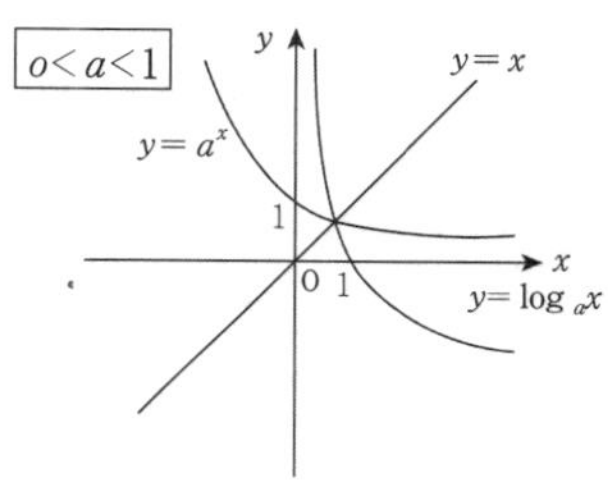

3) 로그함수 $y=\log_a x$ 의 성질

(1) 정의구역은 $\{x \mid x>0\}$ 이고, 치역은 실수 전체의 집합 R 이다.
(2) 그래프는 점(1, 0)을 지난다.
(3) 그래프는 직선 $x=0$ (y 축)을 점근선으로 한다.
(4) $a>1$ 일 때 단조증가하고, $0<a<1$ 일 때 단조감소한다.

예제 1 다음 각 함수의 그래프를 구하여라.

(1) $y=\log_2(x+4)$ (2) $y=\log_{\frac{1}{2}}\left(1+\frac{x}{2}\right)$

풀이 (1) $y=\log_2(x+4)$의 그래프는 $y=\log_2 x$ 의 그래프를 x 축의 음의 방향으로 4만큼 평행이동한 것이다.

(2) $y=\log_{\frac{1}{2}}\left(1+\frac{x}{2}\right)=\log_{\frac{1}{2}}\frac{2+x}{2}=\dfrac{\log_2\frac{2+x}{2}}{\log_2\frac{1}{2}}=-\log_2\frac{2+x}{2}$

$=-\{\log_2(2+x)-\log_2 2\}=1-\log_2(x+2)$

따라서, 그래프는 $y=\log_2 x$의 그래프를 x 축에 대하여 대칭이동시킨 후 x 축의 음의 방향으로 2, y 축의 양의 방향으로 1만큼 평행이동한 것이다.

(1)

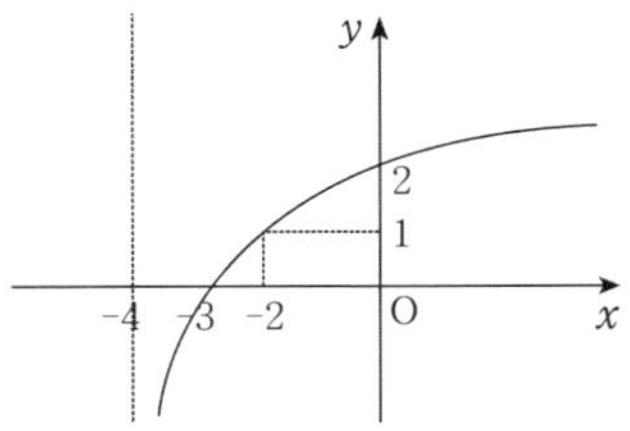

(2)

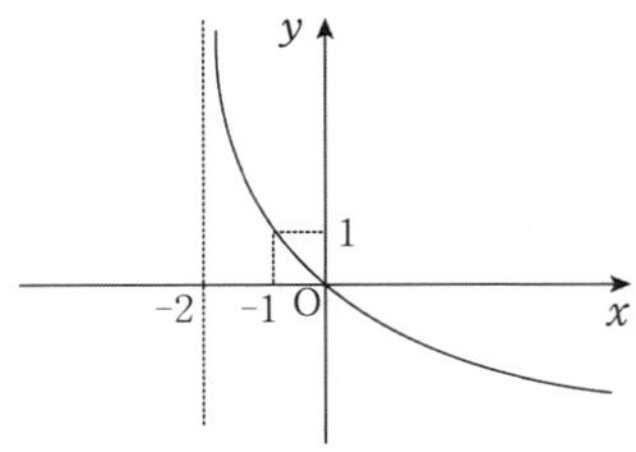

예제 2 $f:(x,\ y)\qquad(x+m,\ y+n)$ 인 평행이동 f 가 있다.

(1) 곡선 $y=3^{2x}$ 이 f 에 대하여 $y=81\cdot3^{2x}+1$ 로 옮겨진다고 할 때, $m,\ n$ 의 값을 구하여라.

(2) 곡선 $y=\log_2 3x$ 가 f 에 의하여 곡선 $y=\log_2(6x-24)$ 로 옮겨진다고 할 때, $m,\ n$ 의 값을 구하여라.

풀이 (1) $y=81\cdot3^{2x}+1\Longleftrightarrow y-1=3^4\cdot3^{2x}\Longleftrightarrow y-1=3^{2(x+2)}$

따라서 곡선 $y=81\cdot3^{2x}+1$ 은 곡선 $y=3^{2x}$ 을 x 축에 따라 -2만큼, y 축에 따라 1만큼 평행이동한 것이다.

$\therefore\ m=-2,\quad n=1$

(2) $\Leftrightarrow\ y=\log_2(6x-24)\Longleftrightarrow y=\log_2 2(3x-12)$

$$\Longleftrightarrow y=\log_2 2+\log_2(3x-12)$$

$$\Longleftrightarrow y-1=\log_2 3(x-4)$$

따라서 곡선 $y=\log_2(6x-24)$ 는 곡선 $y=\log_2 3x$ 를 x 축에 따라 4만큼, y 축에 따라 1만큼 평행이동한 것이다.

$\therefore\ m=4,\quad n=1$

예제 3 함수 $f(x)=\log_2 x$ 와 함수 $g(x)$ 에 대하여 $g(f(x))=1+\sqrt{3-x}$ 일 때, $g\left(\frac{3}{2}\right)$ 의 값을 구하여라.

풀이 $f(x)=\log_2 x=\frac{3}{2}$ 에서 x 값을 구하면

$x=2^{\frac{3}{2}}=2\sqrt{2}$

x 의 값을 대입하여 $g\left(\frac{3}{2}\right)$ 의 값을 구하면

$$g\left(\frac{3}{2}\right)=1+\sqrt{3-2\sqrt{2}}$$
$$=1+(\sqrt{2}-1)=\sqrt{2}$$

예제 4 다음 함수의 역함수를 구하여라.

(1) $y=3\cdot 2^{x-1}$ (2) $y=\log_2(x+\sqrt{x^2-1})$

풀이 (1) 준식을 변형하면

$y=3\cdot 2^{x-1}$에서 $2^{x-1}=\frac{y}{3}$ ………………………… ①

①의 양변에 2 를 밑으로 하는 로그를 취하면

$x-1=\log_2\frac{y}{3}$ $x=\log_2\frac{y}{2}+1$

$\therefore\ x=\log_2\frac{2}{3}y$

x와 y를 바꾸면

$y=\log_2\frac{2}{3}x \quad (x>0)$

(2) 준식을 변형하면

$y=\log_2(x+\sqrt{x^2-1})$에서 $2^y=x+\sqrt{x^2-1}$

$\therefore \sqrt{x^2-1}=2^y-x$ ………………………… ①

①의 양변을 제곱하면

$x^2-1=2^{2y}-2.2^yx+x^2,\ 2^{y+1}x=2^{2y}+1$

$\therefore x=\frac{2^{2y}+1}{2^{y+1}}$ ………………………… ②

②에서 x 와 y 를 바꾸면

$$y=\frac{2^{2x}+1}{2^x+1}$$

문제 1 $y=\log_{10}(x+\sqrt{x^2-1})\ (x\geq 1)$ 의 역함수를 구하여라.

2. 지수방정식, log 방정식

지수에 미지수를 포함한 방정식을 지수방정식이라 하고 진수 또는 밑에 미지수를 포함한 방정식을 로그방정식이라 한다.

예제 1 다음 등식을 만족하는 x의 값을 구하여라.

(1) $4^x=\dfrac{1}{4\sqrt{2}}$ (2) $\left(\dfrac{1}{9}\right)^x=3^4\sqrt{3}$

(3) $x^{2x+1}=x^{x+3}$ (단, $x\neq0$) (4) $(x+1)^x=3^x$

풀이 (1) $4^x=(2^2)^x=2^{2x}$, $4\sqrt{2}=2^2\cdot2^{\frac{1}{2}}=2^{\frac{5}{2}}$ 이므로

$4^x=\dfrac{1}{4\sqrt{2}}$ 에서 $2^{2x}=2^{-\frac{5}{2}}$ $\therefore\ 2x=-\dfrac{5}{2}$ $\therefore\ x=-\dfrac{5}{4}$

(2) $\left(\dfrac{1}{9}\right)^x=\left(\dfrac{1}{3^2}\right)^x=3^{-2x}$, $3^4\sqrt{3}=3\cdot3^{\frac{1}{4}}$ 이므로

$\left(\dfrac{1}{9}\right)^x=3^4\sqrt{3}$에서 $3^{-2x}=3^{\frac{5}{4}}$ $\therefore\ -2x=\dfrac{5}{4}$ $\therefore\ x=-\dfrac{5}{8}$

(3) $x^{2x+1}=x^{x+3}$ 에서

$x\neq1$ 일 때 $2x+1=x+3$ $\therefore\ x=2$

$x=1$ 일 때 준식은 $1^3=1^4$ 이므로 만족한다. $\therefore\ x=2,\ 1$

(4) $(x+1)^x=3^x$ 에서 $x\neq0$ 일 때 $x+1=3$ $\therefore\ x=2$

$x=0$ 일 때 준 식은 $1^0=3^0$ 이므로 만족한다. $\therefore\ x=2,\ 0$

예제 2 x 에 대한 방정식 $x^{3x^2+2}=x^{x^2-x+3}$ 의 정수해의 곱을 구하여라.

풀이 준 식의 밑이 같으므로

i) $3x^2+2=x^2-x+3$ 에서

$2x^2+x-1=0$, $(2x-1)(x+1)=0$

$\therefore\ x=\dfrac{1}{2},\ -1$

ii) $x=1$일 때, $1^5=1^3$(성립) $\therefore\ x=1$

정수해는 -1, 1 이므로

정수해의 곱은 -1 이다. $\therefore\ -1$

문제 1 x 에 대한 방정식 $(x+3)^{2x}=16^x$ 의 근을 구하여라.

예제 3 다음 방정식을 풀어라.

(1) $2^{x+1}\cdot 3=3^{2x}+1$

(2) $4^x-2^{x+2}-32=0$

(3) $\begin{cases} 3^x+3^y=12 \\ 3^{x+y}=27 \end{cases}$

풀이 (1) $2^{x+1}\cdot 3=3^{2x+1}$ 에서 양변을 3 으로 나누면 $2^{x+1}=3^{2x}$ 양변의 로그를 잡으면 $\log 2^{x+1}=\log 3^{2x}$

$(x+1)\log 2=2x\log 3$ $\quad$ $x\log 2+\log 2=2x\log 3$

$\therefore\ (2\log 3-\log 2)x=\log 2$ $\quad$ $\therefore\ x=\dfrac{\log\ 2}{2\log\ 3-\log\ 2}$

(2) $4^x=(2^2)^x=(2^x)^2$, $\quad 2^{x+2}=2^x\cdot 2^2=4\cdot 2^x$ 이므로

준 방정식은 $(2^x)^2-4\cdot 2^x-32=0$과 같다.

여기에서 $2^x=X$ 로 놓으면

$X^2-4X-32=0\quad \therefore\ (X-8)(X+4)=0$

그런데 $X(=2^x)>0$ 이므로 $X=8$ $\quad \therefore\ 2^x=8$ $\quad x=3$

(3) $3^x=X$, $3^y=Y$ 로 놓으면 $X+Y=12$ ……… ①

$XY=27$ ……… ②

①, ②를 연립하여 풀면 $X=3,\ Y=9$ or $X=9,\ Y=3$

$X=3,\ Y=9$ 로부터 $3^x=3,\ 3^y=9$ $\quad \therefore\ x=1,\ y=2$

$X=9,\ Y=3$ 로부터 $3^x=9,\ 3^y=3$ $\quad \therefore\ x=2,\ y=1$

예제 4 다음 방정식을 풀어라.

(1) $4^{x^2}-2^{9x+5}=0$

(2) $(x+1)^x=3^x$

(3) $2^{2x}-3\times 2^{x+2}+32=0$

풀이 (1) $4^{x^2}=2^{9x+5}$ 즉, $2^{2x^2}=2^{9x+5}$ 이므로,

$2x^2=9x+5$, $2x^2-9x-5=0$

$\therefore$ $(2x+1)(x-5)=0$

$\therefore$ $x=-\dfrac{1}{2}$ 또는 $x=5$

(2) $(x+1)^x=3^x$ 에서

$x\neq 0$일 때 ; $x+1=3$ $\therefore$ $x=2$

$x=0$일 때 ; $1^0=3^0$ 이므로 만족 $\therefore$ $x=0$

(3) 주어진 방정식은 $(2^x)^2-3\times 2^2\times 2^x+32=0$,

$2^x=X$라 하면, $X^2-12X+32=0$ $(X-4)(X-8)=0$

$\therefore \begin{cases} X=4 & 2^x=4 & \therefore\ x=2 \\ X=8 & 2^x=8 & \therefore\ x=3 \end{cases}$

문제 2 방정식 $\dfrac{2^{3x}+2^{-3x}}{2^x+2^{-x}}=1$ 을 풀어라.

예제 5 다음 방정식을 풀어라.

(1) $\log 2x+\log(x-1)=\log(x^2+3)$

(2) $\log_2(x-5)=\log_4(x-2)+1$

(3) $3\log_x 10+\log_{10}x=4$

풀이 (1) 준 방정식에서 $\log 2x(x-1)=\log(x^2+3)$

$\therefore$ $2x(x-1)=x^2+3$ $\therefore$ $x^2-2x-3=0$

$\therefore$ $(x-3)(x+1)=0$ $\therefore$ $x=3$ or -1

그런데 $x=-1$은 진수를 음수되게 하므로 근이 아니다.

$\therefore$ $x=3$

(2) $\log_4(x-2)=\dfrac{\log_2(x-2)}{\log_2 4}=\dfrac{1}{2}\log_2(x-2)$, $1=\log_2 2$ 이므로

준 방정식은 $\log_2(x-5)=\dfrac{1}{2}\log_2(x-2)+\log_2 2$

$\therefore\ 2\log_2(x-5)=\log_2(x-2)+\log_2 4$ $\quad\therefore\ \log_2(x-5)^2=\log_2 4(x-2)$

$\therefore\ (x-5)^2=4(x-2)$ $\quad\therefore\ x^2-14x+33=0$

$\therefore\ (x-3)(x-11)=0$ $\quad\therefore\ 3$ or 11

그런데 $x=3$은 진수를 음수되게 하므로 근이 아니다. $\therefore\ x=11$

(3) $\log_x 10=\dfrac{1}{\log_{10}x}$ 이므로 준 방정식은 $3\cdot\dfrac{1}{\log_{10}x}+\log_{10}x=4$

$\therefore\ (\log_{10}x)^2-4\log_{10}x+3=0$ $\quad\therefore\ (\log_{10}x-1)(\log_{10}x-3)=0$

$\therefore\ \log_{10}x=1$ or 3 $\quad\therefore\ x=10$ or 1000

문제 3 방정식 $\log_x(x-1)+\log_x(2x-3)=\log_x(3x+27)$ 을 풀어라.

예제 6 방정식 $8x^2=x^{\log_2 x}$ 을 풀어라.

풀이 양변에 2 를 밑으로 하는 로그를 취하면

$\log_2(8x^2)=\log_2(x^{\log_2 x})$

$\log_2 8+2\log_2 x=\log_2 x\cdot\log_2 x$

$(\log_2 x)^2-2\log_2 x-3=0$

$(\log_2 x+1)(\log_2 x-3)=0$ $\quad\therefore\ \log_2 x=-1,\ 3$

$\log_2 x=-1$에서 $x=2^{-1}=\dfrac{1}{2}$

$\log_2 x=3$에서 $x=2^3=8$

결과가 조건에 맞는지를 알아보면

$x=\dfrac{1}{2}$, 8은 모두 조건에 맞는다. $\therefore\ x=\dfrac{1}{2},\ 8$

예제 7 다음 연립방정식을 풀어라.

(1) $3^x \cdot 2^y=576$, $\log_{\sqrt{2}}(y-x)=4$

(2) $\log_x 4-\log_y 3=5$, $\log_x 2-\log_y 27=5$

(3) $xy=8$, $x^{\log_2 y}=4$(단, $x \geqq y>0$)

풀이 (1) $3^x \cdot 2^y=576$ ……… ① $\log_{\sqrt{2}}(y-x)=4$ ……… ②

②에서 $y-x=(\sqrt{2})^4$ 곧, $y=x+4$ ……… ③

③을 ①에 대입하면 $3^x \cdot 2^{x+4}=576$ $\therefore 3^x \cdot 2^x \cdot 2^4=576$

$\therefore 6^x=36$ $\therefore x=2$ $\therefore y=6(\because ③)$

$x=2$, $y=6$은 ②의 진수를 양으로 하므로 구하는 근이다.

$\therefore x=2,\quad y=6$

(2) $\log_x 4-\log_y 3=5$ ……… ① $\log_x 2-\log_y 27=5$ ……… ②

$\log_x 2=X$, $\log_y 3=Y$ 로 놓으면

①는 $2X-Y=5$ ……… ③ ②는 $X-3Y=5$ ……… ④

③, ④을 연립하여 풀면 $X=2$, $Y=-1$

$\therefore \log_x 2=2$, $\log_y 3=-1$

$\log_x 2=2$에서 $x^2=2$ $\therefore x=\sqrt{2}\ (\because x>0,\ x\neq 1)$

$\log_y 3=-1$에서 $y^{-1}=3$ $\therefore y=\dfrac{1}{3}$

$\therefore x=\sqrt{2},\quad y=\dfrac{1}{3}$

(3) $xy=8$ 에서 양변의 2를 밑으로 하는 로그를 잡으면

$\log_2 xy=\log_2 8$ $\therefore \log_2 x+\log_2 y=3$ ……… ①

$x^{\log_2 y}=4$에서 양변의 2를 밑으로 하는 로그를 잡으면

$\log_2 x^{\log_2 y}=\log_2 4$ $\therefore \log_2 y \cdot \log_2 x=2$ ……… ②

①, ②를 $\log_2 x$, $\log_2 y$에 관해서 연립하여 풀면

$\log_2 x=2$, $\log_2 y=1$ $(\because x \geqq y>0$ 으로부터 $\log_2 x \geqq \log_2 y)$

$\therefore x=4,\quad y=2$

예제 8 방정식 $\log_3(2x-1)=\log_9(x^2-x+7)$ 을 만족하는 x 의 값을 구하여라.

풀이 로그의 진수는 양이어야 하므로

$2x-1>0,\quad x^2-x+7>0$

$\therefore\ x>\frac{1}{2}$ .... ①

준 식의 밑을 같게 하여 근을 구하면

$\log_9(2x-1)^2=\log_9(x^2-x+7)$

$(2x-1)^2=x^2-x+7$

$3x^2-3x-6=0 \qquad x^2-x+2=0$

$(x+1)(x-2)=0 \qquad \therefore\ x=-1,\ 2$

근이 조건에 맞는지를 알아보면

①에서 $x>\frac{1}{2}$ 이므로 $x=2 \qquad \therefore\ x=2$

예제 9 x 의 2차방정식 $x^2-(1+\log pq)x+\log p^2q=0$ 의 두 근이 2, 3 일 때, p , q 의 값을 구하여라.

풀이 $x^2-(1+\log pq)x+\log p^2q=0$ 의 두 근이 2, 3 이므로

두 근의 합: $2+3=1+\log pq$ .... ①

두 근의 곱: $2\times3=\log p^2q$ .... ②

①에서 $\log p+\log q=4$, ②에서 $2\log p+\log q=6$

이 두 식을 $\log p$, $\log q$ 에 관하여 연립하여 풀면

$\log p=2,\ \log q=2 \qquad \therefore\ p=100,\quad q=100$

예제 10 $\log_x y+\log_y x=\frac{10}{3}$ 일 때, $\frac{x+y^6}{x^2+y^3}$ 의 값을 구하여라. (단, $x>y>1$)

풀이 $\log_y x=X$ 라 하면

$\frac{1}{X}+X=\frac{10}{3} \qquad 3X^2-10X+3=0$

$(3X-1)(X-3)=0$

$x > y > 1$이므로 $X>1$

$\therefore X=3$, 즉 $\log_y x=3$ $\therefore x=y^3$

준 식의 값을 구하면

$$\frac{x+y^6}{x^2+y^3}=\frac{y^3+y^6}{y^6+y^3}=1$$

예제 11 다음 연립방정식을 풀어라.

$$\begin{cases} \log x^2+\log y^3=3 \\ 2\log \dfrac{x}{y}=1 \end{cases}$$

풀이 주어진 방정식에서

$2\log x+3\log y=3$, $2(\log x-\log y)=1$

$\log x=X$, $\log y=Y$ 라 하면,

$2X+3Y=3$ ……… ① $2X-2Y=1$ ……… ②

①−② 하면, $5Y=2$ $\therefore Y=\frac{2}{5}$, $X=\frac{9}{10}$

그러므로 $x=10^{\frac{9}{10}}$, $y=10^{\frac{2}{5}}$

문제 4 $x^{\log_2 x}=\frac{8}{x^2}$ 을 풀어라.

예제 12 (1) a 가 자연수일 때, $3000<\left(\frac{4}{3}\right)^a<4000$ 을 만족하는 a 의 값을 구하여라.

(단, log2=0.3010, log3=0.477)

(2) 부등식 $2^{x^2-4}>25^{x+2}$ 을 만족하는 자연수 x 중에 최소인 것을 구하여라.

풀이 (1) $3000<\left(\frac{4}{3}\right)^a<4000$ 의 각 변에 상용로그를 취하면,

$3+\log 3 < a(\log 4-\log 3) < 3+\log\ 4$

$3+\log 3 < a(2\log 2-\log 3) < 3+2\log 2$

$3+0.477 < a(2\times 0.301-0.477) < 2+3\times 0.301$

$3.477 < 0.125a < 3.602$ $\therefore 27.8 < a < 28.9$ $a=28$

(2) 밑이 다르므로 양변에 상용로그를 취하면,

$(x^2-4)\log 2 > (x+2)\log 25$

$(x-2)(x+2)\log 2-(x+2)\log 25 > 0$

$(x+2)\{(x-2)\log 2-\log 25\} > 0$

$\therefore\ (x-2)(x\log 2-2\log 2-2\log 5) > 0$

즉 $(x+2)(x\log 2-2) > 0$

따라서, $x<-2$ 또는 $x>\dfrac{2}{\log 2}=\dfrac{2}{0.301}=6.6\cdots$

그러므로, 최소의 자연수는 $x=7$

예제 13 $2\log x-1<(\log x)^2 \leqq 4-\log x^3$ 을 풀어라.

풀이 $\log x=X$ 로 치환하면

$2\log x-1<(\log x)^2$에서 $X^2-2X+1>0$ ……… ①

$(\log x)^2 \leqq 4-\log x^3$에서 $X^2+3X-4 \leqq 0$ ……… ②

①, ②의 범위를 수직선 위에 도시하면

①에서 $(X-1)^2>0$

$\therefore\ X \neq 1$인 모든 실수

②에서 $(X-1)(X+4) \leqq 0$

$\therefore\ -4 \leqq X \leqq 1 \rightarrow \log 10^{-4} \leqq \log x \leqq \log 10 \quad \therefore 10^{-4} \leqq x < 10$

예제 14 (1) $4 \leqq x \leqq 10$ 에서 $y=\log_3(x-1)+1$ 의 최대값, 최소값을 구하여라.

(2) $y=\log_4(x^2-4x+6)$ 의 최소값 및 그 때의 x 의 값을 구하여라.

풀이 (1) $y=\log_3(x-1)+1$ 에서 밑이 3이므로 x 의 값이 커지면 y 의 값도 커지므로, $x=4$ 일 때 최소이고, 최소값은 $y=\log_3 3+1=2$

$x=10$일 때 최대이고, 최대값은 $y=\log_3 9+1=3$

(2) $y=\log_4(x^2-4x+6)$에서 밑이 4이므로 진수 x^2-4x+6이 최소일 때 y도 최소이다.

그런데, $x^2-4x+6=(x-2)^2+2 \geqq 2$

$\therefore\ x=2$일 때, y는 최소이고, 최소값은 $\log_4 2=\dfrac{1}{2}$

CHAPTER 6

삼각함수

1 삼각함수의 기본개념

1. 일반각

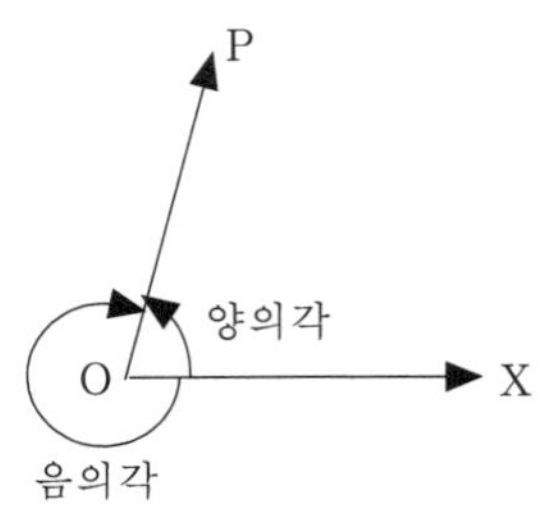

오른쪽 그림과 같이 OP가 고정되어 있는 반직선의 OX의 위치로부터 점 O를 중심으로 회전한 양을 ∠XOP의 크기라고 한다.

이 때, 점 O를 ∠XOP의 꼭지점, 반직선 OX를 시초선, 반직선 OP를 동경이라고 한다. 동경 OP가 시초선 OX로부터 회전할 경우 시계 바늘의 회전 방향과 반대방향을 양의 방향, 시계 바늘의 회전방향과 같은 방향을 음의 방향이라고 한다. 또 양의 방향으로 회전하여 이룬 각을 양의 각, 음의 방향으로 회전하여 이룬 각을 음의 각이라고 한다.

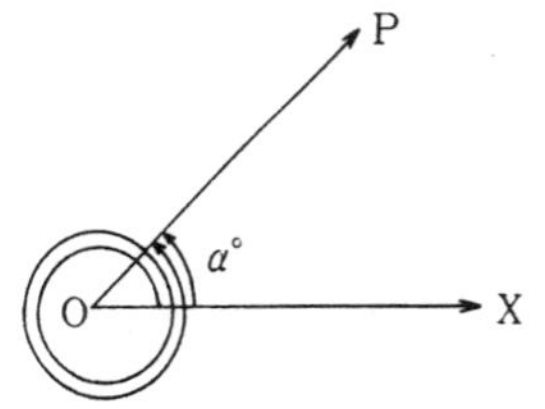

오른쪽 그림에서 시초선 OX로부터 동경 OP가 만드는 한 각을 $\alpha°$ 라 하면, 동경 OP로 정해지는 각의 크기는 동경 OP가 어느 방향으로 몇 번 회전하고 현 위치에 있느냐에 따라서

$360° + \alpha°$, $720° + \alpha°$, …, $-360° + \alpha°$,

$-720° + \alpha°$, … 등이 될 수 있다.

일반적으로 ∠XOP의 크기는 하나를 $\alpha°$ 라고 할 때 크기가

$$360° \times n + \alpha° \ (n=0, \ \pm 1, \ \pm 2, \ \cdots)$$

로 표시되는 각을 동경 OP가 나타내는 일반각이라고 한다.

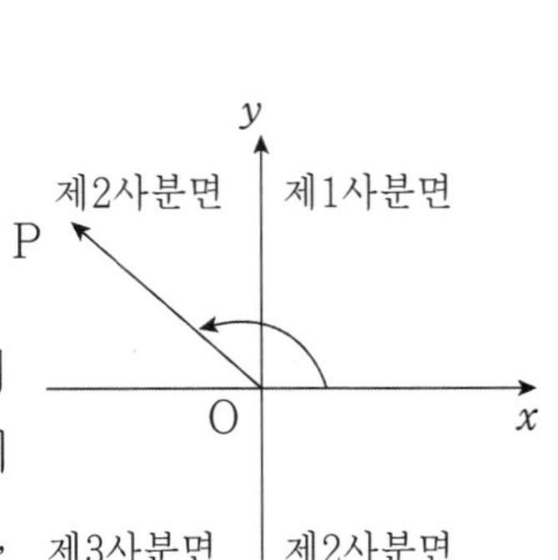

일반각의 꼭지점을 좌표평면의 원점 O, 시초선을 x축의 양의 방향으로 잡았을 때 동경 OP가 좌표평면의 제 1, 제 2, 제 3, 제 4사분면에 놓이면 동경 OP가 나타내는 각을 각각 제 1, 제 2, 제 3, 제 4사분면의 각이라고 한다.

동경 OP가 나타내는 각의 크기 θ

(1) 제 1사분면의 각이면 $360° \times n < \theta < 360° \times n + 90°$

(2) 제 2사분면의 각이면 $360° \times n + 90° < \theta < 360° \times n + 180°$

(3) 제 3사분면의 각이면 $360° \times n + 180° < \theta < 360° \times n + 270°$

(4) 제 4사분면의 각이면 $360° \times n + 270 < \theta < 360° \times (n+1)$

2. Radian

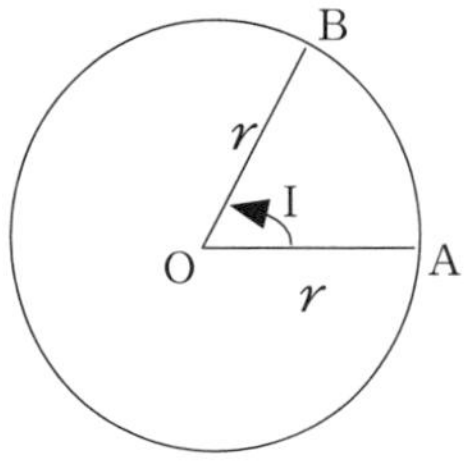

왼편 그림과 같이 반지름의 길이가 r 인 원 위에, 길이가 r인 호 AB를 잡을 때, 이호에 대한 중심 각 ∠AOB 의 크기는 반지름 r 의 길이에 관계없이 일정하다. 이 일정한 각의 크기를 1라디안 (Radian) 이라고 하고, 라디안을 단위로 하여 각의 크기를 나타내는 방법을 호도법이라고 한다. 반지름의 길이가 r 인 원 둘레의 길이는 $2\pi r$ 이고, 이것은 반지름의 길이가 2π 배이므로 2π 라디안을 360° 에 해당된다.

1라디안, 1° 를 각각 육십분법, 호도법으로 환산하면 다음과 같다.

$$1\text{라디안} = \frac{180°}{\pi} \fallingdotseq 57°\ 17'\ 55'' , \qquad 1° = \frac{\pi}{180} \fallingdotseq 0.01745 \text{ 라디안}$$

특수각에 대한 육십분법과 호도법의 관계는 다음과 같다.

육 십 분 법	0°	30°	45°	60°	90°	180°	270°	360°
호 도 법	0	$\frac{\pi}{6}$	$\frac{\pi}{4}$	$\frac{\pi}{3}$	$\frac{\pi}{2}$	π	$\frac{3\pi}{2}$	2π

3. 삼각함수의 정의

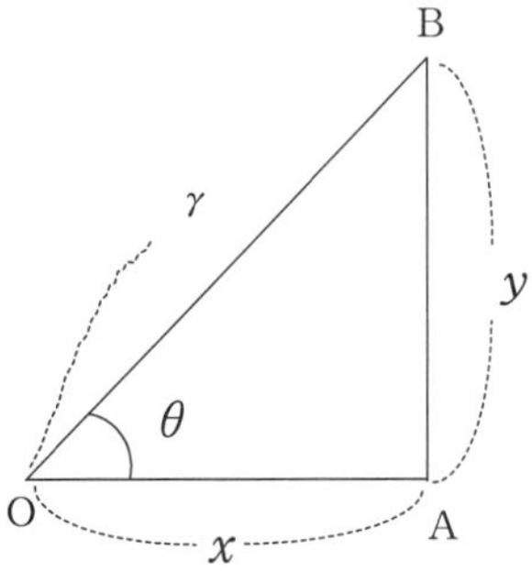

직각삼각형 OAB 에서 θ 를 OB 와 OA 사이에 끼인각을 θ 라 하고, $\overline{OA}=x$, $\overline{OB}=r$, $\overline{AB}=y$ 라 두자. 그러면

$$\sin\theta = \frac{y}{r}, \qquad \cos\theta = \frac{x}{r}, \qquad \tan\theta = \frac{y}{x}$$

$$\operatorname{cosec}\theta = \frac{r}{y}, \qquad \sec\theta = \frac{r}{x}, \qquad \cot\theta = \frac{x}{y}$$

로 정의하면 이것을 총칭하여 삼각함수라 한다.

이 정의에 의해 우리는 다음과 같이 삼각함수 상호간의 관계식들을 얻을 수 있다.

$$\operatorname{cosec}\theta = \frac{1}{\sin\theta}, \quad \tan\theta = \frac{\sin\theta}{\cos\theta}$$

$$\cot\theta = \frac{1}{\tan\theta}, \quad \sec\theta = \frac{1}{\cos\theta}$$

$$\sin^2\theta + \cos^2\theta = 1, \quad 1 + \tan^2\theta = \sec^2\theta$$

$$1 + \cot^2\theta = \operatorname{cosec}^2\theta$$

4. 삼각함수의 부호

일반각 θ 에 대한 삼각함수의 부호는 삼각함수의 정의에 따라 동경 OP가 놓여 있는 사분면에 의하여 결정된다.

사 분 면	1	2	3	4	사 분 면
x, y의 부호	$x>0$, $y>0$	$x<0$, $y>0$	$x<0$, $y<0$	$x>0$, $y<0$	x, y의 부호
$\sin\theta = \frac{y}{r}$	+	+	−	−	$\operatorname{cosec}\theta = \frac{r}{y}$
$\cos\theta = \frac{x}{r}$	+	−	−	+	$\sec\theta = \frac{r}{x}$
$\tan\theta = \frac{y}{x}$	+	−	+	−	$\cot\theta = \frac{x}{y}$

예제 1 다음 그림에서 OX 를 시초선으로 할 때, 동경 OP 가 나타내는 일반각 $\theta°$ 를 말하여라.

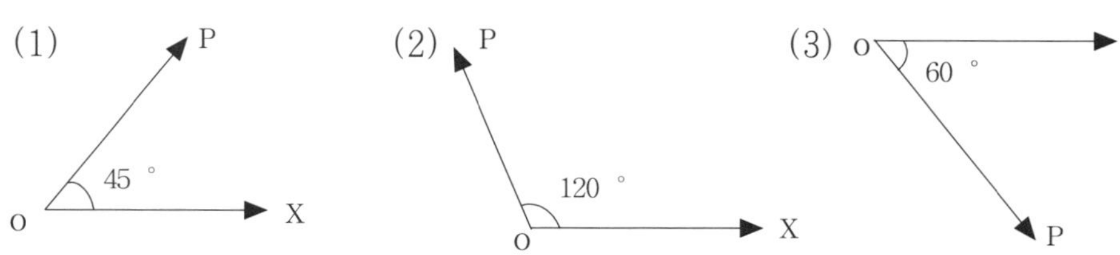

풀이 (1) 45° 의 일반각은 $\theta° = 360° \times n + 45°$ (n은 정수)

(2) 120° 의 일반각은 $\theta° = 360° \times n + 120°$ (n은 정수)

(3) −60° 의 일반각은 $\theta° = 360° \times n - 60°$ (n은 정수)

또는, −60° 는 300° 와 동경이 일치하므로 다음과 같이 나타낼 수도 있다.

$$\theta° = 360° \times n + 300° \ (n\text{은 정수})$$

예제 2 θ 가 제 3사분면의 각일 때, $\sqrt{\sin^2\theta} + \sqrt[4]{(\sin\theta+1)^4}$ 을 간단히 하여라.

풀이 θ 가 제 3사분면의 각이므로 $\sin\theta < 0$

$$\therefore \sqrt{\sin^2\theta} = |\sin\theta| = -\sin\theta$$

또 $-1 \leqq \sin\theta \leqq 1$ 이므로 $\sin\theta + 1 \geqq 0$

$$\therefore \sqrt[4]{(\sin\theta+1)^4} = |\sin\theta+1| = \sin\theta+1$$

$$\therefore (\text{준식}) = -\sin\theta + \sin\theta + 1 = 1$$

예제 3 $\sin x + \sin^2 x = 1$ 일 때 $\cos^2 x + \cos^4 x + 4$ 의 값은?

풀이 $\sin x = 1 - \sin^2 x = \cos^2 x$

$\cos^2 x + \cos^4 x + 4$

$= \sin x + \sin^2 x + 4$

$= 1 + 4 = 5$

예제 4 $\tan x + \cot x = 8$ $(0° < x < 90°)$ 일 때, $\sin x + \cos x$ 값을 구하여라.

풀이 $\tan x + \cot x = 8$ 에서 $\dfrac{\sin x}{\cos x} + \dfrac{\cos x}{\sin x} = 8$

$$\therefore \frac{\sin^2 x + \cos^2 x}{\cos x \cdot \sin x} = 8$$

제곱관계에 의하여

$$\frac{\sin^2 x + \cos^2 x}{\cos x \cdot \sin x} = 8\text{에서} \quad \frac{1}{\cos x \cdot \sin x} = 8$$

$$\therefore \cos x \cdot \sin x = \frac{1}{8}$$

공식 $(a+b)^2=a^2+b^2+2ab$ 에 의하여

$$(\sin x+\cos x)^2=\sin^2 x+\cos^2 x+2\sin x\cdot\cos x$$

$$=1+2\times\frac{1}{8}=\frac{5}{4}$$

$0°<x<90°$ 에서 $\sin x>0$, $\cos x>0$ 이므로

$$\sin x+\cos x=\frac{\sqrt{5}}{2}$$

예제 5 $\sin\theta=\cos^2\theta$ 일 때 $\dfrac{1}{1-\sin\theta}+\dfrac{1}{1+\sin\theta}$ 의 값은?

풀이 $\sin\theta=1-\sin^2\theta$

$\sin^2\theta+\sin\theta-1=0$

$\sin\theta=\dfrac{-1\pm\sqrt{5}}{2}$

$-1\leqq\sin\theta\leqq1$이므로

$\sin\theta=\dfrac{-1+\sqrt{5}}{2}$

$\therefore\ \dfrac{1}{1-\sin\theta}+\dfrac{1}{1+\sin\theta}$

$=\dfrac{2}{1-\sin^2\theta}$ ⬅ $1-\sin^2\theta=\sin\theta$

$=\dfrac{2}{\sin}\theta=\dfrac{2}{\frac{-1+\sqrt{5}}{2}}=\sqrt{5}+1$

다음은 삼각함수의 특수각이다.

각 / 삼각함수	0	$\frac{\pi}{6}$	$\frac{\pi}{4}$	$\frac{\pi}{3}$	$\frac{\pi}{2}$
$\sin\theta$	0	$\frac{1}{2}$	$\frac{1}{\sqrt{2}}$	$\frac{\sqrt{3}}{2}$	1
$\cos\theta$	1	$\frac{\sqrt{3}}{2}$	$\frac{1}{\sqrt{2}}$	$\frac{1}{2}$	0
$\tan\theta$	0	$\frac{1}{\sqrt{3}}$	1	$\sqrt{3}$	∞

5. 부채꼴의 면적

반지름의 길이가 r 이고, 중심각의 크기가 θ 인 부채꼴 OAB의 호 AB의 길이를 l 이라고 하면, 호의 길이는 중심각의 크기에 비례하므로

$l : 2\pi r = \theta : 2\pi \qquad \therefore\ l = r\theta$

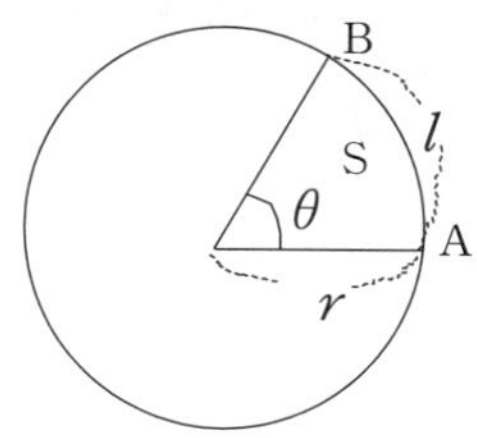

또, 부채꼴 OAB의 넓이를 S 라고 하면 S 도 중심각의 크기 θ에 비례하므로 $S : \pi r^2 = \theta : 2\pi \qquad \therefore\ S = \frac{1}{2} r^2 \theta$

부채꼴의 호의 길이 넓이

> 반지름의 길이가 r, 중심각의 크기가 θ인 부채꼴에서
>
> (1) 호의 길이 : $l = r\theta$
>
> (2) 부채꼴의 넓이 : $S = \frac{1}{2} r\theta = \frac{1}{2} rl$

예제 1 오른쪽 그림과 같은 부채꼴이 있다.

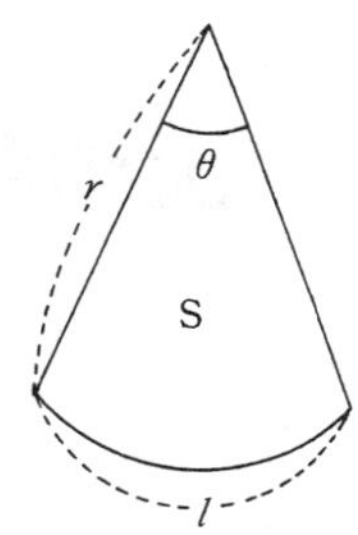

(1) $r=4$ cm, $\theta = \frac{\pi}{4}$ 일 때, l 과 S 를 구하여라.

(2) $r=6$ cm, $l=2\pi$ cm 일 때, θ 와 S 를 구하여라.

(3) $\theta = 60°$, $S=4\pi$ cm^2 일 때, r 과 l 을 구하여라.

풀이 $l=r\theta$, $\qquad S=\frac{1}{2} r^2 \theta$, $\qquad S=\frac{1}{2} rl$ 에서

(1) $l=4\times\frac{\pi}{4} = \pi$ (cm) $\qquad S=\frac{1}{2}\times 4^2 \times \frac{\pi}{4} = 2\pi$ (cm^2)

(2) $2\pi = 6\theta$, $\theta = \frac{\pi}{3} \qquad S=\frac{1}{2}\times 6\times 2\pi = 6\pi$ (cm)

(3) $4\pi = \frac{1}{2}\times r^2 \times \frac{\pi}{3}$, $r^2=24$, $r=2\sqrt{6}$ (cm)

$l=2\sqrt{6}\times\frac{\pi}{3} = \frac{2\sqrt{6}}{3}\pi$ (cm)

예제 2 다음 식을 간단히 하여라.

(1) $\dfrac{\cos\theta}{1-\tan\theta} + \dfrac{\sin\theta}{1-\cot\theta}$

(2) $\dfrac{\cos\theta}{\sec\theta-\tan\theta}-\dfrac{\cos\theta}{\sec\theta+\tan\theta}$

풀이 (1) 준식 $=\dfrac{\cos\theta}{1-\dfrac{\sin\theta}{\cos\theta}}+\dfrac{\sin\theta}{1-\dfrac{\cos\theta}{\sin\theta}}=\dfrac{\cos^2\theta}{\cos\theta-\sin\theta}+\dfrac{\sin^2\theta}{\sin\theta-\cos\theta}$

$=\dfrac{\cos^2\theta-\sin^2\theta}{\cos\theta-\sin\theta}=\dfrac{(\cos\theta+\sin\theta)(\cos\theta-\sin\theta)}{\cos\theta-\sin\theta}$

$=\cos\theta+\sin\theta$ $\qquad (\because \cos\theta\neq\sin\theta)$

(2) 준식 $\dfrac{\cos\theta(\sec\theta+\tan\theta)-\cos\theta(\sec\theta-\tan\theta)}{\sec^2\theta-\tan^2\theta}$

그런데, $1+\tan^2\theta=\sec^2\theta$에서 $\sec^2\theta-\tan^2\theta=1$ 이므로,

준식 $=2\cos\theta\tan\theta=2\cos\theta\cdot\dfrac{\sin\theta}{\cos\theta}=2\sin\theta$

예제 3 $\sin\theta+\cos\theta=\dfrac{1}{2}$ 일 때 다음 각 값을 구하여라.

(1) $\sin\theta\cos\theta$ (2) $\sin^3\theta+\cos^3\theta$ (3) $\sin^4\theta+\cos^4\theta$

(4) $\tan\theta+\cot\theta$ (5) $\sin\theta-\cos\theta$

풀이 (1) 준식의 양변을 제곱하면 $\sin^2\theta+2\sin\theta\cos\theta+\cos^2\theta=\dfrac{1}{4}$

그런데 $\sin^2\theta+\cos^2\theta=1$이므로 $\sin\theta\cos\theta=-\dfrac{3}{8}$

(2) $\sin^3\theta+\cos^3=(\sin\theta+\cos\theta)^3-3\sin\theta\cos\theta(\sin\theta+\cos\theta)$

$$=\left(\frac{1}{2}\right)^3-3\times\left(-\frac{3}{8}\right)\times\frac{1}{2}=\frac{11}{16}$$

(3) $\sin^4\theta+\cos^4\theta=(\sin^2\theta)^2+(\cos^2\theta)^2$

$=(\sin^2\theta+\cos^2\theta)^2-2\sin^2\theta\cos^2\theta$

$=1^2-2\times\left(-\dfrac{3}{8}\right)=\dfrac{23}{32}$

(4) $\tan\theta+\cot\theta=\dfrac{\sin\theta}{\cos\theta}+\dfrac{\cos\theta}{\sin\theta}=\dfrac{\sin^2\theta+\cos^2\theta}{\sin\theta\cos\theta}=-\dfrac{8}{3}$

(5) $(\sin\theta-\cos\theta)^2=\sin^2\theta-2\sin\theta\cos\theta+\cos^2\theta$

$=1-2\times(-\dfrac{3}{8})=\dfrac{7}{4}$

$\therefore \sin\theta-\cos\theta=\pm\dfrac{\sqrt{7}}{2}$

2 삼각함수의 성질

1. 삼각함수의 그래프

사인곡선(sine curve)

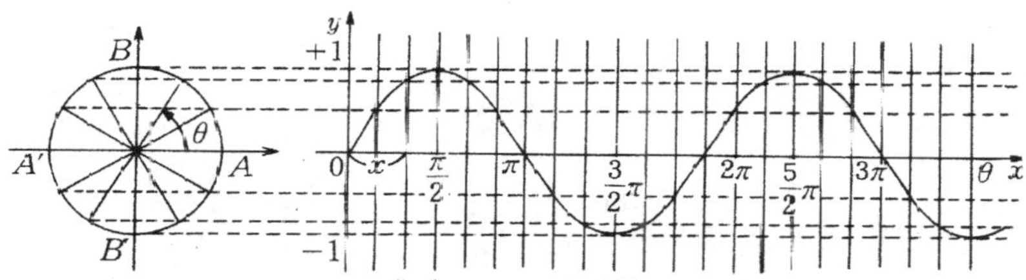

코사인곡선(cosin curve)

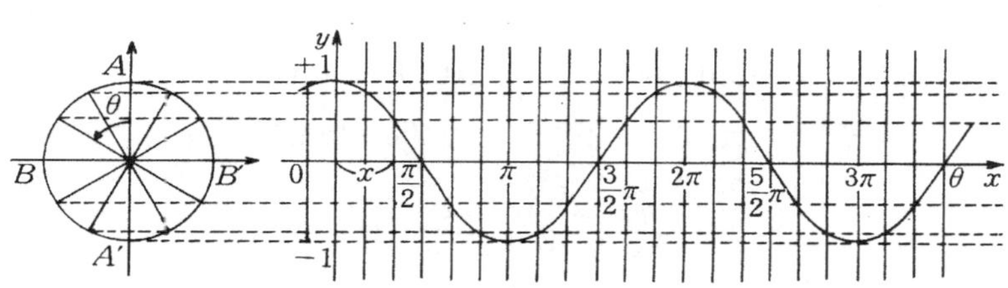

탄젠트곡선(tangent curve)

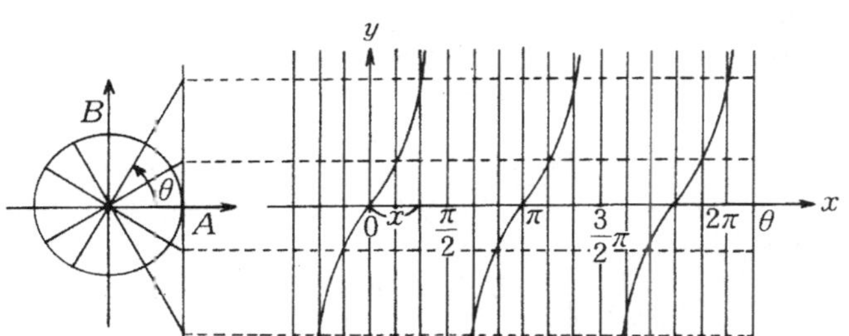

삼각함수의 성질과 그래프에서 우리는 다음과 같은 삼각항등식을 얻을 수 있다.

$\sin(2n\pi+\theta)=\sin\theta$

$\cos(2n\pi+\theta)=\cos\theta$

$\tan(2n\pi+\theta)=\tan\theta$

$\sin(-\theta)=-\sin\theta$, $\cos(-\theta)=\cos$, $\tan(-\theta)=-\tan\theta$

$\sin(\pi\pm\theta)=\mp\sin\theta$, $\cos(\pi\pm\theta)=-\cos\theta$

$\sin(\frac{\pi}{2}\pm\theta)=\cos\theta$, $\cos(\frac{\pi}{2}\pm\theta)=\mp\sin\theta$

$\tan(\frac{\pi}{2}\pm\theta)=\mp\cot\theta$

예제 1 다음 식을 간단히 하여라.

(1) $\sin1560^\circ\ \tan210^\circ+\cos1770^\circ\ \tan1110^\circ$

(2) $\dfrac{\sin(\pi-\theta)}{\sin(\theta-2\pi)}-\dfrac{\tan\left(\theta-\frac{\pi}{2}\right)}{\cot(\pi+\theta)}+\dfrac{\sin\left(\theta-\frac{3}{2}\pi\right)}{\cos(\theta-\pi)}$

풀이 (1) $\sin1560^\circ=\sin(360^\circ\times4+120^\circ)=\sin(90^\circ+30^\circ)=\cos30^\circ$

$\tan210^\circ=\tan(180^\circ+30^\circ)=\tan30^\circ$

$\cos1770^\circ=\cos(360^\circ\times4+330^\circ)=\cos(270^\circ+60^\circ)=\sin60^\circ$

$\tan1110^\circ=\tan(360^\circ\times3+30^\circ)=\tan30^\circ$

$\therefore$ 준식$=\cos30^\circ\ \tan30^\circ+\sin60^\circ\ \tan30^\circ$

$$=\frac{\sqrt{3}}{2}\cdot\frac{1}{\sqrt{3}}+\frac{\sqrt{3}}{2}\cdot\frac{1}{\sqrt{3}}=1$$

(2) 준식$=\dfrac{\sin(\pi-\theta)}{-\sin(2\pi-\theta)}-\dfrac{-\tan\left(\frac{\pi}{2}-\theta\right)}{\cot(\pi+\theta)}+\dfrac{-\sin\left(\frac{3}{2}\pi-\theta\right)}{\cos(\pi-\theta)}$

$$=\frac{\sin\theta}{\sin\theta}-\frac{-\cot\theta}{\cot\theta}+\frac{\cos\theta}{-\cos\theta}=1+1-1=1$$

예제 2 다음 각 물음에 답하여라.

(1) 다음 식을 간단히 하여라.

$P=\tan(180^\circ+A)\sin(90^\circ+A)+\cos(180^\circ-A)\cot(-A)$

(2) 다음 값을 구하여라.

$Q=\sin 1560^\circ \ \tan 210^\circ \ \cot 495^\circ + \cos 1770^\circ \ \tan 1110^\circ$

풀이 (1) $P=\tan A \cdot \cos A+(-\cos A)\cdot(-\cot A)$

$$=\frac{\sin A}{\cos A}\cdot \cos A+\cos A\cdot \frac{\cos A}{\sin A}=\sin A+\frac{\cos^2 A}{\sin A}$$

$$=\frac{\sin^2 A+\cos^2 A}{\sin A}=\frac{1}{\sin A}=\operatorname{cosec} A$$

(2) $\sin 1560^\circ = \sin(90^\circ \times 17+30^\circ)=\cos 30^\circ = \sqrt{3}/2$

$\tan 210^\circ = \tan(90^\circ \times 2+30^\circ) = \tan 30^\circ = 1/\sqrt{3}$

$\cot 495^\circ = \cot(90^\circ \times 5+45^\circ) = -\tan 45^\circ = -1$

$\cos 1770^\circ = \cos(90^\circ \times 19+60^\circ) = \sin 60^\circ = \sqrt{3}/2$

$\tan 1110^\circ = \tan(90^\circ \times 12+30^\circ) = \tan 30^\circ = 1/\sqrt{3}$

$$\therefore \text{준식}=\frac{\sqrt{3}}{2}\times\frac{1}{\sqrt{3}}\times(-1)+\frac{\sqrt{3}}{2}\times\frac{1}{\sqrt{3}}=-\frac{1}{2}+\frac{1}{2}=0$$

예제 3 다음 삼각함수의 그래프를 그려라.

(1) $y=\frac{1}{3}\sin 2\theta \ (0\leqq \theta \leqq 2\pi)$ (2) $y=3\sin\frac{\pi}{2} \ (0\leqq \theta \leqq 4\pi)$

풀이 (1) 주기는 $\frac{2\pi}{2}=\pi$ 이고 치역은 $-\frac{1}{3}\leqq y\leqq \frac{1}{3}$

(2) 주기는 $\frac{2\pi}{\frac{1}{2}}=4\pi$ 이고 치역은 $-3\leqq y\leqq 3$

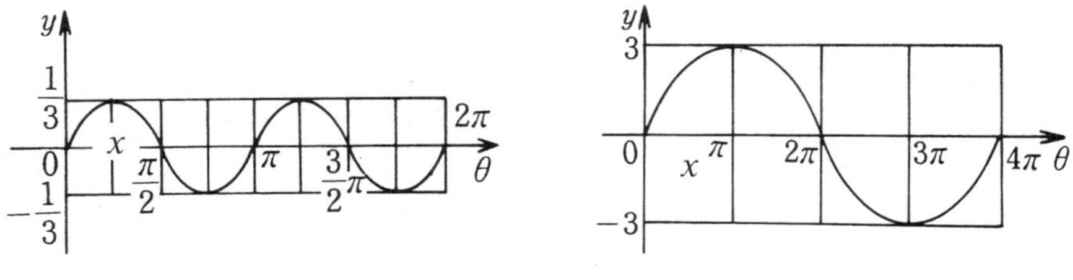

예제 4 $y=\frac{1}{2}\sin\left(2x+\frac{2}{3}\pi\right)$ 의 그래프를 그리고 최대값, 최소값을 구하여라.

풀이 $y=\frac{1}{2}\sin\left(2x+\frac{2}{3}\pi\right)=\frac{1}{2}\sin2\left(x+\frac{\pi}{3}\right)$ 이므로 주어진 함수의 그래프는

$y=\frac{1}{2}\sin2x$ 의 그래프를 $\frac{\pi}{3}$ 만큼 왼쪽으로 평행이동한 것이다.

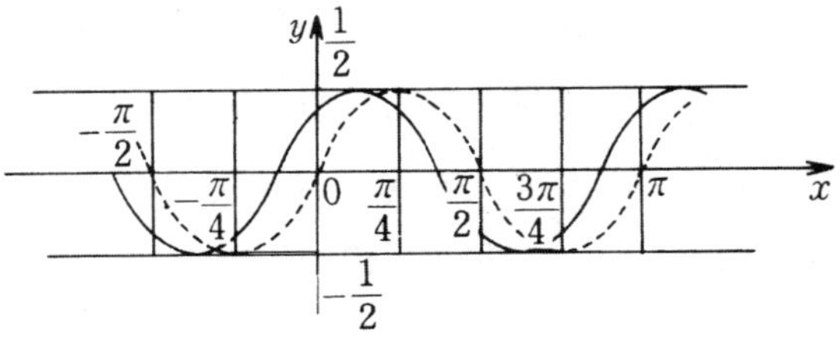

$-1\leqq\sin\left(2x+\frac{2}{3}\pi\right)\leqq1$ 이므로 $-\frac{1}{2}\leqq y\leqq\frac{1}{2}$

$\therefore$ 최소값 $-\frac{1}{2}$, 최대값은 $\frac{1}{2}$

예제 5 θ 가 제 4사분면의 각이고 $\tan\theta=-\frac{4}{3}$ 일 때, $\frac{5\sin\theta+8}{15\cos\theta-7}$ 의 값은?

풀이 θ가 제 4사분면의 각일 때 $\sin\theta<0$, $\cos\theta>0$, $\tan\theta<0$ 의 값이 주어질 경우 $\sec^2\theta=1+\tan^2\theta$, $\tan\theta\cos\theta=\sin\theta$ 에서 각각 $\cos\theta$, $\sin\theta$ 의 값을 구할 수 있다.

θ가 제 4사분면의 각이므로 $\sin\theta<0$, $\cos\theta>0$

$\sec^2\theta=1+\tan^2\theta=1+\left(-\frac{4}{3}\right)^2=\left(\frac{5}{3}\right)^2$ 에서 $\sec\theta=\frac{1}{\cos\theta}=\frac{5}{3}$

$\therefore\ \cos\theta=\frac{3}{5}$

$\sin\theta=\tan\theta\cos\theta=-\frac{4}{3}\times\frac{3}{5}=-\frac{4}{5}$ $\quad\therefore\ \sin\theta=-\frac{4}{5}$

이 때 $\frac{5\sin\theta}{15\cos\theta-7}=\frac{5\times\left(-\frac{4}{5}\right)-8}{15\times\frac{3}{5}-7}=\frac{4}{2}=2$

2. 사인법칙과 코사인법칙

1) Sine 법칙

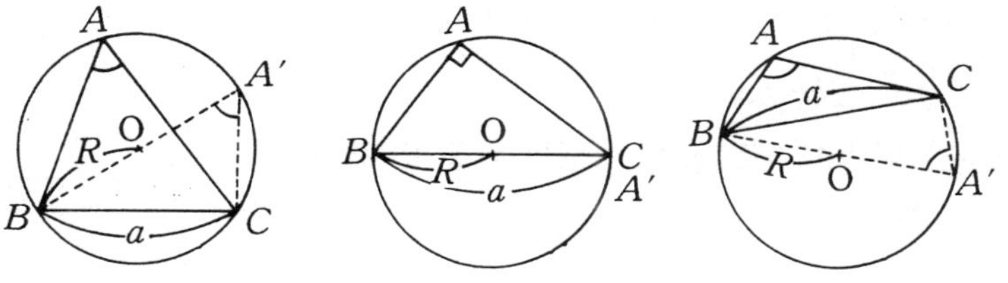

△ABC의 외접원에서 B를 지나는 지름을 BA′ 이라고 하면 BA′ =2R

i) A<90° 일 때, △ A′BC는 직각삼각형이고 A=A′

$\therefore\ a = 2R\sin A' = 2R\sin A$

ii) $A=90°$ 일 때, $a=2R\sin 90° = 2R\sin A$

iii) $A>90°$ 일 때, △ A′BC 는 직각삼각형이고 $A'=180°-A$

$\therefore\ \sin A' = \sin(180°-A) = \sin A$에서 $a=2R\sin A' = 2R\sin A$

따라서, i), ii), iii)의 어느 경우에나 $a=2R\sin A$, 즉 $\dfrac{a}{\sin A}=2R$이다.

같은 방법으로

$$\frac{b}{\sin B}=2R,\quad \frac{c}{\sin C}=2R \text{ 즉, } \quad \frac{a}{\sin A}=\frac{b}{\sin B}=\frac{c}{\sin C}=2R$$

2) Cosine 법칙

① △ABC의 꼭지점 A에서 밑변 $\overline{BC}$ 또는 그 연장선위에 내린 수선의 발을 H라고 하면,

i) B, C가 모두 예각일 때,

$\overline{BC}=\overline{BH}+\overline{HC}$ 이므로 $a=b\cos C+c\cos B$

ii) B가 둔각 또는 직각일 때,

$\overline{BC}=\overline{HC}-\overline{BH}$이므로

$a=b\cos C-c\cos(180°-B)=b\cos C+c\cos B$

i), ii)에서 항상 $a=b\cos C+c\cos B$

다른 경우도 마찬가지로 성립됨을 밝힐 수 있다.

② 제 1코사인법칙에서 양변에 차례로 a, b, c 를 곱하면,

$a^2=ab\ \cos C+ca\ \cos B$ ……… ①

$b^2=bc\ \cos A+ab\ \cos C$ ……… ②

$c^2=ca\ \cos\ B+bc\ \cos\ A$ ………③

①－②－③에서 $a^2-b^2-c^2=-2bc\ \cos A$,

즉 $a^2=b^2+c^2-2bc\ \cos A$

다른 경우도 마찬가지로 하여 성립됨을 밝힐 수 있다.

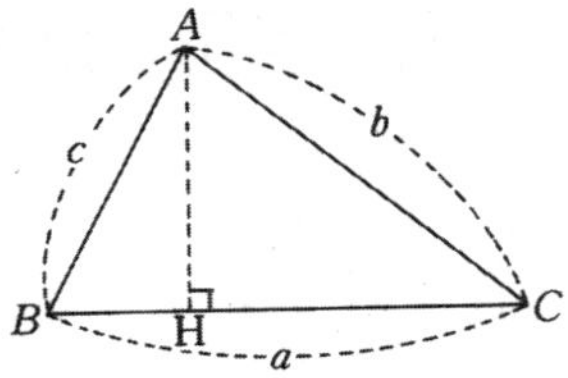

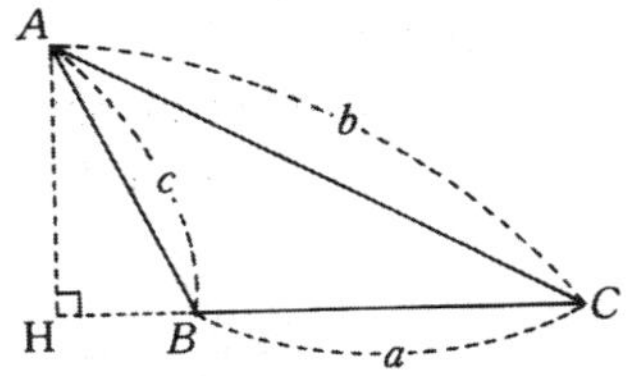

예제 1 △ ABC에서 $b=15$, $A=45°$, $C=75°$ 일 때, a 를 구하여라. 또 외접원의 반지름의 길이를 구하여라.

풀이 $A+B+C=180°$ 이므로 $B=60°$

사인법칙을 이용하면

$$\frac{a}{\sin 45°}=\frac{15}{\sin 60°} \text{ 에서 } a=\frac{15}{\frac{\sqrt{3}}{2}}\times\frac{\sqrt{2}}{2}=5\sqrt{6}$$

외접원의 반지름의 길이를 R 이라 하면

$$R=\frac{a}{2\ \sin\ A}=\frac{5\sqrt{6}}{2\frac{\sqrt{2}}{2}}=5\sqrt{3}$$

예제 2 다음 각 물음에 답하여라.

(1) △ ABC에서 다음 등식이 성립함을 보여라.

$c(\sin^2 A+\sin^2 B)=\sin C(a\sin A+b\sin B)$

(2) 다음 △ ABC를 풀어라.

$A=30°\quad a=2\quad b=2\sqrt{3}$

풀이 (1) $c(\sin^2 A+\sin^2 B)=c\left\{\left(\frac{a}{2R}\right)^2+\left(\frac{b}{2R}\right)^2\right\}=\frac{c(a^2+b^2)}{4R^2}$

$\sin C(a\sin A+b\sin B)=\frac{c}{2R}\left(a\cdot\frac{a}{2R}+b\cdot\frac{b}{2R}\right)=\frac{c(a^2+b^2)}{4R^2}$

$\therefore\ c(\sin^2 A+b\sin^2 B)=\sin C(a\sin A+b\sin B)$

(2) $\triangle ABC$에서 사인 법칙을 쓰면

$\dfrac{a}{\sin A}=\dfrac{b}{\sin B}$ 이므로 $\dfrac{2}{\sin 30^\circ}=\dfrac{2\sqrt{3}}{\sin B}$

$\therefore\ \sin B=\sqrt{3}\cdot\sin 30^\circ=\dfrac{\sqrt{3}}{2}$

$\therefore\ B=60^\circ$ 또는 120°

i) $B=60^\circ$ 인 경우 ;

$C=180^\circ-(A+B)=180^\circ-(30^\circ+60^\circ)=90^\circ$

$\dfrac{c}{\sin C}=\dfrac{a}{\sin A}$ 이므로 $\dfrac{c}{\sin 90^\circ}=\dfrac{2}{\sin 30^\circ}$ $\quad\therefore\ c=4$

ii) $B=120^\circ$ 인 경우 ; 마찬가지로 하면 $C=30^\circ$, $c=2$

$B=60^\circ$, $C=90^\circ$, $c=4$ 또는 $B=120^\circ$, $C=30^\circ$, $c=2$

예제 3 $a\cos A=b\cos B$을 만족하는 $\triangle ABC$의 꼴은 무엇인가?

풀이 코사인 법칙으로부터

$a\times\dfrac{b^2+c^2-a^2}{2bc}=b\times\dfrac{c^2+a^2-b^2}{2ca}$ $\quad\therefore (a^2-b^2)c^2-(a^4-b^4)=0$

$\therefore\ (a^2-b^2)(c^2-a^2-b^2)=0$ $\quad\therefore\ a=b$ or $c^2=a^2+b^2$

따라서 $a=b$ 인 이동변삼각형 또는 $C=90^\circ$ 인 직각삼각형

예제 4 다음 삼각형 ABC를 풀어라.

(1) $A=45^\circ$, $b=2$, $c=\sqrt{6}+\sqrt{2}$

(2) $a=\sqrt{6}$, $b=2$, $c=\sqrt{3}+1$

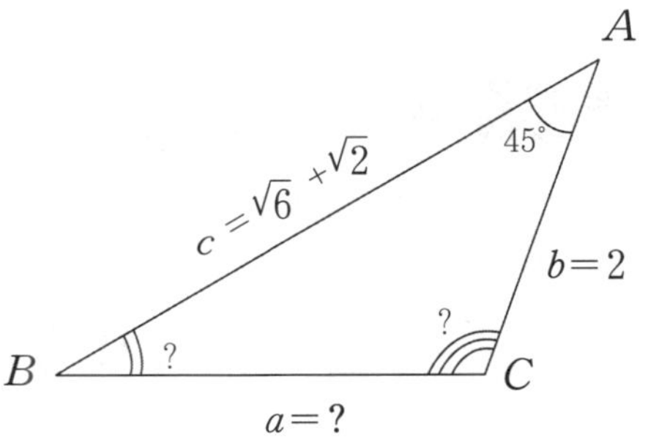

풀이 (1) 코사인 법칙으로부터

$a^2=2^2+(\sqrt{6}+\sqrt{2})^2$

$-2\cdot 2(\sqrt{6}+\sqrt{2})\cos 45^\circ=8$

$a>0$ 이므로 $a=\sqrt{8}=2\sqrt{2}$

또, 사인 법칙으로부터

$\dfrac{b}{\sin B}=\dfrac{a}{\sin A}$ 이므로 $\dfrac{2}{\sin B}=\dfrac{2\sqrt{2}}{\sin 45^\circ}$ $\quad\therefore\ \sin B=\dfrac{1}{2}$

여기에서 $B=30°$ 또는 $B=150°$ 가 되나 $B=30°$ 만이 적합하다.

$$\therefore C=180° - (45° + 30°)=105°$$

$$a=2\sqrt{2},\ B=30°,\ C=105°$$

(2) $\cos A=\dfrac{b^2+c^2-a^2}{2bc}=\dfrac{2^2+(\sqrt{3}+1)^2+(\sqrt{6})^2}{2\cdot 2\cdot(\sqrt{3}+1)}=\dfrac{1}{2}$

$\cos B=\dfrac{c^2+a^2-b^2}{2ca}=\dfrac{(\sqrt{3}+1)^2+(\sqrt{6})^2-2^2}{2\cdot(\sqrt{3}+1)\cdot\sqrt{6}}=\dfrac{1}{\sqrt{2}}$

$\therefore A=60°,\ B=45°$ $\qquad\therefore C=180°-(60°+45°)=75°$

문제 1 $b=10,\ c=10\sqrt{3},\ B=30°$ 일 때, $a,\ A,\ C$ 를 구하여라.

예제 5 $a=4$ cm, $B=30°$ $C=45°$ 인 $\triangle ABC$의 면적을 구하여라.

단, $\sin 75° = \dfrac{\sqrt{6}+\sqrt{2}}{4}$ 이다.

풀이 사인법칙에서 $\dfrac{c}{\sin 45°}=\dfrac{4}{\sin A}$

$c=\dfrac{4}{\sin 105°}\times\sin 45° = \dfrac{4}{\sin(180°-105°)}\times\sin 45°$

$=\dfrac{4}{\sin 75°}\times\sin 45° = 4\sqrt{3}-4$

$\therefore S=\dfrac{1}{2}\times 4\times c\times\sin 30° = 2(4\sqrt{3}-4)\times\dfrac{1}{2}$

$=4\sqrt{3}-4$

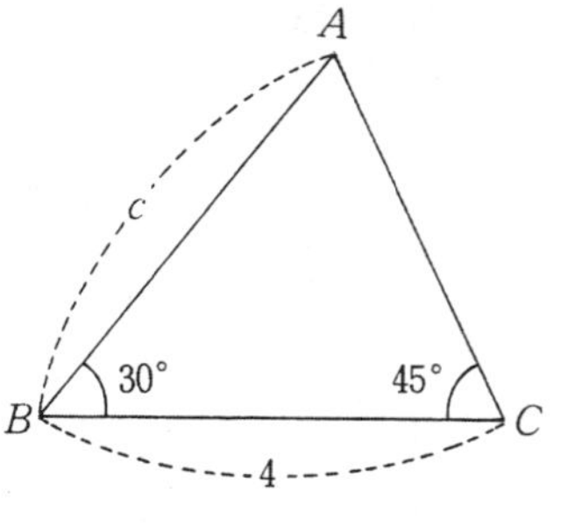

3 삼각형의 넓이

$\triangle ABC$에서 두 변의 길이과 사이각이 주어졌을 때, 이 삼각형이 넓이는 다음과 같다.

삼각형의 넓이

$\triangle ABC$의 넓이를 S 라고 하면

$$S=\frac{1}{2}bc\ \sin A=\frac{1}{2}ca\ \sin B=\frac{1}{2}ab\ \sin C$$

$\triangle ABC$는 꼭지점 A에서 변 BC 또는 그 연장선 위에 내린 수선의 발을 H 라 고 하면, 다음 세 경우로 나눌 수 있다.

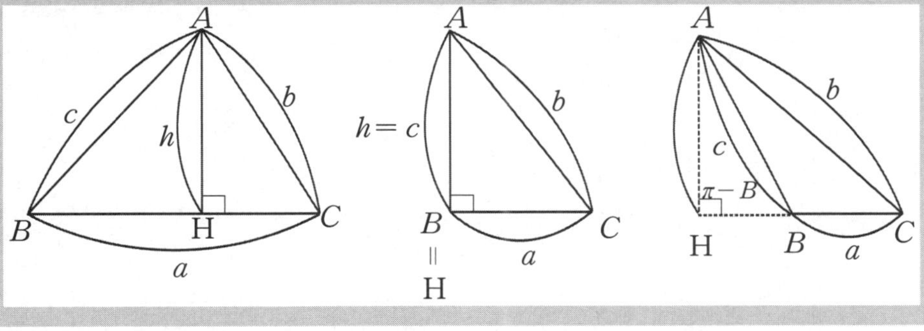

증명 선분 AH의 길이를 h 라고 하면

(i) B 가 예각 또는 직각일 때, $h=c\ \sin\ B$

(ii) B 가 둔각일 때, $h=c\ \sin(\pi-B)=c\ \sin\ B$

따라서 어느 경우에도 $h=c\ \sin\ B$

그러므로 $\triangle ABC$의 넓이는

$$S=\frac{1}{2}ah=\frac{1}{2}ac\ \sin B,\qquad S=\frac{1}{2}ab\sin C=\frac{1}{2}bc\ \sin A$$

예제 1 △ABC의 면적을 S, 외접원의 반지름을 R, 내접원의 반지름을 r 이라 한다. 다음 관계가 성립함을 보여라.

$$S=\frac{abc}{4\mathrm{R}},\qquad R=\frac{abc}{4S},\qquad S=2\,\mathrm{R}^2\sin A\cdot\sin B\cdot\sin C$$

풀이 $S=\frac{1}{2}bc\sin A$ ········· ①

①에 $\sin A=\frac{a}{2\mathrm{R}}$ 를 대입하면

$S=\frac{1}{2}bc\cdot\frac{a}{2R}$ $\quad\therefore\ S=\frac{abc}{4R}$ $\quad\therefore\ R=\frac{abc}{4S}$

①에 $b=2R\sin\mathrm{B}$, $c=2R\sin C$를 대입하면

$$S=\frac{1}{2}\cdot 2R\sin B\cdot 2R\sin C\cdot\sin A=2R^2\sin A\cdot\sin B\cdot\sin C$$

헤론의 공식

△ABC의 넓이를 S 라고 하면

$$S=\sqrt{s(s-a)(s-b)(s-c)}\qquad\left\{단,\ s=\frac{1}{2}(a+b+c)\right\}$$

제 2코사인법칙에서 $\cos A=\frac{b^2+c^2-a^2}{2bc}$ 이므로

$$\begin{aligned}\sin^2A&=1-\cos^2A=(1+\cos A)(1-\cos A)\\&=\left(1+\frac{b^2+c^2-a^2}{2bc}\right)\left(1-\frac{b^2+c^2-a^2}{2bc}\right)\\&=\frac{(b+c)^2-a^2}{2bc}\times\frac{a^2-(b-c)^2}{2bc}\\&=\frac{(b+c+a)(b+c-a)(a-b+c)(a+b-c)}{(2bc)^2}\end{aligned}$$

그런데 $2s=a+b+c$ 에서

$b+c-a=2(s-a)$, $\quad a+b-c=2(s-c)$, $\quad a-b+c=2(s-b)$

$$\therefore\ \sin^2A=\frac{4s(s-a)(s-b)(s-c)}{(bc)^2}$$

그런데 $0<A<\pi$ 이므로, $\sin A>0$ 에서

$$\sin A=\frac{2\sqrt{s(s-a)(s-b)(s-c)}}{bc}$$

이것을 $S=\frac{1}{2}bc\sin A$ 에 대입하면

$$S=\sqrt{s(s-a)(s-b)(s-c)}$$

예제 2 세 변의 길이가 5, 6, 7인 삼각형의 면적 S 를 구하여라.

풀이 $2s=5+6+7=18$ $\qquad\therefore s=9$

$$S=\sqrt{9(9-5)(9-6)(9-7)}=\sqrt{9\cdot4\cdot3\cdot2}=6\sqrt{6}$$

문제 1 $\triangle ABC$에서 $a=5$, $b=6$, $c=7$ 일 때, $\triangle ABC$이 내접원의 반지름 r 를 구하여라.

4 삼각함수의 성질과 여러 가지 공식

1. 삼각함수의 덧셈정리

삼각함수의 덧셈정리

〔Ⅰ〕 $\sin(\alpha \pm \beta) = \sin\alpha\cos\beta \pm \cos\alpha\sin\beta$ (복호동순)

〔Ⅱ〕 $\cos(\alpha \pm \beta) = \cos\alpha\cos\beta \mp \sin\alpha\sin\beta$ (복호동순)

〔Ⅲ〕 $\tan(\alpha \pm \beta) = \dfrac{\tan\alpha \pm \tan\beta}{1 \pm \tan\alpha\tan\beta}$ (복호동순)

증명 삼각함수의 덧셈정리

〔Ⅱ〕의 증명

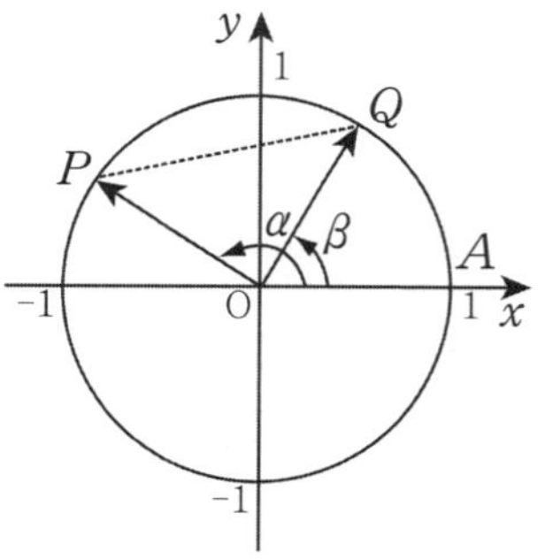

오른쪽 그림과 같이, 좌표 평면위에서 각의 크기 α, β가 나타내는 동경과 단위원이 만나는 점을 각각 P, Q라 하면,

$P(\cos\alpha,\ \sin\alpha)$, $Q(\cos\beta,\ \sin\beta)$ 이므로,

두점 P, Q 사이의 거리에서

$$\overline{PQ}^2 = (\cos\alpha - \cos\beta)^2 + (\sin\alpha - \sin\beta)^2 \quad \cdots\cdots\cdots \text{①}$$

또, △POQ에서 코사인 제 2법칙을 이용하면,

$$\overline{PQ}^2 = \overline{OP}^2 + \overline{OQ}^2 - 2\overline{OP}\cdot\overline{OQ}\cos\angle POQ$$

이때, $\overline{OP} = \overline{OQ} = 1$, $\angle POQ = \alpha - \beta$

이므로, $\overline{PQ}^2 = 1 + 1 - 2\cdot 1\cdot 1\cos(\alpha - \beta)$

$$\therefore\ \overline{PQ}^2 = 2 - 2\cos(\alpha - \beta) \quad \cdots\cdots\cdots \text{②}$$

따라서, ①, ②에서 $\cos(\alpha - \beta) = \cos\alpha\cos\beta + \sin\alpha\sin\beta$ ········· ③

다음에 ③에서 β 대신 $-\beta$를 대입하면

$$\cos(\alpha + \beta) = \cos\alpha\cos\beta - \sin\alpha\sin\beta$$

* $\cos(-\beta) = \cos\beta$, $\sin(-\beta) = -\sin\beta$

〔 I 〕의 증명

앞의 ③에서 α 대신 $\alpha-\frac{\pi}{2}$ 를 대입하면,

$$\cos\left\{\left(\alpha-\frac{\pi}{2}\right)-\beta\right\}=\cos\left(\alpha-\frac{\pi}{2}\right)\cos\beta+\sin\left(\alpha-\frac{\pi}{2}\right)\sin\beta$$

그런데 $\cos\left\{\left(\alpha-\frac{\pi}{2}\right)-\beta\right\}=\cos\left\{(\alpha-\beta)-\frac{\pi}{2}\right\}=\sin(\alpha-\beta)$

$$\cos\left(\alpha-\frac{\pi}{2}\right)=\sin\alpha,\quad \sin\left(\alpha-\frac{\pi}{2}\right)=-\cos\alpha$$

이므로, $\sin(\alpha-\beta)=\sin\alpha\cos\beta-\cos\alpha\sin\beta$

같은 방법으로, $\sin(\alpha+\beta)=\sin\alpha\cos\beta+\cos\alpha\sin\beta$

〔Ⅲ〕의 증명

$$\tan(\alpha+\beta)=\frac{\sin(\alpha+\beta)}{\cos(\alpha+\beta)}=\frac{\sin\alpha\cos\beta+\cos\alpha\sin\beta}{\cos\alpha\cos\beta-\sin\alpha\sin\beta}$$

이므로, 분모 분자를 $\cos\alpha\cos\beta$ 로 나누어 정리하면,

$$\tan(\alpha+\beta)=\frac{\tan\alpha+\tan\beta}{1-\tan\alpha\tan\beta}$$

같은 방법으로 $\tan(\alpha-\beta)=\frac{\tan\alpha-\tan\beta}{1+\tan\alpha\tan\beta}$

2. 배각의 공식

배각의 공식

$$\sin2\theta=2\sin\theta\cos\theta$$

$$\cos2\theta=\cos^2\theta-\sin^2\theta=2\cos^2\theta-1=1-2\sin^2\theta$$

$$\tan2\theta=\frac{2\tan\theta}{1-\tan^2\theta}$$

증명 $\sin2\theta=\sin(\theta+\theta)=\sin\theta\cos\theta+\cos\theta\sin\theta=2\sin\theta\cos\theta$

$\cos2\theta=\cos(\theta+\theta)=\cos\theta\cos\theta-\sin\theta\sin\theta=\cos^2\theta-\sin^2\theta$

이고, $\sin^2\theta=1-\cos^2\theta$ 를 대입하면, $\cos2\theta=2\cos^2\theta-1$

또, $\cos^2\theta=1-\sin^2\theta$ 를 대입하면, $\cos2\theta=1-2\sin^2\theta$

다음에, $\tan2\theta=\tan(\theta+\theta)=\frac{\tan\theta+\tan\theta}{1-\tan\theta\tan\theta}=\frac{2\tan\theta}{1-\tan^2\theta}$

3. 삼배각의 공식, 반각의 공식

삼배각의 공식과 반각의 공식

■ 삼배각의 공식

$\sin 3\theta = 3\sin\theta - 4\sin^3\theta$, $\cos 3\theta = 4\cos^3\theta - 3\cos\theta$

■ 반각의 공식

$\sin^2\frac{\theta}{2} = \frac{1-\cos\theta}{2}$, $\cos^2\frac{\theta}{2} = \frac{1+\cos\theta}{2}$, $\tan^2\frac{\theta}{2} = \frac{1-\cos\theta}{1+\cos\theta}$

증명 ■ 삼배각의 공식

$$\begin{aligned}\sin(\theta+2\theta) &= \sin\theta\cos 2\theta + \cos\theta\sin 2\theta \\ &= \sin\theta(1-2\sin^2\theta) + \cos\theta\cdot 2\sin\theta\cos\theta \\ &= \sin\theta(1-2\sin^2\theta) + 2\sin\theta(1-\sin^2\theta) \\ &= 3\sin\theta - 4\sin^3\theta\end{aligned}$$

같은 방법으로, $\cos 3\theta = 4\cos^3\theta - 3\cos\theta$

■ 반각의 공식

$\cos 2\theta = 1-2\sin^2\theta$을 변형하면 $\sin^2\theta = \frac{1-\cos 2\theta}{2}$

$\cos 2\theta = 2\cos^2\theta - 1$을 변형하면 $\cos^2\theta = \frac{1+\cos 2\theta}{2}$

위의 두 식의 θ 대신 $\frac{\theta}{2}$를 대입하면,

$\sin^2\frac{\theta}{2} = \frac{1-\cos\theta}{2}$, $\cos^2\frac{\theta}{2} = \frac{1+\cos\theta}{2}$, $\tan^2\frac{\theta}{2} = \frac{1-\cos\theta}{1+\cos\theta}$

4. 곱을 합 · 차로 고치는 공식

곱을 합 · 차로 고치는 공식

$$\sin\alpha\cos\beta=\frac{1}{2}\{\sin(\alpha+\beta)+\sin(\alpha-\beta)\}$$

$$\cos\alpha\sin\beta=\frac{1}{2}\{\cos(\alpha+\beta)-\sin(\alpha-\beta)\}$$

$$\cos\alpha\cos\beta=\frac{1}{2}\{\cos(\alpha+\beta)+\cos(\alpha-\beta)\}$$

$$\sin\alpha\sin\beta=-\frac{1}{2}\{\cos(\alpha+\beta)-\cos(\alpha-\beta)\}$$

증명

$$\begin{cases}\sin(\alpha+\beta)=\sin\alpha\cos\beta+\cos\alpha\sin\beta & \cdots\cdots\cdots ①\\ \sin(\alpha-\beta)=\sin\alpha\cos\beta-\cos\alpha\sin\beta & \cdots\cdots\cdots ②\end{cases}$$

$$\begin{cases}\cos(\alpha+\beta)=\cos\alpha\cos\beta-\sin\alpha\sin\beta & \cdots\cdots\cdots ③\\ \cos(\alpha-\beta)=\cos\alpha\cos\beta+\sin\alpha\sin\beta & \cdots\cdots\cdots ④\end{cases}$$

①+②하면, $\sin(\alpha+\beta)+\sin(\alpha-\beta)=2\sin\alpha\cos\beta$ ········· ⑤

$$\therefore\ \sin\alpha\cos\beta=\frac{1}{2}\{\sin(\alpha+\beta)+\sin(\alpha-\beta)\}$$

①−②하면, $\sin(\alpha+\beta)-\sin(\alpha-\beta)=2\cos\alpha\cos\beta$ ········· ⑥

$$\therefore\ \cos\alpha\cos\beta=\frac{1}{2}\{\sin(\alpha+\beta)-\sin(\alpha-\beta)\}$$

③+④하면, $\cos(\alpha+\beta)+\cos(\alpha-\beta)=2\cos\alpha\cos\beta$ ········· ⑦

$$\therefore\ \cos\alpha\cos\beta=\frac{1}{2}\{\cos(\alpha+\beta)+\cos(\alpha-\beta)\}$$

③−④하면, $\cos(\alpha+\beta)-\cos(\alpha-\beta)=-2\sin\alpha\sin\beta$ ········· ⑧

$$\therefore\ \sin\alpha\sin\beta=-\frac{1}{2}\{\cos(\alpha+\beta)-\cos(\alpha-\beta)\}$$

5. 합 · 차를 곱으로 고치는 공식

합 · 차를 곱으로 고치는 공식

$$\sin A + \sin B = 2\sin\frac{A+B}{2}\cos\frac{A-B}{2}$$

$$\sin A - \sin B = 2\cos\frac{A+B}{2}\sin\frac{A-B}{2}$$

$$\cos A + \cos B = 2\cos\frac{A+B}{2}\cos\frac{A-B}{2}$$

$$\cos A - \cos B = -2\sin\frac{A+B}{2}\sin\frac{A-B}{2}$$

증명 합 · 차를 곱으로 고치는 공식

$\alpha+\beta=A$, $\alpha-\beta=B$ 라 놓으면, $\alpha=\dfrac{A+B}{2}$, $\beta=\dfrac{A-B}{2}$

이것을 위의 ⑤, ⑥, ⑦, ⑧에 각각 대입하면,

$$\sin A + \sin B = 2\sin\frac{A+B}{2}\cos\frac{A-B}{2}$$

$$\sin A - \sin B = 2\cos\frac{A+B}{2}\sin\frac{A-B}{2}$$

$$\cos A + \cos B = 2\cos\frac{A+B}{2}\cos\frac{A-B}{2}$$

$$\cos A - \cos B = -2\sin\frac{A+B}{2}\sin\frac{A-B}{2}$$

6. 삼각함수의 합성

삼각함수의 합성

$a\sin\theta + b\cos\theta$ 를 $\sqrt{a^2+b^2}\sin(\theta+\alpha)$ 또는 $\sqrt{a^2+b^2}\cos(\theta+\alpha)$의 꼴로 고친 것을 삼각함수의 합성이라고 한다.

i) $\cos\alpha=\dfrac{a}{\sqrt{a^2+b^2}}$, $\sin\alpha=\dfrac{b}{\sqrt{a^2+b^2}}$ 로 하는 경우 :

$$a\sin\theta + b\cos\theta = \sqrt{a^2+b^2}\sin(\theta+\alpha)$$

ii) $\sin\beta=\dfrac{a}{\sqrt{a^2+b^2}}$, $\cos\beta=\dfrac{b}{\sqrt{a^2+b^2}}$ 로 하는 경우 :

$$a\sin\theta + b\cos\theta = \sqrt{a^2+b^2}\cos(\theta-\beta)$$

증명 삼각함수의 합성

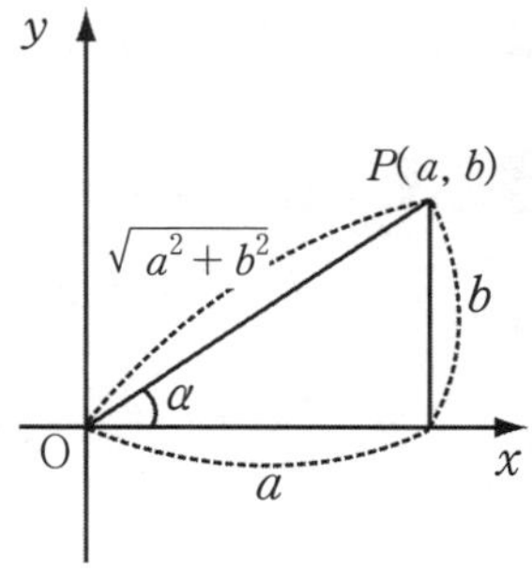

먼저, $a\sin\theta + b\cos\theta$ 를 삼각함수의 합성

$\sqrt{a^2+b^2}\sin(\theta+\alpha)$

의 꼴로 나타내어 보자.

오른쪽 그림과 같이, 좌표평면 위의 점 P $(a,\ b)$ 를 잡고, 선분 OP와 x축과의 이루는 각의 크기를 α 라 하면,

$$\cos\alpha = \frac{a}{\sqrt{a^2+b^2}},\quad \sin\alpha = \frac{b}{\sqrt{a^2+b^2}}$$ 이고,

$$a\sin\theta + b\cos\theta = \sqrt{a^2+b^2}\left(\frac{a}{\sqrt{a^2+b^2}}\sin\theta + \frac{b}{\sqrt{a^2+b^2}}\cos\theta\right)$$ 이므로,

$$a\sin\theta + b\cos\theta = \sqrt{a^2+b^2}(\cos\alpha\sin\theta + \sin\alpha\sin\theta)$$

따라서, $a\sin\theta + b\cos\theta = \sqrt{a^2+b^2}\sin(\theta+\alpha)$

다음에, $a\sin\theta + b\cos\theta$ 를 삼각함수의 합성

$r\cos(\theta-\beta)$(단, $r>0$)

의 꼴로 나타내어 보자.

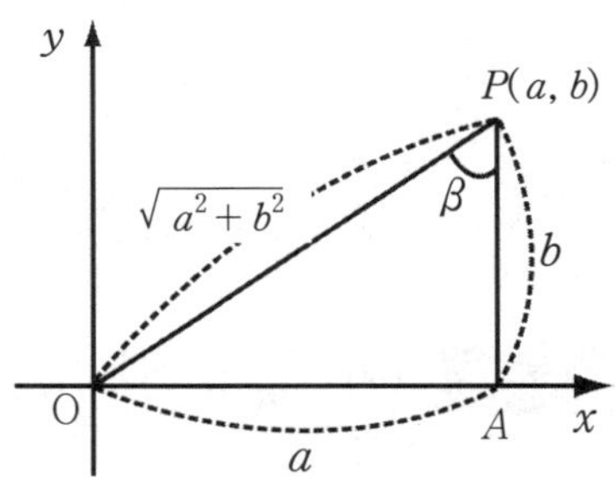

오른쪽 그림과 같이, 좌표평면 위에서 $\angle\mathrm{OPA}=\beta$ 라 하면,

$$\sin\beta = \frac{a}{\sqrt{a^2+b^2}},\quad \cos\beta = \frac{b}{\sqrt{a^2+b^2}}$$

이고,

$$a\sin\theta + b\cos\theta$$
$$=\sqrt{a^2+b^2}\left(\frac{a}{\sqrt{a^2+b^2}}\sin\theta + \frac{b}{\sqrt{a^2+b^2}}\cos\theta\right)$$

이므로,

$$a\sin\theta + b\cos\theta = \sqrt{a^2+b^2}(\sin\beta\sin\theta + \cos\beta\cos\theta)$$

따라서, $a\sin\theta + b\cos\theta = \sqrt{a^2+b^2}\cos(\theta-\beta)$

예제 1 $\sin 75°$, $\sin 15°$ 의 값을 구하여라.

풀이

$$\sin 75° = \sin(30° + 45°)$$
$$= \sin 30° \cos 45° + \cos 30° \sin 45°$$
$$= \frac{1}{2} \times \frac{1}{\sqrt{2}} + \frac{\sqrt{3}}{2} \times \frac{1}{\sqrt{2}} = \frac{1+\sqrt{3}}{2\sqrt{2}}$$
$$= \frac{\sqrt{2}+\sqrt{6}}{4}$$

$$\sin 15° = \sin(45° - 30°) = \sin 45° \cos 30° - \cos 45° \sin 30°$$
$$= \frac{1}{\sqrt{2}} \times \frac{\sqrt{3}}{2} - \frac{1}{\sqrt{2}} \times \frac{1}{2} = \frac{\sqrt{3}-1}{2\sqrt{2}}$$
$$= \frac{\sqrt{6}-\sqrt{2}}{4}$$

문제 1 $\cos 110° \cos 80° + \sin 110° \sin 80°$

예제 2 (1) $\sin\alpha = \frac{3}{5}\left(0 < \alpha < \frac{\pi}{2}\right)$, $\sin\beta = \frac{12}{13}\left(\frac{\pi}{2} < \beta < \pi\right)$일 때, $\frac{65}{11}\sin(\alpha+\beta)$의 값을 구하여라.

(2) $\alpha + \beta = \frac{\pi}{4}$ 일 때, $(1+\tan\alpha)(1+\tan\beta)$ 의 값을 구하여라.

풀이 (1) $\sin\alpha = \frac{3}{5}\left(0 < \alpha < \frac{\pi}{2}\right)$에서 $\cos\alpha = \sqrt{1-\sin^2\alpha} = \frac{4}{5}$

$\sin\beta = \frac{12}{13}\left(\frac{\pi}{2} < \beta < \pi\right)$에서 $\cos\beta = -\sqrt{1-\sin^2\beta} = -\frac{5}{13}$

$$\frac{65}{11}\sin(\alpha+\beta) = \frac{65}{11}(\sin\alpha\cos\beta + \cos\alpha\sin\beta)$$
$$= \frac{65}{11}\left\{\frac{3}{5}\cdot\left(-\frac{5}{13}\right) + \frac{4}{5}\cdot\frac{12}{13}\right\} = 3$$

(2) $\tan(\alpha+\beta) = \dfrac{\tan\alpha + \tan\beta}{1-\tan\alpha\tan\beta} = 1$

$$\therefore \tan\alpha\tan\beta + \tan\alpha + \tan\beta = 1$$
$$(1+\tan\alpha)(1+\tan\beta) = 2$$

예제 3 $\tan x=2$ 일 때, $\sin 2x$, $\tan 2x$ 의 값을 각각 구하여라.

풀이 $\tan 2x=\dfrac{2\tan x}{1-\tan^2 x}=\dfrac{2\times 2}{1-2^2}=-\dfrac{4}{3}$

$\cos 2x=2\cos^2 x-1=\dfrac{2}{\sec^2 x}-1=\dfrac{2}{\tan^2 x}-1=\dfrac{2}{1+2^2}-1=-\dfrac{3}{5}$

$\sin 2x=\tan 2x\cdot\cos 2x=\left(-\dfrac{4}{3}\right)\times\left(-\dfrac{3}{5}\right)=\dfrac{4}{5}$

예제 4 $3\sin\theta-4\cos\theta$ 를 변형하여 최대값과 최소값을 구하여라.

풀이 점 P(3, −4) 를 생각하여 $\tan\alpha=-\dfrac{4}{3}$ 가 되는 각 α 를 취하면,

$\sin\alpha=-\dfrac{4}{5}$, $\cos\alpha=\dfrac{3}{5}$

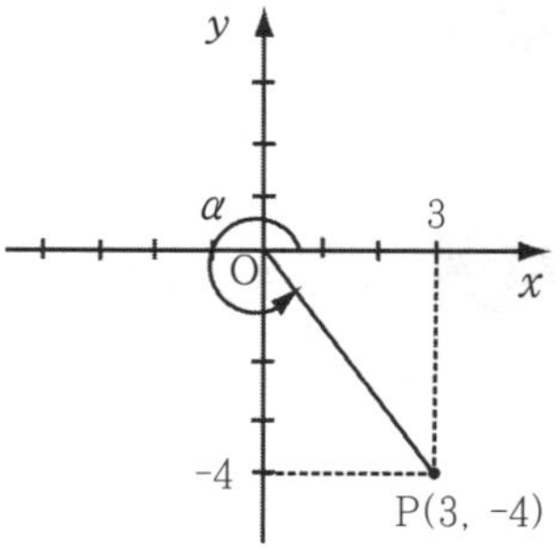

$\therefore\ 3\sin\theta-4\cos\theta$

$=5\left(\dfrac{3}{5}\sin\theta-\dfrac{4}{5}\cos\theta\right)$

$=5(\sin\theta\cos\alpha+\cos\theta\sin\alpha)$

$=5\sin(\theta+\alpha)$

$\therefore$ 최대값 5, 최소값 −5

예제 5 $\tan\dfrac{\alpha}{2}=t$ 일 때, $\sin\alpha$ 를 t 로 나타내어라.

풀이 $\sin\alpha=2\sin\dfrac{\alpha}{2}\cos\dfrac{\alpha}{2}=2\tan\dfrac{\alpha}{2}\cos^2\dfrac{\alpha}{2}$

$=\dfrac{2\tan\frac{\alpha}{2}}{\sec^2\frac{\alpha}{2}}=\dfrac{2\tan\frac{\alpha}{2}}{1+\tan^2\frac{\alpha}{2}}=\dfrac{2t}{1+t^2}$

예제 6 $\sin 22.5^\circ$, $\cos 22.5^\circ$, $\tan 22.5^\circ$ 의 값을 구하여라.

풀이 $\sin^2 22.5^\circ = \sin^2 \dfrac{45^\circ}{2} = \dfrac{1-\cos 45^\circ}{2} = \dfrac{1-\frac{\sqrt{2}}{2}}{2} = \dfrac{2-\sqrt{2}}{4}$

$\cos^2 22.5^\circ = \cos^2 \dfrac{45^\circ}{2} = \dfrac{1+\cos 45^\circ}{2} = \dfrac{1+\frac{\sqrt{2}}{2}}{2} = \dfrac{2+\sqrt{2}}{4}$

$\tan^2 22.5^\circ = \tan^2 \dfrac{45^\circ}{2} = \dfrac{1-\cos 45^\circ}{1+\cos 45^\circ} = \dfrac{2-\sqrt{2}}{2+\sqrt{2}} = 3-2\sqrt{2}$

그런데, $\sin 22.5^\circ > 0$, $\cos 22.5^\circ > 0$, $\tan 22.5^\circ > 0$ 이므로

$\sin 22.5^\circ = \dfrac{\sqrt{2-\sqrt{2}}}{2}$, $\cos 22.5^\circ = \dfrac{\sqrt{2+\sqrt{2}}}{2}$,

$\tan 22.5^\circ = \sqrt{3-2\sqrt{2}} = \sqrt{2}-1$

예제 7 $y = a\sin x + b\cos x$ 의 최대값이 $2\sqrt{3}$ 이고, a, b 사이에 $a = b\tan\dfrac{\pi}{3}$ 인 관계가 있다고 한다. a, b의 값을 구하여라.

풀이 $y = a\sin x + b\cos x = \sqrt{a^2+b^2}\sin(x+\alpha)$

$\left(\text{단, } \cos\alpha = \dfrac{a}{\sqrt{a^2+b^2}},\ \sin\alpha = \dfrac{b}{\sqrt{a^2+b^2}}\right)$

에서, 최대값은 $\sqrt{a^2+b^2}$ $\quad\therefore \sqrt{a^2+b^2} = 2\sqrt{3}$ $\quad\therefore a^2+b^2 = 12$ ……… ①

또, $a = b\tan\dfrac{\pi}{3}$ 즉, $a = \sqrt{3}b$ ……… ②

①, ②에서 $a = \pm 3$, $b = \pm\sqrt{3}$(복호동순)

문제 2 $\sin x + \cos x = \dfrac{1}{2}$ 일 때, 다음 값을 구하여라.

(1) $\sin 2x$ (2) $\sin x - \cos x$

예제 8 다음 각 값을 구하여라.

(1) $\cos 40^\circ \cos 80^\circ \cos 160^\circ$

(2) $\sin 80^\circ - \sin 40^\circ - \sin 20^\circ$

(3) $\dfrac{\sin 55^\circ \sin 35^\circ}{\cos 80^\circ + \cos 40^\circ}$

풀이 (1) 준식 $=(\cos 160^\circ \cos 80^\circ)\cos 40^\circ$

$$=\frac{1}{2}(\cos 240^\circ+\cos 80^\circ)\cos 40^\circ$$

$$=\frac{1}{2}(\cos 240^\circ \cos 40^\circ+\cos 80^\circ \cos 40^\circ)$$

$$=\frac{1}{2}\left\{-\cos 60^\circ \cos 40^\circ+\frac{1}{2}(\cos 120^\circ+\cos 40^\circ)\right\}$$

$$=\frac{1}{2}\left(-\frac{1}{2}\cos 40^\circ\right)+\frac{1}{2}\cdot\frac{1}{2}\left(-\frac{1}{2}+\cos 40^\circ\right)=-\frac{1}{8}$$

(2) 준식 $=(\sin 80^\circ-\sin 40^\circ)-\sin 20^\circ$

$$=2\cos 60^\circ \sin 20^\circ-\sin 20^\circ$$

$$=2\times\frac{1}{2}\times\sin 20^\circ-\sin 20^\circ=0$$

(3) 준식$=\dfrac{-\frac{1}{2}\cdot(\cos 90^\circ-\cos 20^\circ)}{2\cos 60^\circ \cos 20^\circ}=\dfrac{\frac{1}{2}\cos 20^\circ}{\cos 20^\circ}=\dfrac{1}{2}$

예제 9 $\tan=\frac{\theta}{2}=t$ 일 때 다음 삼각함수를 t 로 나타내어라.

(1) $\tan\theta$　　(2) $\cos\theta$　　(3) $\sin\theta$

풀이 (1) $\tan\theta=\tan 2\left(\frac{\theta}{2}\right)=\dfrac{2\tan\frac{\theta}{2}}{1-\tan^2\frac{\theta}{2}}=\dfrac{2t}{1-t^2}$

(2) $\cos\theta=2\cos^2\frac{\theta}{2}-1=2\times\dfrac{1}{1+t^2}=\dfrac{2t}{1+t^2}$

(3) $\tan\theta=\dfrac{\sin\theta}{\cos\theta}$ 에서 $\sin\theta=\cos\theta\tan\theta$ 이므로

$$\sin\theta=\cos\theta\tan\theta=\frac{1-t^2}{1+t^2}\cdot\frac{2t}{1-t^2}=\frac{2t}{1+t^2}$$

예제 10 $\sin\theta=\frac{1}{2}\left(\text{단, }\frac{\pi}{2}<\theta<\pi\right)$일 때 다음 값을 구하여라.

(1) $\sin 2\theta$　　(2) $\cos 2\theta$　　(3) $\tan 2\theta$

풀이 $\cos^2\theta = 1 - \sin^2\theta$ 에서 $\cos\theta = -\sqrt{1-\sin^2\theta} = -\dfrac{\sqrt{3}}{2}$ 이므로

(θ는 제 2사분면의 각이므로 $\cos\theta < 0$)

(1) $\sin 2\theta = 2\sin\theta\cos\theta = 2 \times \dfrac{1}{2} \cdot \left(-\dfrac{\sqrt{3}}{2}\right) = -\dfrac{\sqrt{3}}{2}$

(2) $\cos 2\theta = 1 - 2\sin^2\theta = 1 - 2 \cdot \left(\dfrac{1}{2}\right)^2 = \dfrac{1}{2}$

(3) $\tan 2\theta = \dfrac{\sin 2\theta}{\cos 2\theta} = \dfrac{-\dfrac{\sqrt{3}}{2}}{\dfrac{1}{2}} = -\sqrt{3}$

예제 11 $\dfrac{1+\sin\theta-\cos\theta}{1+\sin\theta+\cos\theta} = \tan\dfrac{\theta}{2}$ 임을 증명하여라.

풀이

$$\frac{1+\sin\theta-\cos\theta}{1+\sin\theta+\cos\theta} = \frac{1+2\sin\frac{\theta}{2}\cos\frac{\theta}{2} - \left(1-2\sin^2\frac{\theta}{2}\right)}{1+2\sin\frac{\theta}{2}\cos\frac{\theta}{2} + \left(2\cos^2\frac{\theta}{2}-1\right)}$$

$$= \frac{2\sin\frac{\theta}{2}\cos\frac{\theta}{2} + 2\sin^2\frac{\theta}{2}}{2\sin\frac{\theta}{2}\cos\frac{\theta}{2} + 2\cos^2\frac{\theta}{2}}$$

$$= \frac{2\sin\frac{\theta}{2}\left(\cos\frac{\theta}{2} + \sin\frac{\theta}{2}\right)}{2\cos\frac{\theta}{2}\left(\sin\frac{\theta}{2} + \cos\frac{\theta}{2}\right)}$$

$$= \frac{\sin\frac{\theta}{2}}{\cos\frac{\theta}{2}} = \tan\frac{\theta}{2}$$

연습문제

1 $0<\alpha<\frac{\pi}{2}$, $\frac{3}{2}\pi<\beta<2\pi$ 이고, $\sin\alpha=\frac{3}{5}$, $\sin\beta=-\frac{12}{15}$ 일 때, $\sin(\alpha+\beta)$ 의 값을 구하여라.

2 $a\sin x+b\cos x=\sqrt{a^2+b^2}\cos(x-\theta)$ 형태로 나타낼 수 있음을 증명하여라.
$\left(\text{단, } \cos\theta=\frac{b}{\sqrt{a^2+b^2}},\ \sin\theta=\frac{a}{\sqrt{a^2+b^2}}\right)$

3 다음 등식을 증명하여라.

$$\sin 2\theta=\frac{2\tan\theta}{1+\tan^2\theta}$$

4 $\sin 20^\circ \sin 40^\circ \sin 80^\circ$ 의 값을 구하여라.

CHAPTER 7

극한과 미분법

1 함수의 극한

두 집합 X 와 Y 가 있을 때, X 의 각 원소 X 에 Y 의 원소 Y 를 꼭 하나씩 대응시키는 관계를, X 에서 Y 로의 함수라 하고 $f: X \to Y$ 로 나타낸다.

이 때 X 를 f 의 정의역, Y 를 f 의 공역이라고 하고, x 에 대응하는 y 의 값을 치역이라고 한다.

또 X 의 원소 x 에 대응하는 Y 의 원소 y 를 f 에 의한 x 의 상 또는 f 의 x 에서의 함수값이라고 하고 $f(x)$로 나타낸다. 여기에서 x 를 독립변수 y 를 종속변수라 한다.

(예)

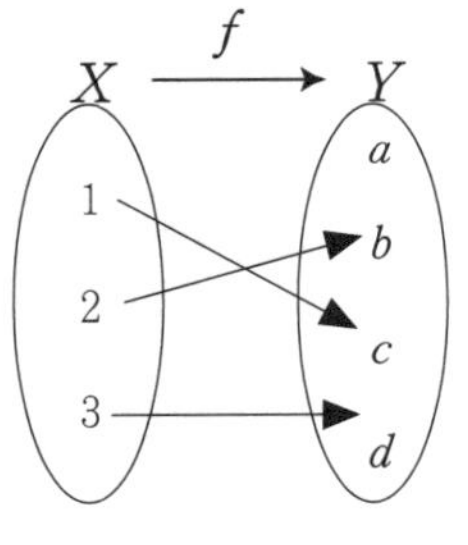

정의역 : $\{1, 2, 3\}$
공 역 : $\{a, b, c, d\}$
치 역 : $\{b, c, d\}$

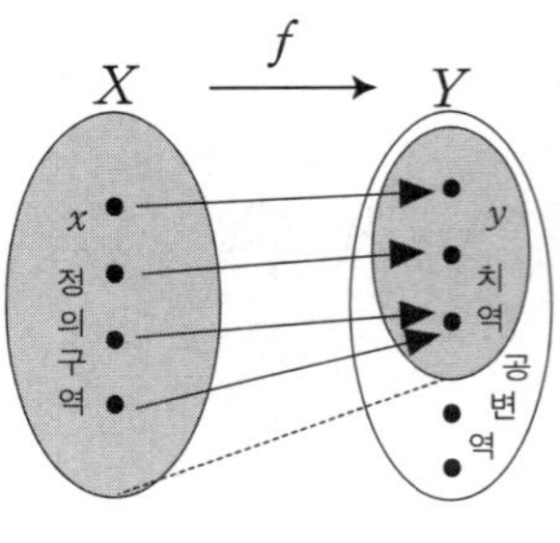

함수 $y=f(x)$의 그래프가 아래의 그림과 같이 3가지가 있다고 가정하자.

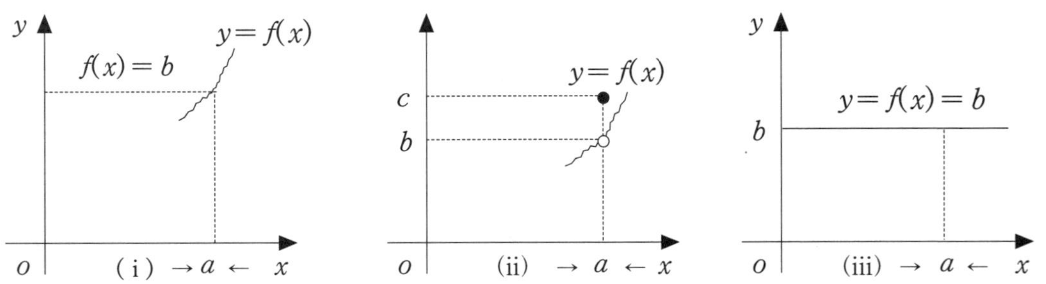

좌극한, 우극한　　좌극한, 우극한　　좌극한, 우극한

위의 그림에서 x 가 a 가까이 가면 $f(x)$의 값은 b 에 가까운 값이 되는 것은 그림(i)와, (ii)이고, (iii)은 $y=f(x)=b$ 인 항등함수이다.

즉, x 가 a 에 수렴할 때, $f(x)$는 b 에 수렴한다고 하면 식으로 표현하면

$$\boxed{x \to a \text{ 일 때 } f(x) \to b} \implies \boxed{\lim_{x\to a} f(x) = b}$$

로 나타낼 수 있다. 그리고 b 값은 x 가 a 로 수렴할 때의 $f(x)$의 극한값이라 한다.

정리 1

임의의 작은 양수 ε 에 대하여 적당한 양수 δ 가 존재하여 $0<|x-a|<\delta$ 를 만족하는 모든 x 에 대하여 $|f(x)-A|<\varepsilon$ 일 때 $x=a$ 에서의 함수 $f(x)$의 극한값은 A 라 하고 $\lim_{x\to a} f(x)=A$ 으로 표시한다.

이것을 $\varepsilon-\delta$ 의 정의라고 한다.

위의 정의는 $f(x)$의 함수값이 x 가 a 에 접근할수록 A 의 값에 수렴한다는 것을 $\varepsilon-\delta$ 논법으로 설명한 것이다.

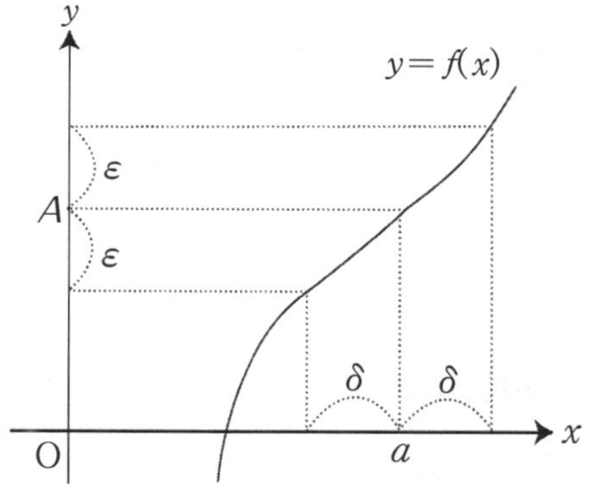

예제 1 $\lim_{x\to 1}(2x-1)=1$ 을 $\varepsilon-\delta$ 논법으로 증명하여라.

풀이 임의의 $\varepsilon>0$ 에 대하여 $0<|x-1|<\delta$ 이면 $|2x-1-1|<\varepsilon$ 을 만족하는 양수 δ 를 찾아내면 된다.

$2|x-1|<\varepsilon \Rightarrow |x-1|<\dfrac{\varepsilon}{2}$

$\therefore\ \delta=\dfrac{\varepsilon}{2}$ 이면 만족한다.

예제 2 $\lim_{x\to1}(5x-2)=3$을 $\varepsilon-\delta$ 논법으로 증명하여라.

풀이 임의의 $\varepsilon>0$ 에 대하여 $0<|x-1|<\delta$ 인 모든 x 에 대하여 $|(5x-2)-3|<\varepsilon$ 를 만족하는 δ 가 존재함을 보이면 된다.

$$|(5x-5)|<\varepsilon \Rightarrow |x-1|<\frac{\varepsilon}{5}$$

$\therefore\ \delta=\frac{\varepsilon}{5}$ 이면 만족한다.

예제 3 $\lim_{x\to2}\frac{x^2-4}{x-2}=4$을 $\varepsilon-\delta$ 논법으로 증명하여라.

풀이 $x=2$에서 함수는 정의되지 않는다.

임의의 $\varepsilon>0$ 에 대하여 $0<|x-2|<\delta$ 인 모든 x (단, $x\neq2$)에 대하여

$\left|\frac{x^2-4}{x-2}-4\right|=|(x+2)-4|=|x-2|<\varepsilon$ 이므로

$\varepsilon=\delta$ 이면 만족한다.

예제 4 $\lim_{x\to1}\frac{2x^4-6x^3+x^2+3}{x-1}=-8$을 $\varepsilon-\delta$ 논법으로 증명하여라.

풀이 임의의 $\varepsilon>0$ 에 대하여 $0<|x-1|<\delta$ 인 모든 x 에 대하여

$\left|\frac{2x^4-6x^3+x^2+3}{x-1}-(-8)\right|<\varepsilon$ 을 만족하는 δ 을 보이면 된다.

$$x\neq1,\ \frac{2x^4-6x^3+x^2+3}{x-1}=\frac{(2x^3-4x^2-3x-3)(x-1)}{x-1}=2x^3-4x^2-3x-3$$

$$-\delta<x-1<\delta \to -\delta+1<x<\delta+1 \to 0<x<2\ (\text{단 } x\neq1)$$

$$|f(x)-A|=|2x^3-4x^2-3x-3-(-8)|<\varepsilon$$

$$\Rightarrow |2x^3-4x^2-3x+5|=|x-1|\,|2x^2-2x-5|<\delta|2x^2-2x-5|$$

$$<\delta(|2x^2|+|-2x|+|-5|)<(8+4+5)\delta=17\delta$$

왜냐하면 $x>0$ 인 값 중에서 $x=2$ 를 임의로 선택했다.

여기서 $\delta=\frac{\varepsilon}{17}$ 이면 만족한다.

예제 5 $\lim_{(x,y)\to(1,2)}(x^2+y)=3$을 $\varepsilon-\delta$ 논법으로 증명하여라.

풀이 임의의 $\varepsilon>0$에 대하여 $\delta>0$가 존재하여

$\left.\begin{array}{l}0<|x-1|<\delta\\0<|y-2|<\delta\end{array}\right)$인 모든 x 값에 대하여 $|f(x)-A|=|x^2+y-3|<\varepsilon$를 만족하는 δ가 존재함을 보이면 된다.

1) $0<|x-1|<\delta \to -\delta<x-1<\delta \to -\delta+1<x<\delta+1$

$\to 1-2\delta+\delta^2<x^2<1+2\delta+\delta^2$ …… ①

2) $0<|y-2|<\delta \to -\delta<y-2<\delta \to -\delta-1<y-3<\delta-1$…… ②

①+②에서 $-3\delta+\delta^2<x^2+y-3<3\delta+\delta^2$($\because$ $0<\delta<1$이므로)

$-4\delta<x^2+y-3<4\delta \to |x^2+y-3|<4\delta$

$\therefore$ $4\delta=\varepsilon$ 일 때 $\lim_{(x,y)\to(1,2)}(x^2+y)=3$가 존재한다.

정리2

$\lim_{x\to a}f(x)=A$, $\lim_{x\to a}g(x)=B$

(1) $\lim_{x\to a}\{f(x)\pm g(x)\}=A\pm B$

(2) $\lim_{x\to a}kf(x)=kA$ (k:정수)

(3) $\lim_{x\to a}\{f(x)\cdot g(x)\}=A\cdot B$

(4) $\lim_{x\to a}\frac{f(x)}{g(x)}=\frac{A}{B}$ (단 $B\neq 0$)

증명 (1) $\lim_{x\to a}f(x)=A$ 에서

$\forall\varepsilon>0$, $\exists\delta_1>0$; $0<|x-a|<\delta_1 \Rightarrow |f(x)-A|<\frac{\varepsilon}{2}$

$\lim_{x\to a}g(x)=B$ 에서

$\forall\varepsilon>0$, $\exists\delta_2>0$; $0<|x-a|<\delta_2 \Rightarrow |g(x)-B|<\frac{\varepsilon}{2}$

여기서$\delta=\min\{\delta_1,\delta_2\}$ 로 놓으면

$0<|x-a|<\delta \Rightarrow |f(x)+g(x)-(A+B)|$

$\leqq |f(x)-A|+|g(x)-B|<\frac{\varepsilon}{2}+\frac{\varepsilon}{2}=\varepsilon$

※참고 $\forall$: All, 임의의 , $\exists$: Exist

(2) $\lim_{x\to a} f(x)=A$ 에서

$\forall \varepsilon > 0\left(\frac{\varepsilon}{|k|}\right)$, $\exists \delta > 0$; $0<|x-a|<\delta \Rightarrow |f(x)-A| < \frac{\varepsilon}{|k|}$

따라서 $0<|x-a|<\delta = |kf(x)-k\cdot A|$

$$= |k(f(x)-A)| \leqq |k|\,|f(x)-A| < |k|\frac{\varepsilon}{|k|}=\varepsilon$$

$$\therefore \lim_{x\to a}\{kf(x)\}=kA$$

(3) $|f(x)-A|<1$ 이라면 $|f(x)|-|A| \leqq |f(x)-A|$ 가 성립하므로

$|f(x)| \leqq |A|+1$이 성립

$\lim_{x\to a} f(x)=A$ 에서

$\forall \varepsilon > 0$, $\exists \delta_1 > 0 ; 0<|x-a|<\delta_1$

$\Rightarrow |f(x)-A| < \frac{\varepsilon}{2(|B|+1)}$, $\lim_{x\to a} g(x)=B$ 에서

$\forall \varepsilon > 0$, $\exists \delta_2 > 0 ; 0<|x-a|<\delta_2$

$\Rightarrow |g(x)-B| < \frac{\varepsilon}{2(|A|+1)}$, 여기서 $\delta=\min\{\delta_1, \delta_2\}$로 놓으면

$0<|x-a|<\delta$ 일 때

$\Rightarrow |f(x)g(x)-AB| \leqq |f(x)|\,|g(x)-B|+|B|\,|f(x)-A|$

$<(|A|+1)|g(x)-B|+|B|\,|f(x)-A|$

$<(|A|+1)\,|(g(x)-B|+|B|+|B|\,|f(x)-A|$

$<(|A|+1)\frac{\varepsilon}{2(|A|+1}+|B|\frac{\varepsilon}{2(|B|+1)}$

$<\frac{\varepsilon}{2}+\frac{\varepsilon}{2}=\varepsilon \quad \therefore \lim_{x\to a} f(x)g(x)=AB$

(4) $\forall \varepsilon > 0$, $\exists \delta_1, \delta_2 > 0$;

$0<|x-a|<\delta_1 \Rightarrow |f(x)-A|<\varepsilon$

$0<|x-a|<\delta_2 \Rightarrow |g(x)-B|<\min\left(\varepsilon, \frac{1}{2}|B|\right)$

현대 공업수학

에서 $\delta = \min\{\delta_1,\ \delta_2\}$ 라 하면

$0 < |1-x| < \delta$ 일때 $|g(x)| > \frac{1}{2}|B| > 0$

$$\left|\frac{f(x)}{g(x)} - \frac{A}{B}\right| = \left|\frac{f(x)B - Ag(x)}{g(x)B}\right| < \frac{2}{|B|^2}(|f(x)B - Ag(x)|$$

$$= \frac{2}{|B|^2}(|\{f(x)-A\}B| - A\{g(x)-B\})$$

$$< \frac{2}{|B|^2}(|A| + |B|)\varepsilon$$

여기서 $\frac{2}{|B|^2}(|A| + |B|)$는 ε 과는 관계없는 정수이므로

$$\lim_{x\to a}\frac{f(x)}{g(x)} = \frac{A}{B}(B \neq 0)$$

문제 1 다음은 $\varepsilon - \delta$ 로 증명하여라

(1) $\lim_{x\to 1}(2x-7) = -5$　　(2) $\lim_{x\to 3}(x^2-1) = 8$

(3) $\lim_{x\to a}(2x+4) = 2a+4$　　(4) $\lim_{x\to -1}(x+7) = 6$

예제 7 다음 극한값을 구하여라

(1) $\lim_{x\to 1}\frac{x^2+x-2}{x-1}$　　(2) $\lim_{x\to 1}\frac{2x^3-4x^2-3x+5}{x-1}$

(3) $\lim_{n\to\infty}\frac{(n+1)(2n+1)}{n^2+3}$　　(4) $\lim_{n\to\infty}(\sqrt{n^2-4n}-n)$

(5) $\lim_{n\to\infty}\left[\frac{1}{\sqrt{n^2+n+1}-\sqrt{n^2+1}}\right]$　　(6) $\lim_{n\to\infty}\left[\frac{\sqrt{n+2}-\sqrt{n+1}}{\sqrt{n+1}-\sqrt{n}}\right]$

풀이

(1) $\lim_{x\to 1}\frac{x^2+x-2}{x-1} = \lim_{x\to 1}\frac{(x+2)(x-1)}{x-1} = \lim_{x\to 1}(x+2) = 3$

(2) $\lim_{x\to 1}\frac{(x-1)(2x^2-2x-5)}{x-1} = \lim_{x\to 1}(2x^2-2x-5) = (2-2-5) = -5$

(3) $\lim_{n\to\infty}\left(\frac{2n^2+3n+1}{n^2+3}\right) = \lim_{n\to\infty}\left(\frac{2\cdot 1+\frac{3}{n}+\frac{1}{n^2}}{1+\frac{3}{n^2}}\right) = 2$

(4) $\lim_{n\to\infty}(\sqrt{n^2-4n}-n)=\lim_{n\to\infty}\frac{(\sqrt{n^2-4n}-n)(\sqrt{n^2-4n}+n)}{(\sqrt{n^2-4n}+n)}$

$$=\lim_{n\to\infty}\frac{n^2-4n-n^2}{\sqrt{n^2-4n}+n}=\lim_{n\to\infty}\frac{-4n}{\sqrt{n^2-4n}+n}$$

$$=\lim_{n\to\infty}\frac{-4}{\sqrt{1-\frac{4}{n}}+1}=\frac{-4}{1+1}=-2$$

(5) $\lim_{n\to\infty}\frac{1}{\sqrt{n^2+n+1}-\sqrt{n^2+1}}$

$$=\lim_{n\to\infty}\frac{\sqrt{n^2+n+1}+\sqrt{n^2+1}}{(\sqrt{n^2+n+1}-\sqrt{n^2+1})(\sqrt{n^2+n+1}+\sqrt{n^2+1})}$$

$$=\lim_{n\to\infty}\frac{\sqrt{n^2+n+1}+\sqrt{n^2+1}}{(\sqrt{n^2+n+1})^2-(\sqrt{n^2+1})^2}$$

$$=\lim_{n\to\infty}\frac{\sqrt{n^2+n+1}+\sqrt{n^2+1}}{n}$$

$$=\lim_{n\to\infty}\frac{\sqrt{1+\frac{1}{n}+\frac{1}{n^2}}+\sqrt{1+\frac{1}{n^2}}}{1}=2$$

(6) $\lim_{n\to\infty}\frac{\sqrt{n+2}-\sqrt{n+1}}{\sqrt{n+1}-\sqrt{n}}$

$$=\lim_{n\to\infty}\frac{(\sqrt{n+2}-\sqrt{n+1})(\sqrt{n+2}+\sqrt{n+1})(\sqrt{n+1}+\sqrt{n})}{(\sqrt{n+1}-\sqrt{n})(\sqrt{n+1}+\sqrt{n})(\sqrt{n+2}+\sqrt{n+1})}$$

$$\lim_{n\to\infty}\frac{(n+2-n-1)(\sqrt{n+1}+\sqrt{n})}{(n+1-n)(\sqrt{n+2}+\sqrt{n+1})}=\lim_{n\to\infty}\frac{\sqrt{n+1}+\sqrt{n}}{\sqrt{n+2}+\sqrt{n+1}}$$

$$\lim_{n\to\infty}\frac{\sqrt{1+\frac{1}{n}}+\sqrt{1}}{\sqrt{1+\frac{2}{n}}+\sqrt{1+\frac{1}{n}}}=\frac{1+1}{1+1}=1$$

참고 1) $\infty+\infty=\infty$ 2) $\infty\times\infty=\infty$ 3) $\infty-\infty=$ 정의되지 않음

4) $\frac{\infty}{\infty}=$ 정의되지 않음 5) $\frac{1}{\infty}=0$ 6) $\lim_{x\to 0}\frac{1}{x}=\infty$

예제 8 다음 극한값을 구하여라

(1) $\lim_{x\to 1}\dfrac{\sqrt{x+3}-2}{x-1}$ (2) $\lim_{x\to 0}\dfrac{x^2}{1-\sqrt{1-x^2}}$

(3) $\lim_{x\to a}\dfrac{x^3-ax^2+a^2x-a^3}{x-a}$ (4) $\lim_{x\to -2}\dfrac{x^3+8}{x+2}$

(5) $\lim_{x\to -\infty}\dfrac{x-1}{\sqrt{x^2-1}}$ (6) $\lim_{x\to \infty}\dfrac{\sqrt{1+x^2}-1}{x}$

풀이

(1) $\lim_{x\to 1}\dfrac{(\sqrt{x+3}-2)\ (\sqrt{x+3}+2)}{(x-1)\ (\sqrt{x+3}+2)}$

$=\lim_{x\to 1}\dfrac{x-1}{(x-1)\ (\sqrt{x+3}+2)}=\dfrac{1}{2+2}=\dfrac{1}{4}$

(2) $\lim_{x\to 0}\dfrac{x^2\ (1+\sqrt{1-x^2})}{(1-\sqrt{1-x^2})\ (1+\sqrt{1-x^2})}$

$=\lim_{x\to 0}\dfrac{x^2\ (1+\sqrt{1-x^2})}{1-(1-x^2)}=\lim_{x\to 1}\dfrac{x^2(1+\sqrt{1-x^2})}{x^2}$

$=\lim_{x\to 0}(1+\sqrt{1-x^2})=2$

(3) $\lim_{x\to a}\dfrac{x^2(x-a)+a^2\ (x-a)}{x-a}$

$=\lim_{x\to a}\dfrac{(x-a)\ (x^2+a^2)}{x-a}=\lim_{x\to a}(x^2+a^2)=2a^2$

(4) $\lim_{x\to -2}\dfrac{(x+2)\ (x^2-2x+4)}{x+2}$

$=\lim_{x\to -2}(x^2-2x+4)=12$

(5) $\lim_{x\to -\infty}\dfrac{\dfrac{x}{x}-\dfrac{1}{x}}{-\sqrt{\dfrac{x^2}{x^2}-\dfrac{1}{x^2}}}=-1$

(6) $\lim_{x\to \infty}\dfrac{\sqrt{1+x^2}-1}{x}$

$=\lim_{x\to \infty}\left(\dfrac{\sqrt{1+x^2}}{x}-\dfrac{1}{x}\right)$

$=\lim_{x\to \infty}\left(\sqrt{\dfrac{1}{x^2}+\dfrac{x^2}{x^2}}-\dfrac{1}{x}\right)=1$

문제 2 다음 극한값을 구하여라.

(1) $\lim_{x\to 2}\dfrac{x^3-8}{x-2}$ (2) $\lim_{x\to 3}\dfrac{x^3-27}{x-3}$

(3) $\lim_{x\to\infty}\dfrac{4x^2-1}{3x^2+\sqrt{x^4-x^2+1}}$ (4) $\lim_{x\to-\infty}(\sqrt{x^2-3x+2}-\sqrt{x^2+3x+2})$

(5) $\lim_{x\to 0}\dfrac{1}{x}\left(\dfrac{1}{x+1}-1\right)$ (6) $\lim_{x\to 0}\dfrac{x}{\sqrt{x+4}-2}$

(7) $\lim_{x\to-\infty}\dfrac{4x}{\sqrt{2+x^2}-3}$ (8) $\lim_{x\to\infty}(x^3-5x^2-4)$

정리 3

■ 극한값의 정의

함수 $f(x)$에서 변수 x가 일정한 값 a에 한없이 가까워질 때 $f(x)$가 일정한 값 A에 한없이 가까워지면

"x가 a에 수렴할 때 $f(x)$의 극한값은 A이다."라 하고, 이것을 다음과 같이 나타낸다.

$$x \to a \text{ 일 때 } f(a) \to A \text{ 또는 } \lim_{x\to a}f(x)=A$$

또, $x \to a$일 때 $f(x)$가 수렴하지 않는 경우는 발산한다고 하며, 발산하는 경우는 극한이 $\pm\infty$로 되는 경우와 극한이 정해지지 않는 경우가 있다.

변수 x가 a보다 작은 쪽에서 a에 가까워질 때의 극한을

$\lim_{x\to a-0}f(x)$로, 큰 쪽에서 가까워질 때의 극한을 $\lim_{x\to a+0}f(x)$로 나타내며,

$\lim_{x\to a-0}f(x)=\lim_{x\to a+0}f(x)=A$ 이면 $\lim_{x\to a}f(x)=A$ 로 나타내고,

$\lim_{x\to a-0}f(x)\neq\lim_{x\to a+0}f(x)$이면 극한값은 없다고 한다.

$$\lim_{x\to a-0}f(x) \to a \leftarrow \lim_{x\to a+0}f(x)$$

2 연속 함수

연속이라 하면 어떠한 함수식이 끊이지 않고 이어져 있는 것을 뜻하며,

이론적으로 함수 $y=f(x)$가

(i) $x=a$ 에서 정의되어 있고, 즉 $f(a)$

(ii) $\lim_{x \to a} f(x)$가 존재하여

(iii) $\lim_{x \to a} f(x) = f(a)$

일 때, 이 함수는 $x=a$ 에서 연속이라 한다.

또, 함수 $f(x)$가 $x=a$ 에서 연속이 아닌 경우, 함수 $f(x)$는 $x=a$ 에서

불연속이라고 하고, a 를 불연속점이라 한다.

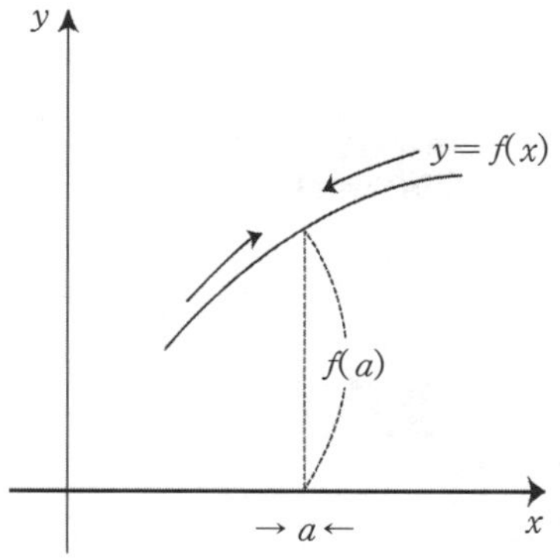

정리 1

임의의 양수 $\varepsilon\ (>0)$에 대하여 적당한 $\delta\ (>0)$가 존재하여

$|x-a| < \delta$ 인 모든 x 에 대하여 $|f(x)-f(a)| < \varepsilon$ 이면

$y=f(x)$는 $x=a$ 에서 연속이라 한다. $y=f(x)$가 주어진 x 의 모든 영역에서 연속일 때 연속함수라 한다.

예제 1 $f(x)=2x+3$에 대하여 $x=1$ 일 때의 연속성을 조사하여라.

풀이 $f(1)=2+3=5$ ······································ ①

$\lim_{x \to 1} f(x) = \lim_{x \to 1}(2x+3)=5$ ······················ ②

$\therefore\ f(1) = \lim_{x \to 1} f(x)$ $\quad \therefore\ x=1$에서 연속이다.

정리2

두 함수 $f(x), g(x)$가 $x=a$ 에서 연속이면 다음 함수들도 $x=a$ 에서 연속이다.

Ⅰ. $f(x) \pm g(x)$

Ⅱ. $cf(x)$ (단, c는 상수)

Ⅲ. $f(x)\,g(x)$

Ⅳ. $\dfrac{f(x)}{g(x)}$ (단, $g(x) \neq 0$)

예제 2 $f(x) = \begin{cases} \dfrac{x^2-1}{x(x-1)}, & (x \neq 1) \\ 2, & (x=1) \end{cases}$

일 때 함수 $f(1)$의 연속성을 조사하여라.

풀이 $x \neq 1$ 이면 $f(x) = \dfrac{x^2-1}{x(x-1)} = \dfrac{x+1}{x}$

$\therefore \lim_{x \to 1} f(x) = \lim_{x \to 1} \left(\dfrac{x+1}{x} \right) = 2$

또 정의에 의하여 $f(1) = 2$

$\therefore x=1$ 에서 연속이다.

예제 3 $x=2$ 에서의 연속성을 조사하여라.

(1) $f(x) = |x-2|$ (2) $f(x) = \dfrac{x^2-4}{x-2}$

풀이 (1) $f(2) = |2-2| = 0$ ……………………①

$\lim_{x \to 2} |x-2| = 0$ ……………………②

$\therefore f(2) = \lim_{x \to 2} f(x)$ $x=2$에서 연속이다.

(2) $x=2$ 에서 분모가 0이 되어 정의되지 않는다.

$\therefore x=2$ 에서 불연속이다.

예제 4 $f(x)=x-[x]$ (단, $[x]$는 Gauss 함수)

일 때 $x=0$ 에서 연속성을 조사하여라.

풀이 $f(x)=x-[x]$ 에서

(1) $x=0$ $\quad f(0)=0-[0]=0$ ……………………………………①

(2) $\left\{\begin{array}{l} \lim_{x\to -0} f(x)=\lim_{x\to -0}\{x-[x]\}=1 \\ \lim_{x\to +0} f(x)=\lim_{x\to +0}\{x-[x]\}=0 \end{array}\right\}$ ……………………………②

$\therefore\ f(0)\fallingdotseq \lim_{x\to 0} f(x)$ $\qquad \therefore\ x=0$ 에서 불연속이다.

예제 5 $f(x)=\left\{\begin{array}{ll} x+1 & (x\geqq 1) \\ -x+1 & (x<1) \end{array}\right.$ 일 때, 다음 극한값을 구하여라.

(1) $\lim_{x\to 1-0} f(x)$ $\qquad$ (2) $\lim_{x\to 1+0} f(x)$

(3) $\lim_{x\to 1} f(x)$

풀이 $f(x)$의 그래프는 다음과 같다.

(1) $\lim_{x\to 1-0} f(x)=\lim_{x\to 1-0}(-x+1)=0$

(2) $\lim_{x\to 1+0} f(x)=\lim_{x\to 1+0}(x+1)=2$

(3) $\lim_{x\to 1-0} f(x)\fallingdotseq \lim_{x\to 1+0} f(x)$이므로 $\lim_{x\to 1} f(x)$ 의 값은 없다.

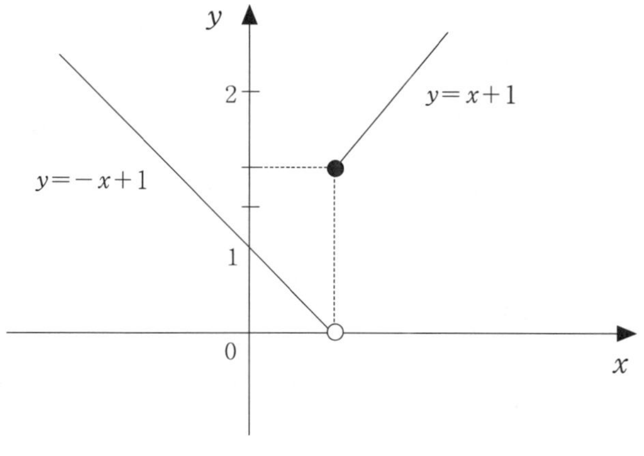

예제 6 다음 함수의 불연속점과 연속인 구간을 말하여라. (단, n 은 자연수)

$$f(x)=\lim_{n\to\infty}\frac{x^{2n+1}}{1+x^{2n}}$$

풀이

i) $|x|<1$

$$\lim_{n\to\infty}x^{2n}=0,\qquad \lim_{n\to\infty}x^{2n+1}=0$$

$$f(x)=\lim_{n\to\infty}\frac{x^{2n+1}}{1+x^{2n}}=0$$

ii) $|x|>1$ 분모, 분자를 x^{2n} 으로 나누면

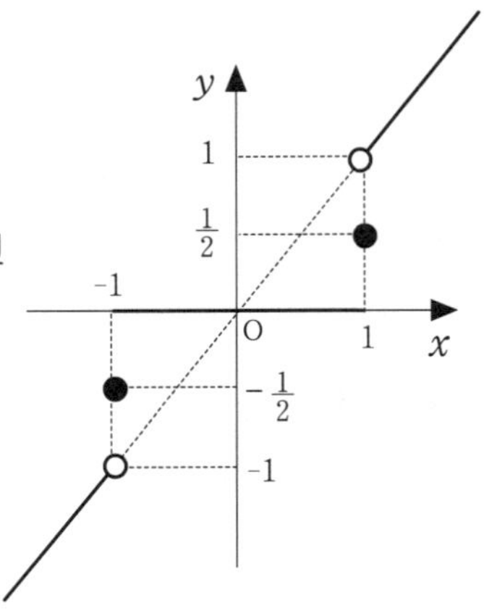

$$\lim_{n\to\infty}\frac{1}{x^{2n}}=0 \text{ 이므로}$$

$$f(x)=\lim_{n\to\infty}\frac{x}{\frac{1}{x^{2n}}+1}=x$$

iii) $x=1$ 일때 $f(x)=\frac{1}{2}$

iv) $x=-1$ 일때, $\lim_{n\to\infty}x^{2n+1}=-1,\quad \lim_{n\to\infty}x^{2n}=1$

$$f(x)=-\frac{1}{2}$$

∴ $x=\pm1$ 에서 불연속이고

연속인 구간 $(-\infty,\ -1),\ (-1,\ 1),\ (1.\ \infty)$

문제 1 다음 함수의 연속성을 조사하여라.

(1) $f(x)=\frac{x}{|x|}$의 연속성을 조사하여라.

(2) $f(x)=[x]=n$, (Gauss 함수)의 $x=2$에서 연속성을 조사하여라.

문제 2 $f(x)=\begin{cases} x^2, & (x\leq1) \\ x, & (x>1) \end{cases}$ 일 때 $f(x)$는 $x=1$에서 연속임을 증명하여라.

문제 3 $f(x)=\lim_{n\to\infty}\frac{x^{n+1}}{1+x^n}$일 때 $y=f(x)$의 Graph 를 그리고 연속성을 조사하여라.

3 도함수

도함수 $y=f(x)$가 구간 $[a, b]$ 에서 연속함수라 할 때 변수 Δx가 x_1 에서 x_2 까지 변하면 Δy 는 $f(x_1)$에서 $f(x_2)$까지 변한다.

$$\begin{cases} x_2 - x_1 = \Delta x \qquad \therefore\ x_2 = x_1 + \Delta x \\ y_2 - y_1 = \Delta y = f(x_2) - f(x_1) \text{이다.} \end{cases}$$

기울기 $\dfrac{\Delta y}{\Delta x} = \dfrac{f(x_1 + \Delta x) - f(x_1)}{\Delta x}$, 여기서 $\Delta x \to 0$

또 $x_1 = x$ 을 대입하면

$f'(x) = \lim\limits_{\Delta x \to 0} \dfrac{f(x + \Delta x) - f(x)}{\Delta x}$ 이다.

이 때 $f'(x)$를 x 에 관하여 미분한다고 한다.

기호로 y', $f'(x)$, $\dfrac{d}{dx}f(x)$, $\dfrac{dy}{dx}$ (read, dx over dy)

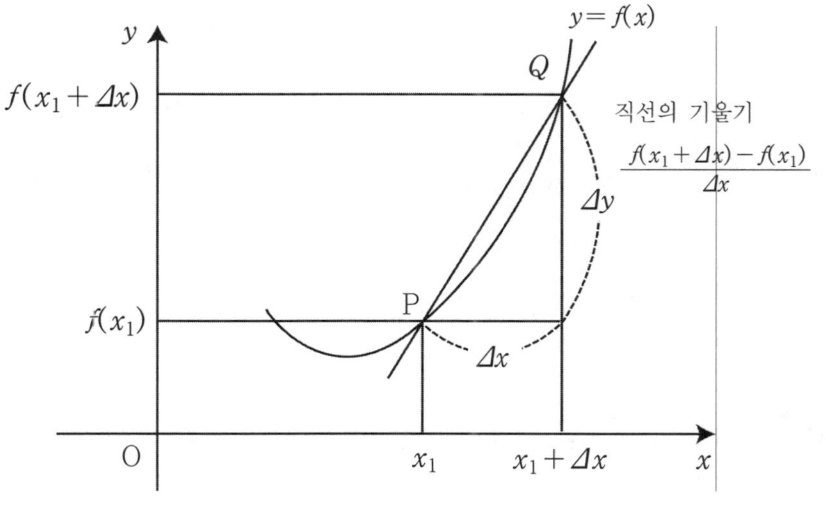

정리 1

$f(x)$가 $x=a$ 에서 미분가능하면 $f(x)$는 $x=a$ 에서 연속이다.
그러나 연속인 함수라 해서 미분가능은 아니다.

증명 $x \neq a$ 일 때,

$$f(x)=\frac{f(x)-f(a)}{x-a}(x-a)+f(a)$$

이다. 따라서

$$\lim_{x\to a}f(x)=\lim_{x\to a}\left\{\frac{f(x)-f(a)}{x-a}(x-a)+f(a)\right\}$$

이고, 극한의 기본성질에 의해

$$\lim_{x\to a}f(x)=\lim_{x\to a}\frac{f(x)-f(a)}{x-a}\cdot\lim_{x\to a}(x-a)+\lim_{x\to a}f(a)$$

$$=f'(a)\cdot 0+f(a)=f(a)$$

이므로, $x=a$ 에서 미분가능하면 연속이다.

예제 1 $f(x)=|x-1|$ 의 $x=1$ 에서의 연속성과 미분가능성을 조사하여라.

풀이 연속성 : $x=1$, $f(1)=|1-1|=0$ ··················①

$$\lim_{x\to 1}f(x)=\lim_{x\to 1}|x-1|=0 \text{ ·····················②}$$

$\therefore\ f(1)=\lim_{x\to 1}f(x)$ $\quad\therefore\ x=1$ 에서 연속이다.

미분가능 : $f'(1)=\lim_{\Delta x\to 0}\frac{|1+\Delta x-1|-|1-1|}{\Delta x}=\lim_{\Delta x\to 0}\frac{|\Delta x|}{\Delta x}$

그런데, $\lim_{\Delta x\to +0}\frac{|\Delta x|}{\Delta x}=1$, $\lim_{\Delta x\to -0}\frac{|\Delta x|}{\Delta x}=-1$

이므로 $f'(1)$ 은 존재하지 않는다.

따라서, $x=1$ 에서 미분불가능이다.

문제 1 함수 $f(x)=|x|(x-1)$일 때 $x=0$에서 연속성과 미분가능성을 조사하여라.

예제 2 다음 각 함수의 $x=0$ 에서의 미분가능성을 조사하여라.

(1) $f(x)=\sqrt[3]{x^2}$　　　　(2) $f(x)=|x^2+x|$

(3) $f(x)=\begin{cases} x\cdot\sin\dfrac{1}{x}, & (x\neq 0) \\ 0, & (x=0) \end{cases}$

풀이

(1) $\displaystyle\lim_{\Delta x\to+0}\frac{f(0+\Delta x)-f(0)}{\Delta x}=\lim_{\Delta x\to+0}\frac{\sqrt[3]{(0+\Delta x)^2}-\sqrt[3]{0^2}}{\Delta x}$

$\displaystyle=\lim_{\Delta x\to+0}\frac{\sqrt[3]{(\Delta x)^2}}{\Delta x}=\lim_{\Delta x\to+0}\sqrt[3]{\frac{1}{\Delta x}}=+\infty$

$\displaystyle\lim_{\Delta x\to-0}\frac{f(0+\Delta x)-f(0)}{\Delta x}=\lim_{\Delta x\to-0}\sqrt[3]{\frac{1}{\Delta x}}=-\infty$

따라서, $f'(0)$가 존재하지 않는다. 그러므로, $x=0$에서 미분불가능이다.

(2) $\displaystyle\lim_{\Delta x\to+0}\frac{f(0+\Delta x)-f(0)}{\Delta x}=\lim_{\Delta x\to+0}\frac{|(0+\Delta x)^2+(0+\Delta x)|-|(0^2+0)|}{\Delta x}$

$\displaystyle=\lim_{\Delta x\to+0}\frac{|(\Delta x)^2+\Delta x|}{\Delta x}=\lim_{\Delta x\to+0}\frac{(\Delta x)^2+\Delta x}{\Delta x}$

$\displaystyle=\lim_{\Delta x\to+0}(\Delta x+1)=1$

$\displaystyle\lim_{\Delta x\to-0}\frac{f(0+\Delta x)-f(0)}{\Delta x}=\lim_{\Delta x\to-0}\frac{|(\Delta x)^2+\Delta x|}{\Delta x}$

$\displaystyle=\lim_{\Delta x\to-0}\frac{-(\Delta x)^2-\Delta x}{\Delta x}=\lim_{\Delta x\to-0}(-\Delta x-1)=-1$

따라서, $f'(0)$이 존재하지 않는다. 그러므로, $x=0$ 에서 미분불가능이다.

(3) $\displaystyle\lim_{\Delta x\to 0}\frac{f(0+\Delta x)-f(0)}{\Delta x}=\lim_{\Delta x\to 0}\frac{\Delta x\sin\frac{1}{\Delta x}}{\Delta x}=\lim_{\Delta x\to 0}\sin\left(\frac{1}{\Delta x}\right)$

이 극한값은 유한확정이 아니므로, $f'(0)$가 존재하지 않는다.

그러므로, $x=0$ 에서 미분불가능이다.

예제 3 도함수의 정의에 의하여 다음 함수를 구하여라.

(1) $f(x)=x$　　　　(2) $f(x)=x^2$

(3) $f(x)=x^3$　　　　(4) $f(x)=\sqrt{x}$

풀이

(1) $f'(x)=\lim_{\Delta x\to 0}\frac{f(x+\Delta x)-f(x)}{\Delta x}=\lim_{\Delta x\to 0}\frac{(x+\Delta x)-x}{\Delta x}=\lim_{\Delta x\to 0}\frac{\Delta x}{\Delta x}=1$

(2) $f'(x)=\lim_{\Delta x\to 0}\frac{f(x+\Delta x)-f(x)}{\Delta x}=\lim_{\Delta x\to 0}\frac{(x+\Delta x)^2-x^2}{\Delta x}$

$$=\lim_{\Delta x\to 0}\frac{x^2+2x\Delta x+(\Delta x)^2-x^2}{\Delta x}=\lim_{\Delta x\to 0}(2x+\Delta x)=2x$$

(3) $f(x)=x^3$

$f(x+\Delta x)=(x+\Delta x)^3$

$f(x+\Delta x)-f(x)=(x+\Delta x)^3-x^3$

$\frac{f(x+\Delta x)-f(x)}{\Delta x}=\frac{(x+\Delta x)^3-x^3}{\Delta x}$

$=\lim_{\Delta x\to 0}\frac{f(x+\Delta x)-f(x)}{\Delta x}$

$=\lim_{\Delta x\to 0}\frac{(x+\Delta x)^3-x^3}{\Delta x}$

$=\lim_{\Delta x\to 0}\frac{x^3+3x^2\Delta x+3x(\Delta x)^2+(\Delta x)^3-x^3}{\Delta x}$

$=\lim_{\Delta x\to 0}\frac{3x^2\Delta x+3x(\Delta x)^2+(\Delta x)^3}{\Delta x}$

$=\lim_{\Delta x\to 0}\{3x^2+3x\Delta x+(\Delta x)^2\}=3x^2$

(4) $f'(x)=\lim_{\Delta x\to 0}\frac{\sqrt{x+\Delta x}-\sqrt{x}}{\Delta x}=\lim_{\Delta x\to 0}\frac{\sqrt{(x+\Delta x)^2}-(\sqrt{x})^2}{\Delta x(\sqrt{x+\Delta x}+\sqrt{x})}$

$$=\lim_{\Delta x\to 0}\frac{\Delta x}{\Delta x(\sqrt{x+\Delta x}+\sqrt{x})}=\lim_{\Delta x\to 0}\frac{1}{(\sqrt{x+\Delta x}+\sqrt{x})}=\frac{1}{2\sqrt{x}}$$

예제 4 (1) $f(x)=\frac{1}{\sqrt{x}}$ (2) $f(x)=\frac{1}{x^2}$

풀이 (1) $$f'(x)=\lim_{\Delta x\to 0}\frac{\frac{1}{\sqrt{x+\Delta x}}-\frac{1}{\sqrt{x}}}{\Delta x}=\lim_{\Delta x\to 0}\frac{\sqrt{x}-\sqrt{x+\Delta x}}{\Delta x(\sqrt{x}\sqrt{x+\Delta x})}$$

$$=\lim_{\Delta x\to 0}\frac{(\sqrt{x})^2-(\sqrt{x+\Delta x})^2}{\Delta x(\sqrt{x}\sqrt{x+\Delta x})(\sqrt{x}+\sqrt{x+\Delta x})}$$

$$=\lim_{\Delta x\to 0}\frac{-1}{\sqrt{x}(\sqrt{x+\Delta x})(\sqrt{x}+\sqrt{x+\Delta x})}=\frac{-1}{2x\sqrt{x}}$$

(2) $$f'(x)=\lim_{\Delta x\to 0}\frac{\frac{1}{(x+\Delta x)^2}-\frac{1}{x^2}}{\Delta x}=\lim_{\Delta x\to 0}\frac{x^2-(x+\Delta x)^2}{\Delta x(x+\Delta x)^2x^2}$$

$$=\lim_{\Delta x\to 0}\frac{x^2-[x^2+2x\Delta x+(\Delta x)^2]}{\Delta x(x+\Delta x)^2x^2}=\lim_{\Delta x\to 0}\frac{x^2-x^2-2x\Delta x-(\Delta x)^2}{\Delta x(x+\Delta x)^2x^2}$$

$$=\lim_{\Delta x\to 0}\frac{-2x\Delta x-(\Delta x)^2}{\Delta x(x+\Delta x)^2x^2}=\frac{-2x}{x^4}=-\frac{2}{x^3}$$

예제 5 (1) $f(x)=\sqrt{2x+1}$ (2) $f(x)=\frac{1}{x}$

풀이 (1) $$f'(x)=\lim_{\Delta x\to 0}\frac{\sqrt{2(x+\Delta x)+1}-\sqrt{2x+1}}{\Delta x}$$

$$=\lim_{\Delta x\to 0}\frac{2(x+\Delta x)+1-(2x+1)}{\Delta x\{\sqrt{2(x+\Delta x)+1}+\sqrt{2x+1}\}}$$

$$=\lim_{\Delta x\to 0}\frac{2}{\sqrt{2(x+\Delta x)+1}+\sqrt{2x+1}}=\frac{1}{\sqrt{2x+1}}$$

(2) $$f'(x)=\lim_{\Delta x\to 0}\frac{f(x+\Delta x)-f(x)}{\Delta x}=\lim_{\Delta x\to 0}\frac{\frac{1}{x+\Delta x}-\frac{1}{x}}{\Delta x}$$

$$=\lim_{\Delta x\to 0}\frac{\frac{x-x-\Delta x}{x(x+\Delta x)}}{\Delta x}=\lim_{\Delta x\to 0}\frac{-1}{x(x+\Delta x)}=-\frac{1}{x^2}$$

문제 2 다음 함수를 도함수의 정의에 의하여 구하여라.

(1) $f(x)=x-1$

(2) $f(x)=2x^2$

(3) $f(x)=2x^3$

(4) $f(x)=\sqrt{x+2}$

(5) $f(x)=\frac{1}{x+1}$

(6) $f(x)=x^2+2x$

(7) $f(x)=\frac{1-x}{1+x}$

(8) $f(x)=x^2+4x-3$

4 도함수의 기본공식

(1) $f(x)=C$ (상수)이면 $f'(x)=0$ 이다.

증명 $f'(x)=\lim_{\Delta x\to 0}\frac{f(x+\Delta x)-f(x)}{\Delta x}=\lim_{\Delta x\to 0}\frac{C-C}{\Delta x}=0$

(2) $f(x)=x^n$ (n 은 자연수)이면 $f'(x)=nx^{n-1}$ 이다.

증명

$$(a+b)^n={}_nC_0\,a^n+{}_nC_1\,a^{n-1}b+{}_nC_2\,a^{n-2}b^2+\cdots\cdots+{}_nC_n\,b^n$$

$$=a^n+na^{n-1}b+\frac{n(n-1)}{2!}a^{n-2}b^2+\cdots\cdots\ b^n$$

$$(x+\Delta x)^n=x^n+nx^{n-1}\Delta x+\frac{n(n-1)}{2!}x^{n-2}(\Delta x)^2+\ \cdots\cdots\ +(\Delta x)^n$$

$$f(x+\Delta x)=(x+\Delta x)^n=x^n+nx^{n-1}\Delta x+\frac{n(n-1)}{2!}x^{n-2}(\Delta x)^2$$

$$+\ \cdots\cdots\ +(\Delta x)^n$$

$$\therefore\ f'(x)=\lim_{\Delta x\to 0}\left\{n\cdot x^{n-1}+\frac{n(n-1)}{2!}x^{n-2}\Delta x+\ \cdots\cdots\ +\ (\Delta x)^{n-1}\right\}$$

$$=nx^{n-1}$$

(3) $f(x)$ 와 $g(x)$ 가 미분가능하면

$y=f(x)\pm g(x)\ \rightarrow\ y'=f'(x)\pm g'(x)$이다.

증명 $[f(x)+g(x)]'$

$$=\lim_{\Delta x\to 0}\frac{1}{\Delta x}[f(x+\Delta x)+g(x+\Delta x)-\{f(x)+g(x)\}]$$

$$=\lim_{\Delta x\to 0}\left[\frac{f(x+\Delta x)-f(x)}{\Delta x}+\frac{g(x+\Delta x)-f(x)}{\Delta x}+\frac{g(x+\Delta x)-g(x)}{\Delta x}\right]$$

$$=f'(x)+g'(x)$$

마찬가지로

$$[f(x)-g(x)]'=f'(x)-g'(x)$$

(4) $f(x)$ 와 $g(x)$ 가 미분가능하면

$y=f(x)\cdot g(x) \rightarrow y'=f'(x)\cdot g(x)+f(x)\cdot g'(x)$ 이다.

증명

$$y'=\lim_{\Delta x\to 0}\frac{f(x+\Delta x)g(x+\Delta x)-f(x)g(x)}{\Delta x}$$

$$=\lim_{\Delta x\to 0}\frac{f(x+\Delta x)g(x+\Delta x)-f(x)g(x)+f(x)g(x+\Delta x)-f(x)g(x+\Delta x)}{\Delta x}$$

$$=\lim_{\Delta x\to 0}\frac{f(x+\Delta x)-f(x)}{\Delta x}g(x+\Delta x)+f(x)\lim_{\Delta x\to 0}\frac{g(x+\Delta x)-g(x)}{\Delta x}$$

$=f'(x)g(x)+f(x)g'(x)$ 이다.

(5) $f(x)$ 와 $g(x)$ 가 미분가능하면

$y=\dfrac{f(x)}{g(x)} \rightarrow y'=\dfrac{f'(x)g(x)-f(x)g'(x)}{[g(x)]^2}$ (단, $g(x)\neq 0$)

증명

$$y'(x)=\lim_{\Delta x\to 0}\frac{\dfrac{f(x+\Delta x)}{g(x+\Delta x)}-\dfrac{f(x)}{g(x)}}{\Delta x}=\lim_{\Delta x\to 0}\frac{\dfrac{g(x)f(x+\Delta x)-f(x)g(x+\Delta x)}{g(x)g(x+\Delta x)}}{\Delta x}$$

$$=\lim_{\Delta x\to 0}\frac{g(x)f(x+\Delta x)-f(x)g(x+\Delta x)}{\Delta x\cdot g(x)g(x+\Delta x)}$$

$$=\lim_{\Delta x\to 0}\frac{g(x)f(x+\Delta x)-f(x)g(x+\Delta x)-f(x)g(x)+f(x)g(x)}{\Delta x\,[g(x)^2]}$$

$$=\frac{1}{[g(x)^2]}\left[\lim_{\Delta x\to 0}\frac{f(x+\Delta x)-f(x)}{\Delta x}g(x)-\lim_{\Delta x\to 0}\frac{g(x+\Delta x)-g(x)}{\Delta x}f(x)\right]$$

$$=\frac{1}{[g(x)]^2}[f'(x)g(x)-g'(x)f(x)]=\frac{f'(x)g(x)-f(x)g'(x)}{[g(x)]^2}$$

(6) $y=\sqrt{g(x)} \rightarrow y'=\dfrac{1}{2\sqrt{g(x)}}[g(x)]'$ 이다.

(2)에서 $y=\sqrt{g(x)}=[g(x)]^{\frac{1}{2}}$

$$y'=\frac{1}{2}[g(x)]^{\frac{1}{2}-1}[g(x)]'=\frac{1}{2\sqrt{g(x)}}[g(x)]'$$

(예) $y=\sqrt{x} \rightarrow y'=\dfrac{1}{2\sqrt{x}}$

(예) $y=\sqrt{x^2+x} \rightarrow y'=\dfrac{(x^2+x)'}{2\sqrt{x^2+x}}=\dfrac{2x+1}{2\sqrt{x^2+x}}$

(7) 합성함수의 도함수

$$\left.\begin{matrix} y=f(z) \\ z=g(x) \end{matrix}\right\} \ y=f\{g(x)\}$$

$$\frac{dy}{dx}=\frac{dy}{dz}\cdot\frac{dz}{dx}=f'(z)g'(x)$$

증명
$$\begin{aligned}\frac{dy}{dx}&=\lim_{\Delta x\to 0}\frac{f(z+\Delta z)-f(z)}{\Delta x}\\&=\lim_{\Delta x\to 0}\frac{f(z+\Delta z)-f(z)}{\Delta z}\cdot\frac{\Delta z}{\Delta x}\\&=\lim_{\Delta x\to 0}\frac{f(z+\Delta z)-f(z)}{\Delta z}\cdot\frac{g(x+\Delta x)-g(x)}{\Delta x}\\&=f'(z)g'(x)=\frac{dy}{dz}\cdot\frac{dz}{dx}\end{aligned}$$

예제 1 다음 함수를 미분하여라.

(1) $y=x$ (2) $y=x^2$ (3) $y=x^3$ (4) $y=x^4$

(5) $y=\frac{1}{x}$ (6) $y=\frac{x-1}{x^4}$ (7) $y=x\sqrt{x}$ (8) $y=\frac{1}{x^2\sqrt{x^3}}$

풀이 (1) $y'=1\cdot x^{1-1}=1$

(2) $y'=2x^{2-1}=2x$

(3) $y'=3x^{3-1}=3x^2$

(4) $y'=4x^{4-1}=4x^3$

(5) $y=x^{-1}$이므로 $y'=-1\cdot x^{-1-1}=-\frac{1}{x^2}$

(6) $y=\frac{x}{x^4}-\frac{1}{x^4}=x^{-3}-x^{-4}$이므로

$y'=(-3)\cdot x^{-3-1}-(-4)x^{-4-1}=-\frac{3}{x^4}+\frac{4}{x^5}=\frac{-3x+4}{x^5}$

(7) $y=x\cdot x^{\frac{1}{2}}=x^{\frac{3}{2}}$이므로 $y'=\frac{3}{2}x^{\frac{3}{2}-1}=\frac{3}{2}\sqrt{x}$

(8) $y=\frac{1}{x^2\cdot x^{\frac{3}{2}}}=\frac{1}{x^{\frac{7}{2}}}=x^{-\frac{7}{2}}$

이므로 $y'=-\frac{7}{2}x^{-\frac{7}{2}-1}=-\frac{7}{2}x^{-\frac{9}{2}}=-\frac{7}{2\sqrt{x^9}}$

예제 2 다음 함수를 미분하여라.

(1) $y=x^4-2x^3+4x^2-2x+7$ (2) $y=2x^{-4}-3x^{-3}+2x^{-2}+x-4$

(3) $y=(x+2)(x^3+3x+2)$ (4) $y=(x^2+2x+3)(2x^2-3x+5)$

(5) $y=\dfrac{(2x-1)(x+3)}{x^4}$ (6) $y=\dfrac{2x-3}{x^2-1}$

풀이 (1) $y'=4x^3-6x^2+8x-2$

(2) $y'=-8x^{-5}+9x^{-4}-4x^{-3}+1$

(3) $y'=(x+2)'(x^3+3x+2)+(x+2)(x^3+3x+2)'$

$=x^3+3x+2+(x+2)(3x^2+3)=x^3+3x+2+3x^3+3x+6x^2+6$

$=4x^3+6x^2+6x+8$

(4) $y'=(x^2+2x+3)'(2x^2-3x+5)+(x^2+2x+3)(2x^2-3x+5)'$

$=(2x+2)(2x^2-3x+5)+(x^2+2x+3)(4x-3)$

$=4x^3-6x^2+10x+4x^2-6x+10+4x^3-3x^2+8x^2-6x+12x-9$

$=8x^3+3x^2+10x+1$

(5) $y=\dfrac{2x^2+5x-3}{x^4}=2x^{-2}+5x^{-3}-3x^{-4}$

$\therefore\ y'=-4x^{-3}-15x^{-4}+12x^{-5}$

(6) $y'=\dfrac{(2x-3)'(x^2-1)-(2x-3)(x^2-1)'}{(x^2-1)^2}=\dfrac{2(x^2-1)-(2x-3)2x}{(x-1)^2}$

$=\dfrac{2x^2-2-4x^2+6x}{(x-1)^2}=\dfrac{-2x^2+6x-2}{(x-1)^2}$

예제 3 다음 함수를 미분하여라.

(1) $y=(x+a)(x+b)(x+c)$

(2) $y=\dfrac{(x+3)(x-4)}{(x+1)(x-2)}$

(3) $y=(2x-1)^2(x+3)^3$

(4) $y=(x^2+1)^3(x^3+x-1)^2$

풀이

(1) $y' = (x+a)'(x+b)(x+c) + (x+a)(x+b)'(x+c) + (x+a)(x+b)(x+c)'$

$= (x+b)(x+c) + (x+a)(x+c) + (x+a)(x+b)$

$= 3x^2 + 2(a+b+c)x + (ab+bc+ca)$

(2) $y' = \dfrac{\{(x+3)(x-4)\}'(x+1)(x-2) - (x+3)(x-4)\{(x+1)(x-2)\}'}{\{(x+1)(x-2)\}^2}$

$= \dfrac{\{(x-4)+(x+3)\}(x+1)(x-2) - (x+3)(x-4)\{1\cdot(x-2)+(x+1)\cdot 1\}}{(x+1)^2(x-2)^2}$

$= \dfrac{(2x-1)(x+1)(x-2) - (x+3)(x-4)(2x-1)}{(x+1)^2(x-2)^2} = \dfrac{10(2x-1)}{(x+1)^2(x-2)^2}$

(3) $y' = 2(2x-1)(2x-1)'(x+3)^3 + 3(x+3)^2(x+3)'(2x-1)^2$

$= 4(2x-1)(x+3)^3 + 3(x+3)^2(2x-1)^2$

$= (2x-1)(x+3)^2\{4(x+3) + 3(2x-1)\}$

$= (2x-1)(x+3)^2(10x+9)$

(4) $y' = 3(x^2+1)^2(2x)(x^3+x-1)^2 + (x^2+1)^3 \cdot 2(x^3+x-1)(3x^2+1)$

$= (x^2+1)^2(x^3+x-1)\{6x(x^3+x-1) + 2(x^2+1)(3x^2+1)\}$

$= 2(x^2+1)^2(x^3+x-1)(6x^4+7x^2-3x+1)$

예제 4 다음 함수를 미분하여라.

(1) $y = \sqrt{2x^2+3}$

(2) $y = (1-x)\sqrt{1+x}$

(3) $y = x\sqrt{1-x}$

(4) $y = \left(\dfrac{1+x}{1+x^2}\right)^3$

풀이

(1) $y' = \dfrac{(2x^2+3)'}{2\sqrt{2x^2+3}} = \dfrac{4x}{2\sqrt{2x^2+3}} = \dfrac{2x}{\sqrt{2x^2+3}}$

(2) $y = (1-x)\sqrt{1+x} = (1-x)(1+x)^{\frac{1}{2}}$ 이므로,

$y' = -(1+x)^{\frac{1}{2}} + \dfrac{1}{2}(1-x)(1+x)^{-\frac{1}{2}}$

$$=\frac{1}{2}(1+x)^{-\frac{1}{2}}\{-2(1+x)+(1-x)\}$$

$$=\frac{1}{2}(1+x)^{-\frac{1}{2}}(-3x-1)=-\frac{3x+1}{2\sqrt{1+x}}$$

(3) $y'=(x)'\sqrt{1-x}+x\frac{(1-x)'}{2\sqrt{1-x}}=1\sqrt{1-x}+x\frac{(-1)}{2\sqrt{1-x}}$

$$=\frac{\sqrt{1-x}\cdot 2\sqrt{1-x}-x}{2\sqrt{1-x}}=\frac{2(1-x)-x}{2\sqrt{1-x}}=\frac{-3x+2}{2\sqrt{1-x}}$$

(4) $y'=3\left(\frac{1+x}{1+x^2}\right)^2\left(\frac{1+x}{1+x^2}\right)'$

$$=\frac{3(1+x)^2}{(1+x^2)^2}\frac{[(1+x)'(1+x^2)-(1+x)(1+x^2)']}{(1+x^2)^2}$$

$$=\frac{3(1+x)^2[1+x^2-(1+x)\,2x]}{(1+x^2)^4}$$

$$=\frac{3(1+x)^2(-x^2-2x+1)}{(1+x^2)^4}$$

예제 5 다음 함수를 미분하여라.

(1) $y=(x^2-4)/(x^2+x)$ (2) $y=\frac{x+1}{\sqrt{x}}$

(3) $y=\sqrt[3]{\frac{1-x}{1+x}}$ (4) $y=\sqrt[3]{(3x^2+2x)^5}$

풀이 (1) $y'=\frac{(x^2-4)'(x^2+x)-(x^2-4)(x^2+x)'}{(x^2+x)^2}$

$$=\frac{2x(x^2+x)-(x^2-4)(2x+1)}{(x^2+x)^2}$$

$$=\frac{x^2+8x+4}{x^2(x+1)^2}$$

(2) $y=\frac{x}{\sqrt{x}}+\frac{1}{\sqrt{x}}=x^{\frac{1}{2}}+x^{-\frac{1}{2}}$ 이므로

$$y'=\frac{1}{2}x^{-\frac{1}{2}}-\frac{1}{2}x^{-\frac{3}{2}}$$

(3) $y=\left(\frac{1-x}{1+x}\right)^{\frac{1}{3}}$ 로 고쳐 쓰면

$$y'=\frac{1}{3}\left(\frac{1-x}{1+x}\right)^{-\frac{2}{3}}\left(\frac{1-x}{1+x}\right)'$$

$$=\frac{1}{3}\left(\frac{1+x}{1-x}\right)^{\frac{2}{3}}\frac{[(1+x)(-1)-(1-x)(1)]}{(1+x)^2}$$

$$=\frac{-2}{3(1-x)^{2/3}(1+x)^{4/3}}$$

(4) $y=\sqrt[3]{(3x^2+2x)^5}=(3x^2+2x)^{\frac{5}{3}}$

$$y'=\frac{5}{3}(3x^2+2x)^{\frac{5}{3}-1}(3x^2+2x)'$$

$$=\frac{5}{3}(3x^2+2x)^{\frac{2}{3}}(6x+2)$$

$$=\frac{10}{3}(3x+1)(3x^2+2x)^{\frac{2}{3}}$$

예제 6 다음 식으로 주어진 x 의 함수 y 의 도함수 $\frac{dy}{dx}$ 를 구하라.

(1) $y^2+x=2$　　(2) $xy=2$

(3) $x^3+x^2y-10y^3=0$　　(4) $x=y\sqrt{1+y}$ (단, $y>-1$)

풀이 (1) 양변을 x에 대하여 미분하면

$$2y\frac{dy}{dx}+1=0 \qquad \therefore\ \frac{dy}{dx}=-\frac{1}{2y}$$

(2) $xy=2$ 의 양변을 x 에 대하여 미분하면,

$$y+x\cdot\frac{dy}{dx}=0 \quad \therefore\ \frac{dy}{dx}=-\frac{y}{x}$$

(3) $x^3+x^2y-10y^3=0$ 을 x 에 대하여 미분하면

$$3x^2+2xy+x^2\frac{dy}{dx}-10\cdot 3y^2\frac{dy}{dx}=0$$

$$3x^2+2xy+(x^2-30y^2)\frac{dy}{dx}=0$$

$$\therefore\ \frac{dy}{dx}=\frac{3x^2+2xy}{-x^2+30y^2}$$

(4) $x=y\sqrt{1+y}$ 에서

$$\frac{dx}{dy}=\sqrt{1+y}+y\cdot\frac{1}{2\sqrt{1+y}}=\frac{3y+2}{2\sqrt{1+y}}$$

$$\therefore\ \frac{dy}{dx}=\frac{2\sqrt{1+y}}{3y+2}\left(y\neq-\frac{2}{3}\right)$$

예제 7 다음 함수에서 $\frac{dy}{dx}$ 를 구하여라.

(1) $\begin{cases} x=2t-1 \\ y=t^2-1 \end{cases}$

(2) $\begin{cases} x=t-\frac{1}{t} \\ y=t+\frac{1}{t} \end{cases}$ (단 $t>0$)

(3) $x=\frac{1-t^2}{1+t^2}$, $y=\frac{2t}{1+t^2}$

풀이 (1) $x=2t-1$ 에서 $\frac{dx}{dt}=2$, $y=t^2-1$ 에서 $\frac{dy}{dt}=2t$

$$\therefore\ \frac{dy}{dx}=\frac{dy}{dt}\times\frac{dt}{dx}=\frac{2t}{2}=t$$

(2) $x=t-\frac{1}{t}$ 에서 $\frac{dx}{dt}=1+\frac{1}{t^2}=\frac{t^2+1}{t^2}$,

$y=t+\frac{1}{t}$ 에서 $\frac{dy}{dt}=1-\frac{1}{t^2}=\frac{t^2-1}{t^2}$

$$\therefore\ \frac{dy}{dx}=\frac{dy}{dt}\times\frac{dt}{dx}=\frac{t^2-1}{t^2}\times\frac{t^2}{t^2+1}=\frac{t^2-1}{t^2+1}$$

(3) $x=\dfrac{1-t^2}{1+t^2}$ 에서 $\dfrac{dx}{dt}=\dfrac{-2t(1+t^2)-(1-t^2)\cdot 2t}{(1+t^2)^2}=\dfrac{-4t}{(1+t^2)^2}$

$y=\dfrac{2t}{1+t^2}$ 에서 $\dfrac{dy}{dt}=\dfrac{2(1+t^2)-2t\cdot 2t}{(1+t^2)^2}=\dfrac{2(1-t^2)}{(1+t^2)^2}$

$\therefore\ \dfrac{dy}{dx}=\dfrac{dy}{dt}\times\dfrac{dt}{dx}=\dfrac{2(1-t^2)}{-4t}=\dfrac{t^2-1}{2t}\quad(t\neq 0)$

예제 8 $x=t^3-t^2-t+5,\ y=2t^3-9t^2+12t-1$

일 때 다음 값을 구하여라.

$$\lim_{t\to 1}\left(\frac{dy}{dt}\div\frac{dx}{dt}\right)$$

풀이 $\dfrac{dx}{dt}=3t^2-2t-1,\ \dfrac{dy}{dt}=6t^2-18t+12$

$$\begin{aligned}\therefore\ \lim_{t\to 1}\left(\frac{dy}{dt}\div\frac{dx}{dt}\right)&=\lim_{t\to 1}\frac{6t^2-18t+12}{3t^2-2t-1}\\&=\lim_{t\to 1}\frac{6(t-1)(t-2)}{(3t+1)(t-1)}\\&=\lim_{t\to 1}\frac{6(t-2)}{3t+1}=-\frac{3}{2}\end{aligned}$$

문제 1 다음 함수를 미분하여라.

(1) $y=4x^3-2x^2-7x-2$

(2) $y=x(x^3-3x+4)$

(3) $y=(2x^3+1)(x^2+x-1)$

(4) $y=(x^2-1)(x-2)(2x+3)$

(5) $y=\dfrac{x+1}{x-1}$

(6) $y=\left(\dfrac{1-x^2}{1+x^2}\right)^{\frac{1}{4}}$

연습문제 A

※ 다음을 미분하여라.

1. $y=4+2x-3x^2-5x^3-8x^4+9x^5$
2. $y=\frac{1}{x}+\frac{3}{x^2}+\frac{2}{x^3}=x^{-1}+3x^{-2}+2x^{-3}$
3. $y=2x^{\frac{1}{2}}+6x^{\frac{1}{3}}-2x^{\frac{3}{2}}$
4. $y=2x^{-\frac{1}{2}}+6x^{-\frac{1}{3}}+2x^{-\frac{3}{2}}-4x^{-\frac{3}{4}}$
5. $y=\sqrt[3]{3x^2}-\frac{1}{\sqrt{5x}}=(3x^2)^{\frac{1}{3}}-(5x)^{-\frac{1}{2}}$
6. $S=(t^2-3)^4$
7. $z=3(a^2-y^2)^{-2}$
8. $f(x)=\sqrt{x^2+6x+3}$
9. $y=(x^2+4)^2(2x^3-1)^3$
10. $y=\frac{3-2x}{3+2x}$
11. $y=\frac{x^2}{\sqrt{4-x^2}}$
12. $x=y\sqrt{1-y^2}$ 에서 $\frac{dy}{dx}$ 을 구하여라.
13. $y=\frac{u^2-1}{u^2+1}$ 이고 $u=\sqrt[3]{x^2+2}$ 인 $\frac{dy}{dx}$ 을 구하여라.

연습문제 B

※ 다음을 미분하여라.

1. $y = x^5 + 5x^4 - 10x^2 + 6$

2. $y = 3x^{\frac{1}{2}} - x^{\frac{3}{2}} + 2x^{-\frac{1}{2}}$

3. $y = \dfrac{1}{2x^2} + \dfrac{4}{\sqrt{x}} = \dfrac{1}{2}x^{-2} + 4x^{-\frac{1}{2}}$

4. $y = \sqrt{2x} + 2\sqrt{x}$

5. $f(t) = \dfrac{2}{\sqrt{t}} + \dfrac{6}{\sqrt[3]{t}}$

6. $y = (1-5x)^6$

7. $f(x) = (-x^3 + 3x + 1)^4$

8. $y = (-x^2 + 4x + 3)^{\frac{1}{2}}$

9. $\theta = \dfrac{3r+2}{2r+3}$

10 $y=\left(\frac{x}{1+x}\right)^5$

11 $y=2x^2\sqrt{2-x}$

12 $f(x)=x\sqrt{3-2x^2}$

13 $y=(x-1)\sqrt{x^2-2x+2}$

14 $z=\frac{w}{\sqrt{1-4w^2}}$

15 $y=\sqrt{1+\sqrt{x}}$

16 $f(x)=\sqrt{\frac{x-1}{x+1}}$

17 $y=(x^2+3)^4(2x^3-5)^3$

18 $S=\frac{t^2+2}{3-t^2}$

19 $y=\left(\frac{x^3-1}{2x^3+1}\right)^4$

연습문제 C

※ 다음을 미분하여라. ($\dfrac{dy}{dx}$ 를 구하여라.)

1 $y=\dfrac{u-1}{u+1}$, $u=\sqrt{x}$

2 $y=u^3+4$, $u=x^2+2x$

3 $y=\sqrt{1+u}$, $u=\sqrt{x}$

4 $x=\dfrac{3at}{1+t^3}$, $y=\dfrac{3at^2}{1+t^3}$

5 삼각함수의 도함수

1. sin, cos, tan 도함수

정리 1

$$\lim_{\theta\to0}\frac{\sin\theta}{\theta}=1$$

증명 θ가 양의 각을 취하면서 0으로 가까이 가는 경우만을 증명하기로 하자. θ가 음의 각을 취하면서 0으로 가까이 가는 경우도 마찬가지로 증명된다.

원점 O을 중심으로 하는 단위원을 생각하자.

그림으로부터 면적을 생각하면 다음 부등식이 성립하는 것을 쉽게 알 수 있다.

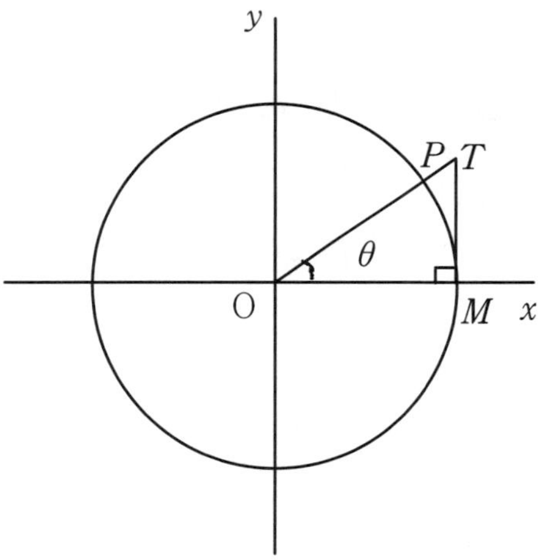

$\triangle OMP <$ 부채꼴 $OMP < \triangle OMT$

$\triangle OMP=\frac{1}{2}\sin\theta$, 부채꼴 $OMP=\frac{1}{2}\theta$

$\triangle OMT=\frac{1}{2}\tan\theta$ 이므로 다음과 같이 된다.

$$\frac{1}{2}\sin\theta < \frac{1}{2}\theta < \frac{1}{2}\tan\theta$$

$$\sin\theta < \theta < \tan\theta$$

θ 는 양의 각이므로 $\sin\theta > \theta$ 이다. 각 변을 $\sin\theta$ 으로 나누면

$$1 < \frac{\theta}{\sin\theta} < \frac{1}{\cos\theta}$$

$$\therefore\ 1 > \frac{\sin\theta}{\theta} > \cos\theta$$

$$\therefore\ \lim_{\theta\to0}1 > \lim_{\theta\to0}\frac{\sin\theta}{\theta} > \lim_{\theta\to0}\cos\theta$$

$$\therefore\ 1 > \lim_{\theta\to0}\frac{\sin\theta}{\theta} > 1$$

$$\therefore\ \lim_{\theta\to0}\frac{\sin\theta}{\theta} = 1$$

예제 1

$$\lim_{\Delta x\to0}\frac{\sin\frac{\Delta x}{2}}{\Delta x} = \lim_{\Delta x\to0}\frac{\sin\frac{\Delta x}{2}}{\frac{\Delta x}{2}\times2} = \frac{1}{2}\lim_{\Delta x\to0}\frac{\sin\frac{\Delta x}{2}}{\frac{\Delta x}{2}} = \frac{1}{2}$$

문제 1 다음 극한값을 구하여라.

(1) $\lim_{\Delta x\to0}\frac{\sin(3\Delta x)}{\Delta x}$ (2) $\lim_{\theta\to0}\frac{\tan\theta}{\theta}$

참고

$$\sin A+\sin B=2\sin\frac{A+B}{2}\cos\frac{A-B}{2}$$

$$\sin A-\sin B=2\cos\frac{A+B}{2}\sin\frac{A-B}{2}$$

$$\cos A+\cos B=2\cos\frac{A+B}{2}\cos\frac{A-B}{2}$$

$$\cos A-\cos B=-2\sin\frac{A+B}{2}\sin\frac{A-B}{2}$$

■ 도함수의 정의

$$y=f(x)\ \to y' = \lim_{\Delta x\to0}\frac{f(x+\Delta x)-f(x)}{\Delta x}$$

정리2

(1) $y=\sin x$ 일 때 $y'=\cos x$

증명

$$\frac{\Delta y}{\Delta x}=\frac{\sin(x+\Delta x)-\sin x}{\Delta x}=\frac{2\cdot\cos\frac{x+\Delta x+x}{2}\sin\frac{x+\Delta x-x}{2}}{\Delta x}$$

$$=\cos\left(x+\frac{\Delta x}{2}\right)\frac{\sin\frac{\Delta x}{2}}{\frac{\Delta x}{2}}$$

$$\frac{dy}{dx}=\lim_{\Delta x\to 0}\frac{\Delta y}{\Delta x}=\lim_{\Delta x\to 0}\cos\left(x+\frac{\Delta x}{2}\right)\cdot\lim_{\Delta x\to 0}\frac{\sin\frac{\Delta x}{2}}{\frac{\Delta x}{2}}$$

$$=\cos x\cdot 1=\cos x$$

$$\therefore\ \frac{d}{dx}(\sin x)=\cos x$$

(2) $y=\cos x$ 일 때 $y'=-\sin x$

증명

$$\frac{\Delta y}{\Delta x}=\frac{\cos(x+\Delta x)-\cos x}{\Delta x}$$

$$=\frac{-2\sin\frac{x+\Delta x+x}{2}\sin\frac{x+\Delta x-x}{2}}{\Delta x}$$

$$=-\sin\left(x+\frac{\Delta x}{2}\right)\cdot\frac{\sin\frac{\Delta x}{2}}{\frac{\Delta x}{2}}$$

$$\frac{dy}{dx}=\lim_{\Delta x\to 0}\frac{\Delta y}{\Delta x}=\lim_{\Delta x\to 0}\left[-\sin\left(x+\frac{\Delta x}{2}\right)\right]\cdot\lim_{\Delta x\to 0}\frac{\sin\frac{\Delta x}{2}}{\frac{\Delta x}{2}}$$

$$=-\sin x\cdot 1$$

$$=-\sin x$$

$$\therefore\ \frac{d}{dx}(\cos x)=-\sin x$$

(3) $y=\tan x$ 일 때 $y'=\sec^2 x$　단 $x \neq \frac{\pi(2n+1)}{2}$　$(n=0, 1, 2, \cdots\cdots)$

증명

$$y=\tan x=\frac{\sin x}{\cos x}$$

$$y'=(\tan x)'=\frac{(\sin x)'\cos x-\sin x(\cos x)'}{(\cos x)^2}$$

$$=\frac{\cos x\cos x-\sin x(-\sin x)}{\cos^2 x}$$

$$=\frac{1}{\cos^2 x}$$

$$=\sec^2 x$$

$$\therefore \frac{d}{dx}(\tan x)=\sec^2 x$$

(4) $y=\cot x$ 일 때　$y'=-\operatorname{cosec}^2 x$

증명

$$y=\cot x=\frac{\cos x}{\sin x}$$

$$y'=\frac{(\cos x)'\sin x-\cos x(\sin x)'}{(\sin x)^2}$$

$$=\left(\frac{-\sin x\sin x-\cos x(\sin x)'}{\sin^2 x}\right)$$

$$=-\frac{\sin^2 x+\cos^2 x}{\sin^2 x}$$

$$=-\left(\frac{1}{\sin x}\right)^2=-\operatorname{cosec}^2 x$$

$$\therefore \frac{d}{dx}(\cot x)=-\operatorname{cosec}^2 x$$

(5) $y=\sec x$ 일 때　$y'=\sec x\tan x$

증명

$$y=\sec x=\frac{1}{\cos x}$$

$$y'=\frac{(1)'\cos x-1(\cos x)'}{(\cos x)^2}=\frac{\sin x}{\cos^2 x}=\frac{1}{\cos x}\cdot\frac{\sin x}{\cos x}$$

$$\therefore \frac{d}{dx}(\sec x)=\sec x\cdot\tan x$$

(6) $y=\operatorname{cosec}x$ 일 때 $y'=-\operatorname{cosec}x\cdot\cot x$

증명

$$y'=\frac{(1)'\sin x-1(\sin x)'}{(\sin x)^2}=\frac{-\cos x}{\sin^2 x}$$

$$=-\frac{1}{\sin x}\cdot\frac{\cos x}{\sin x}=-\operatorname{cosec}x\cdot\cot x$$

$$\therefore\ \frac{d}{dx}(\operatorname{cosec}x)=-\operatorname{cosec}x\cdot\cot x$$

■ 삼각함수의 기본정리

(1) $y=\sin x$	⟶	$y'=\cos x$
(2) $y=\cos x$	⟶	$y'=-\sin x$
(3) $y=\tan x$	⟶	$y'=\sec^2 x$
(4) $y=\cot x$	⟶	$y'=-\operatorname{cosec}^2 x$
(5) $y=\sec x$	⟶	$y'=\sec x\tan x$
(6) $y=\operatorname{cosec}x$	⟶	$y'=-\operatorname{cosec}x\cdot\cot x$

예제 2 다음 각 함수를 미분하여라.

(1) $y=2\sin x-3\cos x$ (2) $y=2\tan x-6\cot x$

(3) $y=\sin^3 x$ (4) $y=\sec^3 x$

(5) $y=\tan^2 x$ (6) $y=\tan^2(2x)$

(7) $y=\tan(2x)^2$ (8) $y=x^2\tan x$

풀이

(1) $y'=2\cos x+3\sin x$

(2) $y'=2\sec^2 x-6(-)\operatorname{cosec}^2 x=2\sec^2 x+6\operatorname{cosec}^2 x$

(3) $y'=3\sin^2 x(\sin x)'=2\sin^2 x\cos x$

(4) $y'=3\sec^2 x(\sec x)'=3\sec^2 x\ \sec x\tan x=3\sec^3 x\tan x$

(5) $y'=2\tan x(\tan x)'=2\tan x\sec^2 x$

(6) $y'=2\tan(2x)[\tan(2x)]'=2\tan 2x\ \sec^2 2x(2x)'=4\tan 2x\ \sec^2 2x$

(7) $y'=\sec^2(4x^2)(4x^2)'=8x\sec^2(4x^2)$

(8) $y'=2x\tan x+x^2\sec^2 x$

예제 3 다음 각 함수를 미분하여라.

(1) $y=(\sin x)(1+\cos x)$ (2) $y=\sqrt{1+\sin x}$

(3) $y=\sin(ax^2+b)$ (4) $y=\tan(1+x^2)$

풀이 (1) $y'=(\sin x)'(1+\cos x)+(\sin x)(1+\cos x)'$

$=(\cos x)(1+\cos x)+(\sin x)(-\sin x)=\cos x+\cos^2 x-\sin^2 x$

(2) $y'=\dfrac{1}{2\sqrt{1+\sin x}}\cdot(1+\sin x)'=\dfrac{1}{2\sqrt{1+\sin x}}\cdot\cos x=\dfrac{\cos x}{2\sqrt{1+\sin x}}$

(3) $y'=\cos(ax^2+b)\cdot(ax^2+b)'=2ax\cos(ax^2+b)$

(4) $y'=\sec^2(1+x^2)\cdot(1+x^2)'=2x\sec^2(1+x^2)$

예제 4 다음 각 함수를 미분하여라.

(1) $y=\sin 2x-2\cos 4x$ (2) $y=(\sin x+\cos x)^3$

(3) $y=\dfrac{1+\sin x}{\cos x}$ (4) $y=\dfrac{\sin x-\cos x}{\sin x+\cos x}$

(5) $y=\sqrt{1+\sin^2 x}$ (6) $y=\sin(\cos x)$

(7) $\sin 2x\sec x$ (8) $y=\sin 5x\sin^5 x$

풀이 (1) $y'=\cos 2x(2x)'+2\sin(4x)(4x)'$

$=2\cos 2x+8\sin 4x$

(2) $y'=3(\sin x+\cos x)^2(\cos x-\sin x)$

(3) $y'=\dfrac{\cos x\cdot\cos x-(1+\sin x)\cdot(-\sin x)}{\cos^2 x}$

$=\dfrac{\cos^2 x+\sin x+\sin^2 x}{\cos^2 x}=\dfrac{1+\sin x}{\cos^2 x}$

$=\dfrac{1+\sin x}{(1+\sin x)(1-\sin x)}=\dfrac{1}{1-\sin x}$

(4) $y' = \dfrac{(\cos x + \sin x)(\sin x + \cos x) - (\sin x - \cos x)(\cos x - \sin x)}{(\sin x + \cos x)^2}$

$= \dfrac{\sin^2 x + 2\sin x \cos x + \cos^2 x + \sin^2 x - 2\sin x \cos x + \cos^2 x}{(\sin x + \cos x)^2}$

$= \dfrac{2}{(\sin x + \cos x)^2}$

(5) $y' = \dfrac{2\sin x \cos x}{2\sqrt{1+\sin^2 x}} = \dfrac{\sin x \cos x}{\sqrt{1+\sin^2 x}}$

(6) $y' = \cos(\cos x) \cdot (-\sin x) = -\sin x \cos(\cos x)$

(7) $y' = (\sin 2x)' \sec x + \sin 2x (\sec x)'$

$= \cos 2x (2x)' \sec x + \sin 2x \sec x \tan x$

$= 2\cos 2x \sec x + \sin 2x \sec x \tan 2x$

(8) $y' = (\sin 5x)' \sin^5 x + (\sin 5x)(\sin^5 x)'$

$= \cos 5x (5x)' \sin^5 x + \sin 5x \cdot 5\sin^4 x (\sin x)'$

$= 5\cos 5x \sin^5 x + 5\sin 5x \sin^4 x \cos x$

$= 5\sin^4 x (\sin x \cos 5x + \cos x \sin 5x)$

$= 5\sin^4 x \sin 6x$

예제 5 다음 각 함수를 미분하여라.

(1) $y = \sqrt{a\sin^2 x + b\cos^2 x}$ (2) $y = \tan^3\left(2x - \frac{\pi}{4}\right)$

풀이 (1) $y' = \dfrac{(a\sin^2 x + b\cos^2 x)'}{2\sqrt{a\sin^2 x + b\cos^2 x}} = \dfrac{2a\sin x \cos x - 2b\cos x \sin x}{2\sqrt{a\sin^2 x + b\cos^2 x}}$

$= \dfrac{a\sin x \cos x - b\cos x \sin x}{\sqrt{a\sin^2 x + b\cos^2 x}} = \dfrac{(a-b)\sin x \cos x}{\sqrt{a\sin^2 x + b\cos^2 x}}$

(2) $y' = 3\tan^2\left(2x - \frac{\pi}{4}\right)\sec^2\left(2x - \frac{\pi}{4}\right)\left(2x - \frac{\pi}{4}\right)'$

$= 3\tan^2\left(2x - \frac{\pi}{4}\right)\sec^2\left(2x - \frac{\pi}{4}\right) \cdot 2$

$= 6\tan^2\left(2x - \frac{\pi}{4}\right)\sec^2\left(2x - \frac{\pi}{4}\right)$

예제 6 $y=u^2-2u+4,\ u=1+\sec^2 x$ 을 미분하여라.

풀이 $\dfrac{dy}{dx}=\dfrac{dy}{du}\cdot\dfrac{du}{dx}$

$=(2u-2)\cdot 2\sec x\sec x\tan x$

$=4(u-1)\sec^2 x\tan x$

$=4(1+\sec^2 x-1)\sec^2 x\tan x$

$=4\sec^4 x\tan x$

문제 2 다음 각 함수를 미분하여라.

(1) $y=\sin 2x-3\cos 3x$

(2) $y=\tan^3 2x$

(3) $y=\cot(1-x^2)$

(4) $y=x^2\cos x$

(5) $y=\sec^2(x)^{\frac{1}{3}}$

(6) $y=\dfrac{\sin x}{x}$

(7) $y=\tan^2(2x-1)$

(8) $y=\dfrac{1-\tan x}{1+\tan x}$

문제 3 다음에 주어진 삼각함수를 미분하여라.

(1) $y=\sin 3x+\cos 2x$

(2) $y=\tan x^2$

(3) $y=\tan^2 x$

(4) $y=\cot(1-2x^2)$

(5) $y=\sec\sqrt[3]{x}$

(6) $\rho=\sqrt{\csc\ 2\theta}$

(7) $f(x)=x^2\sin x$

(8) $f(x)=\dfrac{\cos x}{x}$

(9) $y=x\sin x$, 일 때 y'''을 구하면

(10) $y=\tan^2(3x-2)$일 때 y''을 구하면

(11) $y=\sin(x+y)$

(12) $\sin y+\cos x=1$

문제 4 $\dfrac{dy}{dx}$ or $\dfrac{d\rho}{d\theta}$을 구하여라.

(1) $y=3\sin 2x$

(2) $y=4\cos\dfrac{1}{2}x$

(3) $y=4\tan 5x$

(4) $y=\dfrac{1}{4}\cot 8x$

(5) $y=9\sec\dfrac{1}{3}x$

(6) $y=\dfrac{1}{4}\csc 4x$

(7) $y=\sin x-x\cos x+x^2+4x+3$

(8) $\rho=\sqrt{\sin\theta}$

(9) $y=\dfrac{\sin 2x}{x}$

(10) $y=\cos(1-x^2)$

(11) $y=\cos(1-x)^2$

(12) $y=\sin^2(3x-2)$

(13) $y=\sin^3(2x-3)$

(14) $y=\dfrac{1}{2}\tan x\sin 2x$

(15) $\rho=\dfrac{1}{(\sec 2\theta-1)^{\frac{3}{2}}}$

(16) $\rho=\dfrac{\tan 2\theta}{1-\cot 2\theta}$

(17) $y=x^2\sin x+2x\cos x-2\sin x$

(18) $\sin y=\cos 2x$

(19) $\cos 3y=\tan 2x$

(20) $x\cos y=\sin(x+y)$

2. 역삼각함수의 도함수

$x=\sin y$ 를 y 에 관하여 풀었을 때 $y=\sin^{-1}x$ 로서 나타낸다. 혹은 $y=\text{arc}\sin x$ 라고도 한다. 주의할 것은 $y=\sin^{-1}x$ 에서 -1은 역함수를 표시하는 기호이다.

$x=\sin y \Leftrightarrow y=\sin^{-1}x$; 역 *sine* 함수

$x=\cos y \Leftrightarrow y=\cos^{-1}x$; 역 *cosine* 함수

$x=\tan y \Leftrightarrow y=\tan^{-1}x$; 역 *tangent* 함수

$y=\sin^{-1}x$ 는 $x=\sin y$ 와 같은 뜻이므로 x 가 변할 수 있는 범위는 즉 번역은 $-1\leqq x\leqq 1$ 이다. 이 번역 안에서 x 가 값을 취할 때 y 값은 무한히 많이 결정되므로, 일가함수로 만들기 위하여 y 값을 제한할 필요가 있게 된다.

$y=\sin^{-1}x$ 에서는 $-\frac{\pi}{2}\leqq y\leqq\frac{\pi}{2}$ 로 제한하고 이 범위, 즉 치역을 $y=\sin^{-1}x$ 의 주치라고 부른다. $y=\cos^{-1}x$, $y=\tan^{-1}x$의 각 주치는 다음표와 같이 정한다.

역삼각함수	주 치
$y=\sin^{-1}x$	$-\frac{\pi}{2}\leqq y\leqq\frac{\pi}{2}$
$y=\cos^{-1}x$	$0\leqq y\leqq\pi$
$y=\tan^{-1}x$	$-\frac{\pi}{2}<y<\frac{\pi}{2}$

따라서 $y=\sin^{-1}x$, $y=\cos^{-1}x$, $y=\tan^{-1}x$ 의 그래프는 다음과 같다.

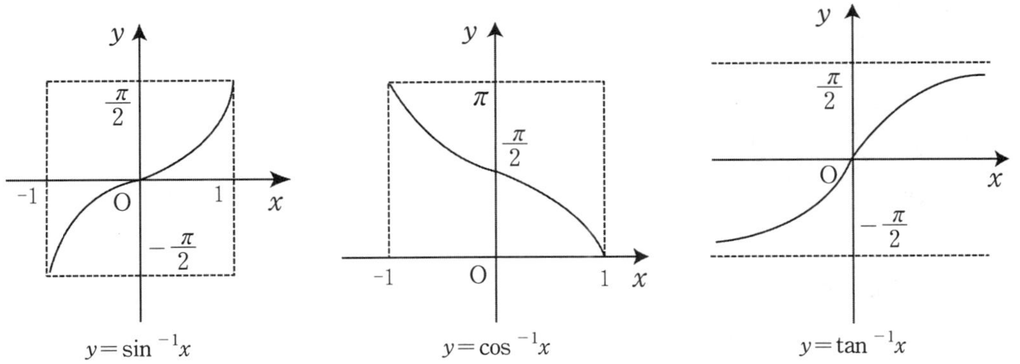

$y=\sin^{-1}x$ $y=\cos^{-1}x$ $y=\tan^{-1}x$

정리3

(1) $y=\sin^{-1}x$ 미분 $\left(-\frac{\pi}{2}\leqq y\leqq\frac{\pi}{2}\right)$

변형하면 $x=\sin y$

$$\frac{dy}{dx}=\cos y=\sqrt{1-x^2}$$

$$\left(\begin{array}{l}\sin^2 y+\cos^2 y=1\\ \cos^2 y=1-\sin^2 y=1-x^2\\ \cos y=\sqrt{1-x^2}\end{array}\right)$$

$$\frac{dy}{dx}=\frac{1}{\frac{dx}{dy}}=\frac{1}{\sqrt{1-x^2}}$$

$$\therefore\ \frac{d}{dx}(\sin^{-1}x)=\frac{1}{\sqrt{1-x^2}}$$

(2) $y=\cos^{-1}x$ 미분 $(0\leqq y\leqq \pi)$

위에서와 같은 방법에 의하여

$x=\cos y$

$$\frac{dx}{dy}=-\sin y=-\sqrt{1-x^2}$$

$$\frac{dy}{dx}=\frac{1}{\frac{dx}{dy}}=-\frac{1}{\sqrt{1-x^2}}$$

$$\therefore\ \frac{d}{dx}(\cos^{-1}x)=-\frac{1}{\sqrt{1-x^2}}$$

(3) $y=\tan^{-1}x$ 미분 $\left(-\frac{\pi}{2}<y<\frac{\pi}{2}\right)$

$x=\tan y$

$$\frac{dx}{dy}=\sec^2 y=1+\tan^2 y=1+x^2$$

$$\frac{dy}{dx}=\frac{1}{1+x^2}$$

$$\therefore\ \frac{d}{dx}(\tan^{-1}x)=\frac{1}{1+x^2}$$

(4) $y = \cot^{-1} x$ 미분

$x = \cot y$

$$\frac{dx}{dy} = -\operatorname{cosec}^2 y = -(1+x^2)$$

$$\frac{dy}{dx} = \frac{-1}{(1+x)^2}$$

$$\therefore \frac{d}{dx}(\cot^{-1} x) = -\frac{1}{(1+x)^2}$$

(5) $y = \sec^{-1} x$ 미분

$x = \sec y$

$$\frac{dx}{dy} = \sec y \cdot \tan y = x\sqrt{x^2-1}$$

$(\because 1 + \tan^2 y = \sec^2 y)$

$$\frac{dy}{dx} = \frac{1}{x\sqrt{x^2-1}}$$

$$\therefore \frac{d}{dx}(\sec^{-1} x) = \frac{1}{x\sqrt{x^2-1}}$$

(6) $y = \operatorname{cosec}^{-1} x$ 미분

$x = \operatorname{cosec} y$

$$\frac{dx}{dy} = -\operatorname{cosec} y \cdot \cot y = -x\sqrt{x^2-1} \quad (\because 1 + \cot^2 y = \operatorname{cosec}^2 y)$$

$$\frac{dy}{dx} = -\frac{1}{x\sqrt{x^2-1}}$$

$$\therefore \frac{d}{dx}(\operatorname{cosec}^{-1} x) = -\frac{1}{x\sqrt{x^2-1}}$$

예제 7 다음 함수를 미분하여라.

(1) $y = \sin^{-1} 3x$　　　(2) $y = \cos^{-1} x^2$

(3) $y = \operatorname{cosec}^{-1} \dfrac{1}{2x} = \sin^{-1} 2x$

풀이 (1) $y' = \dfrac{1}{\sqrt{1-(3x)^2}} \times (3x)' = \dfrac{3}{\sqrt{1-9x^2}}$

(2) $y' = -\dfrac{1}{\sqrt{1-x^4}}(x^2)' = -\dfrac{2x}{\sqrt{1-x^4}}$

(3) $y' = (\sin^{-1}2x)' = \dfrac{2}{\sqrt{1-4x^2}}$

예제 8 다음 각 함수를 미분하여라.

(1) $y = \tan^{-1}3x$

(2) $y = \tan^{-1}\dfrac{x}{a} + \tan^{-1}\dfrac{a}{x}$

(3) $y = \dfrac{x}{\sqrt{a^2-x^2}} - \sin^{-1}\dfrac{x}{a}$

(4) $y = \sqrt{a^2-x^2} - a\cos^{-1}\dfrac{x}{a}$

풀이 (1) $y' = \dfrac{1}{1+(3x)^2} \cdot 3 = \dfrac{3}{1+9x^2}$

(2) $y' = \dfrac{1}{1+\left(\dfrac{x}{a}\right)^2} \cdot \dfrac{1}{a} + \dfrac{1}{1+\left(\dfrac{x}{a}\right)^2} \cdot \dfrac{-a}{x^2}$

$= \dfrac{a}{a^2+x^2} - \dfrac{a}{a^2+x^2}$

$= 0$

(3) $y' = \left(\dfrac{x}{\sqrt{a^2-x^2}}\right)' - \dfrac{1}{\sqrt{1-\left(\dfrac{x}{a}\right)^2}} \cdot \dfrac{1}{a}$

$= \dfrac{1}{\sqrt{a^2-x^2}} + \dfrac{x^2}{\sqrt{(a^2-x^2)^3}} - \dfrac{1}{\sqrt{a^2-x^2}} = \dfrac{x^2}{(a^2-x^2)^{\frac{3}{2}}}$

(4) $y' = (\sqrt{a^2-x^2})' - a\left(\dfrac{1}{\sqrt{1-\left(\dfrac{x}{a}\right)^2}}\right) \cdot \dfrac{1}{a}$

$= \dfrac{-x}{\sqrt{a^2-x^2}} + \dfrac{a}{\sqrt{a^2-x^2}} = \dfrac{a-x}{\sqrt{a^2-x^2}}$

$= \dfrac{\sqrt{a-x}}{\sqrt{a+x}}$

역삼각함수의 도함수

$$\frac{d}{dx}(\sin^{-1}x)=\frac{1}{\sqrt{1-x^2}}$$

$$\frac{d}{dx}(\cos^{-1}x)=\frac{-1}{\sqrt{1-x^2}}$$

$$\frac{d}{dx}(\tan^{-1}x)=\frac{1}{1+x^2}$$

$$\frac{d}{dx}(\cot^{-1}x)=-\frac{1}{1+x^2}$$

$$\frac{d}{dx}(\sec^{-1}x)=\frac{1}{x\sqrt{x^2-1}}$$

$$\frac{d}{dx}(\mathrm{cosec}^{-1}x)=-\frac{1}{x\sqrt{x^2-1}}$$

예제 9 다음 함수를 미분하여라.

(1) $y=\sin^{-1}(2x-3)$

(2) $y=\csc^{-1}x^2$

(3) $y=\tan^{-1}3x^2$

(4) $f(x)=\cot^{-1}\dfrac{1+x}{1-x}$

(5) $y^2\sin x+y=\tan^{-1}x$

풀이 (1) $y'=\dfrac{1}{\sqrt{1-(2x-3)^2}}(2x-3)'=\dfrac{2}{\sqrt{1-4x^2+12x-9}}$

$$=\frac{2}{\sqrt{-4x^2+12x-8}}=\frac{1}{\sqrt{-x^2+3x-2}}$$

(2) $y'=-\dfrac{(x^2)'}{x^2\sqrt{x^4-1}}=\dfrac{-2}{x\sqrt{x^4-1}}$

(3) $y'=\dfrac{(3x^2)'}{1+(3x)^2}=\dfrac{6x}{1+9x^2}$

(4) $y' = -\dfrac{1}{1+\left(\dfrac{1+x}{1-x}\right)^2}\left(\dfrac{1+x}{1-x}\right)'$

$$= -\frac{1}{\dfrac{(1-x)^2+(1+x)^2}{(1-x)^2}}\left[\frac{1-x+(1+x)}{(1-x)^2}\right]$$

$$= -\frac{1}{1-2x+x^2+1+2x+x^2}(2) = \frac{-2}{2x^2+2} = \frac{-1}{x^2+1}$$

(5) $2y\,y'\sin x + y^2\cos x + y' = \dfrac{1}{1+x^2}$

$$y'(2y\sin x+1) = \frac{1}{1+x^2} - y^2\operatorname{cosec} x$$

$$\therefore\ y' = \frac{1-(1+x^2)y^2\operatorname{cosec} x}{(1+x^2)(2y\sin x+1)}$$

문제5 다음을 미분하여라.

(1) $y = x^2\cos^{-1}\dfrac{2}{x}$

(2) $y = (x-a)\sqrt{2ax-x^2} + a^2\sin^{-1}\dfrac{x-a}{a}$

(3) $y = x\csc^{-1}\dfrac{1}{x} + \sqrt{1-x^2}$

6 로그함수와 지수함수의 미분법

1. 로그함수와 지수함수의 미분법

$y=\log_a x$ 의 꼴인 함수를 지수함수라고 한다. 지수함수의 도함수를 구하려면 다음과 같이 정의되는 상수 e 에 대하여 정의하여 보자. (단, $a>0$, $a \neq 1$)

【정의 1】

$$e=\lim_{x\to 0}(1+x)^{\frac{1}{x}}=\lim_{x\to\infty}\left(1+\frac{1}{x}\right)^x$$

x 대신에 ±0.1, ±0.01, ±0.001, ±0.0001, ……을 대입하자.

x	$(1+x)^{\frac{1}{x}}$	x	$(1+x)^{\frac{1}{x}}$
0.1	2.59374	-0.1	2.86797
0.01	2.70841	-0.01	2.73199
0.001	2.71691	-0.001	2.71964
0.0001 ⋮	2.71827 ⋮	-0.0001 ⋮	2.71829 ⋮

미적분학에서는 위에서 정의한 e 를 밑으로 하는 로그함수를 많이 쓰고 있다. e 를 밑으로 한 지수함수를 자연로그 함수라 하고 보통 밑 e 는 생략하고 쓰지 않는다. 그러나 밑이 e 이 아닌 것은 꼭 그 밑에 밝혀 놓는다.

즉, $y=\log_e x=\log x$ (e 가 생략) (자연 log)

로 쓴다.

이 극소값을 보통 e 로 나타내는데 e 는 무리수이고 소수로 나타내면 순환되지 않는 무한소수가 된다.

$e=2.7182818284\cdots$

참고 상용 $\log=\log_{10}x$

자연 $\log=\log_{e}x=\log x=\text{In}x$

정리1

(1) $\lim_{x\to 0}\frac{\log_a(1+x)}{x}=\log_a e$

(2) $\lim_{x\to 0}\frac{a^x-1}{x}=\log_e a=\log a$

증명 (1) $\lim_{x\to 0}\frac{1}{x}\log_a(1+x)$

$$=\lim_{x\to 0}\log_a(1+x)^{\frac{1}{x}}=\log_a e$$

(2) $a^x-1=z \to a^x=z+1 \to x=\log_a(z+1)$

$x\to 0$ 일때 $z\to 0$

$$\therefore \lim_{x\to 0}\frac{a^x-1}{x}=\lim_{z\to 0}\frac{z}{\log_a(z+1)}=\lim_{z\to 0}\frac{1}{\frac{1}{z}\log_a(z+1)}$$

$$=\lim_{z\to 0}\frac{1}{\log_a(z+1)^{\frac{1}{z}}}=\frac{1}{\log_a e}=\log_e a=\log a$$

정리2

(1) $y=a^x \to y'=a^x\log_e a=a^x\log a$

증명 $y'=\lim_{h\to 0}\frac{a^{x+h}-a^x}{h}=\lim_{h\to 0}a^x\left(\frac{a^h-1}{h}\right)\cdots\cdots$ [정리1]에서

$$=a^x\log a$$

(2) $y=e^x \rightarrow y'=e^x$

증명

$$y'=\lim_{h\to 0}\frac{e^{x+h}-e^x}{h}=e^x\lim_{h\to 0}\left(\frac{e^h-1}{h}\right)=e^x\log_e e=e^x$$

(3) $y=\log_a x \rightarrow y'=\frac{1}{x}\log_a e$

증명

$$y'=\lim_{h\to 0}\frac{\log_a(x+h)-\log_a x}{h}=\lim_{h\to 0}\frac{\log_a\left(\frac{x+h}{x}\right)}{h}$$

$$=\lim_{h\to 0}\frac{1}{h}\log_a\left(1+\frac{h}{x}\right)=\lim_{h\to 0}\log_a\left(1+\frac{h}{x}\right)^{\frac{1}{h}}$$

$$=\lim_{h\to 0}\log_a\left[\left(1+\frac{h}{x}\right)^{\frac{x}{h}}\right]^{\frac{1}{x}}=\log_a e^{\frac{1}{x}}=\frac{1}{x}\log_a e$$

(4) $y=\log_e x \rightarrow y'=\frac{1}{x}$

증명

$$y'=\lim_{h\to 0}\frac{\log_e(x+h)-\log_e x}{h}=\lim_{h\to 0}\frac{\log_e\left(\frac{x+h}{x}\right)}{h}$$

$$=\lim_{h\to 0}\frac{1}{h}\log_e\left(1+\frac{h}{x}\right)=\lim_{h\to 0}\log_e\left(1+\frac{h}{x}\right)^{\frac{1}{h}}$$

$$=\lim_{h\to 0}\log_e\left[\left(1+\frac{h}{x}\right)^{\frac{x}{h}}\right]^{\frac{1}{x}}=\log_e e^{\frac{1}{x}}=\frac{1}{x}\log_e e=\frac{1}{x}$$

지수함수의 미분공식

1) $y=a^x \rightarrow y'=a^x\log a$

2) $y=e^x \rightarrow y'=e^x$

3) $y=\log_a x \rightarrow y'=\frac{1}{x}\log_a e$

4) $y=\log_e x \rightarrow y'=\frac{1}{x}$

로그의 성질

$*a \neq 1$, $a>0$ 일 때

(1) $\log_a 1 = 0$

(2) $\log_a a = 1$

(3) $\log_a xy = \log_a x + \log_a y \quad (x>0,\ y>0)$

(4) $\log_a \dfrac{x}{y} = \log_a x - \log_a y \quad (x>0,\ y>0)$

(5) $\log_a x^n = n\log_a x \quad (x>0,\ n$ 은 실수$)$

예제 1 $y=x^x (x>0)$ 를 미분하여라.

풀이 양변에 e 를 밑으로 하는 log 을 취하면

$\log y = \log x^x = x \log x$

따라서 양변을 미분하면

$\dfrac{y'}{y} = \log x + x \cdot \dfrac{1}{x} \qquad \therefore\ y' = y(\log x + 1) = x^x(\log x + 1)$

예제 2 다음 함수를 미분하여라.

(1) $y=e^{3x}$

(2) $y=3^{1-2x}$

(3) $y=e^{-x^2}$

(4) $y=\dfrac{e^x-e^{-x}}{e^x+e^{-x}}$

(5) $y=\dfrac{\log x}{e^x}$

(6) $y=x\,e^{\sin x}$

(7) $y=e^x(3x-2)^{\sqrt{2}}$

(8) $y=\log|e^x-e^{-x}|$

(9) $y = \sin 2^x$

(10) $y = a^{\sin x}$

(11) $y = e^{2x} \sin x$

(12) $y = e^x (\sin x - \cos x)$

풀이

(1) $y' = e^{3x} \cdot (3x)' = 3e^{3x}$

(2) $y' = 3^{1-2x} \log 3 \cdot (1-2x)' = -2(3^{1-2x} \log 3)$

(3) $y' = e^{-x^2} \cdot (-x^2)' = -2x e^{-x^2}$

(4) $$y' = \frac{(e^x - e^{-x})'(e^x + e^{-x}) - (e^x - e^{-x})(e^x + e^{-x})'}{(e^x + e^{-x})^2}$$

$$= \frac{(e^x + e^{-x})^2 - (e^x - e^{-x})^2}{(e^x + e^{-x})^2} = \frac{e^{2x} + 2 + e^{-2x} - e^{2x} + 2 - e^{-2x}}{(e^x + e^{-x})^2}$$

$$= \frac{4}{(e^x + e^{-x})^2}$$

(5) $$y' = \frac{\dfrac{1}{x} \cdot e^x - e^x \log x}{e^{2x}} = \frac{\dfrac{1}{x} - \log x}{e^x} = \frac{1 - x \log x}{x e^x}$$

(6) $y' = e^{\sin x} + x e^{\sin x} \cdot (\sin x)' = e^{\sin x} + x e^{\sin x} \cos x$

$= e^{\sin x}(1 + x \cos x)$

(7) $y' = e^x (3x-2)^{\sqrt{2}} + e^x \cdot \sqrt{2}(3x-2)^{\sqrt{2}-1} \cdot (3x-2)'$

$= e^x (3x-2)^{\sqrt{2}} + 3\sqrt{2}\, e^x (3x-2)^{\sqrt{2}-1}$

$= e^x (3x-2)^{\sqrt{2}} \{1 + 3\sqrt{2}(3x-2)^{-1}\}$

(8) $$y' = \frac{(e^x - e^{-x})'}{e^x - e^{-x}} = \frac{e^x + e^{-x}}{e^x - e^{-x}}$$

(9) $y' = \cos 2^x \cdot (2^x)' = \cos 2^x \cdot 2^x \log 2$

(10) $y' = a^{\sin x} (\log a)(\sin x)' = (\log a) a^{\sin x} \cos x$

(11) $y' = (e^{2x})' \sin x + e^{2x} (\sin x)' = 2e^{2x} \sin x + e^{2x} \cos x$

$= e^{2x}(2 \sin x + \cos x)$

$$(12)\ y' = (e^x)'(\sin x - \cos x) + e^x(\sin x - \cos x)'$$
$$= e^x(\sin x - \cos x) + e^x(\cos x + \sin x)$$
$$= 2e^x \sin x$$

예제 3 다음 함수를 미분하여라.

(1) $y = e^{mx}$

(2) $y = x\log x - x$

(3) $y = (\log x)^x, \quad (x>1)$

(4) $y = \log(x + \sqrt{x^2 + a^2})$

(5) $y = \dfrac{e^x - 1}{e^x + 1}$

(6) $y = e^x \log(\sin x)$

풀이

(1) $y' = e^{mx} \cdot (mx)' = m \cdot e^{mx}$

(2) $y' = (x)' \log x + x(\log x)' - (x)'$
$$= \log x + x\frac{1}{x} - 1 = \log x$$

(3) 양변의 로그를 취하면, $\log y = x\log(\log x)$

이 양변을 x 에 관하여 미분하면,

$$\frac{y'}{y} = \log(\log x) + x \cdot \frac{(\log x)'}{\log x} = \log(\log x) + \frac{1}{\log x}$$
$$\therefore y' = (\log x)^x \cdot \left\{\log(\log x) + \frac{1}{\log x}\right\}$$
$$= (\log x)^x \log(\log x) + (\log x)^{x-1}$$

(4) $y = \log(x + \sqrt{x^2 + a^2})$

$$y' = \frac{1}{x + \sqrt{x^2 + a^2}}\left(1 + \frac{2x}{2\sqrt{x^2 + a^2}}\right) = \frac{\sqrt{x^2 + a^2} + x}{\sqrt{x^2 + a^2}(x + \sqrt{x^2 + a^2})} = \frac{1}{\sqrt{x^2 + a^2}}$$

(5) $y' = \dfrac{(e^x-1)'(e^x+1)-(e^x-1)(e^x+1)'}{(e^x+1)^2}$

$= \dfrac{e^x \cdot (e^x+1)-(e^x-1)\cdot e^x}{(e^x+1)^2} = \dfrac{2e^x}{(e^x+1)^2}$

(6) $y' = (e^x)'\log(\sin x) + e^x\{\log(\sin x)\}'$

$= e^x\log(\sin x) + e^x\dfrac{\cos x}{\sin x}$

$= e^x\{\log(\sin x) + \cot x\}$

예제 4 다음 함수를 미분하여라.

(1) $y = \log x^3$

(2) $y = \log_3(2x-3)^3$

(3) $y = \log\sqrt{1+x^2}$

(4) $y = \log\sqrt{\dfrac{1+\sin x}{1-\sin x}}$

(5) $y = \log(\log x)$

(6) $y = (\log x)^2$

(7) $y = \log(x+\sqrt{x^2+1})$

(8) $y = \dfrac{(3x+1)^3\sqrt{2x-1}}{(2-x)^3}$

풀이

(1) $y' = \dfrac{(x^3)'}{x^3} = \dfrac{3x^2}{x^3} = \dfrac{3}{x}$

(2) $y' = \dfrac{\{(2x-3)^3\}'}{(2x-3)^3\log 3} = \dfrac{6(2x-3)^2}{(2x-3)^3\log 3} = \dfrac{6}{(2x-3)\log 3}$

(3) $y = \log\sqrt{1+x^2} = \dfrac{1}{2}\log(1+x^2)$ 에서

$y' = \dfrac{1}{2}\cdot\dfrac{(1+x^2)'}{1+x^2} = \dfrac{2x}{2(1+x^2)} = \dfrac{x}{1+x^2}$

(4) $y = \log\sqrt{\dfrac{1+\sin x}{1-\sin x}} = \dfrac{1}{2}\log\dfrac{1+\sin x}{1-\sin x}$ 에서

$y' = \dfrac{1}{2}\cdot\dfrac{1-\sin x}{1+\sin x}\cdot\left(\dfrac{1+\sin x}{1-\sin x}\right)'$

$= \dfrac{1-\sin x}{2(1+\sin x)}\cdot\dfrac{\cos x(1-\sin x)+(1+\sin x)\cos x}{(1-\sin x)^2}$

$= \dfrac{2\cos x}{2(1+\sin x)(1-\sin x)} = \dfrac{\cos x}{1-\sin^2 x} = \dfrac{\cos x}{\cos^2 x} = \sec x$

(5) $y' = \dfrac{(\log x)'}{\log x} = \dfrac{\dfrac{1}{x}}{\log x} = \dfrac{1}{x\log x}$

(6) $y' = 2\log x \cdot (\log x)' = \dfrac{2\log x}{x}$

(7) $y' = \dfrac{(x+\sqrt{x^2+1})'}{x+\sqrt{x^2+1}} = \dfrac{1+\dfrac{x}{\sqrt{x^2+1}}}{x+\sqrt{x^2+1}}$

$= \dfrac{\sqrt{x^2+1}+x}{\sqrt{x^2+1}(x+\sqrt{x^2+1})} = \dfrac{1}{\sqrt{x^2+1}}$

(8) 양변의 절대값의 로그를 취하면,

$$\log|y| = \log\left|\frac{(3x+1)^3\sqrt{2x-1}}{(2-x)^3}\right|$$

$$= 3\log|3x+1| + \frac{1}{2}\log|2x-1| - 3\log|2-x|$$

$$\frac{y'}{y} = \frac{3\cdot(3x+1)'}{(3x+1)} + \frac{(2x-1)'}{2(2x-1)} - \frac{3\cdot(2-x)'}{2-x}$$

$$= \frac{-(3x^2-47x+19)}{(3x+1)(2x-1)(2-x)}$$

$$\therefore y' = \frac{(3x+1)^3\sqrt{2x-1}}{(2-x)^3}\cdot\frac{-(3x^2-47x+19)}{(3x+1)(2x-1)(2-x)}$$

$$= -\frac{(3x+1)^2(3x^2-47x+19)}{(2-x)^4\sqrt{2x-1}}$$

문제 1 다음 함수를 미분하여라.

(1) $y = \log_a(2x^2-1)$

(2) $y = \log(x-4)^2$

(3) $y = \log^2(x-4)$

(4) $y = \log[(x+1)(x^2+2)(x^3+3)]$

(5) $y = e^{-\frac{x}{e}}$

(6) $y = a^{2x^2}$

(7) $y = e^{x^2}\cdot 3^x$

(8) $y = \dfrac{x(x-1)(x^2-1)^4}{(1+x^2)^3}$

문제 2 다음 주어진 함수들의 $\frac{dy}{dx}$ 을 구하여라.

(1) $y=\log(4x-5)$

(2) $y=\log\sqrt{3-x^2}$

(3) $y=\log 3x^5$

(4) $y=\log(x^2+x-1)^3$

(5) $y=x\cdot\log x-x$

(6) $y=\log(\sec x+\tan x)$

(7) $y=\log(\log\tan x)$

(8) $y=\frac{\log x^2}{x^2}$

(9) $y=\frac{1}{5}x^5(\log x-\frac{1}{5})$

(10) $y=x(\sin\log x-\cos\log x)$

(11) $y=x\log(4+x^2)+4\tan^{-1}\frac{1}{2}x-2x$

(12) $y=e^{5x}$

(13) $y=e^{x^3}$

(14) $y=e^{\sin 3x}$

(15) $y=3^{-x^2}$

(16) $y=e^{-x}\cos x$

(17) $y=\sin^{-1}e^x$

(18) $y=\tan^2 e^{3x}$

(19) $y=e^{ex}$

(20) $y=x^2e^x$ 일 때, y''' 을 구하여라.

(21) $y=e^{-2x}(\sin 2x+\cos 2x)$ 일 때 $y''+4y'+8y=0$ 을 증명하여라.

(22) $y=x^2e^{2x}\cos 3x$

(23) $y=x^{e-x^2}$

연습문제

※ 다음 함수를 미분하여라.

1 $y=(2x^2+1)(3x^3+2x+1)$

2 $y=(x+a)(x-b)(x+c)$

3 $y=\dfrac{x-1}{x+1}$

4 $y=\dfrac{x^2-x+1}{3x+1}$

5 $y=(2x-1)^3+2(x-1)^2-4$

6 $y=\sqrt{x^2-a^2}$

7 $x=ay^2+by+c$

8 $y=(1+x)^3(2-x)^4$

9 $y=\sqrt[3]{\dfrac{1-x^2}{1+x^2}}$

10 $y=\dfrac{t}{(t^2+1)^2}$

11 $x=y^3+2y^2-y+1$

12 $y=(x^2+3)(2x^2-x-5)$

13 $y=\sqrt[3]{x}$

14 $y=\dfrac{x-a}{(x-b)(x-c)}$

15 $y=\dfrac{x+1}{\sqrt{x}}$

16 $y=\sqrt{\dfrac{1-x}{1+x}}$

17 $y=\dfrac{\sqrt{x}-1}{\sqrt{x}+1}$

18 $y=\left(\dfrac{2}{3}x^3-4\right)^2$

19 $y=\dfrac{1}{\sqrt[3]{1-2x}}$

20 $y=\dfrac{x^2}{\sqrt{4-x^2}}$

21 $y=\dfrac{1}{2x^2}+\dfrac{4}{\sqrt{x}}$

22 $y=\dfrac{2}{t}+\dfrac{6}{\sqrt[3]{t}}$

23 $y=\sqrt{1+\sqrt{x}}$

24 $y=\left(\dfrac{2x^3+1}{x^3+1}\right)^4$

25 $y=\dfrac{u-1}{u+1}$, $u=\sqrt{x}$

26 $y=u^3$, $u=x^2+2x$

27 $y=\sqrt{u}$, $u=v(3-2v)$, $v=x^2$

28 $y=\sqrt[3]{\dfrac{1+2x}{1-x^2}}$

29 $y=\frac{1}{\sqrt{2-3t}}$

30 $y=(2x-1)^2(x+3)^2$

31 $y=\frac{1}{(x^2-a^2)^2}$

32 $x=\sqrt{1+y^2}$

33 $x=y^3$

34 $y=(x^2-x)\cos 2x$

35 $y=\sin(ax+b)\cos(ax-c)$

36 $y=\frac{1-\tan x}{\tan x}$

37 $y=\frac{1-u}{1+u}$, $u=\cos 2x$

38 $y=u^2-2u+4$, $u=1+\sec^2 x$

39 $y=\tan^{-1} 3x$

40 $y=\tan^{-1}\frac{x}{a}+\tan^{-1}\frac{a}{x}$

41 $y=\cos^{-1}(2x-3)$

42 $y=\sin^{-1}(2x-3)$

43 $y=\tan^{-1} 3x^2$

44 $y=\cot^{-1}\frac{1+x}{1-x}$

45 $y=\frac{1}{ab}\tan^{-1}\left(\frac{b}{a}\tan x\right)$

46 $y=\log^2(x+3)$

47 $y=\log[(x^3+2)(x^2+3)]$

48 $y=\log\frac{4x}{(3x-4)^2}$

49 $y=\log(\sin 3x)$

50 $y=\frac{x(1-x^2)^2}{(1+x^2)^{\frac{1}{2}}}$

51 $y=x^2 e^{-2x}$

52 $\begin{cases} x=a\cos^3 t \\ y=a\sin^3 t \end{cases}$

53 $\begin{cases} x=\theta-\sin\theta \\ y=1-\cos\theta \end{cases}$

54 $\begin{cases} x=\frac{1+t^2}{1-t^2} \\ y=\frac{2t}{1-t^2} \end{cases}$

55 $y^2+2xy+5=1$

56 $\frac{x^2}{a^2}+\frac{y^2}{b^2}=1$

57 $\sqrt[3]{x^2}+\sqrt[3]{y^2}=\sqrt[3]{a^2}$

7 도함수의 성질

1. 기하학적인 의미

$x=a$ 의 근방에서 미분가능한 함수 $y=f(x)$ 위의 점 P $(a, f(a))$, Q $(a+\Delta x, f(a+\Delta x))$를 생각한다. $x=a$ 에서 미분가능하면 그점에서 연속이므로 $\Delta x \to 0$ 일 때 점 Q 는 점 P 에 한없이 가까워진다. PQ의 기울기는

$$\frac{\Delta y}{\Delta x}=\frac{f(a+\Delta x)-f(a)}{\Delta x}$$

이다. 그런데 이것은 $\Delta x \to 0$ 일 때 $f'(a)$가 되고, 이때 직선 PQ 는 접선 PT 가 된다.

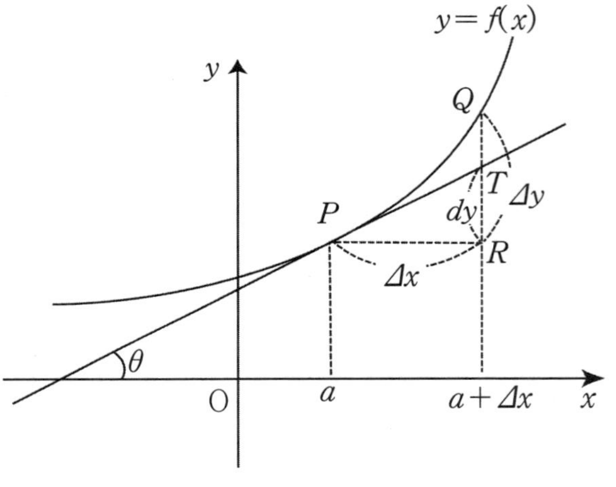

그러므로 P $(a, f(a))$ 에 있어서 접선의 기울기는 $f'(a)$ 이다.

따라서, 점 P 에서 접선, 법선의 방정식은 각각 다음과 같다.

$y-f(a)=f'(a)(x-a)$: 접선의 방정식

$y-f(a)=-\dfrac{1}{f'(a)}(x-a)$: 법선의 방정식

$f'(x)$는 x 에 대응하는 점에서 곡선 $y=f(x)$ 의 접선의 기울기이므로 이 접선이 x 축과 이루는 각을 θ 라고 하면 위의 그림에서

$$\tan\theta=f'(x)=\frac{RT}{PR}=\frac{RT}{\Delta x}$$

예제 1 $y=(x+1)^2$ 위의 점(2, 9) 에서 접선의 방정식을 구하여라.

풀이
$$f'(x)=\lim_{\Delta x\to 0}\frac{(x+\Delta x+1)^2-(x+1)^2}{\Delta x}$$
$$=\lim_{\Delta x\to 0}\frac{(\Delta x)^2+2x\cdot\Delta x+2\cdot\Delta x}{\Delta x}$$
$$=\lim_{\Delta x\to 0}(\Delta x+2x+2)=2(x+1)$$
$$\therefore\ f'(2)=2(2+1)=6$$

구하는 접선의 방정식은

$y-9=6(x-2)$ $\qquad\therefore\ y=6x-3$

예제 2 다음 각 곡선 위의 지정된 점에서의 접선 및 법선의 방정식을 각각 구하여라.

(1) $y=e^{x-1}$ $(2,\ e)$ (2) $y=\log(1+x)$ $(0,\ 0)$

(3) $y=\dfrac{x}{1-x}$ $\left(\dfrac{1}{2},\ 1\right)$ (4) $y=\tan^2 x$ $\left(\dfrac{\pi}{4},\ 1\right)$

풀이 (1) $y=e^{x-1}$ 에서 $y'=e^{x-1}$ $\quad\therefore\ y'_{x=2}=e$

접선의 방정식 : $y-e=e(x-2)$ 곧, $y=ex-e$

법선의 방정식 : $y-e=-\dfrac{1}{e}(x-2)$ 곧, $y=-\dfrac{1}{e}x+\dfrac{e^2+2}{e}$

(2) $y=\log(1+x)$ 에서 $y'=\dfrac{1}{1+x}$ $\quad\therefore y'_{x=0}=1$

접선의 방정식 : $y-0=1(x-0)$ 곧, $y=x$

법선의 방정식 : $y-0=-1(x-0)$ 곧, $y=-x$

(3) $y=\dfrac{x}{1-x}$ 에서 $y'=\dfrac{(1-x)+x}{(1-x)^2}=\dfrac{1}{(1-x)^2}$ $\quad\therefore\ y'_{x=\frac{1}{2}}=4$

접선의 방정식 : $y-1=4(x-\frac{1}{2})$ 곧, $y=4x-1$

법선의 방정식 : $y-1=-\dfrac{1}{4}\left(x-\dfrac{1}{2}\right)$ 곧, $y=-\dfrac{1}{4}x+\dfrac{9}{8}$

(4) $y=\tan^2 x$ 에서 $y'=2\tan x\sec^2 x$ $\quad\therefore\ y'_{x=\frac{\pi}{4}}=2\times1\times2=4$

접선의 방정식 : $y-1=4(x-\frac{\pi}{4})$ 곧, $y=4x-\pi+1$

법선의 방정식 : $y-1=-\dfrac{1}{4}\left(x-\dfrac{\pi}{4}\right)$ 곧, $y=-\dfrac{1}{4}x+\dfrac{1}{16}\pi+1$

예제 3 원 $x^2+y^2=25$ 위의 점(3, -4) 에서의 접선의 방정식을 구하여라.

풀이 $x^2+y^2=25$의 양변을 x 에 대하여 미분하면,

$2x+2yy'=0$

$\therefore\ y'=-\dfrac{x}{y}$ ·········①

①에서 점(3, −4)에서의 기울기 m 은

$$m=-\frac{3}{-4}=\frac{3}{4}$$

따라서, 구하는 접선의 방정식은

$$y-(-4)=\frac{3}{4}(x-3)$$

즉, $3x-4y=25$

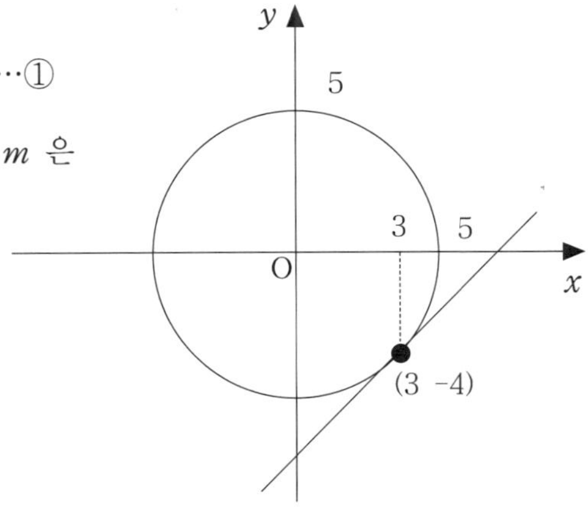

문제 1 타원 $\dfrac{x^2}{a^2}+\dfrac{y^2}{b^2}=1$ 위의 점 $(x,\ y)$에서의 접선의 방정식을 구하여라.

예제 4 (1) 곡선 $y=x^3+ax+b$ 가 점 $(0,\ \alpha)$ 에서 직선 $y=x+1$에 접할 때, 상수 a, b 의 값을 구하라.

(2) x 축 위의 점 $P(a,\ 0)$ 에서 곡선 $y=xe^x$ 에 두 개의 접선을 그을 수 있기 위한 a 의 조건을 구하라.

풀이 (1) 직선 $y=x+1$ 이 점 $(0,\ \alpha)$를 지나므로, $\alpha=0+1$ $\therefore\ \alpha=1$

곡선 $y=x^3+ax+b$ 가 점 (0, 1)을 지나므로,

$1=0^3+a\cdot 0+b$ $\therefore\ b=1$

또, 점 (0, 1)에서의 접선의 기울기가 1이므로,

$y'=3x^2+a$ 에서 $3\cdot 0^2+a=1$ $\therefore\ a=1$

(2) $y' = e^x + xe^x = (1+x)e^x$ 이므로, 접점을 $(\alpha,\ \alpha e^\alpha)$이라 하면, 접선의 방정식은

$y - \alpha e^\alpha = (1+\alpha)e^\alpha(x-\alpha)$ 즉, $y = (1+\alpha)e^\alpha x - \alpha^2 e^\alpha$

이것이 점 $(a,\ 0)$을 지나므로,

$0 = (1+\alpha)e^\alpha a - \alpha^2 e^\alpha$ ……………………①

여기서, $e^\alpha > 0$이므로 $\alpha^2 - a\alpha - a = 0$ ⬅ (①의 양변을 e^α 으로 나누자.)

이때 α 에 대한 이차방정식이 서로 다른 두 실근을 가져야 하므로,

$D = a^2 + 4a > 0$ $a < -4$ 또는 $a > 0$

예제 5 다음 각 물음에 답하여라.

(1) 곡선 $y = e^x$ 에 접하고, 기울기가 1인 직선의 방정식을 구하라.

(2) 곡선 $y = \log x$ 에 접하고, 직선 $y = 2x+1$ 에 평행한 직선의 방정식을 구하여라.

(3) 곡선 $y = \sin 2x\ (0 \leqq x \leqq \pi)$ 에 접하고, 직선 $x - 2y + 2 = 0$ 에 수직인 직선의 방정식을 구하여라.

풀이 (1) $y = e^x$ 에서 $y' = e^x$ 이므로 기울기가 1 인 점의 x 좌표는

$e^x = 1$ 에서 $x = 0$ 이 때 $y = e^0 = 1$

따라서 구하는 직선은 점 (0, 1) 을 지나고 기울기가 1 이다.

$\therefore\ y - 1 = 1(x-0)$

곧, $y = x + 1$

(2) $y = \log x$ 에서 $y' = \dfrac{1}{x}$ 이므로 기울기가 2 인 점의 x 좌표는

$\dfrac{1}{x} = 2$에서 $x = \dfrac{1}{2}$

이 때 $y = \log\dfrac{1}{2} = -\log 2$

따라서 구하는 직선은 점 $\left(\dfrac{1}{2},\ -\log 2\right)$ 를 지나고 기울기가 2 이다.

$\therefore\ y - (-\log 2) = 2(x - \dfrac{1}{2})$ 곧, $y = 2x - \log 2 - 1$

(3) 직선 $x-2y+2=0$ 에 수직인 직선의 기울기는 -2 이고,

$y=\sin 2x$ 에서 $y'=2\cos 2x$ 이므로 기울기가 -2 인 점의 x 좌표는

$2\cos 2x=-2$ 에서 $\cos 2x=-1$

$\therefore\ x=\frac{\pi}{2}\ \ (\because\ 0\leqq x\leqq \pi)$

이 때 $y\ =\ \sin 2\cdot\frac{\pi}{2}\ =\ \sin\pi\ =\ 0$

따라서 구하는 직선의 점 $\left(\frac{\pi}{2},\ 0\right)$ 을 지나고 기울기가 -2 이다.

$\therefore\ y-0=-2\left(x-\frac{\pi}{2}\right)$ 곧, $y=-2x+\pi$

문제 2 (1) 곡선 $y=-x^2+2x+3$ 에서 다음과 같은 접선의 방정식을 구하여라.

① 기울기가 -2 인 접선

② x 축의 양이 방향과 45° 를 이루는 접선

(2) 곡선 $y=e^{2x}$ 에서 기울기가 2 인 접선의 방정식을 구하여라.

(3) 곡선 $y=\log(x-1)$ 에 접하고,

직선 $y=x-1$ 에 평행인 직선의 방정식을 구하여라.

2. 물리학적인 의미

어떤 물체가 직선위를 점 A 에서 출발하여 t 초 동안에 Scm 움직인다고 하자. 이때 t 와 s 사이에

$$S=f(t)$$

라는 관계가 있다고 하자. $t=t_1$ 일 때, 거리는 $S_1=f(t_1)$, $t=t_1+\varDelta t$ 일 때는 $S_1+\varDelta s=f(t_1+\varDelta t)$ 라면 이 $\varDelta t$ 초 동안의 평균속도는

$$\frac{\varDelta s}{\varDelta t}=\frac{f(t_1+\varDelta t)-f(t_1)}{\varDelta t}$$

이 될 것이고, $\varDelta t\to 0$ 일 때 이 극한치가 존재한다면, 이것은 $t=t_1$ 에서의 속도(순간속도) V 는 다음 식으로 표시된다.

$$V=\frac{ds}{dt}=\lim_{\varDelta x\to 0}\frac{\varDelta s}{\varDelta t}$$

(1) 속도 수직선 위를 움직이는 점 P 의 좌표 x 가 시각 t 의 함수 $x=f(t)$ 로 나타내어질 때, x 의 t 에 대한 변화율 v 즉,

$v=\lim_{\Delta x \to 0} \frac{\Delta x}{\Delta t} = \frac{dx}{dt} = f'(t)$ 를 시각 t 에서의 점 P 의 속도라고 한다.

(2) 가속도 속도 v 의 t 에 대한 변화율 a 즉,

$$a=\lim_{\Delta x \to 0} \frac{\Delta v}{\Delta t} = \frac{dv}{dt}$$

를 시각 t 에서의 점 P 의 가속도라고 한다.

예제 6 초속도 4.0m/sec 로 곧바로 던진 돌이 t 초 후의 돌의 높이 Sm 는

$S=-0.49t^2+4.9t$

로 주어진다. 이 때 3초 후의 이 돌의 속도는 얼마냐?

풀이 속도 $v=\frac{ds}{dt} = \lim_{\Delta x \to 0} \frac{-0.49(t+\Delta t)^2+4.9(t+\Delta t)-(0.49t^2+4.9t)}{\Delta t}$

$= \lim_{\Delta x \to 0}(-0.98t+4.9-0.49\Delta t) = -0.98t+4.9$

$\therefore\ t=3$

$v=-0.98\times 3+4.9=1.96(m/\text{sec})$이다.

예제 7 지상 30m 의 높이에서 매초 25m 의 속도로 똑바로 위로 던진 돌의 t 초 후의 지상으로부터의 높이를 S(m) 라 하면

$S=30+25t-5t^2$ 인 관계가 성립한다. 다음에 답하여라.

(1) 던진 후 2초 후, 3초 후의 속도를 구하여라.

(2) 이 돌이 땅에 떨어질 때의 속도를 구하여라.

(3) 이 돌이 최고 높이에 도달할 때의 높이를 구하여라.

(4) 처음부터 땅에 떨어질 때까지의 평균속력을 구하여라.

풀이 $S=30+25t-5t^2$ ……………………………… ①

t 초 후의 속도를 v 라 하면

$v=\frac{ds}{dt}=25-10t$ ……………………………… ②

(1) $\left.\begin{array}{l}\text{2초 후의 속도는 } v_{t=2}=25-10\times 2=5(m/\sec) \\ \text{3초 후의 속도는 } v_{t=3}=25-10\times 3=-5(m/\sec)\end{array}\right\}$

(2) 땅에 떨어진다는 것은 $S=0$ 이 되는 경우이므로

①에서 $30+25t-5t^2=0$ $\therefore\ t=-1,\ 6$

그런데 $t=-1$ 은 적합하지 않으므로

$t=6$

따라서 땅에 떨어질 때의 속도는

$v_{t=6}=25-10\times 6=-35(\text{m/sec})$

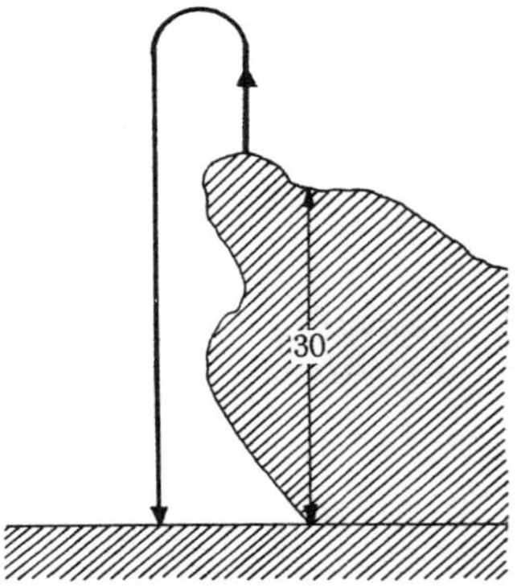

(3) 최고 높이에 도달했을 때는 $v=0$ 가 되므로

②에서 $25-10t=0$ $\therefore\ t=2.5$

따라서 최고 높이에 도달할 때의 높이는

①에서

$S=30+25\times 2.5-5\times(2.5)^2=61.28(\text{m})$

(4) 처음부터 땅에 떨어질 때까지 운동한 전체 거리는

61.25 × 2 − 30 = 92.5(m)이고, 그 때까지 걸린 시간은 6 초이므로

평균속력은 $\bar{v}=\dfrac{92.5}{6}\fallingdotseq 15.4(\text{m/sec})$

예제 8 직선 위를 운동하는 점의 위치와 시각 t 사이에

$x=4\sin\dfrac{\pi}{2}t+3\cos\dfrac{\pi}{2}t$ 인 관계가 있다.

$t=5$ 일 때 속도와 가속도를 구하라.

풀이 $v=\dfrac{dx}{dt}=4\cdot\dfrac{\pi}{2}\cos\dfrac{\pi}{2}t-3\cdot\dfrac{\pi}{2}\sin\dfrac{\pi}{2}t$

$$\therefore\ v_{t=5}=2\pi\cos\frac{5\pi}{2}-\frac{3}{2}\pi\sin\frac{5\pi}{2}$$

$$=-\frac{3}{2}\pi$$

$$a=\frac{dv}{dt}=-\pi^2\sin\frac{\pi}{2}t-\frac{3}{4}\pi^2\cos\frac{\pi}{2}t$$

$$\therefore\ a_{t=5}=-\pi^2\sin\frac{5\pi}{2}-\frac{3}{4}\pi^2\cos\frac{5\pi}{2}=-\pi^2$$

예제 9 x 축 위를 움직이는 점 P 의 시각 t 에서의 위치 x 는 다음 식으로 표시된다고 한다.

$x=\frac{1}{3}t^3-5t^2+16t$

(1) 점 P 의 진행방향이 바뀌는 시각 t 를 구하여라.

(2) $2 \leqq t \leqq 9$ 에서 최대속력을 구하여라.

풀이 (1) $x=f(t)$ 로 놓으면

t	$\cdots$	2	$\cdots$	8	$\cdots$
$f'(t)$	+	0	−	0	+

$f'(t)=t^2-10t+16$
$=(t-2)(t-8)=0$

으로부터 방향이 바뀌는 시각은

$t=2$, $t=8$

(2) $f'(t)=(t-5)^2-9$이고

$f'(2)=0$, $f'(9)=7$,

이다.

오른편 그림의 $y=f'(t)$의 그래프로부터

$|f'(t)|$의 최대값은

$|f'(5)|=|-9|=9$

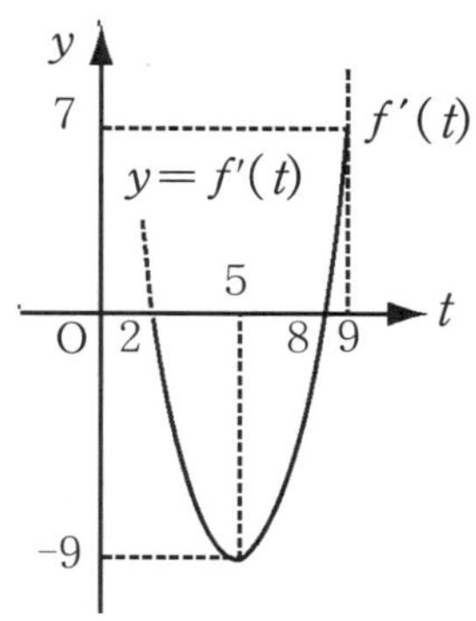

문제 3 지상에서 처음 속도 24.5m/sec 로 위로 똑바로 던진 물체의 t 초 후의 높이 xm라 하면, x 와 t 사이에 $x=24.5t-4.9t^2$ 인 관계가 있다.

(1) 던지고 나서 3 초 후의 속도와 가속도를 구하여라.

(2) 최고점에 도달하는데 몇 초나 걸리는가?

문제 4 지상에서 초속 39.2m/sec 로 똑바로 위로 쏘아 올린 물체의 t 초 후의 높이 xm 라 하면, $x=39.2t-4.9t^2$ 인 관계가 있다고 한다.

(1) 최고점에 도달하는 데에는 몇 초 걸리는가?

(2) 지면에 떨어지는 순간의 속도와 가속도를 구하여라.

(3) 물체가 hm 인 곳을 올라갈 때와 내려올 때에 2회 통과한다. 올라 갈 때와 내려 올 때의 속도를 각각 v_1, v_2 (m/sec)라 하면, $v_1+v_2=0$ 이 됨을 밝혀라.

3. 음함수의 도함수

$y=f(x)$ 꼴의 식의 함수를 y 를 x 의 양함수라 하고 x 의 함수 y 가 $f(x, y)=0$ 꼴의 식을 음함수라 한다. 음함수 $f(x, y)=0$일 때 그 도함수는 그 방정식의 양변의 x 관해서 미분한다.

예제 10 $x^3+y^3-3xy=0$ 에서 $\frac{dy}{dx}$ 를 구하라.

풀이 y 를 x 로 미분하면 $\frac{dy}{dx}$

y^2 을 x 로 미분하면 $\frac{d}{dy}(y^2)\frac{dy}{dx}=2y\frac{dy}{dx}$

$x \cdot y$ 를 x 로 미분하면

$$\frac{d}{dx}(x \cdot y)=\frac{dx}{dx} \cdot y+x \cdot \frac{dy}{dx}=y+x\frac{dy}{dx}$$

그러므로 $x^3+y^3-3xy=0$

양변을 x 로 미분하면

$$3x^2+3y^2\frac{dy}{dx}-3(y+x\frac{dy}{dx})=0$$

$$3(y^2-x)\frac{dy}{dx}=3(y-x^2)$$

$$\therefore \frac{dy}{dx}=\frac{y-x^2}{y^2-x}, \text{ (단 } y^2-x \neq 0)$$

예제 11 x, y 에 관한 1차 방정식

$ax+by+c=0$ 일 때

(1) $b \neq 0$, $ax+by+c=0$ 음함수

(2) $b \neq 0$, $y=-\frac{a}{b}x-\frac{c}{b}$ 양함수

예제 12 $xy+y^3-x^2=0$ 에서 $\frac{dy}{dx}$ 를 구하여라.

풀이 $y+x\frac{dy}{dx}+3y^2\frac{dy}{dx}-2x=0$

$(x+2y^2)\frac{dy}{dx}=2x-y$

$\therefore\ \frac{dy}{dx}=\frac{2x-y}{x+2y^2}$

예제 13 $4x^2+2xy-xy^3=0$ 에서 $\frac{dy}{dx}$ 를 구하여라.

풀이 양변을 미분하면

$8x+2x\frac{dy}{dx}+2y-3xy^2\frac{dy}{dx}-y^3=0$ 이므로

정리하면

$\frac{dy}{dx}=\frac{y^3-2y-8x}{x(2-3y^2)}$ 이다.

예제 14 곡선 $x^3-3xy^2+y^3=1$ 위의 점 (2, -1)에서의 기울기를 구하여라.

풀이 음함수 미분법으로 미분하면

$3x^2-3x\left(2y\frac{dy}{dx}\right)-3y^2+3y^2\frac{dy}{dx}=0$ 이므로

$\frac{dy}{dx}=\frac{y^2-x^2}{y(y-2x)}$ 이고 점 (2, -1)에서의 기울기는

$\frac{dy}{dx}=\frac{1-4}{-1(-1-4)}=-\frac{3}{5}$ 이다.

문제 5 다음 식에서 도함수 $\frac{dy}{dx}$ 를 구하라.

(1) $(x-2)^2+(y+1)^2=4$

(2) $xy=2$

(3) $x^3+x^2y-10y^3=0$

4. 함수의 극대, 극소

함수의 극대, 극소

함수 $f(x)$가 $x=a$ 에서 연속이고 x 가 증가하면서 $x=a$ 를 지날 때,

(1) $f(x)$가 증가상태에서 감소상태로 변하면, $f(x)$는 $x=a$ 에서 극대라 하고, $f(a)$를 극대값이라고 한다.

(2) $f(x)$가 감소상태에서 증가상태로 변하면, $f(x)$는 $x=a$ 에서 극소라 하고, $f(a)$를 극소값이라고 한다.

극대값과 극소값을 극값이라고 한다.

극대가 되는 점 $(a,\ f(a))$를 극대점, 극소가 되는 점 $(b,\ f(b))$를 극소점이라고 하고,

극대점과 극소점을 극점이라고 한다.

$f'(x)$에 의한 함수 $f(x)$의 극대, 극소의 판정

함수 $f(x)$에서 $f'(a)=0$이고 x 가 증가하면서 a 를 지날 때,

(1) $f'(x)$의 부호가 $+$에서 $-$로 변하면,
$f(x)$는 $x=a$ 에서 극대가 되고 극대값은 $f(a)$이다.

(2) $f'(x)$의 부호가 $-$에서 $+$로 변하면,
$f(x)$는 $x=a$ 에서 극소가 되고 극소값은 $f(a)$이다.

함수 $f(x)$ 가 $x=a$ 에서 극값을 가질 때, $f'(x)$의 변화를 그래프로 그리면, 다음 그림과 같다.

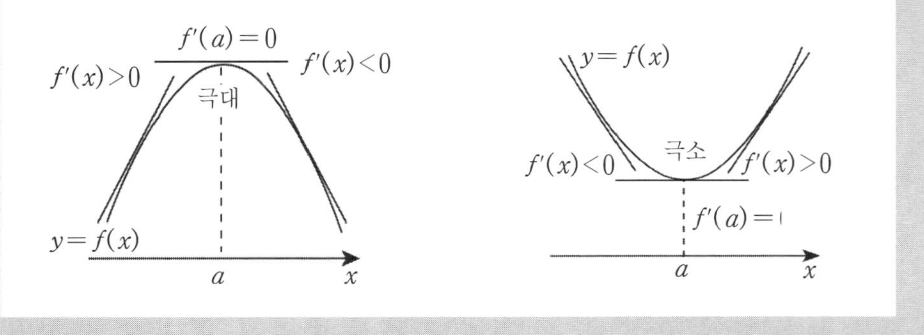

예제 14 $y=2x^3+3x^2-12x-4$의 극값을 구하고 그래프를 그려라.

풀이 $f(x)=2x^3+3x^2-12x-4$

$f'(x)=6x^2+6x-12=6(x+2)(x-1)$

$f'(x)=0$에서 $x=-2,\ x=1$

x	$-\infty$	$\cdots$	-2	$\cdots$	1	$\cdots$	∞
$f'(x)$		$+$	0	$-$	0	$+$	
$f(x)$	$-\infty$	↗	극대	↘	극소	↗	∞

$x=-2$ 일 때 극대값 $f(-2)=16$

$x=1$ 일 때 극소값 $f(1)=-11$

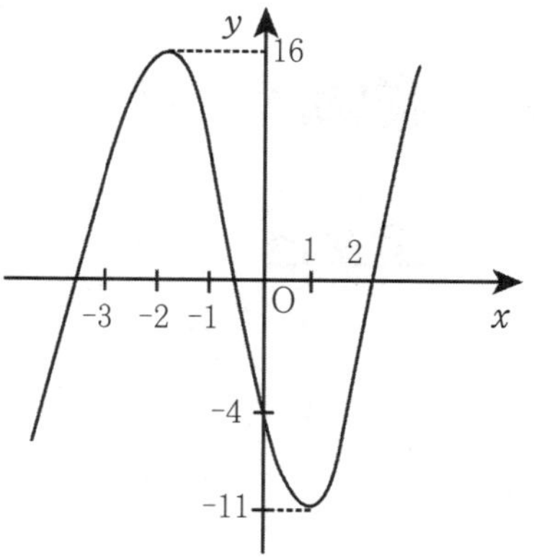

예제 15 다음 함수의 극값을 구하고, 그 그래프를 그려라.

(1) $f(x)=x^3-6x^2+9x-4$ (2) $y=x^4-4x^3+3$

풀이 (1) $f'(x)=3x^2-12x+9=3(x-1)(x-3)$

$f'(x)=0$이면 $x=1,\ x=3$

따라서, 함수 $f(x)$의 증감표는 다음과 같다.

x	$\cdots$	1	$\cdots$	3	$\cdots$
$f'(x)$	$+$	0	$-$	0	$+$
$f(x)$	↗	극대	↘	극소	↗

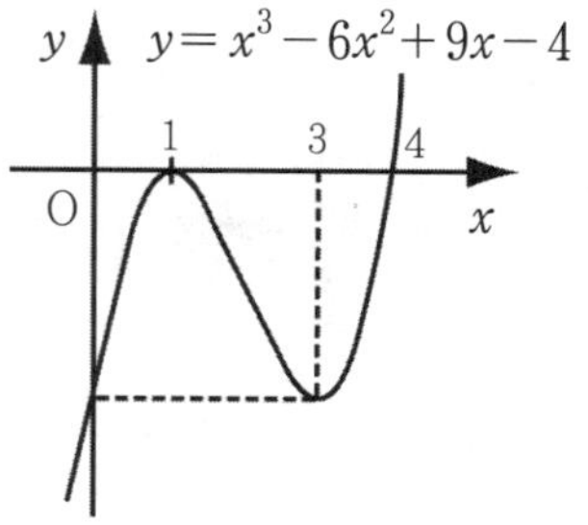

극대값은 $f(1)=0$, 극소값은 $f(3)=-4$

$\therefore x=1$일 때 극대값 0, $x=3$일 때 극소값 -4

또, 그래프는 오른쪽 그림과 같다.

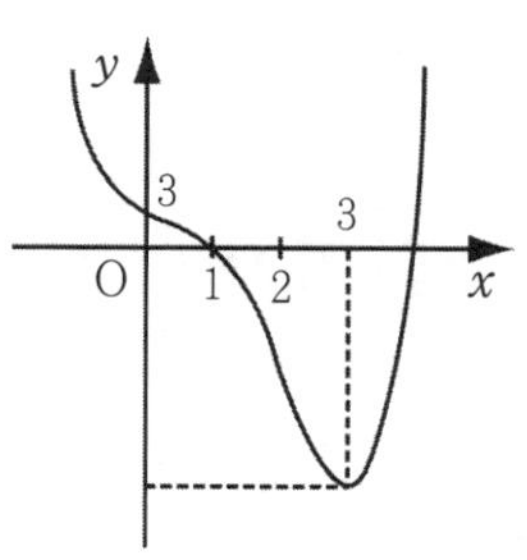

(2) $f(x)=x^4-4x^3+3$ 이라 하면,

$f'(x)=4x^3-12x^2=4x^2(x-3)$

$f'(x)=0$에서 $x=0,\ x=3$

x	$\cdots$	0	$\cdots$	3	$\cdots$
$f'(x)$	$-$	0	$-$	0	$+$
$f(x)$	↘	3	↘	극소	↗

따라서, $x=3$일 때 극소값 $f(3)=-24$

또, $f(1)=0$, $f(0)=3$이므로, 그래프는 x 축과 점 (1, 0)에서 만나며, y 축과의 점 (0, 3)에서 만나며, 그래프는 위의 그림과 같다.

예제 16 $y=\dfrac{6(x-1)}{x^2+3}$ 의 극값과 Graph의 개형을 그려라.

풀이 $f'(x)=6\cdot\dfrac{(x^2+3)-2x(x-1)}{(x^2+3)^2}=\dfrac{-6(x+1)(x-3)}{(x^2+3)^2}$

$f'(x)=0$에서 $x=-1,\ 3$ 이고 증감표는 다음과 같다.

x	$-\infty$	$\cdots$	-1	3	$\cdots$	∞
$f'(x)$		$-$	0	0	$-$	
$f(x)$	0	↘	-3	1	↘	0

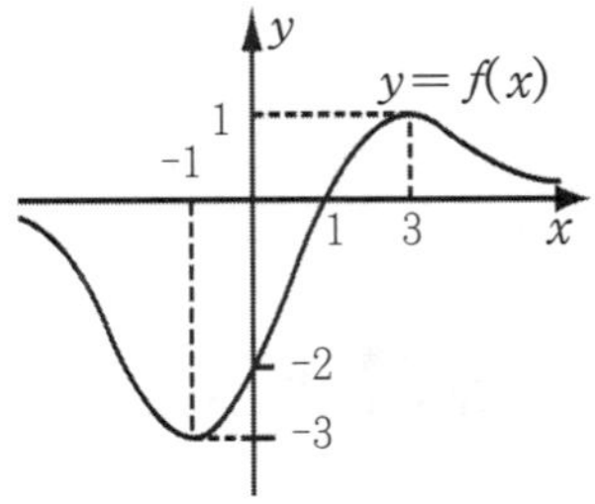

따라서, $\left.\begin{array}{l} x=-1\text{에서 극소값 } -3 \\ x=\ \ 3\text{에서 극대값 } \ \ 1 \end{array}\right\}$

예제 17 다음 함수의 극값을 구하라.

(1) $f(x)=x-\text{In}\,(2-x^2)$ (2) $y=x^2e^{-x}$

(3) $y=e^x\sin x\ (0\leqq x\leqq 2x)$

풀이 (1) $f(x)=x-\text{In}\,(2-x^2)$, $2-x^2>0$에서 $-\sqrt{2}<x<\sqrt{2}$

이 범위 안에서

$f'(x)=2x+\dfrac{2x}{2-x^2}=\dfrac{2x(x^2-3)}{x^2-2}$

이 때, $2-x^2>0$에서 $x^2-3<0$, 증감표는

그래프는 다음과 같다.

x	$-\sqrt{2}$	$\cdots$	0	$\cdots$	$\sqrt{2}$
$f'(x)$		$-$	0	+	
$f(x)$	∞	↘	-In2	↗	∞

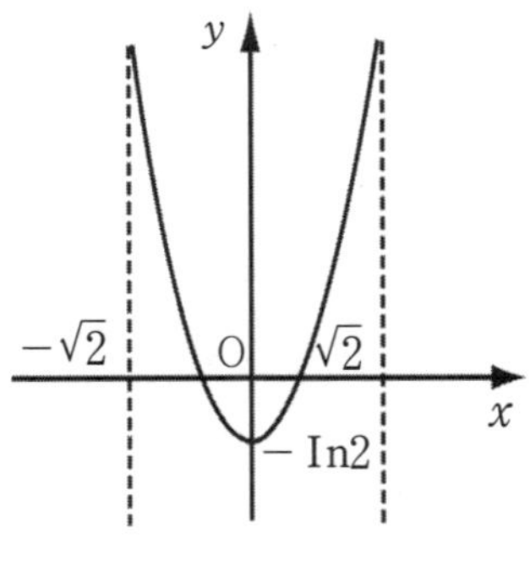

따라서 $x=0$일 때 극소값 -In 2

(2) $y'=2xe^{-x}-x^2e^{-x}=x(2-x)e^{-x}$

$y'=0$ 에서 $x=0,\ 2$

또 $\lim_{x\to\infty} x^2 e^{-x} = \lim_{x\to\infty} \frac{x^2}{e^x} = \lim_{x\to\infty} \frac{2x}{e^x}$

$= \lim_{x\to\infty} \frac{2}{e^x} = 0$

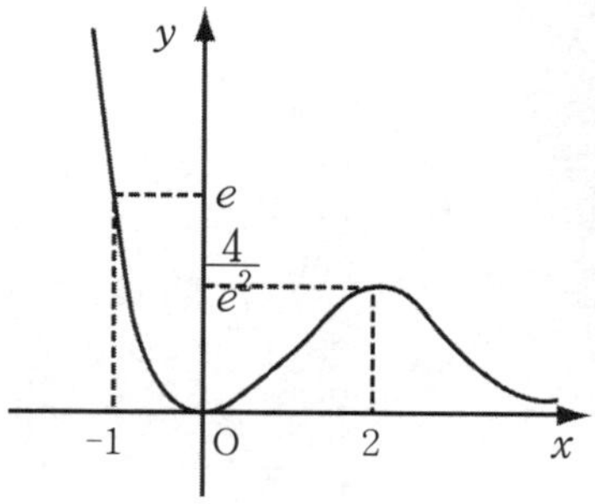

x	$-\infty$	…	0	…	2	…	∞
y'		$-$	0	$+$	0	$-$	
y	∞	↘	0	↗	$4e^{-2}$	↘	0

따라서 $x=0$ 일 때 극소값 0,

$x=2$ 일 때 극대값 $4e^{-2}$

(3) $y' = e^x \sin x + e^x \cos x = e^x(\sin x + \cos x) = \sqrt{2}e^x \sin\left(x + \frac{\pi}{4}\right)$

$y'=0$ 에서 $\sin\left(x+\frac{\pi}{4}\right)=0$ $\quad\therefore\ x = \frac{3\pi}{4},\ \frac{7\pi}{4}$

x	0	…	$\frac{3\pi}{4}$	…	$\frac{7\pi}{4}$	…	2π
y'		$+$	0	↘	$-$	↗	0
y	0	↗	$\frac{\sqrt{2}}{2}e^{\frac{3}{4}\pi}$		$\frac{-\sqrt{2}}{2}e^{\frac{7}{4}\pi}$		

따라서, $x=\frac{3\pi}{4}$ 일 때 극대값 $\frac{\sqrt{2}}{2}e^{\frac{3}{4}\pi}$

$x=\frac{7\pi}{4}$ 일 때 극소값 $-\frac{\sqrt{2}}{2}e^{\frac{7}{4}\pi}$

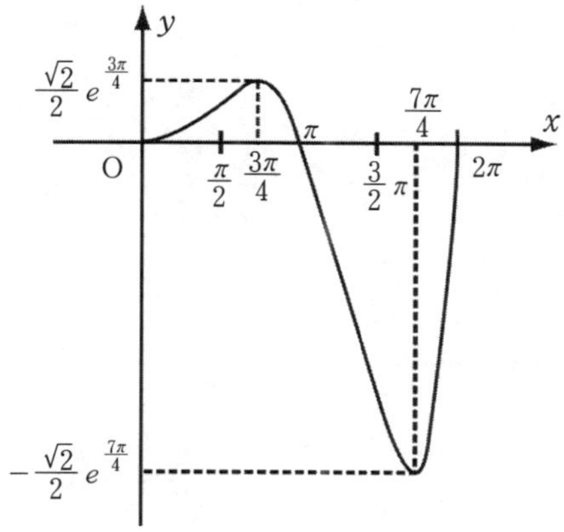

5. 곡선의 요철과 변곡점

곡선의 요철과 변곡점

■ 곡선의 요철

함수 $y=f(x)$에 대하여, 어떤 구간에서

구간 $[a, b]$에서, 곡선 $y=f(x)$위의 임의의 두 점 A, B 에 대하여, A, B를 이은 곡선의 호가 언제나 선분 AB 보다 아래쪽에 있을 때, 곡선 $y=f(x)$는 $[a, b]$에서 아래로 볼록(위로 오목)이라 하고, A, B를 이은 곡선이 언제나 선분 AB보다 위쪽에 있을 때, 곡선 $y=f(x)$는 구간 $[a, b]$에서 위로 볼록(아래로 오목)이라 한다.

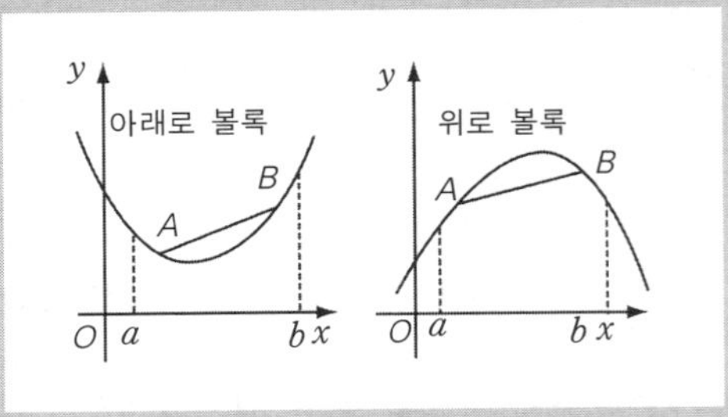

■ 곡선의 요철과 $f''(x)$의 부호

(1) $f''(x) > 0$ 이면, 곡선 $y=f(x)$ 는 이 구간에서 아래로 볼록이고,

(2) $f''(x) < 0$ 이면, $f(x)$ 는 이 구간에서 위로 볼록이다.

$f''(x)$ 에 의한 극치의 판정

함수 $y=f(x)$에서 $f'(a)=0$ 이고

(1) $f''(a) > 0$ 이면, $f(x)$는 $x=a$ 에서 극소이고,

(2) $f''(a) < 0$ 이면, $f(x)$는 $x=a$ 에서 극대이다.

■ 변곡점과 그 판정

곡선 $y=f(x)$ 위의 한 점의 전후에서 곡선의 요철이 변할 때, 이 점을 변곡점이라 한다.

즉, 함수 $y=f(x)$에 대하여 $f''(a)=0$이고, $x=a$ 의 전후에서 $f''(x)$ 의 부호가 바뀌면 점 $(a, f(a))$는 곡선 $y=f(x)$ 의 변곡점이다.

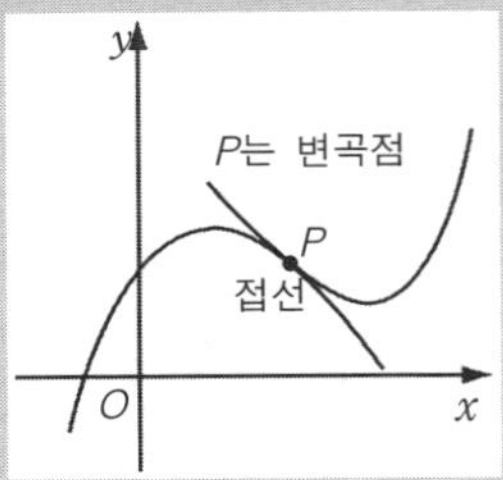

예제 18 $y=x^4-4x^3+3$ 의 개형을 그려라.

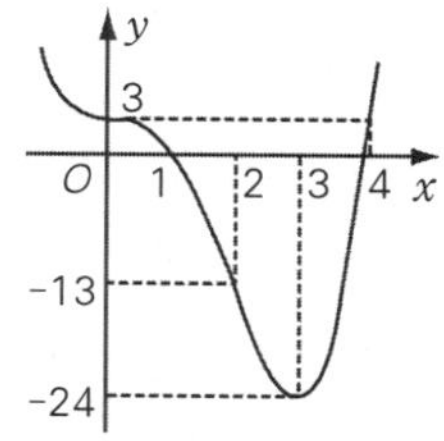

풀이 $y'=4x^2(x-3)$, $y''=12x(x-2)$

$y'=0$에서 $x=0,\ 3$,

$y''=0$에서 $x=0,\ 2$

x	$-\infty$	$\cdots$	0	$\cdots$	2	$\cdots$	3	$\cdots$	$\cdots$	$+\infty$
y'		$-$	0	$-$	$-$	$-$	0	$+$	$+$	
y''		$+$	0	$-$	0	$+$	$+$	$+$	$+$	
y	$+\infty$	↘	3	↘	-13	↘	-24	↗	↗	$+\infty$

따라서 극소점:(3, -24), 변곡점:(0, 3), (2, -13)이고 곡선의 개형은 오른편과 같다.

예제 19 다음 함수의 극값은 구하여라.

(1) $f(x)=x^3+6x^2+2$ (2) $f(x)=\dfrac{2}{x}-x^2$

(3) $f(x)=x^2\log x$ (4) $f(x)=x^4-2x^3-2x^2-1$

풀이 (1) $f'(x)=3x^2+12x=3x(x+4)$, $f'(x)=0$에서 $x=-4,\ x=0$

그런데, $f''(x)=6x+12$이므로, $f''(-4)=-12<0$, $f''(0)=12>0$

따라서, $\left\{\begin{array}{l} x=-4 \text{ 에서 극대이고 극대값은 } f(-4)=34 \\ x=0 \text{ 에서 극소이고 극소값은 } f(0)=2 \end{array}\right\}$

(2) $f'(x)=-\dfrac{2}{x^2}-2x=-\dfrac{2(x+1)(x^2-x+1)}{x^2}$, $f'(x)=0$에서

$x=-1$

그런데, $f''(x)=\dfrac{4}{x^3}-2$ 이므로, $f''(-1)=-6<0$

따라서, $x=-1$ 에서 극대이고 극대값은 $f(-1)=-3$

(3) $f'(x)=2x\log x+x=x(2\log x+1)$ $\therefore$ $f'(x)=0$에서 $x=e^{-\frac{1}{2}}$

그런데, $f''(x)=2\log x+3$이므로, $f''(e^{-\frac{1}{2}})=2>0$

따라서, $x=e^{-\frac{1}{2}}$ 일 때 극소이고, 극소값은 $f(e^{-\frac{1}{2}})=-\dfrac{1}{2e}$

(4) $f'(x)=4x^3-6x^2-4x=2x(2x^2-3x-2)$

$$=2x(2x+1)(x-2)$$

$f'(x)=0$의 근은 $x=0,\ x=-\frac{1}{2}\quad x=2$

$f''(x)=12x^2-12x-4$

1) $x=0\quad f''(0)=-4<0$ 이므로

$x=0$ 에서 극대이고 극대값 $f(0)=-1$

2) $x=-\frac{1}{2}$,

$f''\left(-\frac{1}{2}\right)=12\cdot\frac{1}{4}-12\cdot\left(-\frac{1}{2}\right)-4=3+6-4>0$

$x=-\frac{1}{2}$에서 극소이고 극소값 $f\left(-\frac{1}{2}\right)=-\frac{19}{16}$

3) $x=2,\ f''(2)=36-24-4>0$

$x=2$에서 극소이고 극소값 $f(2)=-9$

예제 20 다음 각 곡선의 개형을 그려라.

(1) $y=\log(x^2+1)$ (2) $y=xe^{-x}$

풀이 (1) $y=\log(x^2+1)$에서

$$y'=\frac{2x}{x^2+1},$$

$$y''=\frac{2(x^2+1)-2x\cdot 2x}{(x^2+1)^2}=\frac{-2(x+1)(x-1)}{(x^2+1)^2}$$

이므로 증감 밑 요철은 다음과 같다.

x	…	-1	…	0	…	1	…
y'	−	−	−	0	+	+	+
y''	−	0	+	+	+	0	−
y	↘	변곡	↘	극소	↗	변곡	↗

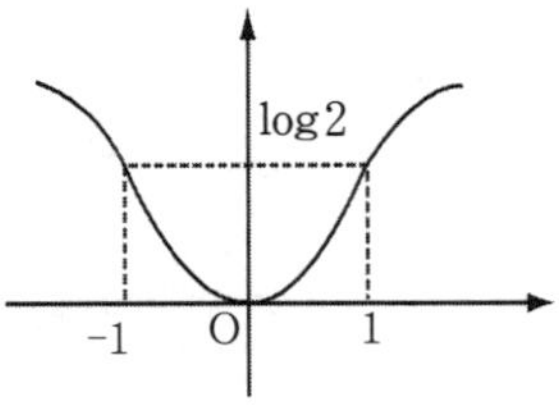

따라서 극소점 : (0, 0), 변곡점 : (-1, log2), (1, log2)이고 또,

$\lim_{x\to-\infty}y=\lim_{x\to-\infty}\log(x^2+1)=\infty,\qquad \lim_{x\to\infty}y=\lim_{x\to\infty}\log(x^2+1)=\infty$

(2) $y=xe^{-x}$에서

$y'=e^{-x}-xe^{-x}=-(x-1)\,e^{-x},$

$y'' = -e^{-x} + (x-1)\,e^{-x} = (x-2)\,e^{-x}$

이므로 증감 및 요철은 다음과 같다.

x	$\cdots$	1	$\cdots$	2	$\cdots$
y'	+	0	−	−	−
y''	−	−	−	0	+
y	↱	극대	↘	변곡	↳

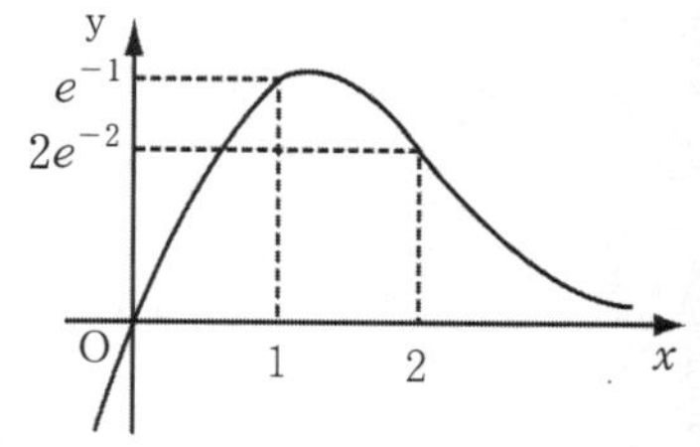

따라서 극대점 : $(1,\ e^{-1})$, 변곡점 : $(2,\ 2e^{-2})$이고, 또,

$$\lim_{x\to\infty} y = \lim_{x\to\infty} x\,e^{-x} = \lim_{x\to\infty} \frac{x}{e^x} = \lim_{x\to\infty} \frac{1}{e^x} = 0$$

$$\lim_{x\to-\infty} y = \lim_{x\to-\infty} x\,e^{-x} = -\infty$$

이므로 개형은 위와 같다.

예제 21 $f(x) = (x^2-3)\,e^x \qquad (-2 \leqq x \leqq 2)$의 최대값, 최소값을 구하여라.

풀이 $f(x) = (x^2-3)\,e^x$ 에서

$$\begin{aligned} f'(x) &= 2xe^x + (x^2-3)e^x \\ &= (x^2+2x-3)e^x \\ &= (x+3)(x-1)e^x \end{aligned}$$

x	-2	$\cdots$	1	$\cdots$	2
$f'(x)$		−	0	+	
$f(x)$	$e^{\frac{1}{2}}$	↘	최소	↗	e^2

$f'(x)=0$에서 $x=-3,\ x=1$

따라서 $-2 \leqq x \leqq 2$에서 $f(x)$의 증감을 조사하면 위와 같다.

∴ 최대값: $f(2) = e^2$, 최소값: $f(1) = -2e$

예제 22 다음 함수의 그래프의 개형을 그려라.

(1) $y = 2\sqrt{x} - x$

(2) $y = e^{-x^2}$

(3) $y = x + 2\sin x \ (0 \leqq x \leqq 2\pi)$

풀이 (1) x 축과의 교점은 x 좌표는

$2\sqrt{x} - x = 0$ 에서 $x = 0,\ 4$

x	0	$\cdots$	1	$\cdots$	∞
y'		+	0	−	
y''		−	−	−	
y	0	↱	1	↘	$-\infty$

$$y' = \frac{1}{\sqrt{x}} - 1 = \frac{1-\sqrt{x}}{\sqrt{x}} = 0$$

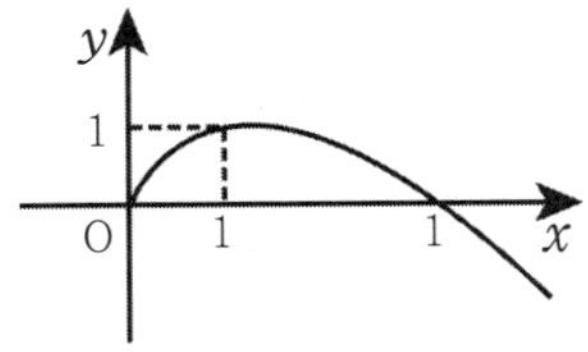

에서 $x=1$

$$y'' = -\frac{1}{2\sqrt{x^3}} < 0 \ (\because \ x \geqq 0)$$

또, $\lim_{x\to+0} y' = \infty$ 이므로, 곡선은 원점에서 x 축에 접한다.

이상으로 그래프를 그리면, 오른쪽 그림과 같다.

(2) $f(x) = e^{-x^2}$ 이라 하면, $f(x) = f(-x)$ 이므로,

y 축에 관하여 대칭이다.

$y' = -2xe^{-x^2} = 0$에서 $x=0$

$$y'' = -2e^{-x^2} + 4x\,e^{-x^2}$$

$$= 2e^{-x^2}(2x-1)$$

$y'' = 0$에서 $x = \pm\frac{1}{\sqrt{2}}$

따라서, 함수의 증감 및 요철은 오른쪽 표와 같다.

또, $\lim_{x\to\pm\infty} y = 0$ 이므로, x 축이 점근선이다.

x	$-\infty$	…	$-\frac{1}{\sqrt{2}}$	…	0	…	$\frac{1}{\sqrt{2}}$	…	∞
y'		+	+	+	0	−	−	−	
y''		+	0	−	−	−	0	+	
y	0	↗	$\frac{1}{\sqrt{e}}$	↗	1	↘	$\frac{1}{\sqrt{e}}$	↘	0

이상으로, 그래프를 그리면 아래 그림과 같다.

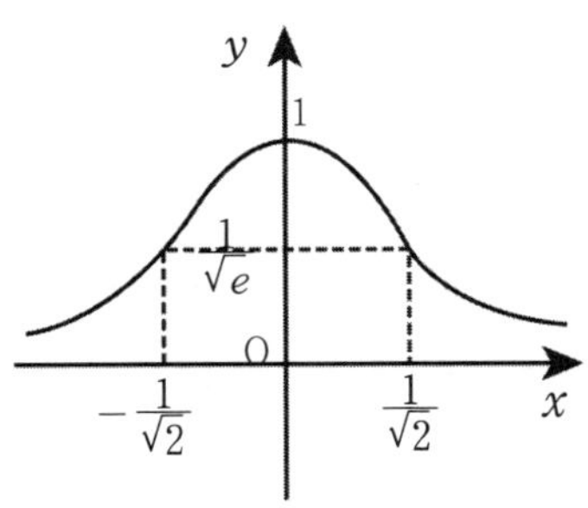

(3) $y'=1+2\cos x=0$에서 $x=\frac{2\pi}{3},\ \frac{4\pi}{3}$

$y''=-2\sin x=0$에서 $x=\pi$

x	0		$\frac{2}{3}\pi$	…	π	…	$\frac{4}{3}\pi$	…	2π
y'		+	0	−	−	−	0	+	
y''		−	−	−	0	+	+	+	
y	0	↗	$\frac{2}{3}\pi+\sqrt{3}$	↘	π	↘	$\frac{4\pi}{3}\pi-\sqrt{3}$	↗	2π

이상으로, 그래프를 그리면 아래 그림과 같다.

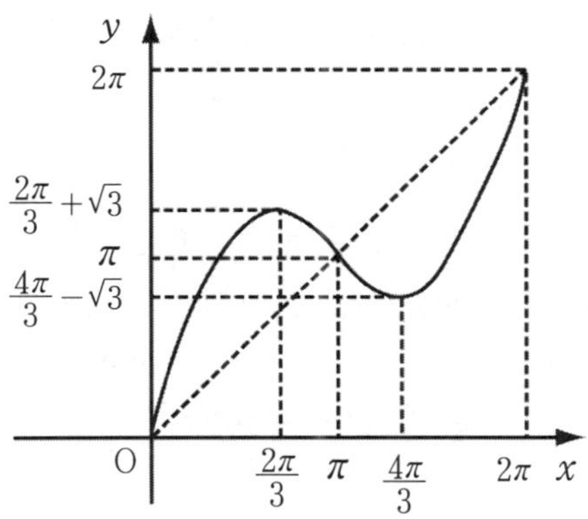

8 도함수의 응용

1. 평균치 정리

정리 1

■ Rolle의 정리

함수 $f(x)$가 폐구간 $[a, b]$에서 연속이고, 개구간 (a, b)에서 미분 가능할 때

$f(a)=f(b)$이면, $f'(c)=0$ $(a<c<b)$

이 되는 c 가 적어도 하나 존재한다.

증명 $f(x)$가 폐구간 $[a, b]$에서 연속이면, 최소값 m 과 최대값 M 을 가진다.

(i) $\mathrm{m}=\mathrm{M}$ 일 때: $f(x)$ 는 구간 $[a, b]$에서 상수함수이므로, 개구간 (a, b) 안의 모든 c 에 대하여 $f'(c)=0$이다.

(ii) $\mathrm{m} < \mathrm{M}$ 일 때: $f(a)=f(b)$이고

$m<M$

이므로 m 과 M 중 적어도 하나는 $f(a)$ 가 아니다.

따라서, (a, b) 안의 한 점 c 에서 최소값 또는 최대값을 갖는다.

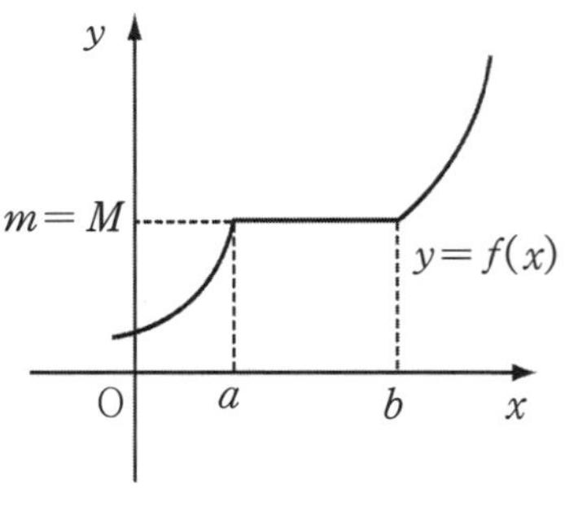

$x=c$ 에서 최대값 $f(c)$ 를 가질 때는 $f(c) \geqq f(c+\Delta x)$이므로,

$\Delta x<0$ 이면, $\dfrac{f(c+\Delta x)-f(c)}{\Delta x} \geqq 0$

$\Delta x>0$ 이면, $\dfrac{f(c+\Delta x)-f(c)}{\Delta x} \leqq 0$

$\therefore \quad \lim\limits_{\Delta x \to 0} \dfrac{f(c+\Delta x)-f(c)}{\Delta x} \geqq 0$

$\lim\limits_{\Delta x \to +0} \dfrac{f(c+\Delta x)-f(c)}{\Delta x} \leqq 0$

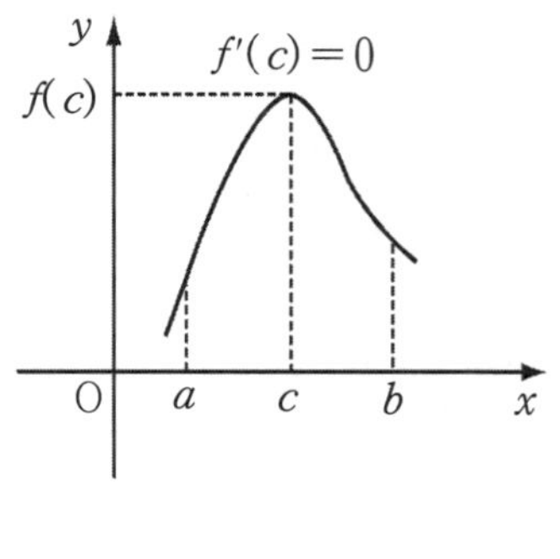

그런데 함수 $f(x)$는 $x=c$ 에서 미분가능하므로,

$$0 \leqq \lim_{\Delta x \to -0} \frac{f(c+\Delta x)-f(c)}{\Delta x} = \lim_{\Delta x \to +0} \frac{f(c+\Delta x)-f(c)}{\Delta x} \leqq 0$$

따라서, $f'(c)=0$

마찬가지로 $x=c$ 에서 최소값 $f(c)$를 가질 때에도 $f'(c)=0$이 성립한다.

(i), (ii)에서 Rolle의 정리가 성립한다.

정리2

■ **평균값의 정리**

함수 $f(x)$가 폐구간 $[a, b]$에서 연속이고, 개구간 (a, b)에서 미분 가능할 때,

$$\frac{f(b)-f(a)}{b-a} = f'(c) \quad (a < c < b)$$

가 되는 c 가 적어도 하나 존재한다.

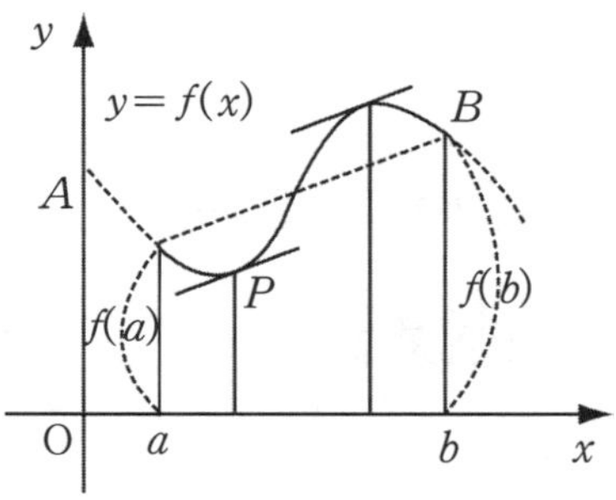

평균값의 정리에 의하면, 오른쪽 그림과 같이 선분 AB가 x 축에 평행하지 않더라도 선분 AB와 평행한 접선을 가지는 점 P가 호 AB 위에 적어도 하나 있음을 알 수 있다.

증명 두 점 A $(a, f(a))$, $B(b, f(b))$을 잇는

직선의 기울기 k 즉, $\frac{f(b)-f(a)}{b-a}=k$

로 놓으면,

직선 AB의 방정식은

$y=k(x-a)+f(a)$

구간 $[a, b]$ 안의 한 점 x 에 대응하는, 직선 AB

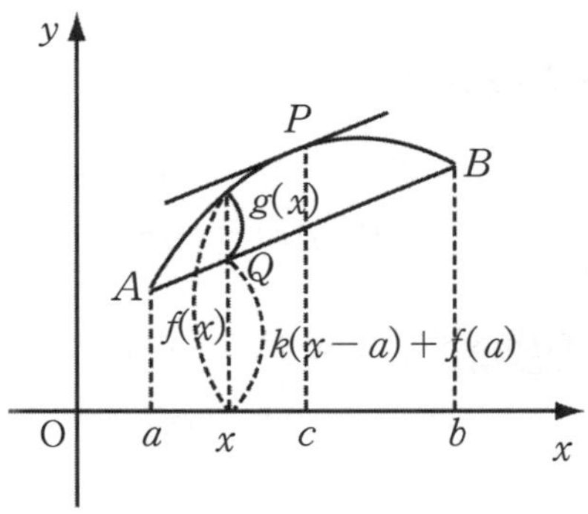

위의 한 점을 Q $(x, k(x-a)+f(a))$, 곡선 $y=f(x)$ 위의 한 점을 P 라 하고 $\overline{PQ}=g(x)$라 하면,

$g(x)=f(x)-k(x-a)-f(a) \cdots\cdots ①$

이 때, $g(x)$는 $[a, b]$에서 연속되고, (a, b)에서 미분가능하며,

$g(a)=g(b)=0$ ⬅ $g(b)=f(b)-\dfrac{f(b)-f(a)}{b-a}(b-a)-f(a)=0$

이므로, Rolle의 정리에 의하면 $g'(c)=0$인 c 가 적어도 하나 존재한다.

그런데 ①에서 $g'(x)=f'(x)-k=f'(x)-\dfrac{f(b)-f(a)}{b-a}$ 이므로,

$$g'(c)=f'(c)-\frac{f(b)-f(a)}{b-a}=0$$

$$\therefore \frac{f(b)-f(a)}{b-a}=f'(c)$$

예제 1 $f(x)=\sqrt{x}$를 구간 〔1, 9〕에서 평균치의 정리를 이용하여 c 의 값을 구하여라.

풀이 $f'(x)=\dfrac{1}{2\sqrt{x}}$ 이므로 $f'(c)=\dfrac{1}{2\sqrt{c}}$

평균치의 정리에 의하여 $\dfrac{f(9)-f(1)}{9-1}=\dfrac{\sqrt{9}-1}{8}=\dfrac{1}{4}$

그러므로 $f'(c)=\dfrac{1}{4}$ 이고 $\dfrac{1}{4}=\dfrac{1}{2\sqrt{c}}$ $\quad\therefore c=4$

예제 2 다음 평균값을 구하여라.

(1) $f(x)=x^2$, $[0, 2]$

(2) $f(x)=\ln x$, $[1, e]$

풀이 (1) 함수 $f(x)=x^2$ 은 구간 〔0, 2〕에서 평균값의 정리의 조건을 만족하므로

$\dfrac{f(2)-f(0)}{2-0}=\dfrac{4}{2}=2$

또 $f'(c)=2c$

$2=2c \quad \therefore c=1$

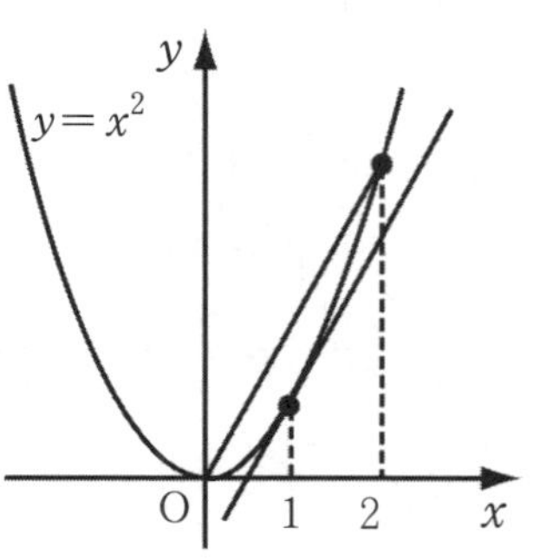

(2) 함수 $f(x)=\ln x$ 는 구간 $[1, e]$에서 평균값의 정리의 조건을 만족하므로

$\dfrac{f(e)-f(1)}{e-1}=\dfrac{1-0}{e-1}=\dfrac{1}{e-1}=\dfrac{1}{c}$

또, $f'(c)=\frac{1}{c}$　　$\therefore\ c=e-1$

평균값의 정리에서

$$\frac{f(b)-f(a)}{b-a}=f'(c)\ \ (a<c<b)\qquad\cdots\cdots①$$

를 만족하는 c 가 존재한다는 것은 $b=a+h$ 로 놓을 때, $c=a+\theta h$ $(0<\theta<1)$인 θ 가 존재한다는 것과 같다. 따라서, 위의 ①식은

$\frac{f(a+h)-f(a)}{(a+h)-a}=f'(a+\theta h)$에서 $f(a+h)=f(a)+hf'(a+\theta h)$

로 쓸 수 있다.

예제 3 다음 함수에 대하여, 평균값의 정리 $f(a+h)=f(a)+hf'(a+\theta h)$ 를 만족하는 θ 의 값과 $\lim_{h\to 0}\theta$ 를 구하여라.(단, $a\geqq 0$, $h>0$)

(1) $f(x)=x^3-3x$　　　　(2) $f(x)=\sqrt{x}$

풀이 (1) $f'(x)=3x^2-3$ 이므로, $f(a+h)=f(a)+hf'(a+\theta h)$에서

$(a+h)^3-3(a+h)=(a^3-3a)+h\{3(a+\theta h)^2-3\}$

즉, $a^3+3a^2h+3ah^2+h^3-3a-3h=a^3-3a+3h(a+\theta h)^2-3h$

$\therefore\ 3h(a+\theta h)^2=3a^2h+3ah^2+h^3$

여기서, $a\geqq 0$, $h>0$, $\theta>0$ 이므로 $a+\theta h>0$

$\therefore\ a+\theta h=\sqrt{a^2+ah+\frac{h^2}{3}}$　　$\therefore\ \theta=\frac{1}{h}\left\{\sqrt{a^2+ah+\frac{h^2}{3}}-a\right\}$

$$\text{또 } \lim_{h\to 0}\theta=\lim_{h\to 0}\frac{1}{h}\cdot\frac{\left(a^2+ah+\frac{h^2}{3}\right)-a^2}{\sqrt{a^2+ah+\frac{h^2}{3}}+a}$$

$$=\lim_{h\to 0}\frac{a+\frac{h}{3}}{\sqrt{a^2+ah+\frac{h^2}{3}}+a}=\frac{1}{2}$$

(2) $f'(x)=\frac{1}{2\sqrt{x}}$ 이므로, $\sqrt{a+h}=\sqrt{a}+\frac{h}{2\sqrt{a+\theta h}}$

$\therefore\ \sqrt{a+\theta h}=\frac{h}{2(\sqrt{a+h}-\sqrt{a})}=\frac{\sqrt{a+h}+\sqrt{a}}{2}$

$\therefore\ a+\theta h=\frac{2a+h+2\sqrt{a(a+h)}}{4}$　　$\therefore\ \theta=\frac{1}{4}+\frac{\sqrt{a(a+h)}-a}{2h}$

또, $\lim_{h\to0}\theta = \lim_{h\to0}\left\{\frac{1}{4} + \frac{\sqrt{a(a+h)} - a}{2h}\right\}$

$$= \lim_{h\to0}\left[\frac{1}{4} + \frac{a}{2\{\sqrt{a(a+h)}\} + a}\right] = \frac{1}{4} + \frac{1}{4} = \frac{1}{2}$$

정리3

■ Cauchy의 정리

함수 $f(x)$, $g(x)$가 구간 $[a,\ b]$ 에서 연속이고 $(a,\ b)$에서 미분가능일 때 $g'(x) \neq 0$ 이면

$$\frac{f(b)-f(a)}{g(b)-g(a)} = \frac{f'(c)}{g'(c)}$$

증명 $F(x) = f(x) - f(a) - \dfrac{f(b)-f(a)}{g(b)-g(a)}\{g(x)-g(a)\}$

라 놓으면 $F(x)$는 $[a,\ b]$에서 연속이고 $(a,\ b)$에서 미분가능하며

$F(a) = F(b) = 0$이므로 Rolle의 정리에 의하여 $F'(c) = 0$, $(a < c < b)$

$\therefore\ f'(c) - \dfrac{f(b)-f(a)}{g(b)-g(a)}g'(c) = 0$

$\therefore\ \dfrac{f(b)-f(c)}{g(b)-g(a)} = \dfrac{f'(c)}{g'(c)} \qquad (a < c < b)$

정리4

■ L'Hospital의 정리

함수 $f(x)$, $g(x)$가, $x = a$ 의 근방에서 미분가능하고 $g'(x) \neq 0$ 일 때 $f(a) = g(a) = 0$ 이면

$$\lim_{x\to0}\frac{f(x)}{g(x)} = \lim_{x\to a}\frac{f'(x)}{g'(x)}$$

증명 Cauchy의 정리에 의하면

$\dfrac{f(x)}{g(x)} = \dfrac{f(x)-f(a)}{g(x)-g(a)} = \dfrac{f'(c)}{g'(c)}$

$x \to a$ 일 때 $c \to a$ 이므로

$\lim_{x\to a}\dfrac{f(x)}{g(x)} = \lim_{x\to a}\dfrac{f'(c)}{g'(c)} = \lim_{x\to a}\dfrac{f''(c)}{g''(c)}$

이 정리는 $f(a) = g(a) \to \infty$ 일 때도 마찬가지이다.

예제 4 다음 극한치를 구하여라.

(1) $\lim_{x\to 0}\frac{x^3-5x^2}{x^3+2x^2}$ (2) $\lim_{x\to 0}\frac{2\tan x\sec x}{x e^x}$

(3) $\lim_{x\to\infty}\frac{x^2}{e^x}$ (4) $\lim_{x\to 0}\frac{\tan x}{x}$

풀이 (1) $\lim_{x\to 0}\frac{x^3-5x^2}{x^3+2x^2}=\lim_{x\to 0}\frac{3x^2-10x}{3x^2+4x}=\lim_{x\to 0}\frac{6x-10}{6x+4}=-\frac{5}{2}$

(2) $\lim_{x\to 0}\frac{2\tan x\sec x}{x e^x}=\lim_{x\to 0}\frac{2\sec x}{e^x}\times\lim_{x\to 0}\frac{\tan x}{x}=2\cdot 1=2$

(3) $\lim_{x\to\infty}\frac{x^2}{e^x}=\lim_{x\to\infty}\frac{2x}{e^x}=\lim_{x\to\infty}\frac{2}{e^x}=0$

(4) $\lim_{x\to 0}\frac{\tan x}{x}=\lim_{x\to 0}\frac{\sec x^2}{1}=1$

예제 5 $\lim_{x\to 0}\frac{e^x+e^{-x}-2\cos x}{x\sin x}$ 의 극한치를 구하여라.

풀이 $x=0$ 에서 분수가 $\frac{0}{0}$ 이 되므로

$$\lim_{x\to 0}\frac{e^x+e^{-x}-2\cos x}{x\sin x}=\lim_{x\to 0}\frac{e^x-e^{-x}+2\sin x}{x\cos x+\sin x}$$

$$=\lim_{x\to 0}\frac{e^x+e^{-x}+2\cos x}{-x\sin x+2\cos x}$$

$$=\frac{4}{2}=2$$

예제 6 다음을 구하여라.

(1) $\lim_{x\to 1}\frac{x^3-3x+2}{x^3-x^2-x+1}$ (2) $\lim_{x\to+\infty}\frac{\log(1+e^x)}{x}$

(3) $\lim_{x\to 1}(1-x)\tan\frac{\pi x}{2}$ (4) $\lim_{x\to 0+}x\ \mathrm{In}x$

(5) $\lim_{x\to 0}\frac{e^x-e^{-x}}{\sin\theta}$ (6) $\lim_{x\to\infty}\frac{\log x}{x}$

(7) $\lim_{x\to 0}x\left(1-e^{\frac{1}{x}}\right)$

풀이 (1) $l=\lim_{x\to1}\frac{x^3-3x+2}{x^3-x^2-x+1}=\frac{1-3+2}{1-1-1+1}=\frac{0}{0}$

$$l=\lim_{x\to1}\frac{3x^2-3}{3x^2-2x-1}=\frac{3-3}{3-2-1}=\frac{0}{0}$$

$$l=\lim_{x\to1}\frac{6x}{6x-2}=\frac{6}{6-2}=\frac{3}{2}$$

(2) $l=\lim_{x\to+\infty}\frac{\log(1+e^x)}{x}$

$$l=\lim_{x\to+\infty}\left(\frac{e^x}{1+e^x}/1\right)=\lim_{x\to+\infty}\frac{e^x}{e^x}=1$$

(3) $l=\lim_{x\to1}(1-x)\tan\frac{\pi x}{2}$

$$l=\lim_{x\to1}\frac{1-x}{\cot\frac{\pi x}{2}}=\frac{1-1}{\cot\frac{\pi}{2}}=\frac{0}{0}$$

$$l=\lim_{x\to1}\frac{-1}{-\frac{\pi}{2}\csc^2\frac{\pi x}{2}}=\frac{-1}{-\frac{\pi}{2}}=\frac{2}{\pi}$$

(4) $\lim_{x\to0}=0,\quad \lim_{x\to0+}x\ \text{In}\,x=-\infty$

$$\lim_{x\to0+}x\ \text{In}\,x=\lim_{x\to0+}\frac{\text{In}\,x}{\frac{1}{x}}=\lim_{x\to0+}\frac{\frac{1}{x}}{-\frac{1}{x^2}}$$

$$=\lim_{x\to0+}(-)\frac{1}{\frac{1}{x}}=-\lim_{x\to0+}x=0$$

(5) $\lim_{x\to0}\frac{e^x-e^{-x}}{\sin\theta}=\lim_{x\to0}\frac{e^x+e^{-x}}{\cos x}=2$

(6) $\lim_{x\to\infty}\frac{\log x}{x}=\lim_{x\to\infty}\frac{1}{x}=0$

(7) $\lim_{x\to\infty}x\left(1-e^{\frac{1}{x}}\right)=\lim_{x\to\infty}\frac{1-e^{\frac{1}{x}}}{\frac{1}{x}}$

$$=\lim_{x\to\infty}\frac{-e^{\frac{1}{x}}\left(-\frac{1}{x^2}\right)}{-\frac{1}{x^2}}=\lim_{x\to\infty}\left(-e^{\frac{1}{x}}\right)=-e^o=-1$$

정리5

■ Taylor 정리

여기서는 Rolle의 정리를 써서 Taylor의 정리를 유도하자. 함수 $f(x)$의 고차 도함수 $f^{(n)}(x)$가 $[a, b]$에서 연속이라 하고,

$$\mathrm{F}(x)=f(b)-\left\{f(x)+f'(x)(b-x)+\frac{f''(x)}{2!}(b-x)^2+\cdots\right.$$

$$\left.+\frac{f^{(n-1)}(x)}{(n-1)!}(b-x)^{n-1}+K(b-x)^n\right\}$$

를 생각하면 $\mathrm{F}(b)=0$ 이다. 또 $F(a)=0$ 가 되는 K 를 정할 수 있고

$$\mathrm{F}'(x)=-\frac{f^{(n)}(x)}{(n-1)!}(b-x)^{n-1}+nK(b-x)^{n-1}$$

이므로 $\mathrm{F}'(x)$는 $[a, b]$에서 연속이다.

또, $\mathrm{F}(a)=\mathrm{F}(b)=0$

이므로

$$\mathrm{F}'(c)=\frac{f^{(n)}(c)}{(n-1)!}(b-c)^{n-1}+nK(b-c)^{n-1}=0$$

$$\therefore\ \mathrm{K}=\frac{f^{(n)}(c)}{n!}$$

이것을 $\mathrm{F}(a)=0$을 표시하는 식에 대입하면 다음 정리를 얻는다.

(Taylor 정리) 함수 $f(x)$가 $[a, b]$에서 n 회 미분가능이면

$$f(b)=f(a)+f'(a)(b-a)+\frac{1}{2!}f''(a)(b-a)^2+\cdots\cdots$$

$$+\frac{f^{(n-1)}(a)}{(n-1)!}(b-a)^{n-1}+\frac{f^{(n)}(c)}{n!}(b-a)^n \qquad (a<c<b)$$

여기서 $b=x$ 라 두면

$$f(x)=f(a)+(x-a)f'(a)+\ \cdots\cdots$$

$$+\frac{(x-a)^{n-1}}{(n-1)!}f^{(n-1)}(a)+\frac{(x-a)^n}{n!}f^{(n)}(c)$$

가 되고 이 식을 Taylor 급수(series)라 한다.

Taylor 정리에서 마지막 항 $\frac{f^n(c)}{n!}(b-a)^n$ 을 R_n 이라 놓고 Lagrange 잉여항이라 한다.

정리6

■ Maclaurin 정리

함수 $f(x)$가 $x=0$의 근방에서 n 회 미분가능이면 $x=0$ 근방의 임의의 점에 대하여

$$f(x)=f(0)+f'(0)x+\frac{f''(0)}{2!}x^2+\cdots+\frac{f^{(n-1)}(0)}{(n-1)!}x^{n-1}$$
$$+\frac{f^{(n)}(\theta x)}{n!}x^n \qquad (0<\theta<1)$$

이것을 Maclaurin 정리라 하고 $f(x)$가 n 회, 미분가능일 때

$$R_n=\frac{f^{(n)}(\theta x)x^n}{n!} \rightarrow 0 \ (n \rightarrow \infty)$$

일 때

$$f(x)=f(0)+\frac{f'(0)}{1!}x+\frac{f''(0)}{2!}x^2+\frac{f'''(0)}{3!}x^3$$

이것을 Maclaurin 급수(series)라 한다.

예제 7 $f(x)=\sin x$의 Maclaurin 전개식을 구하여라.

풀이

$f(x)=\sin x$ $\qquad f(0)=0$

$f'(x)=\cos x=\sin\left(x+\frac{1}{2}\pi\right)$ $\qquad f'(0)=1$

$f''(x)=\cos\left(x+\frac{1}{2}\pi\right)=\sin\left(x+\frac{2}{2}\pi\right)$ $\qquad f''(0)=0$

$f'''(x)=\cos\left(x+\frac{2}{2}\pi\right)=\sin\left(x+\frac{3}{2}\pi\right)$ $\qquad f'''(0)=-1$

$\vdots \qquad \vdots \qquad \vdots \qquad \vdots$

$f^{(n)}(x)=\sin\left(x+\frac{n}{2}\pi\right)$ $\qquad f^{n}(0)=1$

$f^{(4n)}(x)=\sin\left(x+\frac{4n}{2}\pi\right)$ $\qquad f^{4n}(0)=0$

$f^{(4n+1)}(x)=\sin\left(x+\frac{4n+1}{2}\pi\right)$ $\qquad f^{(4n+1)}(0)=1$

$f^{(4n+2)}(x)=\sin\left(x+\frac{4n+2}{2}\pi\right)$ $\qquad f^{(4n+2)}(0)=0$

$$f^{(4n+3)}(x) = \sin\left(x + \frac{4n+3}{2}\pi\right) \qquad f^{(4n+3)}(0) = -1$$

$$\vdots \qquad \vdots \qquad \vdots \qquad \vdots$$

그러므로

$$\sin x = x - \frac{x^3}{3!} + \frac{x^5}{5!} - \cdots + (-1)^{n-1}\frac{x^{2n-1}}{(2n-1)!} + \cdots$$

예제 8 $f(x) = e^x$ Maclaurin 전개식을 구하라.

풀이

$$f(x) = e^x \qquad f(0) = 1$$

$$f'(x) = e^x \qquad f'(0) = 1$$

$$f''(x) = e^x \qquad f''(0) = 1$$

$$f'''(x) = e^x \qquad f'''(0) = 1$$

$$\vdots \qquad \vdots$$

$$f^n(x) = e^x \qquad f^n(0) = 1$$

그러므로

$$e^x = 1 + \frac{x}{1!} + \frac{x^2}{2!} + \frac{x^3}{3!} + \cdots + \frac{x^n}{n!}$$

예제 9 $f(x) = \mathrm{In}(1+x)$의 Maclaurin 의 전개식을 구하라.

풀이

$$f(x) = \mathrm{In}(1+x) \qquad f(0) = 0$$

$$f'(x) = \frac{1}{1+x} \qquad f'(0) = 1$$

$$f''(x) = \frac{-1}{(1+x)^2} \qquad f''(0) = -1$$

$$f'''(x) = \frac{2!}{(1+x)^3} \qquad f'''(0) = 2!$$

$$\vdots \qquad \vdots \qquad \vdots \qquad \vdots$$

$$f^{(n)}(x) = (-1)^{n+1}\frac{(n-1)!}{(1+x)^n} \qquad f^{(n)}(0) = (-1)^{n+1}(n-1)!$$

$$\vdots \qquad \vdots \qquad \vdots \qquad \vdots$$

그러므로

$$\text{In}(1+x)=0+\frac{x}{1!}\cdot 1+\frac{x^2}{2!}(-1)+\frac{x^3}{3!}\cdot 2!$$
$$+\cdots+\frac{x^n}{n!}\cdot(-1)^{n+1}(n-1)!+\cdots$$

따라서

$$\text{In}(1+x)=x-\frac{x^2}{2}+\frac{x^3}{3}-\cdots+(-)^{n+1}\frac{x^n}{n!}(n-1)!+\cdots$$

문제 1 다음 극한치를 구하여라.

$$\lim_{x\to\infty}(1-\sin x)^{\frac{1}{x}}$$

문제 2 다음 극한치를 구하여라.

(1) $\lim_{x\to\infty}\frac{x-\sin x}{x^3}$

(2) $\lim_{x\to\infty}\frac{\log x}{x^a}$, $(a>0)$

(3) $\lim_{x\to\infty}x^a\log x$, $(a>0)$

(4) $\lim_{x\to 0}x^x$,

문제 3 Maclaurin 전개식을 이용하여 다음 값을 소수점 이하 3자리까지 구하여라.

(1) $\log\left(1+\frac{1}{10}\right)$　　(2) $\sin\frac{\pi}{10}$

문제 4 Maclaurin 전개식을 이용하여 다음을 구하여라.

(1) $\cos x$

(2) $\tan x$

(3) $\sin^{-1}x$

CHAPTER 8

부정적분

1 부정적분

두 개의 함수 $F(x)$와 $f(x)$가 있을 때 이들 사이에

$$\frac{d}{dx}F(x)=f(x)$$

의 관계가 있으면, $F(x)$를 $f(x)$의 원시함수 또는 부정적분이라 하고, 역으로 $f(x)$를 $F(x)$의 피적분함수라 한다.

또 $f(x)$가 존재하고 $F(x)$를 구하는 것을 $f(x)$를 적분한다고 하며

이것을

$$\int f(x)dx=F(x)$$로 나타낸다.

$F(x)$를 $f(x)$의 하나의 부정적분, C 를 임의의 상수라 하면

$$\frac{d}{dx}\{F(x)+C\}=f(x)$$

이므로, $F(x)+C$ 도 $f(x)$의 부정적분이 된다.

도함수가 $F(x)$와 같은 함수, 즉 $F'(x)=f(x)$인 함수 $F(x)$를 $f(x)$의 원시함수 또는 부정적분(그냥 적분이라고도 함)이라고 말하고, 다음 기호로 나타낸다.

$\int f(x)dx=F(x)+C$, 이 때 C 를 적분상수라 한다.

이 기호에 따르면, 다음의 두 사실은 동치이다. 즉,

$$\int f(x)dx=F(x)+C \rightleftarrows F'(x)=f(x)$$

가령 $(\sin x)'=\cos x \quad \therefore \int \cos x\,dx=\sin x+C$

$\int f(x)dx=F(x)+C$ 의 양변을 x 에 대하여 미분하면

$$\frac{d}{dx}\int f(x)dx=\frac{d}{dx}\{F(x)+C\}=F'(x)=f(x)$$

이므로 적분법은 미분법의 역연산임을 알 수 있다. 이상을 정리하면

(1) $\frac{d}{dx}F(x)=f(x) \rightleftarrows \int f(x)dx=F(x)+C$

(2) $\frac{d}{dx}\left\{\int f(x)dx\right\}=f(x)$이 된다.

정리 1

$F(x)$의 하나의 원시함수이며, 임의의 상수 C 에 대해서 $F(x)+C$ 가 된다.

증명 $F(x)$가 $f(x)$의 원시함수이면 $F'(x)=f(x)$

$(F(x)+C)'=F'(x)=f(x)$

$\therefore F(x)+C$ 도 $f(x)$의 원시함수이다.

역으로, $G(x)$가 또 $f(x)$의 원시함수라 하면 $G'(x)=f(x)$

따라서 $P(x)=G(x)-F(x)$라 두면

$P'(x)=G'(x)-F'(x)=f(x)-f(x)=0$

그러므로 $P(x)$는 상수이다. $\therefore G(x)=F(x)+C$

또 $f(x)$의 원시함수는 일반으로 적분상수를

$\int f(x)dx=F(x)+C$ (C 는 임의의 상수)

가령 $\left(\frac{1}{a}\sin(ax+b)\right)'=\cos(ax+b)$이므로

$\int \cos(ax+b)dx=\frac{1}{a}\sin(ax+b)+C$ (C 는 적분 상수)

정리 2

다음 공식을 증명할 수 있다.

(1) $\int a\,dx=ax+C$

$(ax+C)'=a \rightarrow \int a\,dx=ax+C$

(2) $\int[f(x)\pm g(x)]dx=\int f(x)dx\pm\int g(x)dx$

(3) $\int x^n dx=\frac{1}{n+1}x^{n+1}+C$ (n 은 유리수, $n\neq-1$)

특히, $n=-1$ 일 때에는 $\int \frac{1}{x}dx=\log|x|+C$

$$\frac{d}{dx}\left(\frac{1}{n+1}x^{n+1}+C\right)=(n+1)\cdot\frac{1}{n+1}x^n=x^n$$

$$\therefore \int x^n dx=\frac{1}{n+1}x^{n+1}+C$$

여기에서 $n=-1$일 때에는 위의 공식은 무의미한 것이다.

이 때에는 미분에서 공부한 바 있는

$$\frac{d}{dx}(\log|x|+C)=\frac{1}{x} \text{ 이다.}$$

이 때 역연산을 생각하여 다음과 같이 된다.

$$\int \frac{1}{x}dx=\log|x|+C$$

(4) $\int \frac{1}{x}dx=\log|x|+C$

$$\because \ (\log|x|)'=\frac{(|x|)'}{|x|}=\left\{\begin{array}{ll}\frac{1}{x}, & (x>0)\\ \frac{-1}{-x}, & (x<0)\end{array}\right\}=\frac{1}{x}$$

(5) $\int \sin x\,dx=-\cos x+C$

(6) $\int \cos x\,dx=\sin x+C$

(7) $\int \sec^2 x\,dx=\tan x+C$

(8) $\int \csc^2 x\,dx=-\cot x+C$

(9) $\int e^x dx=e^x+C$

(10) $\int a^x dx=\frac{a^x}{\log a}+C$

(11) $\int \sec x\tan x\,dx=\sec x+C$

(12) $\int \csc x\cot x\,dx=-\csc x+C$

(13) $\int \tan x\,dx=-\log(\cos x)+C=\log(\sec x)+C$

$$\int \tan x\, dx = \int \frac{\sin x}{\cos x} dx = -\int \frac{d(\cos x)}{\cos x} = -\log \cos x + C$$

그런데 $-\log\ \cos x = -\log \frac{1}{\sec x} = -\log 1 + \log \sec x = \log\ \sec x$

이므로

$$\int \tan x\, dx = \log\ \sec x + C \text{ 이다.}$$

---

(14) $\int \cot x\, dx = \log\ \sin x + C$

(15) $\int \sec x\, dx = \log\ (\sec x + \tan x) + C$

(16) $\int \csc x\, dx = \log\ (\csc x - \cot x) + C$

(17) $\int \frac{1}{\sqrt{a^2 - x^2}} dx = \sin^{-1} \frac{x}{a}$, $(|a| > x)$,

특히, $\int \frac{1}{\sqrt{1-x^2}} dx = \sin^{-1} x + C$

$\because \left(\sin^{-1} \frac{x}{a}\right)' = \frac{1}{\sqrt{1-\left(\frac{x}{a}\right)^2}} \frac{1}{a} = \frac{1}{\sqrt{a^2 - x^2}}$, $(a > 0)$

(18) $\int \frac{1}{\sqrt{x^2 + A}} dx = \log|x + \sqrt{x^2 + A}| + C$

$\because \{\log\ |x + \sqrt{x^2 + A}|\}' = \frac{1}{x + \sqrt{x^2 + A}} \left(1 + \frac{x}{\sqrt{x^2 + A}}\right)$

(19) $\int \frac{dx}{x^2 + a^2} = \frac{1}{a} \tan^{-1} \frac{x}{a} + C$ 특히 $\int \frac{dx}{1 + x^2} = \tan^{-1} x$

$\because \left(\frac{1}{a} \tan^{-1} \frac{x}{a}\right)' = \frac{1}{a} \frac{1}{1 + \left(\frac{x}{a}\right)^2} \frac{1}{a} = \frac{1}{a^2 + x^2}$

인수분해공식

(1) $(A+B)^2 = A^2 + 2AB + B^2$, $(A-B)^2 = A^2 - 2AB + B^2$

(2) $(A+B)(A-B) = A^2 - B^2$

(3) $(A+B)^3 = A^3 + 3A^2B + 3AB^2 + B^3$, $(A-B)^3 = A^3 - 3A^2B + 3AB^2 - B^3$

(4) $(A+B)(A^2 - AB + B^2) = A^3 + B^3$, $(A-B)(A^2 + AB + B^2) = A^3 - B^3$

예제 1

(1) $\int(4x^3+3x^2-2x+1)dx$

풀이 $\int(4x^3+3x^2-2x+1)dx \ =4\dfrac{x^4}{4}+3\dfrac{x^3}{3}-2\dfrac{x^2}{2}+x+C$

$=x^4+x^3-x^2+x+C$

(2) $\int(2x+1)^2 dx$

풀이 $\int(2x+1)^2 dx=\int(4x^2+4x+1)dx=\dfrac{4}{3}x^3+2x^2+x+C$

(3) $\int x(x-1)(x-2)dx$

풀이 $\int x(x-1)(x-2)dx=\int(x^3-3x^2+2x)dx=\dfrac{1}{4}x^4-x^3+x^2+C$

(4) $\int x(1+x^3)dx$

풀이 $\int(x+x^4)dx=\dfrac{x^2}{2}+\dfrac{x^5}{5}+C$

(5) $\int(x^2+\sqrt{2}x+1)(x^2-\sqrt{2}x+1)dx$

풀이 $\int(x^2+\sqrt{2}x+1)(x^2-\sqrt{2}x+1)dx=\int\{(x^2+1)^2-(\sqrt{2}x)^2\}dx$

$=\int(x^4+2x^2+1-2x^2)dx=\int(x^4+1)dx=\dfrac{x^5}{5}+x+C$

(6) $\int\dfrac{(\sqrt{x}+1)^2}{\sqrt[3]{x}}dx$

풀이 $\int\dfrac{(\sqrt{x}+1)^2}{\sqrt[3]{x}}dx=\int\dfrac{x+2\sqrt{x}+1}{\sqrt[3]{x}}dx=\int\left(x^{\frac{2}{3}}+2x^{\frac{1}{6}}+x^{-\frac{1}{3}}\right)dx$

$=\dfrac{3}{5}x^{\frac{5}{3}}+\dfrac{12}{7}x^{\frac{7}{6}}+\dfrac{3}{2}x^{\frac{2}{3}}+C$

(7) $\int (x^2+x+1)(x^2-x+1)dx$

풀이 $\int (x^2+x+1)(x^2-x+1)dx = \int (x^4+x^2+1)dx = \frac{1}{5}x^5+\frac{1}{3}x^3+x+C$

(8) $\int \frac{x^4+x^2+1}{x^2-x+1}dx$

풀이 $\int \frac{x^4+x^2+1}{x^2-x+1}dx = \int \frac{(x^2+x+1)(x^2-x+1)}{x^2-x+1}dx$

$= \int (x^2+x+1)dx = \frac{1}{3}x^3+\frac{1}{2}x^2+x+C$

(9) $\int \frac{3x-x^2}{\sqrt{x}}dx$

풀이 $\int \frac{3x-x^2}{\sqrt{x}}dx = 3\int x^{\frac{1}{2}}dx - \int x^{\frac{3}{2}}dx = 3\cdot\frac{2}{3}x^{\frac{3}{2}} - \frac{2}{5}\cdot x^{\frac{5}{2}}+C$

$= 2x\sqrt{x} - \frac{2}{5}x^2\sqrt{x}+C$

(10) $\int \frac{x^2-3x+2}{\sqrt{x}}dx$

풀이 $\int \frac{x^2-3x+2}{\sqrt{x}}dx = \int \left(x^{\frac{3}{2}} - 3x^{\frac{1}{2}} + 2x^{-\frac{1}{2}}\right)dx$

$= \frac{1}{\frac{3}{2}+1}x^{\frac{3}{2}+1} - 3\cdot\frac{1}{\frac{1}{2}+1}x^{\frac{1}{2}+1} + 2\cdot\frac{1}{-\frac{1}{2}+1}x^{-\frac{1}{2}+1}+C$

$= \frac{2}{5}x^{\frac{5}{2}} - 2x^{\frac{3}{2}} + 4x^{\frac{1}{2}} + C = \frac{2}{5}\sqrt{x^5} - 2\sqrt{x^3} + 4\sqrt{x}+C$

(11) $\int \frac{(\sqrt{x}+1)^3}{\sqrt{x}}dx$

풀이 $\int \frac{(\sqrt{x}+1)^3}{\sqrt{x}}dx = \int \frac{x\sqrt{x}+3x+3\sqrt{x}+1}{\sqrt{x}} = \int \left(x+3x^{\frac{1}{2}}+3+x^{-\frac{1}{2}}\right)dx$

$= \frac{1}{2}x^2+2x^{\frac{3}{2}}+3x+2x^{\frac{1}{2}}+C = \frac{1}{2}x^2+2x\sqrt{x}+3x+2\sqrt{x}+C$

(12) $\int (x+1)^3 dx - \int (x-1)^3 dx$

풀이 $\int (x^3+3x^2+3x+1)dx - \int (x^3-3x^2+3x-1)dx$

$= \int (x^3+3x^2+3x+1-x^3+3x^2-3x+1)dx$

$= \int (6x^2+2)dx = 6\int x^2 dx + 2\int 1dx = 2x^3+2x+C$

(13) $\int \frac{(x^2+1)^3}{x^3} dx$

풀이 $\int \frac{(x^2+1)^3}{x^3} dx = \int \frac{x^6+3x^4+3x^2+1}{x^3} dx$

$= \int x^3 dx + \int 3x dx + \int \frac{3}{x} dx + \int \frac{1}{x^3} dx$

$= \int x^3 dx + 3\int x dx + 3\int \frac{1}{x} dx + \int x^{-3} dx$

$= \frac{x^4}{4} + \frac{3x^2}{2} + 3\log x - \frac{x^{-2}}{2} + C$

(14) $\int \frac{x^3}{x-1} dx - \int \frac{1}{x-1} dx$

풀이 $\int \frac{x^3}{x-1} dx - \int \frac{1}{x-1} dx = \int \frac{x^3-1}{x-1} dx = \int \frac{(x-1)(x^2+x+1)}{x-1} dx$

$= \int (x^2+x+1)dx = \frac{1}{3}x^3 + \frac{1}{2}x^2 + x + C$

(15) $\int \frac{2x^2+x-1}{x} dx$

풀이 $\int \frac{2x^2+x-1}{x} dx = 2\int x dx + \int 1dx - \int \frac{1}{x} dx$

$= x^2 + x - \log x + C$

(16) $\int\left(x+\frac{1}{x}-\frac{2}{x^2}\right)dx$

풀이 $\int\left(x+\frac{1}{x}-\frac{2}{x^2}\right)dx=\int x\,dx+\int\frac{1}{x}\,dx-2\int x^{-2}\,dx$

$=\frac{1}{2}x^2+\log|x|-2\cdot\frac{x^{-2+1}}{-2+1}+C=\frac{1}{2}x^2+\log|x|+\frac{2}{x}+C$

(17) $\int\frac{(\sqrt{x}+2)^3}{x^2}\,dx$

풀이 $\int\frac{(\sqrt{x}+2)^3}{x^2}\,dx=\int\frac{x\sqrt{x}+6x+12\sqrt{x}+8}{x^2}\,dx$

$=\int\left(x^{-\frac{1}{2}}+6x^{-1}+12x^{-\frac{3}{2}}+8x^{-2}\right)dx$

$=2x^{\frac{1}{2}}+6\log|x|-24x^{-\frac{1}{2}}-8x^{-1}+C$

(18) $\int(3\sin x+2\cos x-\sec^2x)dx$

풀이 $\int(3\sin x+2\cos x-\sec^2x)dx=-3\cos x+2\sin x-\tan x+C$

(19) $\int\frac{1-\sin^2x}{\cos^2x}\,dx$

풀이 $\int\frac{\sin^2x+\cos^2x-\sin^2x}{\cos^2x}\,dx=\int 1dx=x+C$

(20) $\int(\sin\theta+\cos\theta)^2d\theta+\int(\sin\theta-\cos\theta)^2d\theta$

풀이 $\int(\sin\theta+\cos\theta)^2d\theta+\int(\sin\theta-\cos\theta)^2d\theta$

$=\int\{(\sin\theta+\cos\theta)^2+(\sin\theta-\cos\theta)^2\}d\theta=\int 2d\theta=2\theta+C$

(21) $\int \tan^2 x\, dx = \int (\sec^2 x - 1) dx$

풀이 $\int \tan^2 x\, dx = \int (\sec^2 x - 1) dx$

$= \int \sec^2 x\, dx - \int 1 dx = \tan x - x + C$

(22) $\int (\tan x + \cot x)^2 dx$

풀이 $\int (\tan x + \cot x)^2 dx = \int (\tan^2 x + 2\tan x \cot x + \cot^2 x) dx$

$= \int (\sec^2 x - 1 + 2 + \operatorname{cosec}^2 x - 1) dx$

$= \int (\sec^2 x + \operatorname{cosec}^2 x) dx = \tan x - \cot x + C$

(23) $\int \frac{\cos^2 x}{1 - \sin x} dx$

풀이 $\int \frac{\cos^2 x}{1 - \sin x} dx = \int \frac{1 - \sin^2 x}{1 - \sin x} dx = \int \frac{(1 + \sin x)(1 - \sin x)}{1 - \sin x} dx$

$= \int (1 + \sin x) dx = \int 1 dx + \int \sin x\, dx = x - \cos x + C$

(24) $\int \frac{x - \cos^2 x}{x \cos^2 x} dx$

풀이 $\int \frac{x - \cos^2 x}{x \cos^2 x} dx = \int \left(\frac{1}{\cos^2 x} - \frac{1}{x} \right) dx = \int \sec^2 x\, dx - \int \frac{1}{x} dx$

$= \tan x - \log|x| + C$

(25) $\int \left(\frac{1}{1 + \tan^2 x} + \frac{1}{1 + \cot^2 x} \right) dx$

풀이 $\int \left(\frac{1}{\sec^2 x} + \frac{1}{\csc^2 x} \right) dx = \int (\cos^2 x + \sin^2 x) dx = \int 1 dx = x + C$

(26) $\int (5e^x - 3^x)dx$

풀이 $\int (5e^x - 3^x)dx = 5\int e^x dx - \int 3^x dx$

$= 5e^x - \frac{3^x}{\log 3} + C$

(27) $\int \frac{xe^x - 2}{x}dx$

풀이 $\int \frac{xe^x - 2}{x}dx = \int e^x dx - 2\int \frac{1}{x}dx = e^x - 2\log x + C$

(28) $\int (\sin x - 2e^x - 4\cos x)dx$

풀이 $\int (\sin x - 2e^x + 4\cos x)dx = \int \sin x dx - 2\int e^x dx + 4\int \cos x dx$

$= -\cos x - 2e^x + \sin x + C$

(29) $\int (3^{x+1})dx$

풀이 $\int (3^{x+1})dx = \int 3^x 3 dx = 3\int 3^x dx$

$= 3\frac{3^x}{\log 3} + C = \frac{3^{x+1}}{\log 3} + C$

(30) $\int (e^{x+5} + \frac{1}{x})dx$

풀이 $\int (e^{x+5} + \frac{1}{x})dx = \int e^x e^5 dx + \int \frac{1}{x}dx$

$= e^5 e^x + \log x + C = e^{x+5} + \log x + C$

(31) $\int \frac{e^{2x} - x^2}{e^x + x}dx$

풀이 $\int \frac{e^{2x} - x^2}{e^x + x}dx = \int \frac{(e^x + x)(e^x - x)}{e^x + x}$

$= \int (e^x - x)dx = e^x - \frac{1}{2}x^2 + C$

(32) $\int \frac{e^{2x}-9^x}{e^x+3^x}dx$

풀이 $\int \frac{e^{2x}-9^x}{e^x+3^x}dx = \int \frac{(e^x+3^x)(e^x-3^x)}{e^x+3^x}dx = \int(e^x-3^x)dx = e^x - \frac{3^x}{\log 3}+C$

(33) $\int \frac{8^x+1}{2^x+1}dx$

풀이 $\int \frac{8^x+1}{2^x+1}dx = \int \frac{(2^x)^3+1}{2^x+1}dx = \int \frac{(2^x+1)\{(2^x)^2-2^x+1\}}{2^x+1}dx$

$= \int(4^x-2^x+1)dx = \frac{4^x}{\log 4} - \frac{2^x}{\log 2}+x+C$

(34) $\int \frac{4e^x\cos^2 x+3}{\cos^2 x}dx$

풀이 $\int \frac{4e^x\cos^2 x+3}{\cos^2 x}dx = \int\left(4e^x+\frac{3}{\cos^2 x}\right)dx = 4\int e^x dx + 3\int \sec^2 x\, dx$

$= 4e^x + 3\tan x + C$

(35) $\int(1+2x+3x^2+\cdots+nx^{n-1})dx$　(단, $x \neq 1$)

풀이 $\int 1dx + 2\int x\,dx + 3\int x^2 dx + \cdots + n\int x^{n-1}dx$

$= x+x^2+x^3+\cdots+x^n+C$

$= \frac{x(1-x^n)}{1-x}+C$

(36) $\int \frac{1}{\sqrt{4-x^2}}dx$

풀이 $\int \frac{dx}{\sqrt{4-x^2}} = \int \frac{dx}{\sqrt{2^2-x^2}} = \sin^{-1}\frac{x}{2}+C$

(37) $\int \frac{1}{3+x^2}dx$

풀이 $\int \frac{1}{3+x^2}dx = \int \frac{1}{(\sqrt{3})^2+x^2}dx = \frac{1}{\sqrt{3}}\tan^{-1}\frac{x}{\sqrt{3}}+C$

(38) $\int \frac{x^2}{x^2+1}dx$

풀이 $\int \frac{x^2+1-1}{x^2+1}dx = \int\left(1-\frac{1}{x^2+1}\right)dx = x-\tan^{-1}x+C$

(39) $\int\left(\frac{3}{\sqrt{1-x^2}}+\frac{2}{x^2+4}\right)dx$

풀이 $\int\left(\frac{3}{\sqrt{1-x^2}}+\frac{2}{x^2+4}\right)dx = 3\int\frac{1}{\sqrt{1-x^2}}dx + 2\int\frac{1}{x^2+2^2}dx$

$= 3\sin^{-1}x + \tan^{-1}\frac{x}{2} + C$

(40) $\int\frac{1}{2x^2+2x+3}dx$

풀이 $\int\frac{1}{2x^2+2x+3}dx = \frac{1}{2}\int\frac{1}{(x^2+x+\frac{1}{4})+\frac{5}{4}}dx$

$$= \frac{1}{2}\int\frac{1}{(x+\frac{1}{2})^2+(\sqrt{\frac{5}{4}})^2}dx$$

$$= \frac{1}{2}\cdot\frac{2}{\sqrt{5}}\tan^{-1}\left(\frac{x+\frac{1}{2}}{\frac{\sqrt{5}}{2}}\right)+C$$

$$= \frac{1}{\sqrt{5}}\tan^{-1}\left(\frac{2x+1}{\sqrt{5}}\right)+C$$

문제 1 다음 함수를 적분하여라.

(1) $\int x\left(x^3+\frac{1}{x^2}\right)dx$

(2) $\int\left(\sqrt{x}+\frac{1}{\sqrt{x}}\right)^2dx$

(3) $\int(2\cos x-3\sin x+\frac{1}{x})dx$

(4) $\int\left(e^{\frac{x}{2}}-e^{-\frac{x}{2}}\right)^2dx$

문제 2 다음 함수를 적분하여라.

(1) $\int k\,dx$, (k : 상수)

(2) $\int x\,dx$

(3) $\int x^5\,dx$

(4) $\int \frac{1}{x^2}\,dx$

(5) $\int \frac{1}{x^3}\,dx$

(6) $\int \sqrt{x}\,dx$

(7) $\int \sqrt[3]{x}\,dx$

(8) $\int \frac{1}{\sqrt{x}}\,dx$

(9) $\int \frac{b}{ax^2}\,dx$, $(a\neq 0,\ b\neq 0)$

(10) $\int \sqrt{2px}\,dx$

(11) $\int (ax)^n\,dx$, $(n\neq -1)$

(12) $\int \frac{x^3+1}{x}\,dx$

(13) $\int \left(x^3-\frac{2}{x}+\frac{3}{x^2}\right)dx$

(14) $\int \frac{3x\cos^2 x+\cos^2 x+x\cos^3 x}{x\cos^2 x}\,dx$

(15) $\int \frac{x\,e^x+1}{x}\,dx$

(16) $\int \frac{e^{2x}-4^x}{e^x-2^x}\,dx$

(17) $\int \frac{x^2-1}{x-1}\,dx$

(18) $\int \frac{1}{\sqrt{x+1}+\sqrt{x}}\,dx=\int (\sqrt{x+1}-\sqrt{x})\,dx$

2 치환적분법

$f(x)$의 부정적분을 $F(x)$ 라 하면

$F(x)=\int f(x)dx$

지금 $x=\varphi(t)$ 라 두면

$$\frac{dF}{dt}=\frac{dF}{dx}\cdot\frac{dx}{dt}=f(x)\varphi'(t)=f\{\varphi(t)\}\varphi'(t)$$

$$\therefore \int f\{\varphi(t)\varphi'(t)\}dt=F\{\varphi(t)\}$$

즉, $\int f(x)dx=\int f\{\varphi(t)\}\varphi'(t)dt$ 이고 여기서 $\varphi(t)$를 적당히 선택하면 피적분 함수를 적분하기 편리한 방법으로 변형할 수 있다.

이와같은 적분법을 치환적분법이라 한다.

예제 1 다음 부정적분을 구하여라.

(1) $\int x(x^2+3)dx$

풀이 풀이 $x^2+3=t$라 놓으면, $2xdx=dt \quad \therefore \; dx=\frac{1}{2x}dt$ 이므로

$$\therefore \int x(x^2+3)dx=\frac{1}{2}\int tdt=\frac{1}{2}\cdot\frac{t^2}{2}+C$$

$$=\frac{1}{4}(x^2+3)^2+C$$

(2) $\int\frac{2}{\sqrt{1+2x}}dx$

풀이 $1+2x=t$ 라 놓으면, $2dx=dt \quad \therefore \; dx=\frac{1}{2}dt$

$$\therefore \int \frac{2}{\sqrt{1+2x}}dx=\frac{1}{2}\int \frac{2}{\sqrt{t}}dt$$

$$=\int t^{-\frac{1}{2}}dt=2\sqrt{t}+C=2\sqrt{1+2x}+C$$

(3) $\int (x^2+x+3)^3(2x+1)dx$

풀이 $x^2+x+3=t$ 라 놓으면 $dt=(2x+1)dx$ 이므로

$$\therefore \int (x^2+x+3)^3(2x+1)dx=\int t^3dt=\frac{t^4}{4}+C$$

$$=\frac{1}{4}(x^2+x+3)^4+C$$

(4) $\int 4x^3(x^4+3)^5dx$

풀이 $x^4+3=t$ 라 놓으면 $4x^3dx=dt$ $\therefore dx=\frac{1}{4x^3}dt$

$$\int 4x^3(x^4+3)^5dx=\int t^5dt=\frac{t^6}{6}+C=\frac{(x^4+3)^6}{6}+C$$

(5) $\int x\sqrt{x^2+1}\,dx$

풀이 $x^2+1=t$ 라 놓으면 $2x\,dx=dt$ $\therefore$ $dx=\frac{1}{2x}dt$

$$\therefore \int x\sqrt{x^2+1}\,dx=\int \sqrt{t}\cdot\frac{1}{2}dt=\frac{1}{2}\int t^{\frac{1}{2}}dt=\frac{1}{2}\cdot\frac{2}{3}t^{\frac{3}{2}}+C$$

$$=\frac{1}{3}t\sqrt{t}+C=\frac{1}{3}(x^2+1)\sqrt{x^2+1}+C$$

(6) $\int \frac{2x+1}{x^2+x-1}dx$

풀이 $x^2+x-1=t$ 라 놓으면 $(2x+1)dx=dt$ $\therefore dx=\frac{1}{2x+1}dt$

$$\therefore \int \frac{2x+1}{x^2+x-1}\,dx = \int \frac{2x+1}{t} \cdot \frac{1}{(2x+1)}\,dt = \int \frac{1}{t}\,dt$$
$$= \log t + C = \log(x^2+x-1) + C$$

(7) $\int x\sqrt{a^2-x^2}\,dx$ 를 구하라.

풀이 $t = a^2 - x^2$ 라 놓으면, $dt = -2x\,dx$ 이므로

$$\int x\sqrt{a^2-x^2}\,dx = \int \sqrt{t}\left(-\frac{1}{2}\right)dt = -\frac{1}{2} \cdot \frac{2}{3}\,t^{\frac{3}{2}} + C$$
$$= -\frac{1}{3}(a^2-x^2)^{\frac{3}{2}} + C$$

(8) $\int \frac{4x}{\sqrt{3-2x^2}}\,dx$

풀이 $3-2x^2 = t$ 라 놓으면, $-4x\,dx = dt$ $\quad \therefore dx = -\frac{1}{4x}\,dt$

$$\int \frac{4x}{\sqrt{t}} \times \frac{1}{-4x}\,dt = -\int \frac{1}{\sqrt{t}}\,dt = \frac{-t^{-\frac{1}{2}+1}}{-\frac{1}{2}+1} + C$$
$$= -2\sqrt{t} + C = -2\sqrt{3-2x^2} + C$$

(9) $\int (x^3-1)\sqrt{x^4-4x}\,dx$

풀이 $x^4 - 4x = t$ 라 놓으면 $(4x^3-4)dx = dt$ $\quad \therefore dx = \frac{1}{4(x^3-1)}\,dt$

$$\int (x^3-1)\sqrt{(x^4-4x)}\,dx = \int \frac{\sqrt{t}}{4}\,dt = \frac{1}{6}\,t^{\frac{3}{2}} + C = \frac{1}{6}(x^4-4x)^{\frac{3}{2}} + C$$

(10) $\int x^5\sqrt{x^2-1}\,dx$

풀이 $\sqrt{x^2-1} = t$ 라 놓으면 $\quad dt = \frac{2x}{2(x^2-1)^{\frac{1}{2}}}\,dx = \frac{x}{\sqrt{x^2-1}}\,dx$

$\therefore dt = \frac{x}{t}\,dx \quad \therefore tdt = xdx$

$\sqrt{x^2-1}=t$ 에서 $x^2-1=t^2 \rightarrow x^2=t^2+1,\ x^4=(t^2+1)^2$

$$\therefore \int x^5\sqrt{x^2-1}\,dx=\int x^4\sqrt{x^2-1}\cdot xdx=\int (t^2+1)^2 t\cdot tdt$$

$$=\int (t^6+2t^4+t^2)dt=\frac{t^7}{7}+\frac{2t^5}{5}+\frac{t^3}{3}+C$$

$$=\frac{1}{7}(x^2-1)^{\frac{7}{2}}+\frac{2}{5}(x^2-1)^{\frac{5}{2}}+\frac{1}{3}(x^2-1)^{\frac{3}{2}}+C$$

(11) $\int x(1-x)^{10}dx$

풀이 $x(1-x)^{10}=\{1-(1-x)\}(1-x)^{10}=(1-x)^{10}-(1-x)^{11}$ 이므로

$$\int x(1-x)^{10}dx=\int (1-x)^{10}dx-\int (1-x)^{11}dx$$

$$=-\frac{1}{11}(1-x)^{11}+\frac{1}{12}(1-x)^{12}+C$$

(12) $\int x(2x+1)^4dx$

풀이 $2x+1=t \rightarrow x=\frac{t-1}{2} \qquad dx=\frac{1}{2}dt$

$$\int x(2x+1)^4dx=\int \left(\frac{t-1}{2}\right)t^4\cdot\frac{1}{2}dt=\frac{1}{4}\int (t^5-t^4)dt$$

$$=\frac{1}{4}\left[\frac{t^6}{6}-\frac{t^5}{5}\right]+C=\frac{t^5}{120}[5t-6]+C$$

$$=\frac{1}{120}(2x+1)^5[5(2x+1)-6]+C$$

$$=\frac{1}{120}(2x+1)^5(10x-1)+C$$

(13) $\int \frac{x^3}{\sqrt{x^2+1}}dx$

풀이 $\sqrt{x^2+1}=t$ 로 놓으면, $x^2=t^2-1,\ x\,dx=t\,dt$

$$\therefore \int \frac{x^3}{\sqrt{x^2+1}}dx=\int \frac{x^2}{\sqrt{x^2+1}}\cdot x\,dx=\int \frac{t^2-1}{t}\cdot t\,dt$$

$$= \int (t^2-1)dt = \frac{1}{3}t^3 - t + C = \frac{1}{3}(t^2-3)t + C$$

$$= \frac{1}{3}(x^2-2)\sqrt{x^2+1} + C$$

(14) $\int (3x-4)^5 dx$

풀이 $3x-4=t$ 라 놓으면 $3dx=dt \quad \therefore \ dx=\frac{1}{3}dt$

$$\int (3x-4)^5 dx = \int t^5 \frac{1}{3} dt = \frac{1}{3}\int t^5 dt = \frac{1}{3} \cdot \frac{t^6}{6} + C$$

$$= \frac{1}{18}(3x-4)^6 + C$$

(15) $\int \frac{x}{\sqrt{x+2}} dx$

풀이 $$\int \frac{x}{\sqrt{x+2}} dx = \int \frac{x+2-2}{\sqrt{x+2}} dx = \int \sqrt{x+2}\,dx - 2\int \frac{1}{\sqrt{x+2}} dx$$

$$= \int (x+2)^{\frac{1}{2}} dx - 2\int (x+2)^{-\frac{1}{2}} dx$$

$$= \frac{2}{3}(x+2)^{\frac{3}{2}} - 4(x+2)^{\frac{1}{2}} + C$$

(16) $\int x\sqrt{1+x}\, dx$, $(x \geqq -1)$

풀이 $\sqrt{1+x}=t \ \rightarrow \ 1+x=t^2 \ \rightarrow \ dx=2t\,dt,\ x=t^2-1$

$$\therefore \int x\sqrt{1+x}\, dx = \int (t^2-1)t \cdot 2t\, dt = 2\int (t^4-t^2)dt$$

$$= 2\left(\frac{t^5}{5} - \frac{t^3}{3}\right) + C$$

$$= \frac{2}{15}t^3(3t^2-5) + C = \frac{2}{15}t^3[3(1+x)-5] + C$$

$$= \frac{2}{15}(1+x)^{\frac{3}{2}}(3x-2) + C$$

(17) $\int f(a+bx)dx$, ($b \neq 0$ 인 상수)

풀이 $a+bx=t$ 라 놓으면

$$b\,dx=dt,\quad dx=\frac{1}{b}dt$$

$$\therefore \int f(a+bx)dx=\frac{1}{b}\int f(t)dt=\frac{1}{b}F(t)+C$$

$$=\frac{1}{b}F(a+bx)+C$$

(18) $\int \frac{\sqrt{1+\log x}}{x}dx$

풀이 $1+\log x=t$ 라 하면 $\frac{1}{x}dx=dt$

$$\therefore \int \frac{\sqrt{1+\log x}}{x}dx=\int \sqrt{t}dt=\frac{t^{\frac{1}{2}+1}}{\frac{1}{2}+1}+C$$

$$=\frac{2}{3}t^{\frac{3}{2}}+C=\frac{2}{3}(1+\log x)^{\frac{3}{2}}+C$$

(19) $\int \frac{\log(x+1)}{x+1}dx$

풀이 $\log(x+1)=t \rightarrow \frac{1}{x+1}dx=dt$

$$\int \frac{t}{x+1}\times(x+1)dt=\int t\,dt=\frac{1}{2}\{\log(x+1)\}^2+C$$

(20) $\int \frac{\sqrt[3]{\log x}}{x}dx$

풀이 $\log x=t \rightarrow \frac{1}{x}dx=dt \quad \therefore dx=xdt$

$$\therefore \int \frac{\sqrt[3]{\log x}}{x}dx=\int \frac{t^{\frac{1}{3}}}{x}xdt=\int t^{\frac{1}{3}}dt=\frac{3}{4}(\log x)^{\frac{4}{3}}+C$$

(21) $\int \frac{1-x\sqrt{1+\log x}}{x^2}dx$

풀이 $\int \frac{1-x\sqrt{1+\log x}}{x^2}dx = \int \frac{1}{x^2}dx - \int \frac{\sqrt{1+\log x}}{x}dx$

$I = \int \frac{\sqrt{1+\log x}}{x}dx$ 에서 $1+\log x = t \to \frac{1}{x}dx = dt \quad \therefore\ dx = xdt$

$I = \int \frac{\sqrt{t}}{x}xdt = \int t^{\frac{1}{2}}dt = \frac{2}{3}t^{\frac{3}{2}} + C$

$\therefore \int \frac{1-x\sqrt{1+\log x}}{x^2}dx = -x^{-1} - \frac{2}{3}(1+\log x)^{\frac{3}{2}} + C$

(22) $\int \sin(2x+3)dx$

풀이 $2x+3 = t$ 라 놓으면 $dx = \frac{1}{2}dt$

$\therefore \int \sin(2x+3)dx = \int \frac{1}{2}\sin t\,dt = \frac{1}{2}(-\cos t) + C$

$= -\frac{1}{2}\cos(2x+3) + C$

(23) $\int (1+\sin x)^2 \cos x\,dx$

풀이 $1+\sin x = t$ 로 놓으면 $\cos x\,dx = dt$ 이므로

$\int (1+\sin x)^2\cos x\,dx = \int t^2 dt = \frac{1}{3}t^3 + C = \frac{1}{3}(1+\sin x)^3 + C$

(24) $\int \sin^4 x \cos x\,dx$

풀이 $\sin x = t$ 라 놓으면 $\cos x\,dx = dt$

$dx = \frac{1}{\cos x}dt$

$\therefore \int \sin^4 x\cos x\,dx = \int t^4 \cdot \cos x \cdot \frac{1}{\cos x}dt = \frac{1}{5}t^5 + C = \frac{1}{5}\sin^5 x + C$

(25) $\int \cos x(4-\sin x)^8\, dx$

풀이 $4-\sin x = t$ 라 놓으면 $-\cos x dx = dt$

$\therefore \int \cos x(4-\sin x)^8\, dx = -\int (4-\sin x)^8(-\cos x)dx$

$= -\int t^8 dt = -\frac{t^9}{9} + C = -\frac{(4-\sin x)^9}{9} + C$

(26) $\int \frac{\cos 2x}{1+\sin 2x}\, dx$

풀이 $1+\sin 2x = t \to 2\cos 2x dx = dt \quad \therefore\ dx = \frac{1}{2\cos 2x}\, dt$

$\therefore \int \frac{\cos 2x}{1+\sin 2x}\, dx = \int \frac{\cos 2x}{t} \cdot \frac{1}{2\cos 2x}\, dt = \frac{1}{2}\int \frac{1}{t}\, dt$

$= \frac{1}{2}\log(1+\sin 2x) + C$

(27) $\int e^{ax}\, dx$

풀이 $ax = t \to \ a\,dx = dt \to dx = \frac{1}{a}\, dt$

$\int e^t \frac{1}{a}\, dt = \frac{1}{a}\int e^t dt = \frac{1}{a}\, e^{ax} + C$

(28) $\int x^2 e^{x^3}\, dx$

풀이 $x^3 = t, \quad 3x^2\ dx = dt$

$\int x^2 e^{x^3}\, dx = \int e^t \frac{1}{3}\, dt = \frac{1}{3}\int e^t + C = \frac{1}{3}\, e^{x^3} + C$

(29) $\int x\, e^{x^2+1}\, dx$

풀이 $x^2+1 = t$ 라 놓으면 $\frac{dt}{dx} = 2x$ 에서 $2x\, dx = dt$ 이므로

$$\therefore \int x e^{x^2+1}dx = \frac{1}{2}\int e^t dt = \frac{1}{2}e^t + C = \frac{1}{2}e^{x^2+1} + C$$

(30) $\int e^x \sqrt{e^x+2}\,dx$

풀이 $e^x = t$ 로 놓으면, $e^x dx = dt$

$$\therefore \int e^x\sqrt{e^x+2}\,dx = \int \sqrt{t+2}\,dt = \int (t+2)^{\frac{1}{2}}dt$$

$$= \frac{2}{3}(t+2)^{\frac{3}{2}} + C = \frac{2}{3}(e^x+2)^{\frac{3}{2}} + C = \frac{2}{3}(e^x+2)\sqrt{e^x+2} + C$$

(31) $\int e^{-2x}dx$

풀이 $-2x = t \to -2dx = dt \quad \therefore dx = -\frac{1}{2}dt$

$$\int e^{-2x}dx = \int e^t(-)\frac{1}{2}dt = -\frac{1}{2}e^t + C = -\frac{1}{2}e^{-2x} + C$$

(32) $\int \frac{e^x - e^{-x}}{e^x + e^{-x}}dx$

풀이 $e^x + e^{-x} = t \to (e^x - e^{-x})dx = dt \quad \therefore dx = \frac{1}{e^x - e^{-x}}dt$

$$\int \frac{e^x - e^{-x}}{e^x + e^{-x}}dx = \int \frac{e^x - e^{-x}}{t} \cdot \frac{1}{e^x - e^{-x}}dt = \int \frac{1}{t}dx$$

$$= \log t + C = \log(e^x + e^{-x}) + C$$

(33) $\int e^{\frac{1}{x}}x^{-2}dx$

풀이 $\frac{1}{x} = t \to \frac{-1}{x^2}dx = dt \quad \therefore dx = -x^2 dt$

$$\int e^t x^{-2}\cdot(-)x^2 dt = -\int e^t dt + C$$

$$= -e^{\frac{1}{x}} + C$$

(34) $\int \frac{1}{1-e^{-x}}\,dx$

풀이 $\int \frac{1}{1-e^{-x}}\,dx = \int \frac{e^x}{e^x-1}\,dx$ 에서

$e^x - 1 = t \rightarrow e^x dx = dt \quad \therefore \; dx = \frac{1}{e^x}\,dt$

$\therefore \int \frac{e^x}{e^x-1}\,dx = \int \frac{e^x}{t}\frac{1}{e^x}\,dt = \int \frac{1}{t}\,dt = \log(e^x-1) + C$

(35) $\int \frac{e^x-1}{e^x+1}\,dx$

풀이 $e^x = t$ 로 치환하면 $\frac{dt}{dx} = e^x$ 에서 $e^x dx = dt$ 이므로 $dx = \frac{dt}{t}$

$\therefore \; \int \frac{e^x-1}{e^x+1}\,dx = \int \frac{t-1}{t+1} \cdot \frac{1}{t}\,dt = \int \left(\frac{2}{t+1} - \frac{1}{t}\right)dt$

$= 2\log|t+1| - \log|t| + C = 2\log(e^x+1) - \log e^x + C$

(36) $\int \frac{e^{3x}}{5+2e^{3x}}\,dx$

풀이 $t = 5+2e^{3x}$ 라 놓고 x 에 관하여 미분하면

$\frac{dt}{dx} = 6e^{3x} \qquad dt = 6e^{3x}\,dx$ 이므로, $\quad dx = \frac{1}{6e^{3x}}\,dt$

$\int \frac{e^{3x}}{5+2e^{3x}}\,dx = \frac{1}{6}\int \frac{6e^{3x}}{5+2e^{3x}}\,dx = \frac{1}{6}\int \frac{dt}{t} = \frac{1}{6}\log(t) + C$

$\therefore \int \frac{e^{3x}}{5+2e^{3x}}\,dx = \frac{1}{6}\log(5+2e^{3x}) + C$

(37) $\int \frac{\log x}{x}\,dx$

풀이 $\log x = t \rightarrow \frac{1}{x}\,dx = dt \quad \therefore \; dx = x\,dt$

$\therefore \; \int \frac{\log x}{x}\,dx = \int \frac{t}{x} \cdot x\,dt = \int t\,dt = \frac{(\log x)^2}{2} + C$

(38) $\int \tan x dx$

풀이 $\int \tan x dx = \int \frac{\sin x}{\cos x} dx$ 에서 $\cos x = t \rightarrow -\sin x dx = dt$

$dx = \frac{1}{-\sin x} dt$

$\therefore \int \tan x dx = \int \frac{\sin x}{t} \cdot (-) \frac{1}{\sin x} dt = -\int \frac{1}{t} dt$

$= -\log \cos x + C = \log \sec x + C$

(39) $\int \tan^2 x \sec^2 x \, dx$

풀이 $\tan x = t \rightarrow \sec^2 x dx = dt \quad \therefore dx = \frac{1}{\sec^2 x} dt$

$\therefore \int \tan^2 x \sec^2 x dx = \int t^2 \sec^2 x \frac{1}{\sec^2 x} dt = \int t^2 dt$

$= \frac{1}{3} \tan^3 x + C$

(40) $\int \sec^4 x dx$

풀이 $\int \sec^4 x dx = \int (\sec^2 x \cdot \sec^2 x) dx = \int (1 + \tan^2 x) \sec^2 x dx$

$= \int \sec^2 x dx + \int \tan^2 x \sec^2 x dx$

$= \tan x + \frac{1}{3} \tan^3 x + C$

(41) $\int \sec^6 x dx$

풀이 $\int \sec^6 x dx = \int (\sec^4 x \cdot \sec^2 x) dx = \int (1 + \tan^2 x)^2 \sec^2 x dx$

$= \int (1 + 2\tan^2 x + \tan^4 x) \sec^2 x dx$

$= \int \sec^2 x dx + 2\int \tan^2 x \sec^2 x dx + \int \tan^4 x \sec^2 x dx$

$= \tan x + \frac{2}{3} \tan^3 x + \frac{1}{5} \tan^5 x + C$

(42) $\int \frac{1}{\sqrt{a^2-x^2}}\,dx$

풀이 $x=a\sin\theta \rightarrow dx=a\cos\theta d\theta,\ \sqrt{1-\sin^2\theta}=\cos\theta$ 이므로

$$\int \frac{1}{\sqrt{a^2-x^2}}\,dx=\int \frac{a\cos\theta\,d\theta}{\sqrt{a^2-a^2\sin^2\theta}}=\int \frac{a\cos\theta}{a\cos\theta}\,d\theta=\int d\theta=\theta+C$$

$$=\sin^{-1}\frac{x}{a}+C$$

(43) $\int \sqrt{a^2-x^2}\,dx$

풀이 $x=a\sin\theta \rightarrow dx=a\cos\theta d\theta,\ \sqrt{1-\sin^2 x}=\cos\theta$ 이므로

$$\int \sqrt{a^2-x^2}\,dx=\int \sqrt{a^2-a^2\sin^2\theta}\cdot a\cos\theta d\theta=\int a^2\cos^2\theta d\theta$$

$$=a^2\int \frac{\cos 2\theta+1}{2}\,d\theta=\frac{a^2}{2}(2\sin\theta+\theta)+C$$

$$=\frac{a^2}{2}(\sin\theta\cos\theta+\theta)+C=\frac{1}{2}(x\sqrt{a^2-x^2}+a^2\sin^{-1}\frac{x}{a})$$

※ $\frac{1}{2}(\sin\theta\cos\theta)=\frac{1}{2}\sin 2\theta$

$=\frac{1}{2}\sin 2(\sin^{-1}\frac{x}{a})$

$=\frac{1}{2}\cdot 2\frac{x}{a}\sqrt{1-\frac{x^2}{a^2}}=\frac{x}{a^2}\sqrt{a^2-x^2}$

(44) $\int \sqrt{4-x^2}\,dx$

풀이 $4-x^2\geqq 0$이므로 $x=2\sin t$ 라 놓으면 $dx=2\cos t dt$

$$\int \sqrt{4-x^2}\,dx=\int \sqrt{4-4\sin^2 t}\cdot 2\cos t dt=\int 4\cos^2 t dt$$

$$=\int 4\frac{\cos 2t+1}{2}\,dt=\int (2\cos 2t+2)dt$$

$$=\sin 2t+2t+C=2\sin t\cos t+2t+C$$

여기서 $x=2\sin t \rightarrow t=\sin^{-1}\frac{x}{2}$, $\cos t>0$이므로

$$\cos t=\sqrt{1-\sin^2 x}=\sqrt{1-\frac{x^2}{4}}$$

$$\therefore \int\sqrt{4-x^2}\,dx=x\sqrt{1-\frac{x^2}{4}}+2\sin^{-1}\frac{x}{2}+C$$

(45) $\int\frac{1}{\sqrt{ax-x^2}}\,dx$

풀이 $\int\frac{1}{\sqrt{ax-x^2}}\,dx=\int\frac{1}{\sqrt{(\frac{a}{2})^2-(x-\frac{a}{2})^2}}\,dx$

$$x-\frac{a}{2}=t \to x=\frac{a}{2}+t \to dx=dt$$

$$\int\frac{1}{\sqrt{ax-x^2}}\,dx=\int\frac{dt}{\sqrt{(\frac{a}{2})^2-t^2}}=\sin^{-1}\frac{t}{\frac{a}{2}}+C$$

$$=\sin^{-1}\frac{(2x-a)}{a}+C$$

연습문제

1 $\int \frac{x+1}{x^2+2x+3}\,dx$

2 $\int \frac{1}{\sqrt{x}+1}\,dx$

3 $\int e^{\sin\theta}\cos\theta\,d\theta$

4 $\int \frac{\cos 2x}{1+\sin 2x}\,dx$

5 $\int \frac{1-x\sqrt{1+\log x}}{x^2}\,dx$

6 $\int e^{\frac{1}{x}}x^{-2}\,dx$

7 $\int \frac{1}{x}\log x\,dx$

8 $\int \frac{1}{1-e^{-x}}\,dx$

9 $\int \frac{e^x}{2e^x+1}\,dx$

10 $\int \cot x\,dx$

11 $\int \tan x\,dx$

12 $\int \sec x\,dx$

13 $\int \frac{3x^{\frac{1}{2}}}{4\left(1+x^{\frac{3}{4}}\right)}\,dx$

14 $\int \sqrt{1-e^x}\,dx$

3 삼각함수의 적분법

피적분함수가 삼각함수일 때 다음과 같은 공식들이 자주 사용된다.

$\sin^2 x + \cos^2 x = 1$, $\quad 1 + \tan^2 x = \sec^2 x$, $\quad 1 + \cot^2 x = \mathrm{cosec}^2 x$

$\sin^2 x = \dfrac{1-\cos 2x}{2}$, $\quad \cos^2 x = \dfrac{1+\cos 2x}{2}$

$$\sin A \cdot \cos B = \frac{1}{2}\{\sin(A+B) + \sin(A-B)\}$$

$$\cos A \cdot \sin B = \frac{1}{2}\{\sin(A+B) - \sin(A-B)\}$$

$$\cos A \cdot \cos B = \frac{1}{2}\{\cos(A+B) + \cos(A-B)\}$$

$$\sin A \cdot \sin B = \frac{-1}{2}\{\cos(A+B) - \cos(A-B)\}$$

함수 $f(x)$에서 $\sin x$, $\cos x$, $\tan x$가 유리함수일 때 $\tan\dfrac{x}{2} = t$로 치환하면

$\dfrac{x}{2} = \tan^{-1} t \to \dfrac{1}{2}\,dx = \dfrac{1}{1+x^2}\,dt \quad \therefore\ dx = \dfrac{2}{1+x^2}\,dt$ 이다.

즉, $\tan\dfrac{x}{2} = t$라 하면

$$\sin x = \frac{2\sin\frac{x}{2}\cos\frac{x}{2}}{\sin^2\frac{x}{2} + \cos^2\frac{x}{2}} = \frac{2\tan\frac{x}{2}}{1+\tan^2\frac{x}{2}} = \frac{2t}{1+t^2}$$

$$\cos x = \frac{\cos^2\frac{x}{2} - \sin^2\frac{x}{2}}{\sin^2\frac{x}{2} + \cos^2\frac{x}{2}} = \frac{1-t^2}{1+t^2}$$

$$\tan x = \frac{\sin x}{\cos x} = \frac{2t}{1-t^2}$$

예제 1

(1) $\int \sin^2 x\, dx$

풀이 $\int \sin^2 x\, dx = \int \frac{1-\cos 2x}{2} dx = \frac{1}{2} \int (1-\cos 2x)\, dx$

$= \frac{1}{2}(x - \frac{1}{2}\sin 2x) + C$

(2) $\int \cos^2 x dx$

풀이 $\int \cos^2 x dx = \int \frac{1}{2}(1+\cos 2x) dx = \frac{1}{2}\int 1 dx + \frac{1}{2}\int \cos 2x dx$

$= \frac{1}{2}x + \frac{1}{4}\sin 2x + C$

예제 2 $\int \tan^2 x\, dx$

풀이 $\int \tan^2 x\, dx = \int (\sec^2 x - 1) dx = \tan x - x + C$

예제 3 $\int \sin^3 x\, dx$

풀이 $\sin^3 x = \sin^2 x \cdot \sin x = (1-\cos^2 x)\sin x$

$u = \cos x \rightarrow u' = -\sin x\, dx$

$\therefore \int \sin^3 x\, dx = \int (1-\cos^2 x)\sin x\, dx$

$= \int (1-u^2)(-du) = \int (u^2 - 1) du$

$= \frac{1}{3}u^3 - u + C = \frac{1}{3}\cos^3 x - \cos x + C$

예제 4 $\int \cos 5x \cdot \cos 3x\, dx$

풀이 $\int \cos 5x \cdot \cos 3x\, dx = \int \frac{1}{2}\{\cos(5x-3x)+\cos(5x+3x)\}dx$

$= \frac{1}{2}\int(\cos 2x+\cos 8x)dx$

$= \frac{1}{4}\sin 2x+\frac{1}{16}\sin 8x+C$

예제 5 $\int \sin^2 x \cos^5 x\, dx$

풀이 $\int \sin^2 x \cos^5 x\, dx = \int \sin^2 x(1-\sin^2 x)^2 \cos x\, dx$

$= \int(\sin^2 x-2\sin^4 x+\sin^6)\cos x\, dx$

$= \frac{1}{3}\sin^3 x-\frac{2}{5}\sin^5 x+\frac{1}{7}\sin^7 x+C$

예제 6 $\int \sin^4 x \cos^2 x\, dx$

풀이 $\int \sin^4 x \cos^2 x\, dx = \int(\sin^2 x)^2\cos^2 x\, dx$

$= \int\left(\frac{1-\cos 2x}{2}\right)^2\left(\frac{1+\cos 2x}{2}\right)dx$

$= \frac{1}{8}\int(1-\cos 2x-\cos^2 2x+\cos^3 2x)dx$

$= \frac{1}{8}\int\left\{1-\cos 2x-\frac{1+\cos 4x}{2}+\cos 2x(1-\sin^2 2x)\right\}dx$

$= \frac{1}{8}\int\left(\frac{1}{2}-\frac{1}{2}\cos 4x-\cos 2x\sin^2 2x\right)dx$

$= \frac{1}{8}\left\{\frac{x}{2}-\frac{\sin 4x}{8}-\frac{\sin^3 x}{6}\right\}+C$

예제 7 $\int \sin^2 x \cos^2 x dx$

풀이 $\int \sin^2 x \cos^2 x dx = \frac{1}{4} \int (1-\cos 2x)(1+\cos 2x) dx$

$= \frac{1}{4} \int (1-\cos^2 2x) dx$

$= \frac{1}{4} \int 1 dx - \frac{1}{4} \int \cos^2 2x dx$

$= \frac{x}{4} - \frac{1}{8} \int (1+\cos 4x)\, dx$

$= \frac{x}{4} - \frac{1}{8} (x + \frac{\sin 4x}{4}) + C$

$= \frac{x}{8} - \frac{1}{32} (\sin 4x) + C$

예제 8 $\int \sin^2 x \cos^3 x\, dx$

풀이 $\int \sin^2 x \cos^3 x\, dx = \int \sin^2 x \cos^2 x (\cos x\, dx)$

$= \int \sin^2 x (1-\sin^2 x) \cos x\, dx = \int (\sin^2 x - \sin^4 x) \cos x\, dx$

여기서 $\sin x = t$ 라 하자 $\cos x\, dx = dt$ $\therefore$ $dx = \frac{1}{\cos x} dt$

$\int (t^2 - t^4) \cos x \frac{1}{\cos x} dt = \int (t^2 - t^4) dt$

$= \frac{t^3}{3} - \frac{t^5}{5} + C = \frac{1}{3} \sin^3 x - \frac{1}{5} \sin^5 x + C$

예제 9 $\int \sin^2 3x \cos^2 3x\, dx$

풀이 $\sin^2 u = \frac{1}{2} - \frac{1}{2} \cos 2u$, $\cos^2 u = \frac{1}{2} + \frac{1}{2} \cos 2u$

$\sin u \cos u = \frac{1}{2} \sin 2u$

$\int \sin^2 3x \cos^2 3x\, dx = \frac{1}{4} \int \sin^2 6x\, dx$

$= \frac{1}{8} \int (1-\cos 12x) dx$

$$= \frac{1}{8}x - \frac{1}{96}\sin 12x + C$$

예제 10 $\int \tan^4 x \, dx$

풀이 $\int \tan^4 x \, dx = \int \tan^2 x (\sec^2 x - 1) dx$

$$= \int (\tan^2 x \sec^2 x - \sec^2 + 1) dx$$

$$= \frac{1}{3}\tan^3 x - \tan x + x + C$$

문제 1 다음을 적분하여라.

(1) $\int (\tan x + \cot x)^2 dx$

(2) $\int \tan^3 x \, dx$

(3) $\int \frac{x - \cos^2 x}{x \cos^2 x} dx$

(4) $\int \sec^4 x \, dx$

(5) $\int \tan^3 x \sec^3 x \, dx$

문제 2 다음 적분을 구하여라.

(1) $\int (2e^x + 3\cos x) dx$

(2) $\int \left(\cos\frac{x}{2} - \sin\frac{x}{2}\right)^2 dx$

(3) $\int \frac{1}{1 - \sin\theta} d\theta$

무리식의 적분을 삼각함수의 적분법으로 고칠 수 있다.
이 변환은 삼각치환법이라 한다.

$\sqrt{a^2-x^2}$ 은 $x=a\sin\theta$ 로 놓으면

$\sqrt{a^2+x^2}=a\cos\theta\left(-\frac{\pi}{2}<\theta<\frac{\pi}{2}\right)$

$\sqrt{a^2-x^2}$ 은 $x=a\tan\theta$ 로 놓으면

$\sqrt{a^2+x^2}=a\sec\theta\left(-\frac{\pi}{2}<\theta<\frac{\pi}{2}\right)$

$\sqrt{x^2-a^2}$ 은 $x=a\sec\theta$ 로 놓으면

$\sqrt{x^2-a^2}=a\tan\theta$ 가 된다.

예제 11 $\int\sqrt{a^2-x^2}\,dx=\frac{1}{2}\left(x\sqrt{a^2-x^2}+a^2\sin^{-1}\frac{x}{a}\right)+C\ (a>0)$을 증명하여라.

증명 $-a\leqq x\leqq a$ 이므로 $x=a\sin t\ \left(-\frac{\pi}{2}\leqq t\leqq\frac{\pi}{2}\right)$라 두면,

$\sqrt{a^2-x^2}=\sqrt{a^2-x^2\sin^2 t}=a\cos t,\quad dx=a\cos t\,dt$

$\therefore\ \int\sqrt{a^2-x^2}\,dx=\int a^2\cos^2 t\,dx=\frac{a^2}{2}\int(1+\cos 2t)dt$

$=\frac{a^2}{2}\left(t+\frac{\sin 2t}{2}\right)+C$

$=\frac{a^2}{2}(\sin t\cos t+t)=\frac{a^2}{2}\left(\frac{x}{a}\cdot\frac{\sqrt{a^2-x^2}}{a}+\sin^{-1}\frac{x}{a}\right)+C$

$=\frac{1}{2}\left(x\sqrt{a^2-x^2}+a^2\sin^{-1}\frac{x}{a}\right)+C$

예제 12 $\int\operatorname{cosec}x\,dx=\log\left(\tan\frac{x}{2}\right)+C$ 를 증명하여라.

증명 $\tan\frac{x}{2}=t$ 라 두면 $x=2\tan^{-1}t\qquad\therefore\ dx=\frac{2}{1+t^2}dt$

$\sin x=2\sin\frac{x}{2}\cos\frac{x}{2}=2\tan\frac{x}{2}/\sec^2\frac{x}{2}=\frac{2}{1+t^2}$

$\therefore\ \int\operatorname{cosec}x\,dx=\int\frac{2}{1+t^2}/\frac{2t}{1+t^2}dt=\int\frac{1}{t}dx=\log\left|\tan\frac{x}{2}\right|+C$

예제 13 $\displaystyle\int \frac{1}{2+\cos x}\,dx$

풀이 $\tan\frac{x}{2}=t$ 라 하면 $dx=\dfrac{2}{1+t^2}\,dt$

$\cos x=\dfrac{1-t^2}{1+t^2}$ 이다.

$$\therefore \int \frac{1}{2+\cos x}\,dx=\int \frac{1}{2+\frac{1-t^2}{1+t^2}}\cdot\frac{2}{1+t^2}\,dt$$

$$=2\int \frac{dt}{3+t^2}=\frac{2}{3}\int \frac{1}{1+(\frac{t}{\sqrt{3}})^2}\,dt$$

$$=\frac{2}{\sqrt{3}}\tan^{-1}\frac{\sqrt{t}}{3}+C=\frac{2}{\sqrt{3}}\tan^{-1}(\frac{1}{3}\sqrt{\tan\frac{x}{2}})+C$$

문제 3 $\displaystyle\int \frac{x}{(4-x^2)^{\frac{3}{2}}}\,dx$ 를 구하라.

문제 4 다음을 적분하여라.

(1) $\displaystyle\int \sin x\cos x dx$

(2) $\displaystyle\int \cot\, x\, dx$

(3) $\displaystyle\int \frac{1}{\sqrt{x^2+1}}\,dx$ 를 $x=\tan\theta$, $\left(-\frac{\pi}{2}\leqq\theta\leqq\frac{\pi}{2}\right)$ 로 치환하여 풀어라.

4 부분적분법

두 함수 f 와 g 가 x 에 관하여 미분가능할 때

$$(fg)' = f'g + fg'$$

이므로 양변을 x 에 관하여 적분하면

$$fg = \int f' g dx + \int fg' dx$$

를 얻는다. 이를 다시 고쳐 쓰면

$$\int fg' dx = fg - \int f'g\, dx$$

가 된다. 이 공식을 부분적분의 공식이라 한다.

$\int fg'\, dx$ 에서

치환 $u = f(x)$, $du = g'(x)dx$ 라 하면

$\int u\, dv = uv - \int v\, du$ 가 된다.

예제 1 다음 부정적분을 구하여라.

(1) $\int x \cos x\, dx$

풀이 $u = x$, $v' = \cos x$ 로 놓으면 $v = \sin x$ 이므로

$$\int x \cos x\, dx = x \sin x - \int \sin x\, dx = x \sin x + \cos x + C$$

(2) $\int x \sin x\, dx$

풀이 $u = x \rightarrow u' = 1$

$v' = \sin x \rightarrow v = -\cos x$

$$\int x \sin x\, dx = -x \cos x + \int \cos x\, dx$$

$$= -x \cos x + \sin x + C$$

(3) $\int \log x\, dx$

풀이 $u = \log x \rightarrow u' = \dfrac{1}{x}$

$v' = 1 \rightarrow v = x$

$\therefore \int \log x \cdot 1\, dx = x \log x - \int \dfrac{1}{x} \cdot x\, dx$

$= x \log x - x + C$

(4) $\int x^2 \sin x dx$

풀이 $u = x^2 \rightarrow u' = 2x,\ v' = \sin x \rightarrow v = -\cos x,$

$\int x^2 \sin x dx = -x^2 \cos x + 2\int x \cos x dx$

그런데, $\int x \cos x dx = x \sin x - \int \sin x dx = x \cdot \sin x + \cos x + C_1$

$\therefore \int x^2 \sin x dx = -x^2 \cos x + 2(x \sin x + \cos x + C_1)$

$= -x^2 \cos x + 2x \sin x + 2\cos x + C$

예제 2 다음 부정적분을 구하여라.

(1) $\int x e^{-x} dx$

풀이 $u = x \rightarrow u' = 1 \qquad v' = e^{-x} \rightarrow v = -e^{-x}$

$\therefore \int x e^{-x} dx = -x e^{-x} - \int -e^{-x} 1\, dx$

$= -x e^{-x} - e^{-x} + C = -(x+1) e^{-x} + C$

(2) $\int x \sec^2 x\, dx$

풀이 $u = x \rightarrow u' = 1$, $\quad v' = \sec^2 x \rightarrow v = \tan x$

$$\therefore \int x \sec^2 x\, dx = x \tan x - \int \tan x\, dx$$

$$= x \tan x - \log \sec x + C$$

(3) $\int x^2 \log x\, dx$

풀이 $\int x^2 \log x\, dx = \int \log x \cdot x^2\, dx$

$u = \log x \rightarrow u' = \frac{1}{x}$, $\quad v' = x^2 \rightarrow v = \frac{x^3}{3}$

$$\therefore \int x^2 \log x\, dx = \frac{1}{3} x^3 \log x - \int \frac{1}{x} \frac{x^3}{3}\, dx$$

$$= \frac{1}{3} x^3 \log x - \frac{x^3}{9} + C$$

(4) $\int \log(x+2)\, dx$

풀이 $\int \log(x+2) \cdot 1\, dx$

$u = \log(x+2) \rightarrow u' = \frac{1}{x+2}$, $\quad v' = 1 \rightarrow v = x$

$$\therefore \int \log(x+2) dx = x \log(x+2) - \int x \cdot \frac{1}{x+2}\, dx$$

$$= x \log(x+2) - \int \left(1 - \frac{2}{x+2}\right) dx$$

$$= x \log(x+2) - x + 2\log(x+2) + C$$

$$= (x+2) \log(x+2) - x + C$$

(5) $\int x \cdot e^{2x}\, dx$

풀이 $u = x \to u' = 1, \quad v' = e^{2x} \to v = \frac{1}{2} e^{2x}$

$\therefore \int x \cdot e^{2x}\, dx = \frac{1}{2} x e^{2x} - \int \frac{1}{2} e^{2x}\, dx$

$= \frac{1}{2} x e^{2x} - \frac{1}{4} e^{2x} + C$

예제 3 다음 부정적분을 구하여라.

(1) $\int x \sin 2x\, dx$

풀이 $u = x \to u' = 1, \ v' = \sin 2x \to v = -\frac{1}{2} \cos 2x$

$\therefore \int x \sin 2x\, dx = -\frac{1}{2} x \cos 2x - \int \left(-\frac{1}{2} \cos 2x\right) dx$

$= -\frac{1}{2} x \cos 2x + \frac{1}{4} \sin 2x + C$

(2) $\int \log(x-1)\, dx$

풀이 $u = \log(x-1) \to u' = \frac{1}{x-1}, \quad v' = 1 \to v = x$

$\therefore \int \log(x-1) dx = x \cdot \log(x-1) - \int \frac{x}{x-1}\, dx$

$= x \cdot \log(x-1) - \int \left(1 + \frac{1}{x-1}\right) dx$

$= x \cdot \log(x-1) - x - \log(x-1) + C$

(3) $\int x \cos(ax+b)\, dx, \quad (a \neq 0)$

풀이 $u = x \to u' = 1, \quad v' = \cos(ax+b) \to v = \frac{1}{a} \sin(ax+b).$

$\int x \cos(ax+b) dx = \frac{1}{a} x \sin(ax+b) - \frac{1}{a} \int \sin(ax+b) dx$

$= \frac{1}{a} x \sin(ax+b) + \frac{1}{a^2} \cos(ax+b) + C$

(4) $\int \frac{x e^x}{(x+1)^2} dx$

풀이 $u = x e^x \rightarrow u' = e^x + x e^x = e^x(1+x)$

$v' = \frac{1}{(x+1)^2} \rightarrow v = -\frac{1}{(x+1)}$

$\therefore \int \frac{x e^x}{(x+1)^2} dx = -\frac{x e^x}{x+1} + \int e^x dx$

$= -\frac{x e^x}{x+1} + e^x + C = \frac{e^x}{x+1} + C$

예제 4 다음 부정적분을 구하여라.

(1) $\int x^2 e^x dx$

풀이 $u = x^2 \rightarrow u' = 2x, \quad v' = e^x \rightarrow v = e^x$

$\therefore \int x^2 e^x dx = x^2 e^x - \int 2xe^x dx = x^2 e^x - 2x e^x + 2e^x + C$

(2) $\int x(\log x)^2 dx$

풀이 $u = (\log x)^2 \rightarrow u' = \frac{2}{x} \log x$

$v' = x \rightarrow v = \frac{x^2}{2}$

$\therefore \int x(\log x)^2 dx = \frac{x^2}{2}(\log x)^2 - \int x \log x \, dx$

그런데, $\int x \log x \, dx = \frac{x^2}{2} \log x - \frac{1}{2} \int x \, dx = \frac{x^2}{2} \log x - \frac{1}{4} x^2 + C_1$

$\therefore \int x(\log x)^2 dx = \frac{x^2}{2}(\log x)^2 - \frac{x^2}{2} \log x + \frac{1}{4} x^2 + C$

(3) $\int \frac{\log x}{x} dx$

풀이 $u = \log x \quad \rightarrow \quad u' = \frac{1}{x}$

$v' = \frac{1}{x} \quad \rightarrow \quad v = \log x$ 이므로 $\int \frac{\log x}{x} dx = I$ 라 하면

$\therefore \quad I = \int \frac{\log x}{x} dx = (\log x)^2 - \int \frac{\log x}{x} dx + C_1$

$\therefore \quad I = (\log x)^2 - I + C_1$

$\therefore \quad 2I = (\log x)^2 + C_1 \qquad \therefore \quad I = \frac{1}{2}(\log x)^2 + C$

예제 5 다음 부정적분을 구하여라.

$\int e^x \sin x \, dx$

풀이 $u = \sin x \rightarrow u' = \cos x, \quad v' = e^x \quad \rightarrow \quad v = e^x$

$\therefore \quad \int e^x \sin x \, dx = e^x \sin x - \int e^x \cos x \, dx \quad \cdots\cdots①$

$\int e^x \sin x \, dx$ 에서 $\quad u = \cos x \rightarrow u' = -\sin x$

$v' = e^x \rightarrow v = e^x$ 이므로

$\int e^x \cos x \, dx = e^x \cos x + \int e^x dx \quad \cdots\cdots②$

①, ②에서

$\int e^x \sin x \, dx = e^x \sin x - e^x \cos x - \int e^x \sin x \, dx$

$\therefore \quad 2\int e^x \sin x \, dx = e^x(\sin x - \cos x) + C_1$

$\therefore \quad \int e^x \sin x \, dx = \frac{1}{2} e^x(\sin x - \cos x) + C$

예제 6 다음 부정적분을 구하여라.

$\int e^x \sin^2 x \, dx$

풀이 $u = \sin^2 x \rightarrow u' = 2\sin x \cos x$

$v' = e^x \rightarrow v = e^x$

$\int e^x \sin^2 x\, dx = e^x \sin^2 x - \int e^x 2\sin x \cos x\, dx$

$= e^x \sin^2 x - \int e^x \sin 2x\, dx$ …… ①

$I = \int e^x \sin 2x\, dx$ 라 하자.

$I = \int e^x \sin 2x - 2\int e^x \cos 2x\, dx = e^x \sin 2x$

$-2\left\{e^x \cos 2x + 2\int e^x \sin 2x\, dx\right\}$

$I = e^x \sin 2x - 2e^x \cos 2x - 4I$

$I = \frac{1}{5} e^x(\sin 2x - 2\cos 2x)$ … ②

$\therefore \int e^x \sin^2 x\, dx = e^x \sin^2 x - \frac{1}{5} e^x(\sin 2x - 2\cos 2x) + C$

예제 7 $\int x^2 \cos 3x dx$

풀이 $u = x^2 \rightarrow u' = 2x,\ v' = \cos 3x \rightarrow v = \frac{1}{3}\sin 3x$

$\therefore \int x^2 \cos 3x dx = \frac{1}{3} x^2 \sin 3x - \frac{2}{3}\int x \sin 3x dx$

그런데 $\int x \sin 3x dx$에서 $u = x \rightarrow u' = 1,\ v' = \sin 3x \rightarrow v = -\frac{1}{3}\cos 3x$

$\therefore \int x \sin 3x dx = -\frac{1}{3} x \cos 3x + \frac{1}{3}\int \cos 3x dx = -\frac{1}{3} x \cos 3x + \frac{1}{9}\sin 3x + C_1$

$\therefore \int x^2 \cos 3x dx = \frac{1}{3} x^2 \sin 3x - \frac{2}{3}\left(-\frac{1}{3} x \cos 3x + \frac{1}{9}\sin 3x + C_1\right)$

$= \frac{1}{3} x^2 \sin 3x + \frac{2}{9} x \cos 3x - \frac{2}{27}\sin 3x + C$

예제 8 $\int \sec^3 \theta d\theta$

풀이 $u = \sec\theta \rightarrow u' = \sec\theta \tan\theta,\ v' = \sec^2\theta \rightarrow v = \tan\theta$

$$\int \sec^3\theta d\theta = \sec\theta\tan\theta - \int \sec\theta\tan^2\theta d\theta$$

$$= \sec\theta\tan\theta - \int \sec^3\theta d\theta + \int \sec\theta d\theta$$

그런데, $\int \sec\theta d\theta = \log(\sec\theta + \tan\theta)$이므로

$$\int \sec^3\theta d\theta = \frac{1}{2}\{\sec\theta\tan\theta + \log(\sec\theta + \tan\theta)\} + C$$

예제 9 $\int\sqrt{x^2+A}\,dx = \frac{1}{2}(x\sqrt{x^2+A} + A\log|x+\sqrt{x^2+A}|) + C$ 을 증명하여라.

$$I = \int\sqrt{x^2+A}\,dx = x\sqrt{x^2+A} - \int\frac{x^2}{\sqrt{x^2+A}}\,dx$$

$$= x\sqrt{x^2+A} - \int\frac{x^2+A-A}{\sqrt{x^2+A}}\,dx$$

$$= x\sqrt{x^2+A} - \int\sqrt{x^2+4}\,dx + A\int\frac{1}{\sqrt{x^2+A}}\,dx$$

$$= x\sqrt{x^2+A} - I + A\log|x+\sqrt{x^2+A}| + C_1$$

$$2I = x\sqrt{x^2+A} + A\log|x+\sqrt{x^2+A}| + C_1$$

$$\therefore\ I = \frac{1}{2}(x\sqrt{x^2+A} + A\log|x+\sqrt{x^2+A}|) + C \quad \left(=\frac{1}{2}C_1\right)$$

예제 10 $\int \tan^{-1}x\,dx$ 를 구하라.

풀이 $v = \tan^{-1}x,\ u = 1$ 로 놓으면 $v' = \frac{1}{1+x^2}\,dx,\ u = x$

이므로 $\int \tan^{-1}x\,dx = x\tan^{-1}x - \int\frac{x}{1+x^2}\,dx$

$$= x\tan^{-1}x - \frac{1}{2}\log(1+x^2) + C$$

문제 1 다음 부정적분을 구하여라.

(1) $\int e^x\cos^2 x\,dx$

(2) $\int (\log x)^2\, dx$

(3) $\int x^2 \sin x\, dx$

(4) $\int \sin^{-1} x\, dx$

문제2 다음을 구하여라

(1) $\int x \tan^{-1} x\, dx$ 를 구하여라.

(2) $\int \log(x^2+1)\, dx$ 를 구하라.

(3) $In = \int \sin x^n dx (n \geqq 0)$ 라 하면

$$In = -\frac{1}{n} \sin^{-1} x \cdot \cos x + \frac{n-1}{n} I_{n-2} \quad (n \geqq 2)$$

$I_0 = x + c \qquad I_1 = -\cos x + c$ 를 증명하여라.

문제3 다음을 구하여라.

(1) $\int x^2 \cos 2x\, dx$ 를 구하라.

(2) $\mathrm{In} = \int x^n e^{kx} dx$ 일 때 $\mathrm{In} = \frac{1}{k}(x^n e^{kx} - n\mathrm{I}_{n-1})$을 증명하여라.

5 유리함수의 적분법

유리함수 $\frac{f(x)}{g(x)}$, ($f(x)$, $g(x)$ 는 정함수)에서 $f(x)$의 차수가 $g(x)$보다 높을 때 $f(x)$를 $g(x)$로 나눌 때 몫이 $Q(x)$, 나머지를 $R(x)$라 하면

$\frac{f(x)}{g(x)} = Q(x) + \frac{R(x)}{g(x)}$ 가 된다.

나머지 $R(x)$의 차수가 $g(x)$의 차수보다 낮을 때에는

$$\frac{R(x)}{g(x)} = \frac{A_1}{ax+b} + \frac{A_2}{(ax+b)^2} + \dots + \frac{A_n}{(ax+b)^n} + \frac{R_1(x)}{g_1(x)}$$ 이다.

(단, A_1, A_2, A_3 ...... A_n 은 상수이고 $A_n \neq 0$)

또, $g(x) = (ax^2 + bx + c)^n g_1(x)$이고 $g_1(x)$가

$ax^2 + bx + c\,(b^2 - 4ac < 0)$의 인수를 가지지 않는 정식일 때,

$$\frac{R(x)}{g(x)} = \frac{A_1x + B_1}{ax^2 + bx + C} + \frac{A_2x + B_2}{(ax^2 + bx + C)^2} + \dots + \frac{A_nx + B_n}{(ax^2 + bx + C)^n} + \frac{R_1(x)}{g_1(x)}$$

(단, A_i, B_i 는 상수 $A_nx + B_n \neq 0$)

와 같이 병행할 수 있다.

유리 함수 $\frac{f(x)}{g(x)}$ 를 몇 개의 분수식의 합의 꼴로 고치는 것을 부분분수분해라 한다.

예제 1 다음 부분적분을 구하여라.

(1) $\int \frac{x^2+1}{x+1}\,dx$ (2) $\int \frac{3}{2x^2+x-1}\,dx$

풀이 (1) $\int \frac{x^2+1}{x+1}\,dx = \int\left(x - 1 + \frac{2}{x+1}\right)dx$

$$= \frac{1}{2}x^2 - x + 2\log|x+1| + C$$

(2) $\frac{3}{2x^2+x-1} = \frac{3}{(2x-1)(x+1)}$

$= \frac{A}{2x-1} + \frac{B}{x+1}$ 에서 $A=2$, $B=-1$

$\therefore \int \frac{3}{2x^2+x-1}\,dx = \int \frac{2}{2x-1}\,dx - \int \frac{1}{x+1}\,dx$

$= \log|2x-1| - \log|x+1| + C = \log\left|\frac{2x-1}{x+1}\right| + C$

예제 2 다음 부정적분을 구하여라.

(1) $\int \frac{x^2+2x-1}{x^2-1}\,dx$　　　(2) $\int \frac{4}{x^2-2x-3}\,dx$

(3) $\int \frac{3x+1}{(x-1)(x+2)}\,dx$

풀이 (1) $\frac{x^2+2x-1}{x^2-1} = 1 + \frac{2x}{x^2-1}$ 이므로

$$\int \frac{x^2+2x-1}{x^2-1}\,dx = \int 1dx + \int \frac{2x}{x^2-1}\,dx$$
$$= x + \log|x^2-1| + C$$

(2) $\frac{4}{x^2-2x-3} = \frac{4}{(x-3)(x+1)} = \frac{A}{x-3} + \frac{B}{x+1}$ 에서,

$A=1$, $B=-1$

$$\therefore \int \frac{4}{x^2-2x-3}\,dx = \int \frac{1}{x-3}\,dx - \int \frac{1}{x+1}\,dx$$

$$= \log|x-3| - \log|x+1| + C$$

$$= \log\left|\frac{x-3}{x+1}\right| + C$$

(3) $\frac{3x+1}{(x-1)(x+2)} = \frac{A}{x-1} + \frac{B}{x+2}$ 에서

$3x+1 = A(x+2) + B(x-1) = (A+B)x + 2A - B$

$\therefore\ A = \frac{4}{3}$, $B = \frac{5}{3}$

$$\therefore \int \frac{3x+1}{(x-1)(x+2)}\,dx = \frac{4}{3}\int \frac{1}{x-1}\,dx + \frac{5}{3}\int \frac{1}{x+2}\,dx$$

$$= \frac{4}{3}\log|x-1| + \frac{5}{3}\log|x+2| + C$$

예제 3 $\int \frac{x^3+1}{x-1}\,dx$ 를 구하여라.

풀이 $\frac{x^3+1}{x-1} = x^2+x+1+\frac{2}{x-1}$ 를 얻는다. 따라서

$$\int \frac{x^3+1}{x-1}\,dx = \int (x^2+x+1)dx + \int \frac{2}{x-1}\,dx$$
$$= \frac{1}{3}x^3+\frac{1}{2}x^2+x+2\log|x-1|+C$$

예제 4 $\int \frac{dx}{x(x^2+1)}$ 를 구하여라.

풀이 $\frac{1}{x(x^2+1)} = \frac{A}{x}+\frac{Bx+C}{x^2+1}$ 에 의하여 A, B, C 를 구하면

$A=1$, $B=-1$, $C=0$

$$\therefore \int \frac{1}{x(x^2+1)}\,dx = \int \frac{1}{x}\,dx - \int \frac{x}{x^2+1}\,dx$$
$$= \log|\,x\,| - \frac{1}{2}\log\,|\,x^2+1\,|+C$$

예제 5 $\int \frac{x^2+2x-2}{(x^3-4x)}\,dx$ 를 구하라.

풀이 $\frac{x^2+2x-2}{x(x+2)(x-2)} = \frac{A}{x}+\frac{B}{x+2}+\frac{C}{x-2}$

분모를 없애면 $x^2+2x-2 = A(x+2)(x-2)+Bx(x-2)+Cx(x+2)$

$x^2+2x-2 = (A+B+C)x^2-2(B-C)x-4A$

여기서 $A=\frac{1}{2}$, $B=-\frac{1}{4}$, $C=\frac{3}{4}$

$$I = \int \frac{\frac{1}{2}}{x}\,dx + \int \frac{-\frac{1}{4}}{x+2}\,dx + \int \frac{\frac{3}{4}}{x-2}\,dx$$
$$= \frac{1}{2}\int \frac{1}{x}\,dx - \frac{1}{4}\int \frac{1}{x+2}\,dx + \frac{3}{4}\int \frac{1}{x-2}\,dx$$
$$= \frac{1}{2}\log x - \frac{1}{4}\log(x+2) + \frac{3}{4}\log(x-2)+C$$
$$= \frac{1}{4}\log\frac{x^2(x-2)^3}{x+2}+C$$

예제 6 $\int \frac{x^3+2}{(x-1)} dx$ 를 구하라.

풀이 $\frac{x^3+2}{(x-1)} = x^2 + x + 1 + \frac{3}{x-1}$

$$\int \frac{x^3+2}{(x-1)} dx = \int \left(x^2 + x + 1 + \frac{3}{x-1}\right) dx$$
$$= \frac{x^3}{3} + \frac{x^2}{2} + x + 3\log(x-1) + C$$

예제 7 $\int \frac{e^t}{e^{2t}+3e^t+2} dt$ 를 구하여라.

풀이 $e^t = x$ 라 놓으면

$$\int \frac{e^t}{e^{2t}+3e^t+2} dt = \int \frac{dx}{x^2+3x+2} = \int \frac{A}{x+1} dx + \int \frac{B}{x+2} dx$$

$\therefore\ A=1,\ B=-1$

$$\int \frac{dx}{x^2+3x+2} = \int \frac{1}{x+1} dx - \int \frac{1}{x+2} dx$$
$$= \log|x+1| - \log|x+2| + C$$
$$= \log\left|\frac{x+1}{x+2}\right| + C$$

$$\therefore\ \int \frac{e^t}{e^{2t}+3e^t+2} dx = \log\left|\frac{e^t+1}{e^t+2}\right| + C$$

예제 8 $\int \frac{2x^2+3}{x(x-1)^2} dx$ 를 구하여라.

풀이 분모의 인수가 일차이므로

$$\frac{2x^2+3}{x(x-1)^2} = \frac{A}{x} + \frac{B}{x-1} + \frac{C}{(x-1)^2}$$

와 같이 부분분수로 분해하여 상수 A, B, C 를 정한다. 윗식에서 분모를 없애면

$$2x^2+3 = A(x-1)^2 + Bx(x-1) + Cx$$
$$= (A+B)x^2 - (2A+B-C)x + A$$

이고 이 방정식이 항등식이므로

$$\begin{cases} A+B=2 \\ 2A+B-C=0 \\ A=3 \end{cases}$$

$A=3,\ B=-1,\ C=5$

임을 알 수 있다. 따라서

$$\int\frac{dx}{x(x-1)^2} = \int\frac{3}{x}\,dx - \int\frac{dx}{(x-1)} + 5\int\frac{dx}{(x-1)^2}$$

$$= 3\log x - \log|x-1| - \frac{5}{x-1} + C$$

예제 9 $\displaystyle\int\frac{x^5-x^4-3x+5}{x^4-2x^3+2x^2-2x+1}\,dx$ 를 구하라.

풀이 $\displaystyle\frac{x^5-x^4-3x+5}{x^4-2x^3+2x^2-2x+1} = x+1+\frac{-2x+4}{x^4-2x^3+2x^2-2x+1}$

이고 분모는 $x^4-2x^3+2x^2-2x+1=(x^2+1)(x-1)^2$

$$\frac{-2x+4}{x^4-2x^3+2x^2-2x+1} = \frac{Ax+B}{x^2+1}+\frac{C}{x-1}+\frac{D}{(x-1)^2}$$

여기서 $A,\ B,\ C$ 를 구하면 $A=2,\ B=1,\ C=-2,\ D=1,$

$$I = \int\left[x+1+\frac{2x+1}{x^2+1}-\frac{2}{x-1}+\frac{1}{(x-1)^2}\right]dx$$

$$= \int\left[x+1+\frac{2x}{x^2+1}+\frac{1}{x^2+1}-\frac{2}{(x-1)}+\frac{1}{(x-1)^2}\right]dx$$

$$= \frac{x^2}{2}+x+\log(x^2+1)+\tan^{-1}x-2\log(x-1)-\frac{1}{x-1}+C$$

문제 1 $\displaystyle\int\frac{5x-3}{(x+1)(x-3)}\,dx$ 를 구하라.

문제 2 $\displaystyle\int\frac{x^2-1}{x(x^2+1)^2}\,dx$ 를 구하라.

문제 3 $\int \frac{6x^2-15x+22}{(x+3)(x^2+2)^2}\,dx$ 를 구하라.

문제 4 $\int \frac{3x+1}{(x-1)(x+2)}\,dx$ 를 구하라.

문제 5 (1) $\int \frac{3y^2-y+1}{y^3-y^2}\,dy$

(2) $\int \frac{(x-1)dx}{x(x+1)^2}$

(3) $\int \frac{dz}{z+z^3}$

(4) $\int \frac{x^2-4x-4}{(x-2)(x^2+4)}\,dx$

(5) $\int \frac{8dt}{t(t^2+2)}$

(6) $\int \frac{x^3-6x^2+1}{x(x^2-1)}\,dx$

6 무리함수의 적분법

변수 x 와 상수에 더하기, 빼기, 곱하기인 세 개의 연산으로 얻은 결과를 x 의 다항식이라고 하고, 다항식의 결과를 유리함수라 한다.

이와 같이 3칙 이외에 다른 것을 일반적으로 유리수가 아니다.

가령 $x+\sqrt{x^2+1}$, $\sqrt[n]{an+b}$, $(\sqrt{x}+\sqrt[7]{x^2})\div\sqrt{x+4}$

와 같은 것을 무리함수라 한다.

무리함수는 유리함수와 같이 언제나 적분되지는 않는다. 적분할 수 있는 것은 적당한 치환으로 유리함수의 적분으로 바뀌는 것이 그 요령이다.

예제 1 $\int\frac{x}{\sqrt{2x-1}}dx$ 를 구하여라.

풀이 $\sqrt{2x-1}=t$ 로 치환하면 $2x-1=t^2$ 에서 $x=\frac{t^2+1}{2}$

$dx=\frac{1}{2}2tdt=tdt$

$$\therefore\int\frac{x}{\sqrt{2x-1}}dx=\int\frac{1}{t}\left(\frac{t^2+1}{2}\right)tdt=\frac{1}{2}\int(t^2+1)dt$$

$$=\frac{1}{2}\left(\frac{1}{3}t^3+t\right)+C=\frac{1}{6}(2x-1)\sqrt{2x-1}+\frac{1}{2}\sqrt{2x-1}+C$$

예제 2 다음 부정적분을 구하여라.

(1) $\int(2+3x)\sqrt{1+2x}dx$ (2) $\int\frac{3x-1}{\sqrt{x+1}}dx$

풀이 (1) $\sqrt{1+2x}=t$ 로 놓으면, $1+2x=t^2$ 이므로,

$x=\frac{1}{2}(t^2-1)$ 이고, $dx=tdt$, $2+3x=\frac{1}{2}(3t^2+1)$

$$\therefore \int(2+3x)\sqrt{1+2x}dx=\int\frac{1}{2}(3t^2+1)t\cdot t\,dt$$

$$=\int\frac{1}{2}(3t^4+t^2)dt=\frac{3}{10}t^5+\frac{1}{6}t^3+C$$

$$=\frac{3}{10}\sqrt{(1+2x)^5}+\frac{1}{6}\sqrt{(1+2x)^3}+C$$

$$=\frac{1}{30}\{9\sqrt{(1+2x)^5}+5\sqrt{(1+2x)^3}\}+C$$

$$=\boldsymbol{\frac{1}{15}(9x+7)(2x+1)\sqrt[3]{1+2x}+C}$$

(2) $\sqrt{x+1}=t$ 로 놓으면, $x+1=t^2$ 이므로,

$x=t^2-1$ 이고, $dx=2tdt$, $3x-1=3(t^2-1)-1=3t^2-4$

$$\therefore \int\frac{3x-1}{\sqrt{x+1}}dx=\int\frac{3t^2-4}{t}\cdot 2tdt=2\int(3t^2-4)dt$$

$$=2(t^3-4t)+C=2t(t^2-4)+C=\boldsymbol{2(x-3)\sqrt{x+1}+C}$$

예제 3 다음 부정적분을 구하여라.

(1) $\displaystyle\int\frac{x^3}{\sqrt{x^2+1}}dx$ (2) $\displaystyle\int\frac{dx}{(x-2)\sqrt{2+x-x^2}}$

풀이 (1) $\sqrt{x^2+1}=t$ 로 놓으면, $x^2=t^2-1$, $x\,dx=tdt$

$$\therefore \int\frac{x^3}{\sqrt{x^2+1}}dx=\int\frac{x^2}{\sqrt{x^2+1}}\cdot xdx=\int\frac{t^2-1}{t}\cdot tdt$$

$$=\int(t^2-1)dt=\frac{1}{3}t^3-t+C=\frac{1}{3}(t^2-3)t+C$$

$$=\boldsymbol{\frac{1}{3}(x^2-2)\sqrt{x^2+1}+C}$$

(2) $2+x-x^2=(x+1)(2-x)$ 이므로 $\sqrt{\dfrac{x+1}{2-x}}=t$ 로 놓으면

$$x=\frac{2t^2-1}{1+t^2},\quad dx=\frac{6t}{(1+t^2)^2}dt,\quad (x-2)=\frac{-3}{1+t^2}$$

$$\sqrt{2+x-x^2}=(2-x)\sqrt{\frac{x+1}{2-x}}=\frac{3t}{1+t^2}$$

$$\therefore I=\int\frac{1+t^2}{-3}\frac{1+t^2}{3t}\frac{6t}{(1+t^2)^2}dt=-\frac{2}{3}\int dt$$

$$=-\frac{2}{3}t+C=-\frac{2}{3}\sqrt{\frac{x+1}{2-x}}+C$$

예제 4 (1) $\int \frac{dx}{\sqrt{x}\,(1+\sqrt[3]{x})}$ (2) $\int \frac{dx}{(2+x)\sqrt{1+x}}$

풀이 (1) $\sqrt[6]{x}=t,\quad x=t^6,\quad \sqrt{x}=t^3,\quad dx=6t^5\,dt$

$$I=\int \frac{6t^5}{t^3(1+t^2)}\,dt=6\int \frac{t^2}{t^2+1}\,dt=6\int\left(1-\frac{1}{t^2+1}\right)dt$$
$$=6(t-\tan^{-1}t)=6(\sqrt[6]{x}-\tan^{-1}\sqrt[6]{x})+C$$

(2) $\sqrt{1+x}=t,\quad x=t^2-1,\quad dx=2t\,dt$

$$\therefore \int \frac{2t}{(t^2+1)t}\,dt=2\int \frac{1}{t^2+1}\,dt=2\tan^{-1}t$$
$$=2\tan^{-1}\sqrt{1+x}+C$$

문제 1 다음 부정적분을 구하라.

(1) $\int \frac{1}{\sqrt{x+1}+\sqrt{x}}\,dx$ (2) $\int \frac{1}{\sqrt{2x+1}+\sqrt{2x-1}}\,dx$

(3) $\int \frac{3}{\sqrt{x+1}-\sqrt{x}}\,dx$ (4) $\int \frac{x}{\sqrt{2+x}+\sqrt{2}}\,dx$

문제 2 다음 부정적분을 구하라.

(1) $\int \sqrt{\frac{x-\alpha}{\beta-x}}\,dx$ 단, $(\alpha<\beta)$

(2) $\int x\sqrt{x^2-1}\,dx$

(3) $\int \frac{1}{x\sqrt{x^2+1}}\,dx$

문제 3 다음 부정적분을 구하여라.

(1) $\int \sqrt{\frac{x^2}{x^3-1}}\,dx$ (2) $\int \frac{x}{\sqrt{4-x}}\,dx$

(3) $\int \frac{dx}{\sqrt{x}+\sqrt[4]{x^3}}$ (4) $\int x\sqrt{x^2+9}\,dx$

연습문제

1. $\int \sqrt{2x+3}\ dx$

2. $\int \frac{1}{3x+5}\ dx$

3. $\int \frac{1}{(2x-7)^2}\ dx$

4. $\int \frac{x+2}{x+1}\ dx$

5. $\int \sqrt{x^2-2x^4}\ dx$

6. $\int \frac{(1+x)^2}{\sqrt{x}}\ dx$

7. $\int \frac{3x^3-4x^2+3x}{x^2+1}\ dx$

8. $\int \frac{x+3}{\sqrt{1-x^2}}\ dx$

9. $\int e^{4x} dx$

10. $\int \frac{\sin x}{2+\cos x}\ dx$

11. $\int \cos^2 x \sin x\, dx$

12. $\int \frac{\cos x}{\sin^3 x}\ dx$

13. $\int \log kx\, dx$

14. $\int a^x e^x dx$

15. $\int \frac{(a^{2x}+1)^2}{\sqrt{a^x}}\ dx$

16. $\int \cos^3 x\, dx$

17. $\int \frac{\sec^2 2x}{1+\tan 2x}\ dx$

18. $\int \left(e^{\frac{x}{a}}+e^{-\frac{x}{a}}\right)^2 dx$

19. $\int \frac{dx}{x^2+10x+30}$

20. $\int \frac{dx}{\sqrt{20+8x-x^2}}$

21. $\int (ax+b)^n dx$

22. $\int \frac{-\cos x+\sin x}{\sin x+\cos x} dx$

23. $\int \frac{x^2}{\sqrt[3]{a^3+x^3}} dx$

24. $\int \frac{x^2-a^2}{x^3-3a^2x} dx$

25. $\int x\cos x^2\, dx$

26. $\int e^{\tan\theta}\sec^2\theta\ d\theta$

27. $\int \frac{x+1}{x^2-4x+8} dx$

28. $\int \frac{x+2}{\sqrt{4x-x^2}} dx$

29. $\int \frac{1}{\sqrt{a^2-x^2}} dx$ (단, $a>0$)

30. $\int (a^2-x^2)^{-\frac{3}{2}} dx$ (단, $a>0$)

31 $\int \frac{x^2 - x}{(x-2)^3}\, dx$

32 $\int \frac{e^{2x}}{(e^{x+1})^{\frac{1}{4}}}\, dx$

33 $\int (e^x + 1)^3 e^x\, dx$

34 $\int \frac{1}{e^x + 1}\, dx$

35 $\int \sin^{-1} x\, dx$

36 $\int x^3 \sin x\, dx$

37 $\int \sqrt[4]{ax+b}\, dx$ (단 $a \neq 0$)

38 $\int \frac{dx}{1+\sqrt{x}}$

39 $\int \frac{1}{(a^2 - x^2)^3}\, dx$

40 $\int \frac{1}{x\sqrt{x^4 - 4}}\, dx$

41 $\int \frac{xe^x}{(x+1)^2}\, dx$

CHAPTER 9

정적분

1 정적분의 정의

함수 $f(x)$는 구간 $[a, b]$에서 $f(x)>0$이고, 연속이라 하자. $[a, b]$의 한 분할에 대해서

$$a=x_0<x_1<x_2 \cdots\cdots <x_{n-1}<x_n=b$$

소구간 $[x_0, x_1]$, $[x_1, x_2]$ ……, $[x_{n-1}, x_n]$ 에서의 $f(x)$ 의 최대값을

M_1, M_2, ……, M_n, 최소값을 m_1, m_2, ……, m_n 라 할 때

$$\overline{S}_n = M_1 \Delta x_1 + M_2 \Delta x_2 + \cdots\cdots + M_n \Delta x_n \ (\Delta x_i = x_i - x_{i-1})$$

$$\underline{S}_n = m_1 \Delta x_1 + m_2 \Delta x_2 + \cdots\cdots + m_n \Delta x_n$$

으로 놓으면

$$\underline{S}_n \leqq \overline{S}_n$$

또 곡선 $y=f(x)$ 와 직선 $x=a$, $x=b$, x 축들에 의해서 둘러싸인 원형의 넓이를 S 라 하면 $\underline{S}_n \leqq S \leqq \overline{S}_n$

$$0 \leqq S-\underline{S}_n \leqq \overline{S}_n-\underline{S}_n \quad \cdots\cdots\cdots\cdots \quad ①$$

한편

$\overline{S}_n - \underline{S}_n = (M_1-m_1)\Delta x_1 + (M_2-m_2)\Delta x_2 + \cdots + (M_n-m_n)\Delta x_n$

$M_i - m_i = \varepsilon_i (i=1, 2, \cdots, n)$ 로 놓으면

$\overline{S}_n - \underline{S}_n = \varepsilon_1 \Delta x_1 + \varepsilon_2 \Delta x_2 + \cdots + \varepsilon_n \Delta x_n$, ε_1, ε_2, …, ε_n 중의 최대값을 ε 로 표시하면 $\overline{S}_n - \underline{S}_n \leqq \varepsilon(\Delta x_1 + \Delta x_2 + \cdots + \Delta x_n) = (b-a)\varepsilon$

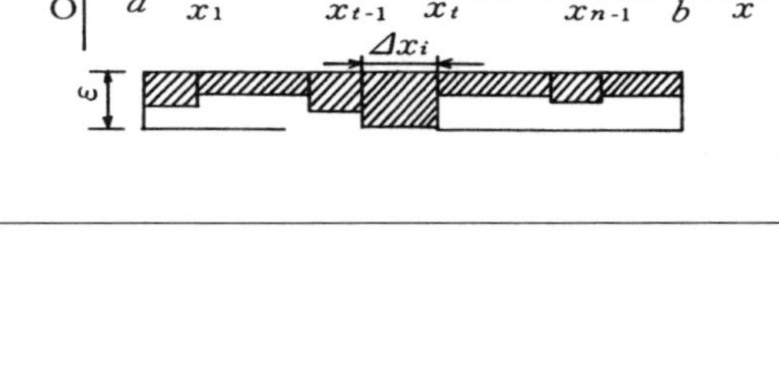

그런데 $f(x)$의 연속성에 의해서 $\Delta x_i \to 0\,(i=1,\ 2,\ \cdots,\ n)$일 때 $M_i \to m_i \to 0$ 이므로 $\varepsilon \to 0$ 이다. 따라서

$$\lim_{\Delta xi \to 0}(\overline{S}_n - \underline{S}_n) = 0 \quad \cdots\cdots\cdots\cdots\cdots ②$$

①과 ②에서

$$\lim_{\Delta xi \to 0}\overline{S}_n = \lim_{\Delta xi \to 0}\underline{S}_n = S \quad \cdots\cdots\cdots ③$$

또 소구간 $[x_{i-1},\ x_i]$ $(i=1,\ 2,\ \ \cdots,\ n)$에서 임의의 한 점 x_i 를 택해서 합

$S_n = f(x_1{'})\Delta x_1 + f(x'_2)\Delta x_2 + \ \cdots\ + f(x_n{'})\Delta x_n$ 을 택하면

$m_i \le f(xi') \le M$ $(i=1,\ 2,\ \cdots,\ n)$ 이므로

$$\underline{S}_n \leqq S_n \leqq \overline{S}_n \quad \cdots\cdots\cdots\cdots\cdots\cdots\cdots ④$$

③ 과 ④에서

$$\lim_{\Delta xi \to 0} S_n = \lim_{\Delta xi} \sum_{i=1}^{n} f(x_i{'}) \cdot \Delta xi = S$$

위에서 $f(x)$는 구간 $[a,\ b]$에서 $f(x)>0$이고, 연속일 때 $\sum_{i=1}^{n} f(x_i') \cdot \Delta x_i$ 는 곡선 $y=f(x)$와 직선 $x=a$, $x=b$, x 축으로 둘러싸인 원형의 면적에 수렴함을 알았다. 일반적으로 $f(x)$가 구간 $[a,\ b]$에서 연속일 때 $\sum_{i=1} f(x_i) \cdot \Delta x_i$ 는 x축의 위쪽에 있는 부분의 면적과 x축 아래 쪽에 있는 부분의 면적에 (−)의 부호를 붙인 것의 합에 수렴함을 알 수 있다. 하여튼 $f(x)$ 가 구간 $[a,\ b]$에서 연속이면 $\Delta x_i \to 0$ 일 때 $\sum_{i=1}^{n} f(x_i') \cdot \Delta x_i$ 는 수렴한다.

이때 극한값을 a 에서 b 까지의 $f(x)$의 정적분(definite intergral)이라 한다.

$\int_a^b f(x)dx$ 로 표시한다. 즉, 정의에서

$$\int_a^b f(x)dx = \lim_{\Delta x \to 0} \sum_{i=1}^{n} f(x_i{'})\Delta x_i$$

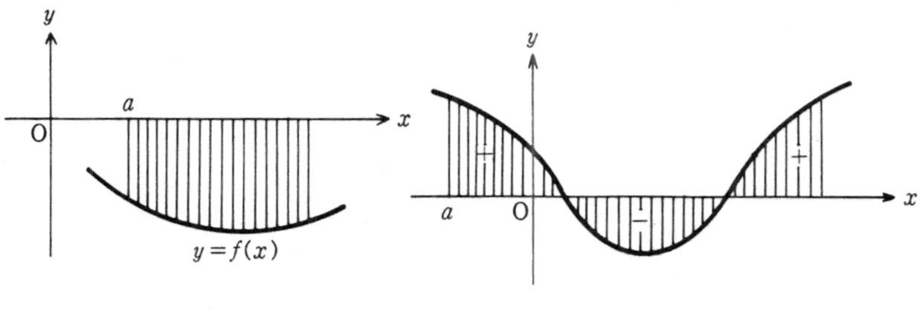

예제 1 포물선 $y=x^2$ 과 직선 $x=a\ (a>0)$ 및 x 축으로 둘러싸인 도형의 면적 S 를 구분구적법에 의하여 구하여라.

풀이 오른쪽 그림 ①과 같이 구간 $[1,\ a]$ 를 n 등분하여, 양 끝점 및 분점을

$x_0(=0), x_1,\ x_2,\ \cdots,\ x_n\ (=a)$

이라 하고, $\frac{a}{n}=h$ 라 하면,

$x_0=0,\ x_1=h,\ x_2=2h,\ x_3=3h,\ \cdots,$

$x_{n-1}=(n-1)h,\ x_n=nh=a$

가 되고 이 각각의 x 의 값에 대응하는 y 의 값은

$0,\ h^2,\ (2h)^2,\ (3h)^2,\ \cdots,\ \{(n-1)h\}^2,\ (nh)^2$

이 된다. 따라서, 직사각형들의 면적의 합 S_n 은

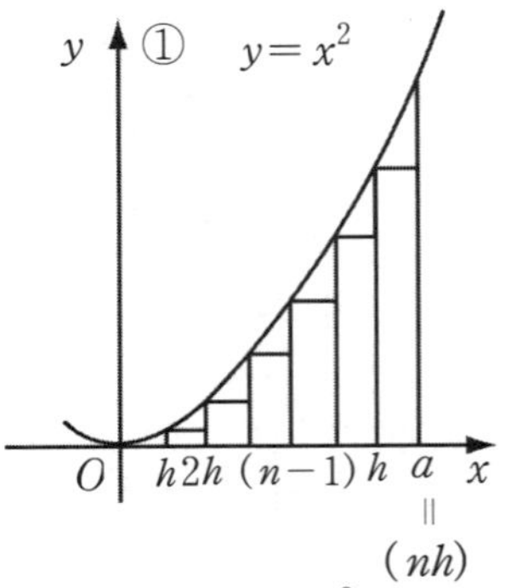

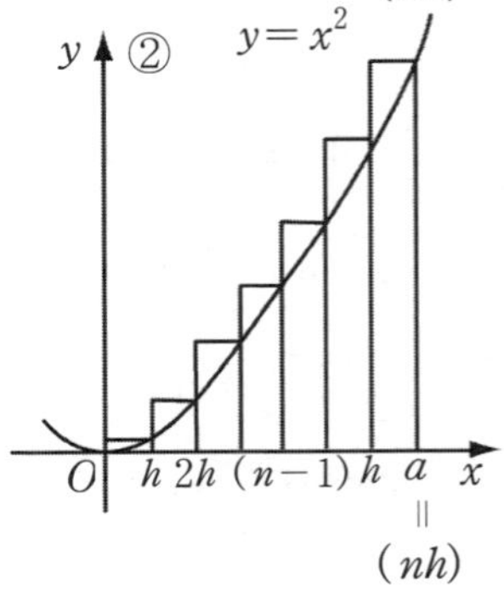

$$S_n=h\cdot h^2+h(2h)^2+\ \cdots\ +h\{(n-1)h\}^2$$

$$=h^3\{1^2+2^2+3^2+\ \cdots\ +(n-1)^2\}$$

$$=\frac{h^3}{6}(n-1)\,n(2n-1)$$

$$=\left(\frac{a}{n}\right)^3\cdot\frac{(n-1)\,n(2n-1)}{6} \qquad \Leftarrow h=\frac{a}{n}$$

$$\therefore\ \lim_{n\to\infty}S_n=\frac{a^3}{3}$$

또는 그림 ②와 같이 직사각형을 만들고 이들의 합을 S_n'이라 하면, 위와 마찬가지로 하여

$$S_n'=h[h^2+(2h)^2+\ \cdots\ +\{(n-1)h\}^2+a^2]=S_n+ha^2=S_n+\frac{a^3}{n}$$

$$\therefore\ \lim_{n\to\infty}S_n'=\lim_{n\to\infty}S_n+\lim_{n\to\infty}\frac{a^3}{n}=\lim_{n\to\infty}S_n=\frac{a^3}{3}$$

예제 2 포물선 $y=x^2$ 과 직선 $x=1$ 및 x 축으로 둘러싸인 도형의 넓이 S 를 구분구적법에 의하여 구하여라.

풀이 오른쪽 그림 ①과 같이 구간 [0, 1] 을 n 등분하여, 양 끝점 및 각 분점을 $x_0(=0)$, x_1, x_2, x_3, $\cdots$ $x_n(=1)$ 이라 하고, $\frac{1}{n}=h$ 라 하면

$$x_0(=0),\ x_1=h,\quad x_2=2h,\quad x_3=3h,\ \cdots,$$

$$x_{n-1}=(n-1)h,\quad x_n=nh=1$$

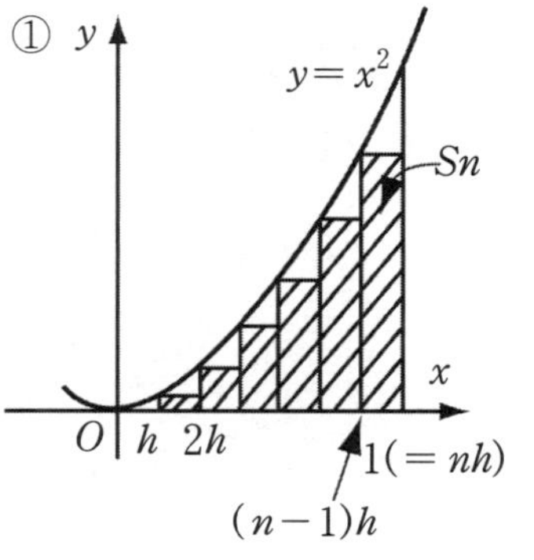

이 되고, 이 각각의 x 의 값에 대응하는 y 의 값은 각각

$$0,\ h^2,\ (2h)^2,\ (3h)^2,\ \cdots,\ \{(n-1)h\}^2,\ (nh)^2$$

이 된다. 따라서, 직사각형들의 넓이의 합 S_n 은

$$S_n=h\cdot h^2+h(2h)^2+\ \cdots\ +h\{(n-1)h\}^2$$

$$=h^3\{1^2+2^2+3^2+\ \cdots\ +(n-1)^2\}$$

$$=\frac{h^3}{6}(n-1)\,n(2n-1)$$

$$=\left(\frac{1}{n}\right)^3\cdot\frac{(n-1)\,n(2n-1)}{6}\qquad \Leftarrow h=\frac{1}{n}$$

$$\therefore\ \lim_{n\to\infty}S_n=\frac{1}{3}$$

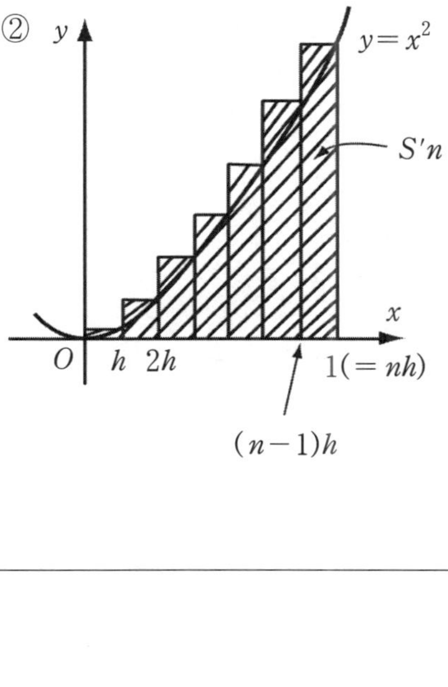

2 정적분의 성질

정리 1

함수 $f(x)$ 가 $[a,\ b]$ 에서 연속이면

$$F(x) = \int_a^x f(t)dt$$

는 $[a,\ b]$에서 미분가능이고 $f(x)$의 원시함수이다.

증명 $F(x) = \int_a^x f(t)dt$ 는 구간 $[a,\ b]$ 위에서 x 의 함수이다.

$$\begin{aligned} F(x+\Delta x) - F(x) &= \int_a^{x+\Delta x} f(t)dt - \int_a^x f(t)dt \\ &= \int_x^{x+\Delta x} f(t)dt \end{aligned}$$

따라서 평균치 정리에 의하여

$$\begin{aligned} \frac{F(x+\Delta x) - F(x)}{\Delta x} &= \frac{1}{\Delta x}\int_x^{x+\Delta x} f(t)dt \\ &= f(x+\theta\Delta x), \qquad (0 < \theta < 1) \end{aligned}$$

따라서 $\Delta x \to 0$ 일 때 $x+\theta\Delta x \to x$ 이고 $f(x)$ 는 연속이므로

$$\frac{dF(x)}{dx} = \lim_{\Delta x \to 0}\frac{F(x+\Delta x) - F(x)}{\Delta x} = f(x)$$

$$\therefore \int_a^x f(t)dt = \int f(x)dx$$

정리 2

구간 $[a,\ b]$에서 연속인 함수 $f(x)$의 한 원시함수를 $G(x)$ 라 하면

$$\int_a^b f(x)dx = G(b) - G(a)$$

증명 $F(x)=\int_a^x f(t)dt$ 는 $f(x)$의 원시함수이므로 $F(x)=G(x)+C$

그런데 $F(a)=\int_a^b f(t)dt=0$ 즉 $G(a)+C=0$ 이므로 $C=-G(a)$

따라서 $\int_a^b f(x)dx=F(b)$

$$=G(b)-G(a)$$

$G(b)-G(a)$ 를 기호 $\left[G(x)\right]_a^b$ 로 표시한다.

정리3

(1) $\int_a^a f(x)dx=0$

(2) $\int_a^b f(x)dx=-\int_b^a f(x)dx$

(3) $\int_a^b kf(x)dx=k\int_a^b f(x)dx$

(4) $\int_a^b \{f(x)\pm g(x)\}dx=\int_a^b f(x)dx\pm\int_a^b g(x)dx$

(5) $\int_a^b f(x)dx=\int_a^c f(x)dx+\int_c^b f(x)dx$ (단, C 는 임의의 상수)

증명 (1) $\int_a^a f(x)dx=\left[F(x)\right]_a^a=F(a)-F(a)=0$

(2) $\int_a^b f(x)dx=-\left[F(x)\right]_b^a=F(b)-F(a)$

$-\int_b^a f(x)dx=-\left[F(x)\right]_b^a=-[F(a)-F(b)]=F(b)-F(a)$

$\therefore \int_a^b f(x)dx=-\int_b^a f(x)dx$

(3) $\int f(x)dx = F(x) + C_1$ 이라 하면

$$\int kf(x)dx = k\int f(x)dx = k\{F(x) + C_1\} = kF(x) + C$$

$$\therefore \int_a^b \boldsymbol{kf(x)\,dx} = \Big[kF(x)\Big]_a^b = kF(b) - kF(a)$$

$$= k\{F(b) - F(a)\} = \boldsymbol{k\int_a^b f(x)\,dx}$$

(4) $\int f(x)\,dx = F(x) + C_1$, $\int g(x)dx = G(x) + C_2$ 이라 하면

$$\int\{f(x) \pm g(x)\}dx = \int f(x)dx \pm \int g(x)dx = F(x) \pm G(x) + C$$

⬅ $C = C_1 + C_2$

$$\therefore \int_a^b \{\boldsymbol{f(x) \pm g(x)\}dx} = \Big[F(x) \pm G(x)\Big]_a^b = \{F(b) \pm G(b)\}$$

$$= \{F(b) \pm G(a)\} = \{F(b) - F(a)\} \pm \{G(b) - G(a)\}$$

$$= \int_a^b \boldsymbol{f(x)\,dx} \pm \int_a^b \boldsymbol{G(x)\,dx}$$ (복호동순)

(5) $\int f(x)dx = F(x) + C$ 라 하면,

$$\int_a^c \boldsymbol{f(x)\,dx} + \int_c^b \boldsymbol{f(x)\,dx} = \Big[F(x)\Big]_a^c + \Big[F(x)\Big]_c^b$$

$$= \{F(c) - F(a)\} + \{F(b) - F(c)\} = F(b) - F(a)$$

$$= \int_a^b \boldsymbol{f(x)\,dx}$$

정리4

구간 $[a,\ b]$에서 $f(x) \geqq g(x)$ 이면

$$\int_a^b f(x)\,dx \geqq \int_a^b g(x)\,dx$$

증명 $\int_a^b f(x)\,dx - \int_a^b g(x)\,dx = \int_a^b [f(x) - g(x)]dx$

$$= \lim_{\Delta xi \to 0} \sum_{i=1}^{n} [f(x_i') - g(x_i')]\Delta x_i \geqq 0$$

$\therefore \int_a^b f(x)\,dx \geq \int_a^b g(x)\,dx$

정리5

■ 정적분에 관한 평균값의 정리

함수 $f(x)$가 $[a, b]$에서 연속이면, $[a, b]$상에 한 점 ξ 가 존재하여

$\int_a^b f(x)\,dx = f(\xi)(b-a)$ 이다.

증명 $f(x)$의 $[a, b]$상에서의 최대값을 M, 최소값을 m 이라 하면

$$m \leq f(x) \leq M$$

정리에 의하여

$$\int_a^b m\,dx \leq \int_a^b f(x)dx \leq \int_a^b M\,dx$$

따라서

$$m(b-a) \leq \int_a^b f(x)dx \leq M(b-a)$$

$b-a>0$ 이므로 양변을 나누면

$$m \leq \frac{1}{b-a} \int_a^b f(x)dx \leq M$$

따라서 중간값의 정리에 의하면

$$f(\xi) = \frac{1}{b-a} \int_a^b f(x)dx$$

가 되는 ξ 가 $[a, b]$ 상에 반드시 존재한다. 따라서

$$\int_a^b f(x)\,dx = f(\xi)(b-a)$$

$f(x)$가 유계인 폐구간 $[a, b]$에서 연속함수일 때 구간 $[a, b]$의 각 점 x 를 $\int_a^x f(t)\,dt$ 에 대응시키는 것을 F 라고 하면 F 는 $[a, b]$를 정의역으로 하는 함수이다.

정리6

함수 $f(x)$가 a 를 포함하는 구각 I 에서 연속이라면, 그의 임의 점 x에 대하여

$F(x) = \int_a^b f(x)\,dt$ 라 하면 $F(x)$ 는 $f(x)$의 함수이다.

즉,

$$F'(x) = \frac{d}{dx}\int_a^x f(t)\,dt = f(x)$$

증명 $h \neq 0$ 일 때 정리해서

$$F(x+h) - f(x) = \int_a^{x+h} f(t)dt - \int_a^x f(t)dt = \int_x^{x+h} f(t)dt$$

이므로 위의 정리에 의하여

$$\frac{F(x+h) - F(x)}{h} = \frac{1}{h}\int_x^{x+h} f(t)dt = f(\xi)$$

를 만족하는 ξ 가 x 와 $x+h$ 사이에 존재한다. $h \to 0$ 이라 할 때 $\xi \to x$ 이므로 $f(x)$의 연속성에 의하여

$$f(\xi) \to f(x)$$

따라서

$$\lim_{h\to 0}\frac{F(x+h) - F(x)}{h} = f(x) \text{ 즉 } F'(x) = f(x)$$

3 정적분의 계산

정리 1

$f(x)$의 한 부정적분을 $F(x)$ 라고 하면

$\int_a^b f(x)\,dx = F(b) - F(a)$ 이다.

증명 $a \le x \le b$ 인 x에 대하여 $G(x) = \int_a^x f(t)dt$

라고 놓으면 정리에 의하여 $G(x)$는 $f(x)$의 한 원시함수이다. 따라서 $F(x)$를 $f(x)$의 임의의 원시함수라 하면

$$F(x) = G(x) + C \qquad (C: \text{상수})$$

따라서

$$F(b) - F(a) = G(b) - G(a) = \int_a^b f(t)dt$$

위 정리를 정적분의 기본정리라고 하고 기호

$$\int_a^b f(x)\,dx = \Big[\, F(x) \,\Big]_a^b = F(b) - F(a)$$

로 나타낸다.

정리 2

(1) $f(x)$ 가 우함수이면 $\int_{-a}^{a} f(x)\,dx = 2\int_0^a f(x)dx$

(2) $f(x)$ 가 기함수이면 $\int_{-a}^{a} f(x)\,dx = 0$ 이다.

증명 $f(x)$ 가 우함수이면, 그래프는 y 축에 대하여 대칭이므로,

$$\int_{-a}^{0} f(x)\,dx = \int_0^a f(x)\,dx$$

$$\therefore \quad \int_{-a}^{a} f(x)\,dx$$

$$= \int_{-a}^{o} f(x)\,dx + \int_{o}^{a} f(x)\,dx$$

$$= \int_{o}^{a} f(x)\,dx + \int_{o}^{a} f(x)\,dx$$

$$= 2\int_{o}^{a} f(x)\,dx$$

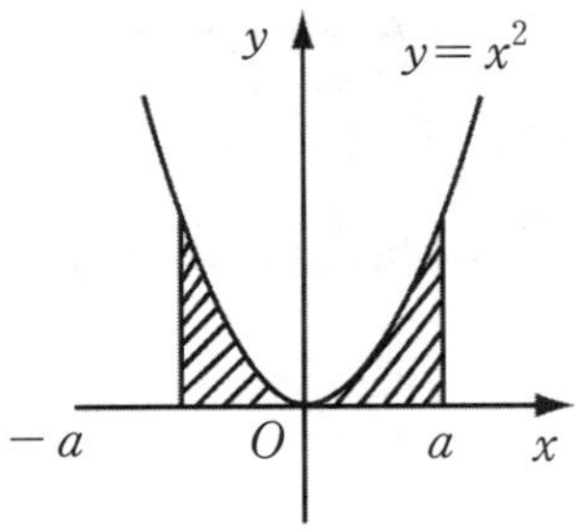

$f(x)$ 가 기함수이면, 그래프는 원점에 대하여 대칭이므로,

$$\int_{-a}^{o} f(x)\,dx = -\int_{o}^{a} f(x)\,dx$$

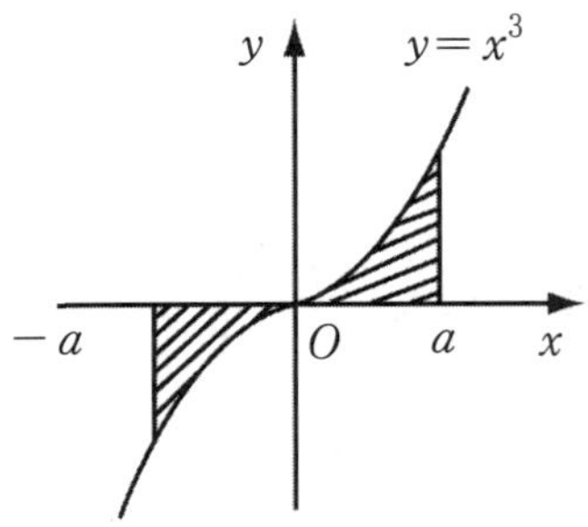

$$\therefore \quad \int_{-a}^{a} f(x)\,dx$$

$$= \int_{-a}^{o} f(x)\,dx + \int_{o}^{a} f(x)\,dx$$

$$= -\int_{o}^{a} f(x)\,dx + \int_{o}^{a} f(x)\,dx$$

$$= 0$$

예제 1 다음 정적분을 구하여라.

(1) $\int_{1}^{3} 3x^2\,dx$ (2) $\int_{0}^{2} 4x^3\,dx$ (3) $\int_{0}^{1} \sqrt{x}\,dx$

(4) $\int_{1}^{2} \frac{1}{x}\,dx$ (5) $\int_{0}^{x} \cos x\,dx$ (6) $\int_{0}^{\frac{x}{2}} \sin 2x\,dx$

(7) $\int_{0}^{3} e^{-x}\,dx$

풀이

(1) $\int_{1}^{3} 3x^2\,dx = \left[\, x^3 \,\right]_{1}^{3} = 3^3 - 1^3 = 26$

(2) $\int_{0}^{2} 4x^3\,dx = \left[\, x^4 \,\right]_{0}^{2} = 2^4 - 0^4 = \mathbf{16}$

(3) $\int_{0}^{1} \sqrt{x}\,dx = \int_{0}^{1} x^{\frac{1}{2}}\,dx = \left[\frac{2}{3}x^{\frac{3}{2}}\right]_{0}^{1} = \mathbf{\frac{2}{3}}$

(4) $\int_{1}^{2} \frac{1}{x}\,dx = \left[\, \log|x| \,\right]_{1}^{2} = \log 2 - \log 1 = \mathbf{\log 2}$

(5) $\int_0^{\pi} \cos x dx = \Big[\sin x\Big]_0^{\pi} = \sin\pi - \sin 0 = \mathbf{0}$

(6) $\int_0^{\frac{\pi}{2}} \sin 2x dx = \Big[-\frac{1}{2}\cos 2x\Big]_0^{\frac{\pi}{2}} = -\frac{1}{2}(\cos\pi - \cos 0) = \mathbf{1}$

(7) $\int_0^{3} e^{-x} dx = \Big[-e^{-x}\Big]_0^{3} = -e^{-3} - (-e^{o}) = \mathbf{1 - \frac{1}{e^3}}$

예제 2 다음 정적분의 값을 구하여라.

(1) $\int_{-1}^{2}(x-1)(x-2)dx$ (2) $\int_1^4 \frac{(\sqrt{x}+1)^2}{\sqrt{x}} dx$

(3) $\int_1^4 \left(\frac{2}{x} + 3\sqrt{x}\right)dx$ (4) $\int_1^2 \frac{1}{x^2+x} dx$

풀이 (1) $\int_{-1}^{2}(x-1)(x-2)dx = \int_{-1}^{2}(x^2-3x+2)dx$

$= \Big[\frac{1}{3}x^3 - \frac{3}{2}x^2 + 2x\Big]_{-1}^{2}$

$= \left(\frac{8}{3} - 6 + 4\right) - \left(-\frac{1}{3} - \frac{3}{2} - 2\right) = \mathbf{\frac{9}{2}}$

(2) $\int_1^4 \frac{(\sqrt{x}+1)^2}{\sqrt{x}} dx = \int_1^4 \frac{x+2\sqrt{x}+1}{\sqrt{x}} dx = \int_1^4 \left(\sqrt{x}+2+\frac{1}{\sqrt{x}}\right)dx$

$= \Big[\frac{2}{3}x\sqrt{x} + 2x + 2\sqrt{x}\Big]_1^4 = \left(\frac{16}{3} + 8 + 4\right) - \left(\frac{2}{3} + 2 + 2\right) = \mathbf{\frac{38}{3}}$

(3) $\int_1^4 \left(\frac{2}{x} + 3\sqrt{x}\right)dx$

$= \Big[2\log|x| + 2x\sqrt{x}\Big]_1^4$

$= 2\log 4 + 2\cdot 4\sqrt{4} - (2\log 1 + 2\cdot 1\sqrt{1})$

$= 2(\log 4 + 7)$

(4) $\int_1^2 \frac{1}{x^2+x} dx$

$= \int_1^2 \frac{1}{x(x+1)} dx = \int_1^2 \left(\frac{1}{x} - \frac{1}{x+1}\right)dx$

$$= \Big[\log|x| - \log|x+1| \Big]_1^2 = (\log 2 - \log 3) - (\log 1 - \log 2)$$

$$= 2\log 2 - \log 3$$

예제 3 다음 정적분의 값을 구하라.

(1) $\displaystyle\int_0^1 \frac{x^3}{x+1}\,dx + \int_0^1 \frac{1}{t+1}\,dt$

(2) $\displaystyle\int_1^2 \frac{dx}{x^2-2x-3} + \int_1^2 \frac{dt}{4(t+1)}$

풀이 (1) $\displaystyle\int_0^1 \frac{x^3}{x-1}\,dx + \int_0^1 \frac{1}{t+1}\,dt$

$$= \int_0^1 \frac{x^3}{x+1}\,dx + \int_0^1 \frac{1}{x+1}\,dx$$

$$= \int_0^1 \frac{x^3+1}{x+1}\,dx = \int_0^1 \frac{(x+1)(x^2-x+1)}{x+1}\,dx$$

$$= \int_0^1 (x^2-x+1)dx = \Big[\frac{1}{3}x^2 - \frac{1}{2}x^2 + x\Big]_0^1$$

$$= \frac{1}{3} - \frac{1}{2} + 1 = \mathbf{\frac{5}{6}}$$

(2) $\displaystyle\frac{1}{x^2-2x-3} = \frac{1}{(x-3)(x+1)} = \frac{1}{4}\left(\frac{1}{x-3} - \frac{1}{x+1}\right)$ 이므로

$$\int_1^2 \frac{dx}{x^2-2x-3} + \int_1^2 \frac{dt}{4(t+1)}$$

$$= \frac{1}{4}\int_1^2 \left(\frac{1}{x-3} - \frac{1}{x+1}\right)dx + \frac{1}{4}\int_1^2 \frac{1}{x+1}\,dx$$

$$= \frac{1}{4}\int_1^2 \left(\frac{1}{x-3} - \frac{1}{x+1} + \frac{1}{x+1}\right)dx$$

$$= \frac{1}{4}\int_1^2 \left(\frac{1}{x-3}\right)dx$$

$$= \frac{1}{4}\Big[\log|x-3|\Big]_1^2 = \frac{1}{4}(\log 1 - \log 2) = -\frac{\log 2}{4}$$

예제 4 다음 정적분을 구하여라.

(1) $\int_1^2 (3x^2+x+1)dx$　　(2) $\int_0^1 2x^{-\frac{1}{2}}dx$

(3) $\int_2^3 \frac{dx}{x-1}$　　(4) $\int_{-2}^2 \frac{dx}{x^2+4}$

(5) $\int_{-1}^2 e^x dx$　　(6) $\int_0^\pi 3\cos x dx$

풀이 (1) $\int_1^2 (3x^2+x+1)dx = \left[x^3+\frac{1}{2}x^2+x\right]_1^2$

$= 8+2+2-\left(1+\frac{1}{2}+1\right)=\frac{19}{2}$

(2) $\int_0^1 2x^{-\frac{1}{2}}\,dx=\left[4x^{\frac{1}{2}}\right]_0^1=4$

(3) $\int_2^3 \frac{dx}{x-1} = \left[\log|x-1|\right]_2^3 = \log 2-\log 1=\log 2$

(4) $\int_{-2}^2 \frac{dx}{x^2+4}=\left[\frac{1}{2}\tan^{-1}\frac{x}{2}\right]_{-2}^2=\frac{1}{2}[\tan^{-1}1-\tan^{-1}(-1)]$

$=\frac{1}{2}\left[\frac{\pi}{4}-\left(-\frac{\pi}{4}\right)\right]=\frac{\pi}{4}$

(5) $\int_{-1}^2 e^x dx=\left[e^x\right]_{-1}^2=e^2-e^{-1}$

(6) $\int_0^\pi 3\cos x dx=3\left[\sin x\right]_0^\pi=0$

문제 1 다음 정적분의 값을 구하여라.

(1) $\int_0^{\frac{\pi}{2}} \sin x\ dx$　　(2) $\int_0^a \frac{1}{x^2+a^2}dx$　　(3) $\int_0^{\frac{\pi}{4}} \tan x\ dx$

1. 치환 적분법

함수 $f(x)$가 $[a,\ b]$에서 연속 $\varphi(t)$ 및 $\varphi'(t)$가 연속이며 t 가 α 에서 β 까지 변할 때 $\varphi(t)$가 a 에서 b 까지 변한다면

$$\int_a^b f(x)dx = \int_\alpha^\beta f(\varphi(t))\varphi'(t)dt$$

증명 $f(x)$의 하나의 원시함수를 $F(x)$라 하면

$$\begin{aligned}\int_a^b f(x)dx &= F(b)-F(a) = F(\varphi(\beta))-F(\varphi(\alpha)) \\ &= \Big[F(\varphi(t))\Big]_\alpha^\beta \\ &= \int_\alpha^\beta f(\varphi(t))\varphi'(t)dt\end{aligned}$$

예제 6 다음 정적분의 값을 구하여라.

(1) $\int_3^5 \sqrt{x-3}\ dx$ (2) $\int_0^2 2x \cdot e^{x^2} dx$

(3) $\int_0^{\sqrt{3}} x\sqrt{x^2+1}\,dx$ (4) $\int_0^{\frac{\pi}{2}} \cos^3 x \sin x\,dx$

(5) $\int_1^e \frac{(\log x)^2}{x} dx$ (7) $\int_0^2 \frac{2x}{1+x^2} dx$

풀이 (1) $x-3=t$ 로 놓으면 $dx=dt$ 이고,

$x=3$ 일 때 $t=0$, $x=5$ 일 때 $t=2$ 이므로

$$\int_3^5 \sqrt{x-3}\ dx = \int_0^2 \sqrt{t}\,dt = \left[\frac{2}{3}t^{\frac{3}{2}}\right]_0^2 = \frac{4\sqrt{2}}{3}$$

(2) $x^2=t$ 로 놓으면 $2xdx=dt$ 이고,

$x=0$ 일 때 $t=0$, $x=2$ 일 때 $t=4$ 이므로

$$\int_0^2 2xe^{x^2}dx = \int_0^4 e^t dt = \Big[e^t\Big]_0^4 = e^4-1$$

(3) $x^2+1=t$ 로 놓으면 $2xdx=dt$ 이고,

$x=0$ 일 때 $t=1$, $x=\sqrt{3}$ 일 때 $t=4$ 이므로

$$\int_0^{\sqrt{3}} x\sqrt{x^2+1}\,dx = \int_1^4 \sqrt{t}\cdot\frac{1}{2}\,dt$$

$$=\left[\frac{1}{3}t\sqrt{t}\right]_1^4=\frac{1}{3}(8-1)=\mathbf{\frac{3}{7}}$$

(4) $\cos x=t$ 로 놓으면 $-\sin x dx=dt$ 이고

$x=0$ 일 때 $t=1$, $x=\frac{\pi}{2}$ 일 때 $t=0$ 이므로

$$\int_0^{\frac{\pi}{2}} \cos^3 x\sin x\,dx=\int_1^0 t^3(-dt)$$

$$=\int_0^1 t^3dt=\left[\frac{1}{4}t^4\right]_0^1=\mathbf{\frac{1}{4}}$$

(5) $\log x=t$ 로 놓으면 $\frac{1}{x}dx=dt$

$x=1$ 일 때 $t=0$, $x=e$ 일 때 $t=1$ 이므로

$$\int_1^e \frac{(\log x)^2}{x}dx=\int_0^1 t^2dt=\left[\frac{1}{3}t^3\right]_0^1=\mathbf{\frac{1}{3}}$$

(6) $1+x^2=t$ 로 놓으면 $2xdx=dt$ 이고,

$x=1$ 일 때 $t=2$, $x=2$ 일 때 $t=5$ 이므로

$$\int_1^2 \frac{2x}{1+x^2}dx=\int_2^5 \frac{1}{t}dt=\Big[\log|t|\Big]_2^5=\mathbf{\log\frac{5}{2}}$$

예제 7 다음 정적분을 구하여라.

(1) $\int_0^1 (1+x)\sqrt{1-x}\;dx$ (2) $I=\int_0^a \sqrt{a^2-x^2}\;dx\,(a>0)$

(3) $I=\int_1^e \frac{dx}{x(1+\log^2 x)}$, $(x>0)$

풀이 (1) $t=1-x$ 라 두면 $x=1-t$, $dx=-dt$

$x=0$ 일 때 $t=1$, $x=1$ 일 때 $t=0$

따라서

$$\int_1^0 (2-t)\sqrt{t}(-dt)=\int_0^1 (2t^{\frac{1}{2}}-t^{\frac{3}{2}})dt$$

$$=\left[2\cdot\frac{2}{3}t^{\frac{3}{2}}-\frac{2}{5}t^{\frac{5}{2}}\right]_0^1=\frac{4}{3}-\frac{2}{5}=\frac{14}{15}$$

(2) $\begin{cases} x = a \sin\theta, \left(0 \leqq \theta \leqq \frac{\pi}{2}\right) \text{ 라 두면} \\ dx = a\cos\theta\, d\theta,\ \sqrt{a^2 - x^2} = \sqrt{a^2(1-\sin^2\theta)} = a\cos\theta \end{cases}$

$x=0$ 일 때 $\theta=0$, $x=a$ 일 때 $\theta=\frac{\pi}{2}$ 이므로

$$I = \int_0^{\frac{\pi}{2}} a^2\cos^2\theta\, d\theta = \frac{a^2}{2}\int_0^{\frac{\pi}{2}} (1+\cos 2\theta)d\theta$$

$$= \frac{a^2}{2}\left[\theta + \frac{1}{2}\sin 2\theta\right]_0^{\frac{\pi}{2}} = \frac{\pi}{4}a^2$$

(3) $t = \log x$, $dt = \frac{1}{x}dx$,

$x=1$ 일 때 $t=0$, $x=e$ 일 때 $t=1$

$$I = \int_0^1 \frac{dt}{1+t^2} = \left[\tan^{-1} t\right]_0^1 = \tan^{-1}(1) - \tan^{-1}(0) = \frac{\pi}{4}$$

예제 8 다음 정적분을 구하여라.

(1) $\int_0^4 \frac{dx}{\sqrt{x+1}}$　　　　(2) $\int_0^4 \frac{x\, dx}{\sqrt{2+4x}}$

풀이 (1) $\sqrt{x} = t$ 라고 두면

$x = t^2$, $dx = 2t\,dt$

$$\int_0^4 \frac{dx}{1+\sqrt{x}} = \int_0^2 \frac{2t\,dx}{1+t} = 2\int_0^2 \frac{1+t-1}{1+t}dt = 2\int_0^2\left(1 - \frac{1}{1+t}\right)dt$$

$$= 2\left[t - \log|1+t|\right]_0^2 = 2(2-\log 3)$$

(2) $\sqrt{2+4x} = t$ 로 두면

$x = \frac{1}{4}(t^2-2)$; $dx = \frac{t}{2}dt$

$$\int_0^4 \frac{x\,dx}{\sqrt{2+4x}} = \int_{\sqrt{2}}^{3\sqrt{2}} \frac{\frac{1}{4}(t^2-2)}{t}\frac{t}{2}\,dt$$

$$= \frac{1}{8}\int_{\sqrt{2}}^{3\sqrt{2}} (t^2-2)dt = \frac{1}{8}\left[\frac{t^3}{3}-2t\right]_{\sqrt{2}}^{3\sqrt{2}}$$

$$= \frac{1}{8}\left(\frac{54\sqrt{2}}{3}-6\sqrt{2}-\frac{2\sqrt{2}}{3}+2\sqrt{2}\right)$$

$$= \frac{5\sqrt{2}}{3}$$

예제 9 다음 정적분을 구하여라.

(1) $\int_4^{12} \frac{dx}{x\sqrt{2x+1}}$

(2) $\int_0^{\frac{\pi}{2}} (1-\cos^2 x)\sin x\,dx$

(3) $\int_1^{e^2} \log {}^x\sqrt{x}\,dx$

풀이 (1) $\sqrt{2x+1}=t$ 로 놓으면, $x=\frac{1}{2}(t^2-1)$, $dx=t\,dt$

$x=4$ 일 때 $t=3$, $x=12$ 일 때 $t=5$

$$\therefore \int_4^{12} \frac{dx}{x\sqrt{2x+1}} = \int_3^5 \frac{2}{(t^2-1)t}\cdot t\,dt = \int_3^5 \frac{2}{t^2-1}\,dt$$

$$= \int_3^5 \left(\frac{1}{t-1}-\frac{1}{t+1}\right)dt = \left[\log\frac{t-1}{t+1}\right]_3^5 = \mathbf{\log\frac{4}{3}}$$

(2) $\cos x=t$ 로 놓으면, $-\sin x\,dx=dt$

$x=0$ 일 때 $t=1$, $x=\frac{\pi}{2}$ 일 때 $t=0$

$$\therefore \int_0^{\frac{\pi}{2}}(1-\cos^2 x)\sin x\,dx = \int_1^0 (1-t^2)(-dt)$$

$$= \int_0^1 (1-t^2)dt = \left[t-\frac{t^3}{3}\right]_0^1 = \frac{2}{3}$$

(3) $\log x=t$ 로 놓으면, $\frac{1}{x}dx=dt$,

$x=1$ 일 때 $t=0$, $x=e^2$ 일 때 $t=2$

$$\therefore \int_1^{e^2} \log {}^x\sqrt{x}\,dx = \int_1^{e^2} \frac{1}{x}\log x\,dx = \int_0^2 t\,dt = \left[\frac{1}{2}t^2\right]_0^2 = \mathbf{2}$$

예제 10 $f(x)$ 가 $[-a,\ a]$에서 연속이면

$$\int_{-a}^{a} f(x)dx=\int_{0}^{a}\{f(x)+f(-x)\}\,dx$$

임을 보여라

증명 $\int_{-a}^{a}f(x)dx=\int_{-a}^{0}f(x)dx+\int_{0}^{a}f(x)dx$

$x=-t$ 라 한다면 $-a\le x\le 0$ 일 때 $a\geqq t\geqq 0$ 이고 $dx=-dt$ 이므로

$$\int_{-a}^{0}f(x)=-\int_{a}^{0}f(-t)dx=\int_{0}^{a}f(-t)dx$$

그런데 정적분에서 적분변수는 어느 것을 사용하여도 무관하므로

$$\int_{0}^{a}f(-t)dt=\int_{0}^{a}f(-x)dx$$

따라서

$$\int_{-a}^{a}f(x)dx=\int_{0}^{a}f(x)dx+\int_{0}^{a}f(-x)dx$$

예제 11 다음 정적분을 구하여라.

(1) $\int_{1}^{2} 3x\sqrt{2-x}$　　(2) $\int_{1}^{2} x^2(x^3+1)dx$

(3) $\int_{0}^{a}\sqrt{a^2-x^2}\,dx,\ (a>0)$　　(4) $\int_{0}^{4} x\sqrt{x^2+9}\,dx$

(5) $\int_{0}^{\pi}\dfrac{x\sin x}{1+\cos^2 x}dx$　　(6) $\int_{0}^{1}\log(1+\sqrt{x})dx$

(7) $\int_{0}^{1}\dfrac{\log(1+x)}{1+x^2}dx$　　(8) $\int_{0}^{a}\dfrac{1}{x+\sqrt{a^2-x^2}}dx$

풀이 (1) $2-x=t,\quad x=2-t,\quad dx=-dt$

$x=1\rightarrow t=1,\quad x=2\rightarrow t=0$

$$\therefore\ \int_{1}^{2}3x\sqrt{2-x}\,dx=3\int_{1}^{0}(2-t)\sqrt{t}(-dt)=3\int_{0}^{1}(2\sqrt{t}-t\sqrt{t})dt$$

$$=3\int_{0}^{1}(2t^{\frac{1}{2}}-t^{\frac{3}{2}})dt=3\left[2\cdot\frac{2}{3}t^{\frac{3}{2}}-\frac{2}{5}t^{\frac{5}{2}}\right]_{0}^{1}=\frac{14}{5}$$

(2) $x^3+1=t \rightarrow 3x^2dx=dt$

$x=1$, 일때 $t=2$, $x=2$, 일때 $t=9$

$$\therefore \int_2^9 x^2 \frac{t}{3x^2}\,dt=\frac{1}{3}\int_2^9 t\,dt=\frac{1}{3}\left[\frac{t^2}{2}\right]_2^9=\frac{77}{6}$$

(3) $x=a\sin\theta \ (0 \le \theta \le \frac{\pi}{2})$

$dx=a\cos\theta\,d\theta,\quad \sqrt{a^2-a^2\sin^2\theta}=a\sqrt{1-\sin^2\theta}=a\cos\theta$

$x=0$, 일때 $\theta=0$, $x=a$, 일때 $\theta=\frac{\pi}{2}$

$$\therefore \int_0^a \sqrt{a^2-x^2}\,dx=a^2\int_0^{\frac{\pi}{2}}\cos^2\theta\,d\theta=\frac{a^2}{2}\int_0^{\frac{\pi}{2}}(1+\cos 2\theta)d\theta$$

$$=\frac{a^2}{2}\left[\theta+\frac{1}{2}\sin 2\theta\right]_0^{\frac{\pi}{2}}=\frac{\pi}{4}a^2$$

(4) $x^2+9=t,\quad 2xdx=dt\quad \therefore dx=\frac{1}{2x}dx$

$x=0 \rightarrow t=9,\quad x=4 \rightarrow t=25$

$$\therefore \int_0^4 \sqrt{x^2+9}\cdot x\,dx=\int_9^{25}\sqrt{t}\cdot x\cdot\frac{1}{2x}\,dt=\frac{1}{2}\int_9^{25}\sqrt{t}\,dt$$

$$=\frac{1}{2}\cdot\frac{2}{3}(125-27)=\frac{98}{3}$$

(5) $x=\pi-t,\quad dx=-dt$

$x=0 \rightarrow t=\pi,\quad x=\pi, \rightarrow t=0$

$$\int_0^\pi \frac{x\sin x}{1+\cos^2 x}\,dx=-\int_\pi^0 \frac{(\pi-t)\sin(\pi-t)}{1+\cos^2(\pi-t)}\,dt$$

$$=\int_0^\pi \frac{(\pi-t)\sin t}{1+\cos^2 t}\,dt=\pi\int_0^\pi \frac{\sin x}{1+\cos^2 x}\,dx-\int_0^\pi \frac{x\sin x}{1+\cos^2 x}\,dx$$

$$\therefore 2\int_0^\pi \frac{x\sin x}{1+\cos^2 x}\,dx$$

$$=\pi\int_0^\pi \frac{\sin x}{1+\cos^2 x}\,dx$$

$$=\pi\left[-\tan^{-1}(\cos x)\right]_0^\pi=\frac{\pi^2}{2}$$

$$\therefore \int_0^\pi \frac{x\sin x}{1+\cos^2 x}\,dx=\frac{\pi^2}{4}$$

(6) $\int_0^1 \log(1+\sqrt{x})dx$

$$= \left[x\ \log(1+\sqrt{x})\right]_0^1 - \int_0^1 \frac{x \cdot \frac{1}{2\sqrt{x}}}{1+\sqrt{x}}dx$$

$$= \log 2 - \int_0^1 \frac{\sqrt{x}}{2(1+\sqrt{x})}dx = \log 2 - I_1$$

I_1 에서 $\sqrt{x}=t$

$$I_1 = \frac{1}{2}\int_0^1 \frac{t}{1+t}\cdot 2t \cdot dt = \int_0^1 \left(t-1+\frac{1}{1+t}\right)dt$$

$$= \left[\frac{t^2}{2} - t + \log(1+t)\right]_0^1 = \log 2 - \frac{1}{2},$$

$$\therefore\ I = \log 2 - (\log 2 - \frac{1}{2}) = \frac{1}{2}$$

(7) $I=\int_0^1 \frac{\log(1+x)}{1+x^2}dx$ 에서 $x=\tan\theta \rightarrow \theta = \tan^{-1}x$

$$\therefore\ d\theta = \frac{dx}{1+x^2}$$

$$\therefore\ I = \int_0^{\frac{\pi}{4}} \log(1+\tan\theta)\, d\theta = \int_0^{\frac{\pi}{4}} \log\left(\frac{\cos\theta+\sin\theta}{\cos\ \theta}\right)d\theta$$

$$= \int_0^{\frac{\pi}{4}} \log(\cos\theta+\sin\theta)\, d\theta - \int_0^{\frac{\pi}{4}} \log\cos\theta\ d\theta = I_1 - I_2$$

$$I_1 = \int_0^{\frac{\pi}{4}} \log\sqrt{2}\ \cos(\frac{\pi}{4}-\theta)\, d\theta = \int_0^{\frac{\pi}{4}} \log\sqrt{2}\, d\theta$$

$$+ \int_0^{\frac{\pi}{4}} \log\cos(\frac{\pi}{4}-\theta)\, d\theta$$

여기서 $\frac{\pi}{4}-\theta = t$ 라 하자.

$$\int_0^{\frac{\pi}{4}} \log\ \cos(\frac{\pi}{4}-\theta)\, d\theta = -\int_{\frac{\pi}{4}}^0 \log\ \cos t\, dt = \int_0^{\frac{\pi}{4}} \log\cos\ t\, dt = I_2$$

$$\therefore\ I_1 = \int_0^{\frac{\pi}{4}} \log\sqrt{2}\, d\theta + I_2 = \frac{\pi}{4}\log\sqrt{2} + I_2$$

$$\therefore\ I = \frac{\pi}{4}\log\sqrt{2} = \frac{\pi}{8}\log 2$$

(8) $x=a\sin\theta$ 라 하면

$$I=\int_0^a \frac{1}{x+\sqrt{a^2-x^2}}dx=\int_0^{\frac{\pi}{2}} \frac{a\cos\theta\, d\theta}{a\sin\theta+a\cos\theta}$$

$$=\int_0^{\frac{\pi}{2}} \frac{\cos\theta\, d\theta}{\sin\theta+\cos\theta}d\theta$$ 여기서 $\theta=\frac{\pi}{2}-t$

$$I=\int_{\frac{\pi}{2}}^0 \frac{\sin t}{\cos t+\sin t}(-dt)=\int_0^{\frac{\pi}{2}} \frac{\sin\theta}{\sin\theta+\cos\theta}d\theta$$

$$\therefore\ 2I=\int_0^{\frac{\pi}{2}} d\theta=\frac{\pi}{2} \qquad \therefore\ I=\frac{\pi}{4}$$

문제 2 (1) $\int_0^{\frac{\pi}{2}} \sin^3 x\cos x\,dx$ (2) $\int_0^1 \sqrt[3]{(3x+1)^2}\ dx$

(3) $\int_0^{\sqrt{5}} x\sqrt{x^2-1}\ dx$ (4) $\int_0^1 \frac{dx}{\sqrt{x}+\sqrt[4]{x^3}}$

(5) $\int_4^9 \frac{dx}{x-\sqrt{x}}$ (6) $\int_1^e \frac{4(\log x)^3}{x}dx$

2. 부분적분법

구간 $[a,\ b]$에서 x의 함수 uv 가 연속이고, 또 연속인 도함수를 가질 때

$$(uv)'=u'v+uv'$$ 이므로

$$\int_a^b (uv'+uv')dx=\Big[uv\Big]_a^b$$

$$\therefore\ \int_a^b uv'dx=\Big[uv\Big]_a^b-\int_a^b u'v\ dx$$

예제 12 다음 정적분의 값을 구하여라.

(1) $\int_0^{\pi} x(\sin x+\cos x)dx$ (2) $\int_0^1 x^2e^x dx$

풀이 (1) $u'=\sin x+\cos x,\quad v=x$ 로 놓으면

$u=-\cos x+\sin x,\quad v'=1$ 이므로

$$\int_0^\pi x(\sin x+\cos x)dx$$

$$=\Big[(-\cos x+\sin x)\Big]_0^\pi-\int_0^\pi(-\cos x+\sin x)dx$$

$$=\pi-\Big[-\sin x-\cos x\Big]_0^\pi$$

$$=\pi-(1+1)=\pi-2$$

(2) $u'=e^x,\quad v=x^2$

$u'=e^x\rightarrow u=e^x,\qquad v=x^2\rightarrow v'=2x$

$$\int_0^1 x^2e^x dx=\Big[e^x\cdot x^2\Big]_0^1-\int_0^1 e^x\cdot 2xdx=e-2\int_0^1 e^x x dx$$

$u'=e^x\rightarrow u=e^x,\quad v=x\rightarrow v'=1$

$$=e-2\left\{\Big[e^x x\Big]_0^1-\int_0^1 e^x dx\right\}=e-2\left\{e-\Big[e^x\Big]_0^1\right\}$$

$$=e-2\{e-(e-1)\}=\mathbf{e-2}$$

예제 13 다음 정적분을 구하여라.

(1) $\int_0^\pi e^x\sin x\,dx$　　　(2) $\int_0^{\frac{\pi}{2}} x\sin x\,dx$

풀이 (1) $\int_0^\pi e^x\sin x\,dx=\Big[e^x\sin x\Big]_0^\pi-\int_0^\pi e^x\cos x dx=-\int_0^\pi e^x\cos x dx$

$$\int_0^\pi e^x\cos x dx=\Big[e^x\cos x\Big]_0^\pi-\int_0^\pi e^x\sin x dx$$

$$\therefore\ \int_0^\pi e^x\sin x dx=\frac{1}{2}(e^\pi+1)$$

(2) $\int_0^{\frac{\pi}{2}} x\sin x dx=\Big[(-\cos x)\Big]_0^{\frac{\pi}{2}}-\int_0^{\frac{\pi}{2}}(-\cos x)(x)'dx$

$$=0+\int_0^{\frac{\pi}{2}}\cos x dx=\Big[\sin x\Big]_0^{\frac{\pi}{2}}=\sin\frac{\pi}{2}=1$$

예제 14 다음 정적분을 구하여라.

(1) $\int_1^e x\log x dx$　　　(2) $\int_0^{\frac{\pi}{2}} x^2\cos x dx$

(3) $\int_0^1 x^2 e^x dx$ (4) $\int_0^1 x e^x dx$

풀이 (1) $\int_1^e x\log x dx=\left[\frac{1}{2}x^2 \cdot \log\ x\right]_1^e-\int_1^e \frac{x^2}{2}\frac{1}{x}dx$

$=\frac{e^2}{2}-\frac{1}{2}\int_1^e x\ dx=\frac{e^2}{2}-\frac{1}{2}\left[\frac{x^2}{2}\right]_1^e$

$=\frac{e^2}{2}-\frac{1}{4}(e^2-1)=\frac{1}{4}(e^2+1)$

(2) $x^2=u \rightarrow 2x=u'$ $\cos x=v' \rightarrow v=\sin x$

$\int_0^{\frac{\pi}{2}} x^2 \cos x dx=\left[x^2 \sin\ x\right]_0^{\frac{\pi}{2}} -2\int_0^{\frac{\pi}{2}} x\sin x dx$

$=\frac{\pi^2}{4}-2\left[\left[-x\cos x\right]_0^{\frac{\pi}{2}}+\int_0^{\frac{\pi}{2}}\cos x dx\right]=\frac{\pi^2}{4}-2\left\{0+\left[\sin x\right]_0^{\frac{\pi}{2}}\right\}$

$=\frac{\pi^2}{4}-2$

(3) $\int_0^1 x^2\ e^x dx=\left[e^x \cdot x^2\right]_0^1\ -\int_0^1 e^x 2x dx$

$=e-2\int_0^1 (e^x)'x\ dx=e-2\left(\left[e^x x\right]_0^1-\int_0^1 e^x x'\ dx\right)$

$=e-2\left\{e-\left[e^x\right]_0^1\right\}=e-2(e-e+1)=e-2$

(4) $u=x \rightarrow u'=1,\quad v'=e^x \rightarrow v=e^x$

$\int_0^1 xe^x dx=\left[xe^x\right]_0^1-\int_0^1 e^x dx$

$=\left[xe^x\right]_0^1-\left[e^x\right]_0^1$

$=e^1-e^1+e^0=1$

문제3 다음 정적분을 구하여라.

(1) $\int_1^e \log x\,dx$　　(2) $\int_1^e x^2 \log x\,dx$

(3) $\int_0^{\frac{\pi}{2}} x\cos x\,dx$

문제4 다음 정적분을 구하여라.

(1) $\int_0^1 \log(\sqrt{x^2+1}-x)\ dx$　　(2) $\int_0^1 x^2\ e^{2x}\ dx$

문제5 다음 정적분을 구하여라.

(1) $\int_0^1 \log x^3\,dx$　　(2) $\int_0^{\pi} x^2 \sin x\,dx$

(3) $\int_0^1 x\log(2x+1)dx$　　(4) $\int_0^{\pi} x(\sin x+\cos x)\,dx$

(5) $\int_e^{e^2} (\log x)^2 dx$

3. 이상적분(Improper integral)

지금까지는 $[a,\ b]$ 에서 유계이고 연속인 함수 $f(x)$의 적분을 정의하여 왔다. 그러나 불연속점이 있는 함수나 $[0,\ \infty]$ 와 같이 유계하지 않는 구간에서의 정적분도 생각해야 할 필요가 있다.

이와같이 그 정의를 확장한 적분을 이상적분(improper integral)이라 부른다.

우선 상한, 하한의 한쪽 또는 양쪽이 다 무한대가 되는 경우, 그 구간에 있어서의 정적분을 다음과 같이 나타내기로 정의한다.

$$\int_a^{\infty} f(x)dx = \lim_{b\to\infty}\int_a^b f(x)dx$$

$$\int_{-\infty}^{b} f(x)dx = \lim_{a\to-\infty}\int_a^b f(x)dx$$

$$\int_{-\infty}^{\infty} f(x)dx = \lim_{\substack{a\to-\infty \\ b\to\infty}}\int_a^b f(x)dx$$

예제 15 다음을 적분하여라.

(1) $\int_0^{\infty} e^{-x}dx$ (2) $\int_0^1 \frac{1}{x}dx$

(3) $\int_1^{\infty} \frac{1}{x^4}dx$ (4) $\int_0^{\infty} e^{-ax}dx$

풀이 (1) $\int_0^{\infty} e^{-x}dx = \lim_{b\to\infty}\int_0^b e^{-x}dx = \lim_{b\to\infty}\left[-e^{-x}\right]_0^b$

$= \lim_{b\to\infty}[1-e^{-b}]=1$

(2) $\int_0^1 \frac{1}{x}dx = \lim_{\varepsilon\to 0}\int_{\varepsilon}^1 \frac{1}{x}dx = \lim_{\varepsilon\to 0}\left[\log x\right]_{\varepsilon}^1$

$= \lim_{\varepsilon\to 0}(\log 1 - \log\varepsilon) = \lim_{\varepsilon\to 0}(-\log\varepsilon)=\infty$

(3) $\int_1^{\infty}\frac{dx}{x^4}dx = \lim_{b\to\infty}\int_1^b \frac{dx}{x^4} = \lim_{b\to\infty}\left[-\frac{1}{3x^3}\right]_1^b$

$= \lim_{b\to\infty}\left[-\frac{1}{3b^3}+\frac{1}{3}\right]=\frac{1}{3}$

(4) $\int_0^{\infty} e^{-ax}dx = \lim_{b\to\infty}\int_0^b e^{-ax}dx = \lim_{b\to\infty}\left[-\frac{e^{-ax}}{a}\right]_0^b$

$= \lim_{b\to\infty}\left[-\frac{e^{-ab}}{a}+\frac{1}{a}\right]=\frac{1}{a}$

예제 16 다음을 적분하여라.

(1) $\int_0^{\infty} xe^{-x}dx$ (2) $\int_{-1}^1 \frac{dx}{1-x^2}$

(3) $\int_0^1 \frac{dx}{\sqrt{1-x^2}}$ (4) $\int_{-1}^1 \frac{dx}{\sqrt{1-x^2}}$

(5) $\int_{-\infty}^0 \frac{1}{1+x^2}dx$ (6) $\int_{-\infty}^{\infty} \frac{1}{1+x^2}dx$

풀이 (1) $\int_0^{\infty} xe^{-x}dx = \lim_{a\to\infty}\int_0^a xe^{-x}dx$

$= \lim_{a\to\infty}\left\{\left[\frac{xe^{-x}}{-1}\right]_0^a - \int_0^a (-e^{-x})dx\right\}$

$= \lim_{a\to\infty}\{(0-ae^{-a})-(e^{-a}-e^0)\}=1$

(2) $\int_{-1}^{1} \dfrac{dx}{1-x^2} = \lim_{\substack{\varepsilon\to+0\\ \varepsilon'\to+0}} \int_{-1+\varepsilon}^{1-\varepsilon'} \dfrac{dx}{1-x^2} = \lim_{\substack{\varepsilon\to+0\\ \varepsilon'\to+0}} \left[\dfrac{1}{2}\log\dfrac{1+x}{1-x}\right]_{-1+\varepsilon}^{1-\varepsilon'}$

$\lim_{\substack{\varepsilon\to+0\\ \varepsilon'\to+0}} \dfrac{1}{2}\left[\log\dfrac{2-\varepsilon'}{\varepsilon'} - \log\dfrac{\varepsilon}{2-\varepsilon}\right]$

$= \dfrac{1}{2} \lim_{\substack{\varepsilon\to+0\\ \varepsilon'\to+0}} \left\{\log\dfrac{(2-\varepsilon')(2-\varepsilon)}{\varepsilon'\ \varepsilon}\right\} = +\infty$

(3) $\int_{0}^{1} \dfrac{dx}{\sqrt{1-x^2}} = \lim_{\varepsilon\to+0}\int_{0}^{1-\varepsilon} \dfrac{dx}{\sqrt{1-x^2}} = \lim_{\varepsilon\to+0}\left[\sin^{-1}x\right]_{0}^{1-\varepsilon}$

$= \lim_{\varepsilon\to+0}\{\sin^{-1}(1-\varepsilon) - \sin^{-1}0\} = \sin^{-1}1 = \dfrac{\pi}{2}$

(4) $\int_{-1+\varepsilon'}^{1} \dfrac{dx}{\sqrt{1-x^2}}dx = \lim_{\varepsilon\to+0,\ \varepsilon'\to+0}\int_{-1+\varepsilon'}^{1-\varepsilon} \dfrac{1}{\sqrt{1-x^2}}dx$

$= \lim_{\varepsilon\to+0,\ \varepsilon'\to+0}\left[\sin^{-1}x\right]_{-1-\varepsilon'}^{1-\varepsilon}$

$= \lim_{\varepsilon\to+0,\ \varepsilon'\to+0}[\sin^{-1}x(1-\varepsilon) - \sin^{-1}(1-\varepsilon')]$

$= \sin^{-1}(1) - \sin^{-1}(-1) = \dfrac{\pi}{2} - \left(-\dfrac{\pi}{2}\right) = \pi$

(5) $\lim_{a\to-\infty}\int_{a}^{0} \dfrac{1}{1+x^2}dx = \lim_{a\to-\infty}\left[\tan^{-1}x\right]_{a}^{0} = \lim_{a\to-\infty}(-\tan^{-1}a)$

$= -\left(-\dfrac{\pi}{2}\right)\dfrac{\pi}{2} = \dfrac{\pi^2}{4}$

(6) $\int_{-\infty}^{\infty} \dfrac{1}{1+x^2}dx = \lim_{b\to\infty,\ a\to-\infty}\int_{a}^{b} \dfrac{1}{1+x^2}dx$

$= \lim_{b\to\infty\ a\to-\infty}\left[\tan^{-1}x\right]_{a}^{b} = \lim_{b\to\infty}[\tan^{-1}b] - \lim_{a\to\infty}[\tan^{-1}a]$

$= \dfrac{\pi}{2} - \left(-\dfrac{\pi}{2}\right) = \pi$

문제 6 다음 적분의 값을 구하여라.

(1) $\int_{-\infty}^{0} e^x dx$

(2) $\int_{0}^{\infty} \cos x\,dx$

(3) $\int_{2}^{\infty} \dfrac{1}{x}dx$

(4) $\int_{-\infty}^{\infty} \dfrac{1}{x^2+4}dx$

4 정적분의 응용

1. 면적

함수 f 가 폐구간 $[a,\ b]$에서 연속이고 $f(x) \geq 0$ 이면 곡선 $y=f(x)$, x 축 및 두직선 $x=a$, $x=b$ 로 둘러싸인 영역의 면적을

$$\int_a^b f(x)dx$$

로 정의하고, $f(x) \leq 0$ 일 때 다음으로 정의한다.

$$-\int_a^b f(x)dx$$

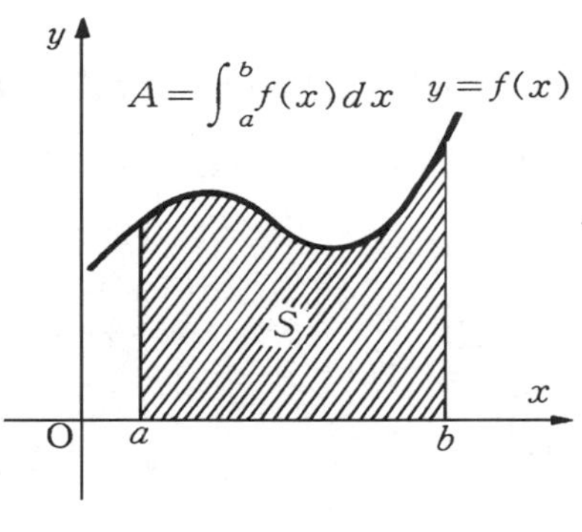

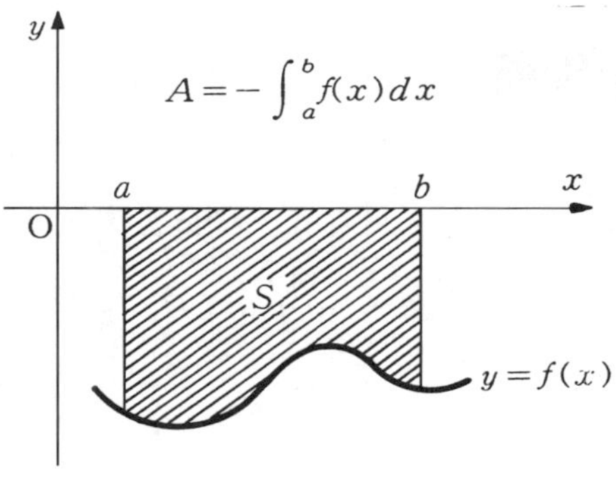

정리 1

함수 f 가 폐구간 $[a,\ b]$에서 연속이면 곡선 $y=f(x)$, x 축 및 두직선 $x=a$, $x=b$ 로 둘러싸인 영역의 면적 A 는

$$A=\int_a^b |f(x)|dx$$

이다.

함수 f 와 g 를 폐구간 $[a,\ b]$에서 연속함수라고 하자. 이 때 $f(x)\geqq0$, $g\geqq0$ 이고

$f(x) \geq g(x)$ 이면 $x=a$, $x=b$ 로 둘러싸인 영역의 면적은

$$\int_a^b [f(x)-g(x)]dx$$

이다.

우리는 이 공식을 좀더 확장해 보기로 한다. 연속함수 f 와 g 에 대해서 살펴보기로 한다.

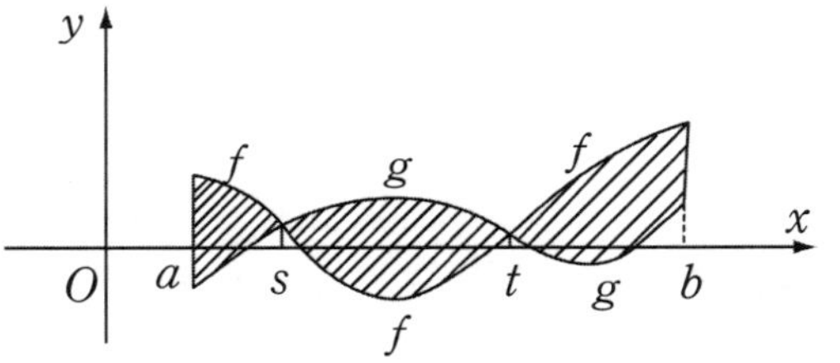

예제 1 다음 각 곡선의 주어진 구간 안에서 곡선과 x축으로 둘러싸인 부분의 면적을 구하여라.

(1) $y=x^3-x^2-4x+4$ $[-2,\ 2]$ (2) $y=\log\frac{1}{x}$, $[2,\ e]$

(3) $y=x\sin x$, $[0,\ 2\pi]$

풀이 (1) $x^3-x^2-4x+4=(x+2)(x-1)(x-2)$ 이므로 곡선과 x 축과의 교점의 x 좌표는 -2, 1, 2, $[-2,\ 1]$ 에서 $y \geq 0$, $[1,\ 2]$에서 $y \leq 0$ 따라서, 구하는 면적 S 는

$$S=\int_{-2}^{1}(x^3-x^2-4x+4)dx-\int_1^2(x^3-x^2-4x+4)dx$$

$$=\left[\frac{x^4}{4}-\frac{x^3}{3}-2x^2+4x\right]_{-2}^{1}-\left[\frac{x^4}{4}-\frac{x^3}{3}-2x^2+4x\right]_1^2$$

$$=\mathbf{\frac{71}{6}}$$

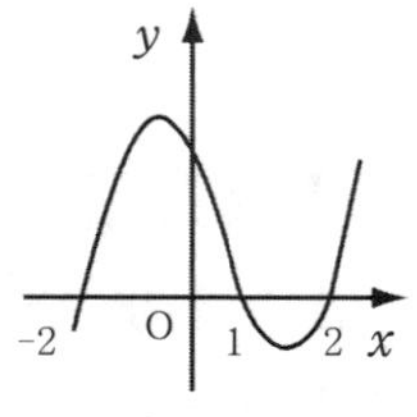

(2) $y=\log\frac{1}{x}=-\log x$ 는 $[2,\ e]$에서 $y \leq 0$

$$\therefore\ S=\int_2^e|-\log x|\,dx=\int_2^e \log x\ dx$$

$$=\Big[x\log x-x\Big]_2^e=\mathbf{2(1-\log 2)}$$

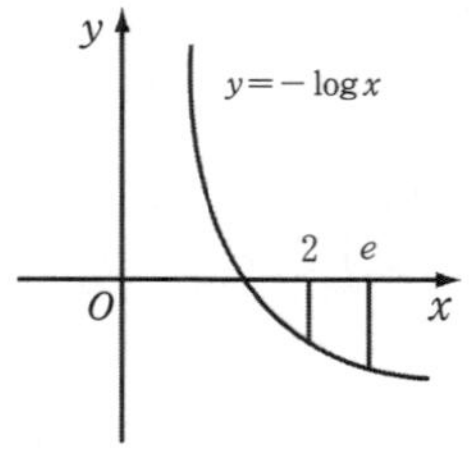

(3) $[0,\ 2\pi]$에서 $x\sin x=0$ 으로 하는 x 는 $x=0$, π, 2π

$[0, \pi]$ 에서 $y \geqq 0$, $[\pi, 2\pi]$ 에서 $y \leqq 0$

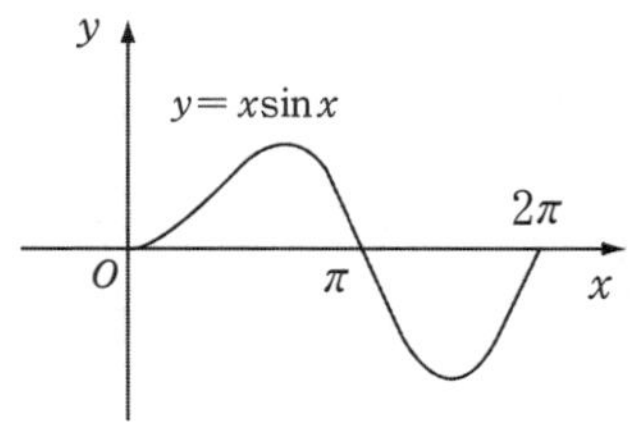

$$\therefore S = \int_0^{2\pi} |x\sin x|\,dx$$

$$= \int_0^{\pi} x\sin x\,dx - \int_{\pi}^{2\pi} x\sin x\,dx$$

$$= \Big[x(-\cos x)\Big]_0^{\pi} - \int_0^{\pi}(-\cos x)dx$$

$$-\left\{\Big[x(-\cos x)\Big]_{\pi}^{2\pi} - \int_{\pi}^{2\pi}(-\cos x)dx\right\}$$

$$= \pi + \Big[\sin x\Big]_0^{\pi} - \left\{-3\pi + \Big[\sin x\Big]_{\pi}^{2\pi}\right\} = \mathbf{4\pi}$$

예제 2 다음 직선 또는 곡선으로 둘러싸인 부분의 면적을 각각 구하여라.

(1) $y=-x$, $y=-x^2+2x$

(2) $y=x^2-1$, $y=-x^2+2x+3$

(3) $y=\sqrt{x}$, $y=x^2$

풀이 (1) 직선과 곡선의 교점의 x 좌표는

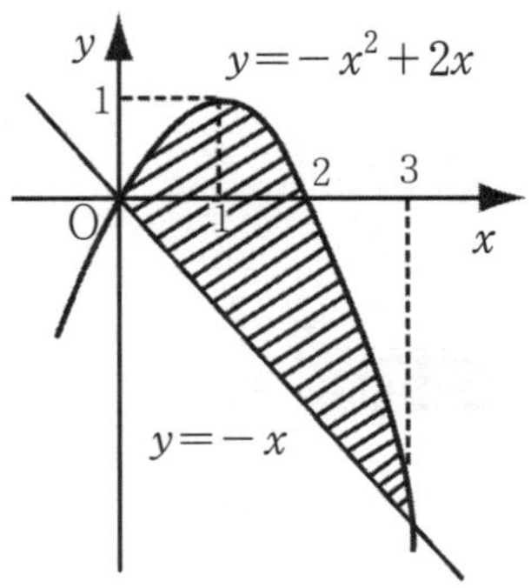

$-x=-x^2+2x$ 에서 $x(x-3)=0$

$\therefore x=0$, $x=3$

또한, 구간 $[0, 3]$에서 $-x^2+2\geqq -x$ 이므로 구하는 면적 S 는

$$S = \int_0^3 \{(-x^2+2x)-(-x)\}dx$$

$$= \int_0^3 \{(-x^2+3x)dx$$

$$= \left[-\frac{1}{3}x^3 + \frac{3}{2}x^2\right]_0^3 = \mathbf{\frac{9}{2}}$$

(2) 두 곡선의 교점의 x 좌표는

$x^2-1=-x^2+2x+3$

에서 $(x+1)(x-2)=0$

$\therefore\ x=-1,\ x=2$

또한, 구간 $[-1,\ 2]$에서

$-x^2+2x+3 \geqq x^2-1$

이므로 구하는 면적 S 는

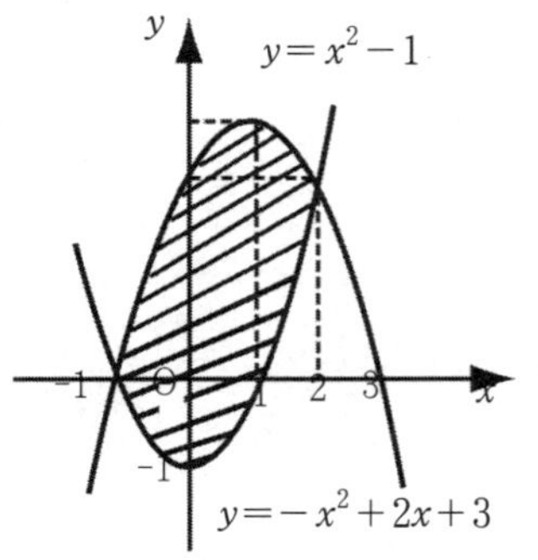

$$S=\int_{-1}^{2}\{(-x^2+2x+3)-(x^2-1)\}dx$$

$$=\int_{-1}^{2}(-2x^2+2x+4)dx$$

$$=\left[-\frac{2}{3}x^3+x^2+4x\right]_{-1}^{2}=\mathbf{9}$$

(3) 두 곡선의 교점의 x 좌표는

$\sqrt{x}=x^2$ 에서 $x^4=x,\ x^4-x=0$

$x(x-1)(x^2+x+1)=0$ 에서 $x=0,\ 1$

$0\leqq x\leqq 1$ 에서 $\sqrt{x} \geqq x^2$ 이므로,

구하는 넓이 S 는

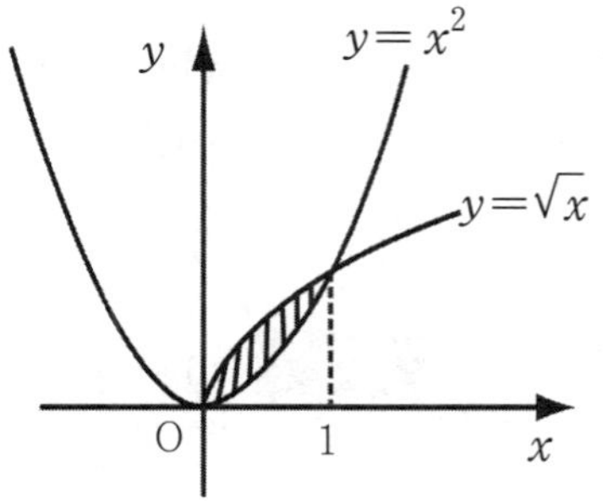

$$S=\int_{0}^{1}(\sqrt{x}-x^2)x$$

$$=\int_{0}^{1}(x^{\frac{1}{2}}-x^2)dx$$

$$=\left[\frac{2}{3}x^{\frac{3}{2}}-\frac{1}{3}x^3\right]_{0}^{1}$$

$$=\mathbf{\frac{1}{3}}$$

예제 3 다음 면적을 구하여라.

(1) $y=-x^2+3x+4$ 와 $y=0$ 로 둘러싸인 부분의 면적

(2) $y=x^3-3x$ 와 $y=0$ 로 둘러싸인 부분의 면적

(3) $y^2=4x,\ y=0,\ y=4,\ y$ 축으로 둘러싸인 부분의 면적

(4) $y=x^3-2x^2-x+2$ 가 x 축로 둘러싸인 부분의 면적

풀이 (1) 곡선과 $y=0$과의 교점의 x 좌표는 $x=-1$, $x=4$ 이고 $[-1, 4]$ 에서 $y=-x^2+3x+4>0$ 이므로 구하는 면적 S 는

$$S=\int_{-1}^{4}(-x^2+3x+4)dx=\left[-\frac{x^3}{3}+\frac{3}{2}x^2+4x\right]_{-1}^{4}=\frac{125}{6}$$

(2) $[-\sqrt{3}, 0]$에서 $y\geq 0$ 이고 $[0, -\sqrt{3}]$ 에서 $y\leq 0$ 이므로

$$S=\int_{-\sqrt{3}}^{0}(x^3-3x)dx-\int_{0}^{\sqrt{3}}(x^3-3x)dx$$
$$=\left[\frac{1}{4}x^4-\frac{3}{2}x^2\right]_{-\sqrt{3}}^{0}-\left[\frac{1}{4}x^4-\frac{3}{2}x^2\right]_{0}^{\sqrt{3}}$$
$$=-2\left(\frac{9}{4}-\frac{9}{2}\right)=\frac{9}{2}$$

(3) 오른쪽의 그림을 참조하면

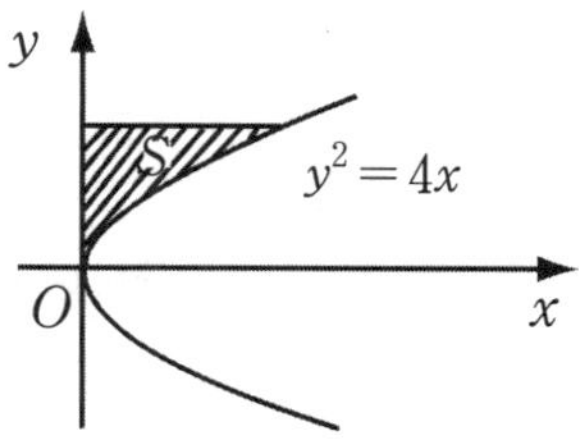

$$S=\int_{0}^{4}x\,dy=\int_{0}^{4}\frac{y^2}{4}dy$$
$$=\frac{1}{4}\left[\frac{y^3}{3}\right]_{0}^{4}=\frac{16}{3}$$

(4) $y=x^3-2x^2-x+2=(x+1)(x-1)(x-2)$ 에서 x 축과의 교점은 -1, 1, 2 이고, 오른쪽 그림에서 구하는 면적 S는

$$S=\int_{-1}^{1}(x^3-2x^2-x+2)dx-\int_{1}^{2}(x^3-2x^2-x+2)dx$$
$$=2\int_{0}^{1}(-2x^2+2)dx-\int_{1}^{2}(x^3-2x^2-x+2)dx$$
$$=2\left[-\frac{2}{3}x^3+2x\right]_{0}^{1}-\left[\frac{x^4}{4}-\frac{2}{3}x^3-\frac{x^2}{2}+2x\right]_{1}^{2}$$
$$=\mathbf{\frac{37}{12}}$$

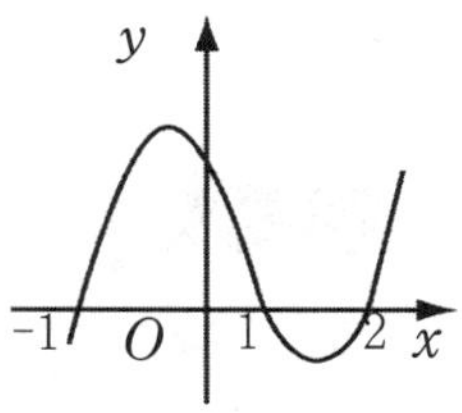

예제 4 다음의 면적을 구하여라.

(1) $y=\log x$ 가 $\left[\frac{1}{2}, 1\right]$ 로 둘러싸인 부분의 면적

(2) $y=xe^{1-x}$, $y=x$ 로 둘러싸인 부분의 면적

(3) $y^2-x-9=0$ 가 구간 $(0\leq y\leq 6)$ 에서 곡선과 y 축으로 둘러싸인 부분의 면적을 구하라.

풀이 (1) $S=-\int_{\frac{1}{2}}^{1}\log x\,dx$

$=-\left\{\left[x\log x\right]_{\frac{1}{2}}^{1}-\int_{\frac{1}{2}}^{1}x\frac{1}{x}\,dx\right\}$

$=-\left(-\frac{1}{2}\log\frac{1}{2}-\frac{1}{2}\right)=\frac{1}{2}(1-\log 2)$

$=\frac{1}{2}(1-\log 2)$

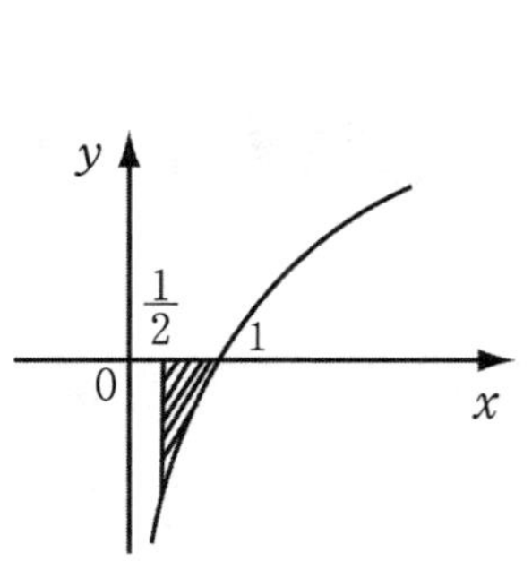

(2) $x=xe^{1-x}$ 에서 $x(e^{1-x}-1)=0$

$\therefore\ x=0,\ x=1\rightarrow(0,\ 0),\ (1,\ 1)$ 이다.

$g(x)=xe^{1-x}-x$ 라 하면

$g(x)=x(e^{1-x}-1)$

$S=\int_{0}^{1}(xe^{1-x}-x)dx$

$=\left[-xe^{1-x}\right]_{0}^{1}+\int_{0}^{1}e^{1-x}dx-\int_{0}^{1}x\,dx$

$=-1+\left[-e^{1-x}\right]_{0}^{1}-\left[\frac{1}{2}x^2\right]_{0}^{1}=e-\frac{5}{2}$

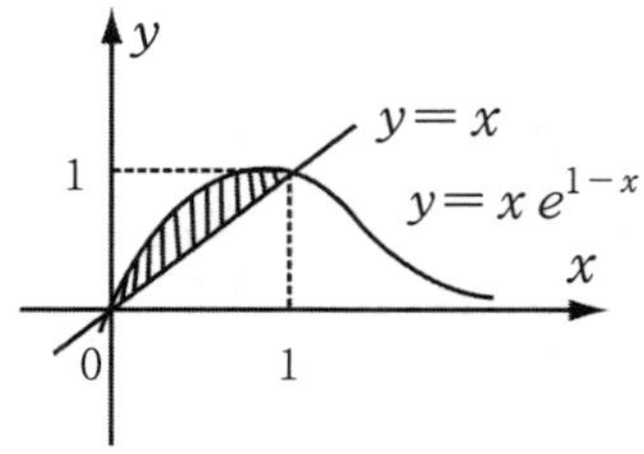

(3) $x=y^2-9=0$ 에서 $y=-3,\ 3$

$S=\int_{3}^{6}(y^2-9)dy-\int_{0}^{3}(y^2-9)dy$

$=\left[\frac{y^3}{3}-9y\right]_{3}^{6}-\left[\frac{y^3}{3}-9y\right]_{0}^{3}$

$=54$

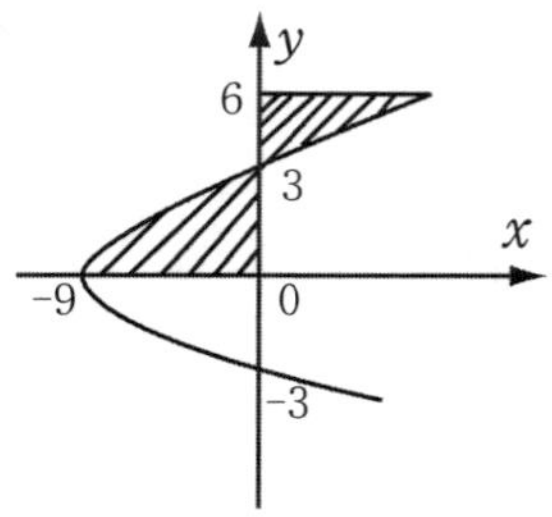

예제 5 (1) $f(x)=\cos x,\ g(x)=\sin x,\ x=0,\ x=2\pi$ 로 둘러싸인 면적을 구하라.

(2) 타원 $\frac{x^2}{a^2}+\frac{y^2}{b^2}=1,\ (a>0\ ,\ b>0)$의 면적을 구하여라.

풀이 (1)

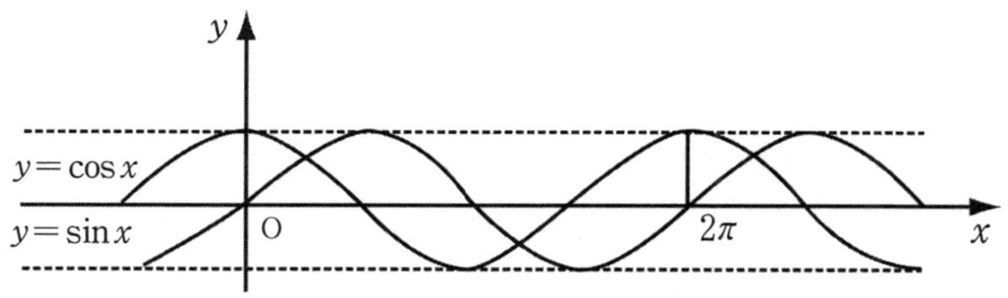

그런데 $0 \leqq x \leqq \frac{\pi}{4}$ 와 $\frac{5\pi}{4} \leqq x \leqq 2\pi$ 에서

$\cos x - \sin x \geqq 0$ 이고

$\frac{\pi}{4} \leqq x \leqq \frac{5\pi}{4}$ 에서 $\cos x - \sin x \leqq 0$ 이므로

$$\text{면적} = \int_0^{\frac{\pi}{4}} (\cos x - \sin x)\,dx + \int_{\frac{\pi}{4}}^{\frac{5\pi}{4}} (\sin x - \cos x)\,dx$$

$$+ \int_{\frac{5\pi}{4}}^{2\pi} (\cos x - \sin x)dx = \Big[\sin x + \cos x \Big]_0^{\frac{\pi}{4}}$$

$$+ \Big[-\cos x - \sin x \Big]_{\frac{\pi}{4}}^{\frac{5\pi}{4}} + \Big[\sin x + \cos x \Big]_{\frac{5\pi}{4}}^{2\pi}$$

$$= (\sqrt{2} - 1) + 2\sqrt{2} + 1(1 + \sqrt{2}) = 4\sqrt{2}$$

(2) 타원은 x축, y 축에 대하여 각각 대칭이므로 제1사분면에 있는 부분의 면적을 구하여 4배하면 타원의 면적이 된다.

제1사분면에서 타원의 방정식은

$$y = \frac{b}{a}\sqrt{a^2 - x^2} \quad (0 \leqq x \leqq a)$$

이므로 타원의 면적을 S 라 하면

$$S = 4\int_0^a y\,dy = \frac{4b}{a}\int_0^a \sqrt{a^2 - x^2}\,dx$$

$$= \frac{4b}{a}\left[\frac{a^2}{2}\sin^{-1}\frac{x}{a} + \frac{1}{2}x\sqrt{a^2 - x^2}\right]_0^a = \frac{4b}{a} \cdot \frac{a^2}{2} \cdot \frac{\pi}{2}$$

$$= \pi ab$$

예제 6 (1) $y = 3 - |x^2 - 1|$, $y = 0$ 로 둘러싸인 부분의 면적을 구하여라.

(2) $x = 9y - y^3$, $(y \geqq 0)$와 y축으로 둘러싸인 부분의 면적을 구하여라.

(3) $y = \cos x$ 와 y 축 및 직선 $x = 0$, $x = 2\pi$ 로 둘러싸인 면적을 구하여라.

풀이 (1) $x \leqq -1$, $x \geqq 1$ 이면 $y=3-(x^2-1)=-x^2+4$

$-1 \leqq x \leqq 1$ 이면 $y=3+x^2-1=2+x^2$

그런데 $-x^2+4$, $2+x^2$ 은 우함수이므로

구하는 넓이를 S 라 하면

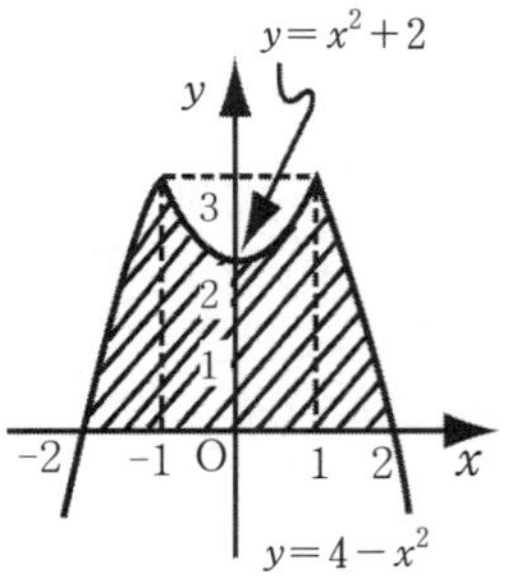

$$S=2\left\{\int_0^1 (2+x^2)dx+\int_1^2 (4-x^2)dx\right\}$$

$$=2\left\{\left[2x+\frac{1}{3}x^3\right]_0^1+\left[4x-\frac{1}{3}x^3\right]_1^2\right\}$$

$$=2\left(2+\frac{1}{3}+4-\frac{7}{3}\right)=8$$

(2) $x=0$ 이면 $y(y-3)(y+3)=0$ 에서

$y=0$, $y=\pm 3$

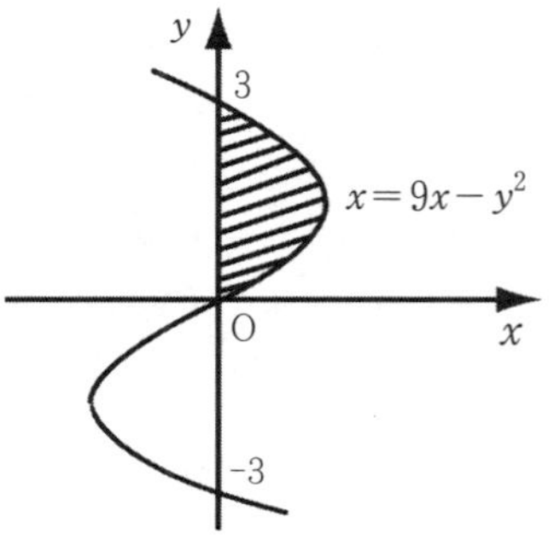

$$\therefore\ S=\int_0^3 x\,dy=\int_0^3 (9y-y^3)dy$$

$$=\left[\frac{9}{2}y^2-\frac{y^3}{4}\right]_0^3=\mathbf{\frac{81}{4}}$$

(3)

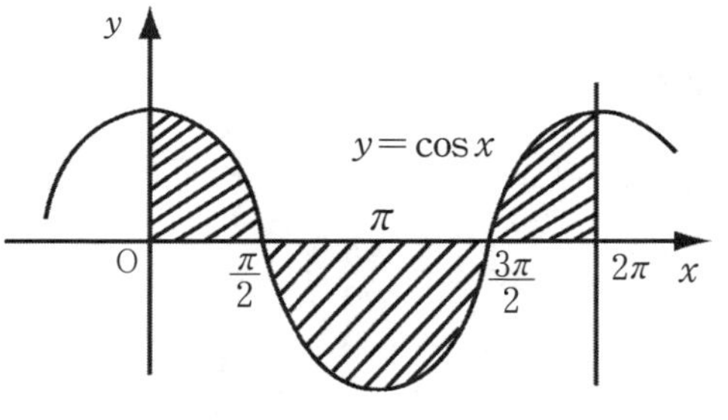

$$S=\int_0^{2\pi} |\cos x|dx$$

$$=\int_0^{\frac{\pi}{2}} \cos\ x\ dx+\int_{\frac{\pi}{2}}^{\frac{3\pi}{2}} -\cos x\,dx+\int_{\frac{3}{2}\pi}^{2\pi}\cos x\,dx$$

$$=\Big[\sin x\Big]_0^{\frac{\pi}{2}}-\Big[\sin x\Big]_{\frac{\pi}{2}}^{\frac{3\pi}{2}}+\Big[\sin x\Big]_{\frac{3\pi}{2}}^{\frac{\pi}{2}}$$

$$=\left(\sin\frac{\pi}{2}-\sin 0\right)-\left(\sin\frac{3\pi}{2}-\sin\frac{\pi}{2}\right)+\left(\sin\ 2\pi-\sin\ \frac{3\pi}{2}\right)$$

$$=(1-0)-(-1-1)+(0-(-1))=1+2+1=4$$

문제 1 $\sqrt{x}+\sqrt{y}=1$ 이 y 축으로 둘러싸인 부분의 넓이를 구하라.

문제 2 $y=\log x$, $x=\frac{1}{e}$, x 축으로 둘러싸인 부분의 면적을 구하라.

문제 3 매개 변수 t 로 나타내어진 다음 곡선과 x 축으로 둘러싸인 부분의 면적을 구하라.

$$x=2t,\ \ y=t^2-1$$

문제 4 $x=-y^2+4$와 y 축으로 둘러싸인 면적을 구하라.

문제 5 $y=x^3$ 과 $y=\sqrt{x}$ 로 둘러싸인 면적을 구하라.

문제 6 $y=2x^5+3$ 과 $y=32x+3$ 으로 둘러싸인 면적을 구하라.

문제 7 두 포물선 $x=y^2$ 과 $x=-2y^2+3$ 으로 둘러싸인 영역의 면적을 구하여라.

2. 극좌표에 의한 면적

연속곡선의 방정식의 극형식 $r=f(\theta)$, $(\alpha\leqq\theta\leqq\beta)$ 로서 주어질 때

곡선 $r=f(\theta)$ 및 직선 $\theta=\alpha$, $\theta=\beta$로 둘러싸인 도형의 면적을 S 를 구해보자.

곡선 $r=f(\theta)$ 및 직선 $\theta=\alpha$, $\theta=\beta$로 둘러싸인 도형의 면적을 $F(t)$라 하고 $[t,\ t+h]$ 에서의 r 의 최대값, 최소값을 M, m 이라고 하면

$$\frac{1}{2}m^2\leqq\frac{F(t+h)-F(t)}{h}\leqq\frac{1}{2}M^2$$

$f(\theta)$가 연속이므로 $h\to 0$ 일 때

$$m\to f(t),\ M\to f(t)$$

$$\therefore\ \frac{d}{dt}F(t)=\frac{1}{2}\{f(t)\}^2$$

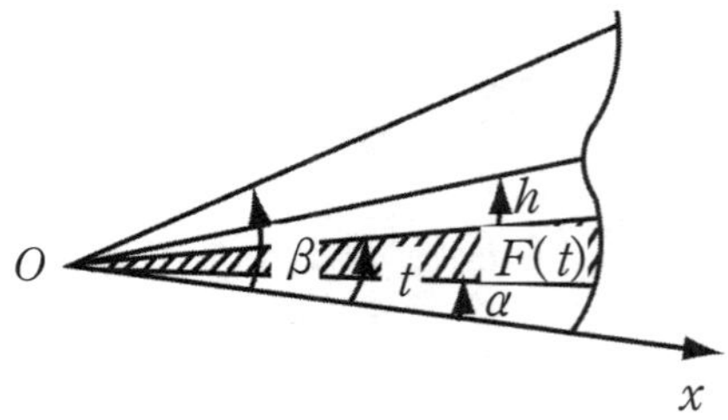

$F(\alpha)=0$, $F(\beta)=S$ 이므로 기본정리에 의하여

$$S=\frac{1}{2}\int_{\alpha}^{\beta}\{f(\theta)\}^2d\theta$$

이다.

예제 1 곡선 $r=1+\sin\theta$ 로 둘러싸인 면적을 구하라.

풀이 구하는 면적을 S 라 하면

$$S=\frac{1}{2}\int_0^{2\pi}(1+\sin\theta)^2d\theta=\frac{1}{2}\cdot 2\cdot\int_{-\frac{\pi}{2}}^{\frac{\pi}{2}}(1+\sin\theta)^2d\theta$$

$$=\int_{-\frac{\pi}{2}}^{\frac{\pi}{2}}(1+2\sin\theta+\sin^2\theta)d\theta$$

$$=\Big[\theta+-(\cos\theta)\Big]_{-\frac{\pi}{2}}^{\frac{\pi}{2}}+\int_{-\frac{\pi}{2}}^{\frac{\pi}{2}}\frac{(1-\cos^2\theta)}{2}d\theta$$

$$=\pi+\frac{\pi}{2}=\frac{3}{2}\pi$$

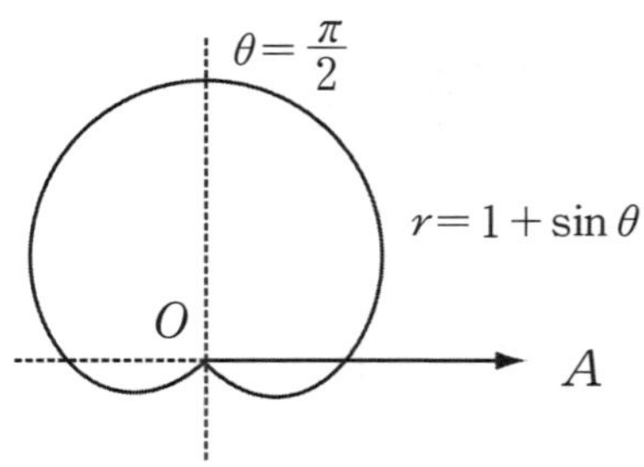

예제 2 심장형 $r=a(1+\cos\theta)$ $(a>0)$ 의 면적을 구하여라.

풀이 곡선은 기선 O_x 에 관하여 대칭이다.

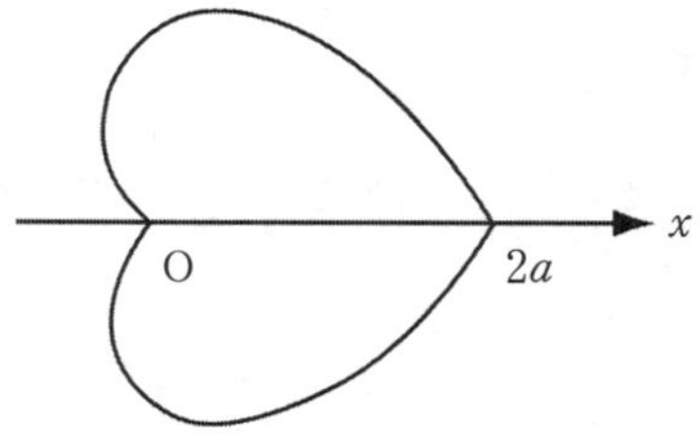

따라서 구하는 면적을 S 라고 두면

$$S=\frac{1}{2}\int_0^{2x} a^2(1+\cos\theta)^2 dx$$

$$=\frac{1}{2}a^2\cdot 2\int_0^{x}(1+2\cos\theta+\cos^2\theta)d\theta$$

$$=a^2\left[\theta+2\sin\theta+\frac{1}{2}\left(\theta+\frac{1}{2}\sin2\theta\right)\right]_0^{x}=\frac{2}{3}\pi a^2$$

예제 3 연주형(Lemminiscate)

$r^2=a^2\cos2\theta$ $(a>0)$로 둘러싸인 부분의 면적을 구하라.

풀이 이 Graph는 x 축, y 축에 대칭이고 제 1사분면에서 살펴보자.

θ	0		$\frac{\pi}{4}$		$\frac{\pi}{2}$
r^2	a^2	↘	0	↘	$-a^2$
r	a	↘	0	없다.	

$$S=4\cdot\frac{1}{2}\int_0^{\frac{\pi}{4}} r^2\,d\theta$$

$$=2a^2\int_0^{\frac{\pi}{4}}\cos2\theta d\theta$$

$$=2a^2\left[\frac{\sin2\theta}{2}\right]_0^{\frac{\pi}{4}}=a^2$$

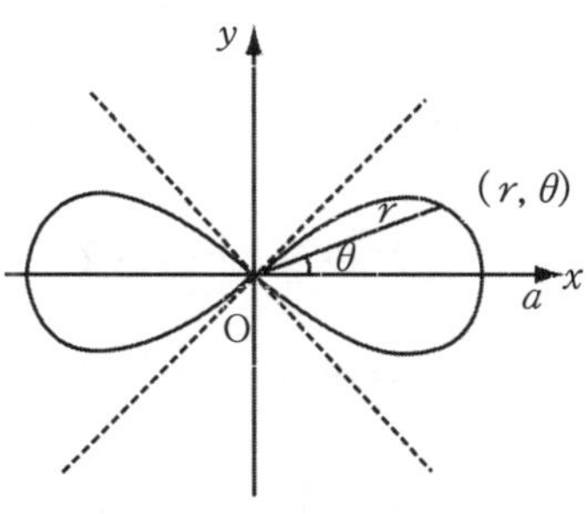

예제 4 Archimedes의 와선(spiral)

$r=a\theta$ $(a>0)$ 의 $0\leq\theta\leq\frac{\pi}{2}$ 부분과 y 축으로 둘러싸인 부분의 면적을 구하여라.

풀이 $0 \leqq \theta \leqq \frac{\pi}{2}$ 이므로

구하는 면적은

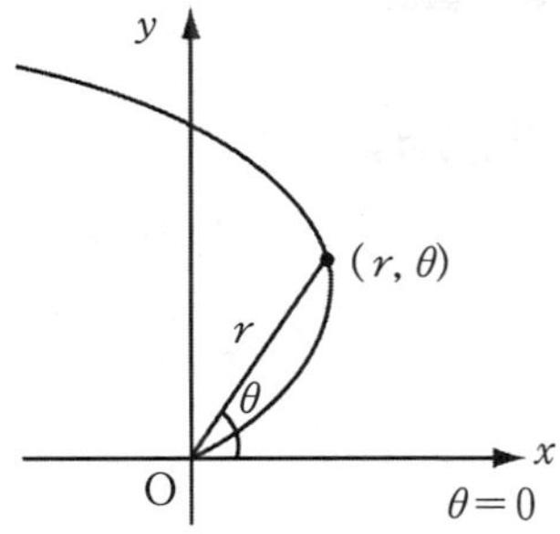

$$S=\frac{1}{2}\int_0^{\frac{\pi}{2}} r^2 d\theta \text{ 에서}$$

$$S=\frac{a^2}{2}\int_0^{\frac{\pi}{2}} \theta^2 d\theta=\frac{a^2}{2}\left[\frac{\theta^3}{3}\right]_0^{\frac{\pi}{2}}$$

$$=\frac{1}{48}\pi^3 a^2$$

예제 5 Cycloid, $x=a(t-\sin t)$, $y=a(1-\cot t)$, $(0\leqq t\leqq 2\pi)$, $(a>0)$ 와 x 축으로 둘러싸인 면적을 구하여라.

풀이 t 가 0 에서 2π 까지 변할 때 x 는 0 에서 $2\pi a$ 까지 변하고 $y\geqq 0$ 이다.

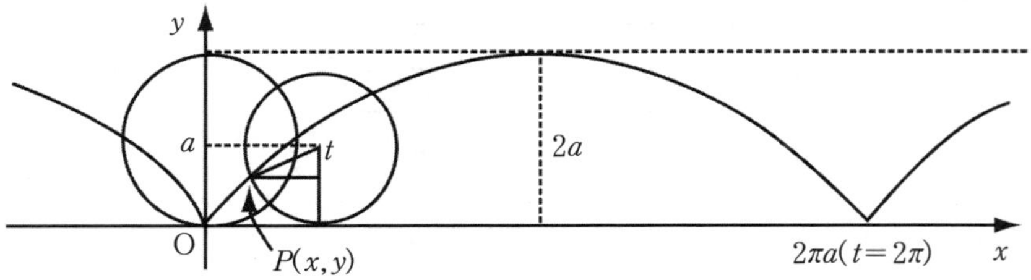

$dx=a(1-\cos t)dt$ 이므로

$$S=\int_0^{2\pi a} y\,dx=\int_0^{2\pi} a^2(1-\cos t)\cdot(1-\cos t)dt$$

$$=a^2\int_0^{2\pi}(1-\cos t)^2 dt=a^2\int_0^{2\pi}(1-2\cos t+\cos^2 t)dt$$

$$=a^2\int_0^{2\pi}\left(\frac{3}{2}-2\cos t+\frac{1}{2}\cos 2t\right)dt$$

$$=a^2\left[\frac{3}{2}t-2\sin t+\frac{1}{4}\sin 2t\right]_0^{2\pi}=3\pi a^2$$

문제 1 곡선 $r=a\sin 2\theta$ 로 둘러싸인 부분의 면적을 구하여라.

5 곡선의 길이

함수 $f(x)$ 가 구간 $[a, b]$ 에서 미분가능이고 도함수 $f'(x)$가 $[a, b]$ 에서 연속이면 곡선 $y=f(x)$, $(a \leq x \leq b)$의 길이는

$$l=\int_a^b \sqrt{1+(f'(x))^2}\, dx=\int_a^b \sqrt{1+\left(\frac{dy}{dx}\right)^2}\, dx$$

증명 곡선상에 $n+1$ 개의 점 P_0, P_1, P_2, $\cdots P_n$ 을 잡고 그 좌표를 각각 $(x_i, f(x_i))$, $(i=1, 2, 3, \cdots, n)$ 라 하고

$a=x_0 < x_1 < x_2 \cdots < x_n=b$ 라 하자. 그러면

$$\overline{P_{i-1}P_i}=\sqrt{(x_i-x_{i-1})^2+(f(x_i)-f(x_{i-1}))^2}$$

만일 $f(x)$ 가 $[a, b]$에서 미분가능이면 평균치 정리에 의하여
각 구간 $[x_{i-1}, x_i]$에서

$$\frac{f(x_i)-f(x_{i-1})}{x_i-x_{i-1}}=f'(\xi)$$

$(x_{i-1}<\xi_i<x_i)$ 인 ξ_i가 존재

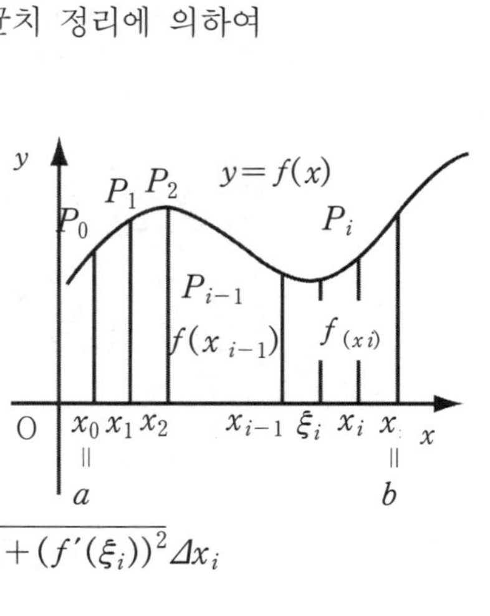

$$\therefore\ \overline{P_{i-1}P_i}=\sqrt{1+(f'(\xi_i))^2}(x_i-x_{i-1})$$
$$=\sqrt{1+(f'(\xi_i)^2)}\,\Delta x_i,$$
$$(\Delta x_i=x_i-x_{i-1})$$

따라서 절선의 총화는 $\sum_{i=1}^{n}\overline{P_{i-1}P_i}=\sum_{i=1}^{n}\sqrt{1+(f'(\xi_i))^2}\Delta x_i$

여기서 $[a, b]$에서 $f'(x)$가 연속이면

$\sqrt{1+(f'(\xi_i))^2}$ 도 연속이므로 $n \to \infty$ 되게 하면

$$\therefore\ L=\int_a^b\sqrt{1+(f'(x))^2}\, dx=\int_a^b\sqrt{1+\left(\frac{dy}{dx}\right)^2}dx$$

1. 매개변수 방정식

매개변수 방정식 $x=f(t)$, $y=g(t)$, $(\alpha \leqq t \leqq \beta)$가 $[\alpha, \beta]$ 에서 미분가능이며

$x'=\dfrac{dx}{dt}$, $y'=\dfrac{dy}{dt}$ 가 연속이면 곡선의 길이

$$L=\int_a^b \sqrt{1+\left(\frac{dy}{dx}\right)^2}\,dx=\int_\alpha^\beta \sqrt{1+\left(\frac{y'}{x'}\right)^2}\cdot x'\,dx$$

$$\therefore\ L=\int_\alpha^\beta \sqrt{(x')^2+(y')^2}\,dt$$ 로 주어진다.

2. 곡선의 극형식

$r=f(\theta)$, $(\alpha \leq \theta \leq \beta)$ 로 주어질 때 $x=r\cos\theta$, $y=r\sin\theta$

(r 는 θ 의 함수) 이므로 (1)에서 $t=\theta$ 라 보면

$$L=\int_\alpha^\beta \sqrt{\left(\frac{dx}{d\theta}\right)^2+\left(\frac{dy}{d\theta}\right)^2}\,d\theta$$

그런데

$$\frac{dx}{d\theta}=\frac{dr}{d\theta}\cos\theta-r\sin\theta,\quad \frac{dy}{d\theta}=\frac{dr}{d\theta}\sin\theta+r\cos\theta$$

$$\left(\frac{dx}{d\theta}\right)^2+\left(\frac{dy}{d\theta}\right)^2=\left(\frac{dr}{d\theta}\cos\theta-r\sin\theta\right)^2+\left(\frac{dr}{d\theta}\sin\theta+r\cos\theta\right)^2$$

$$=\left(\frac{dr}{d\theta}\right)^2+r^2$$

$$\therefore\ L=\int_\alpha^\beta \sqrt{r^2+\left(\frac{dr}{d\theta}\right)^2}\,d\theta$$

예제 1 심장형(Cardioid), $r=a(1+\cos\theta)$ 전체의 길이를 구하여라.

풀이 x 축에 대칭이고

θ	0		$\frac{\pi}{2}$		π
r	$2a$	↘	0	↘	0

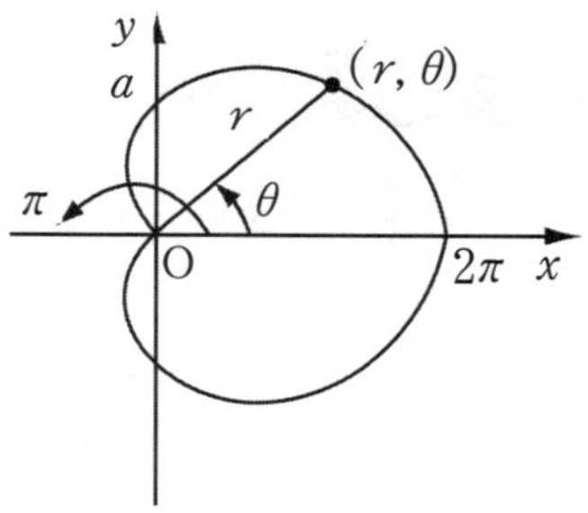

$$r^2+\left(\frac{dr}{d\theta}\right)^2 = \{a(1+\cos\theta)\}^2+\{a(-\sin\theta)\}^2$$
$$= a^2(1+2\cos\theta+\cos^2\theta+\sin^2\theta)$$
$$= 2a^2(1+\cos\theta)=4a^2\cos^2\frac{\theta}{2}$$

$$\therefore\ L = 2\int_0^{\pi}\sqrt{r^2+\left(\frac{dr}{d\theta}\right)^2}\,d\theta=4a\int_0^{\pi}\cos\frac{\theta}{2}\,d\theta$$
$$=4a\cdot 2\left[\sin\frac{\theta}{2}\right]_0^{\pi}=8a$$

예제 2 $y=\frac{2}{3}x^{\frac{3}{2}}$ 에서 $y'=x^{\frac{1}{2}}$, 따라서 $x=0$ 에서 $x=3$ 까지 곡선의 길이를 구하라.

풀이 $$L=\int_0^3\sqrt{1+\left(x^{\frac{1}{2}}\right)^2}\,dx$$
$$=\left[\frac{2}{3}(1+x)^{\frac{3}{2}}\right]_0^3=\frac{14}{3}$$

예제 3 $x=0$ 와 $x=1$ 사이의 직선 $y=x$ 의 길이를 구하라.

풀이 $f'(x)=1$ 이므로

$$L=\int_0^1\sqrt{1+1^2}\,dx=\int_0^1\sqrt{2}\,dx=\sqrt{2}$$

예제 4 곡선 $x=2(2t+3)^{\frac{3}{2}}$, $y=3(t+1)^2$ 의 호의 길이를 $t=-1$ 에서 $t=3$ 까지 구하여라.

풀이 : 주어진 곡선에 대하여

$$\frac{dx}{dt}=6(2t+3)^{\frac{1}{2}},\quad \frac{dy}{dt}=6(t+1)$$ 이므로

$$L=\int_{-1}^{3}\sqrt{36(2t+3)+36(t^2+2t+1)}\,dt$$

$$=\int_{-1}^{3}6(t+2)dt=\left[3(t+2)^2\right]_{-1}^{3}=72$$

예제 5 $y=\frac{2}{3}x^{\frac{3}{2}}$ 의 구간 [0, 3]의 길이를 구하여라.

풀이 $y'=\sqrt{x}$ 이므로

$$l=\int_0^3\sqrt{1+x}\ dx=\left[\frac{2}{3}(1+x)^{\frac{3}{2}}\right]_0^3=\frac{14}{3}$$

예제 6 곡선 $x=a(t-\sin t)$, $y=a(1-\cos t)$의 $t=0$에서 $t=2\pi$ 까지의 호의 길이를 구하여라.

풀이 $\frac{dx}{dt}=a(1-\cos t)$, $\frac{dy}{dt}=a\sin t$

$\left(\frac{dx}{dt}\right)^2+\left(\frac{dy}{dt}\right)^2=a^2(1-\cos)^2+a^2\sin^2 t=4a^2\sin^2\frac{t}{2}$ 이므로 구하는 곡선의 길이를 L 이라 하면

$$L=\int_0^{2\pi}\sin\frac{t}{2}\,dt=2a\left[-2\cos\frac{t}{2}\right]_0^{2\pi}=8a$$

예제 7 성망형(asteroid) $x^{\frac{2}{3}}+y^{\frac{2}{3}}=a^{\frac{2}{3}}$, $(a>0)$ 의 전체의 길이를 구하라.

풀이 x 에 관하여 미분하면

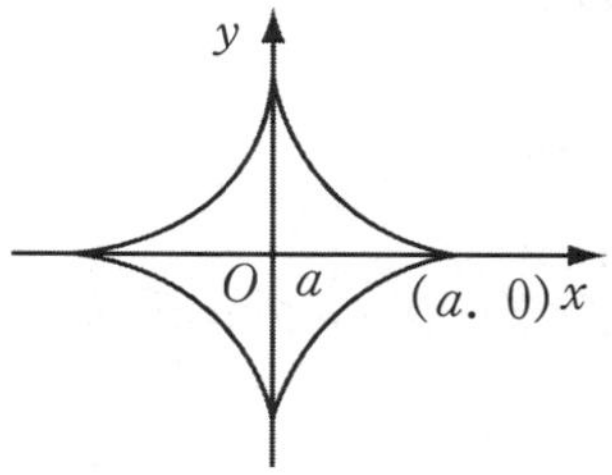

$$\frac{2}{3}x^{-\frac{1}{3}}+\frac{2}{3}y^{-\frac{1}{3}}y'=0$$

따라서 $y'=-\left(\frac{y}{x}\right)^{\frac{1}{3}}$

$$\sqrt{1+(y')^2}=\sqrt{1+\left(\frac{y}{x}\right)^{\frac{2}{3}}}=\sqrt{\left(\frac{a}{x}\right)^{\frac{2}{3}}}=\left(\frac{a}{x}\right)^{\frac{1}{3}}$$

$$l=4\int_0^a\sqrt{1+(y')^2}\,dx=4\int_0^a\left(\frac{a}{x}\right)^{\frac{1}{3}}dx$$

$$=4a^{\frac{1}{3}}\left[\frac{3}{2}x^{\frac{2}{3}}\right]_0^a=6a$$

문제 1 곡선 $y=x^2$ 이 $x=0$ 에서 $x=2$ 까지의 호의 길이를 구하여라.

연습문제

1. 곡선 $\rho = a \sin 3\theta$ 로 둘러싸인 면적을 구하여라.

2. 원 $r = 3\cos\theta$ 와 심장형 $r = 1 + \cos\theta$ 의 공통부분의 면적을 구하여라.

3. $x = 1$에서 $x = \sqrt{3}$ 사이의 곡선 $y = \log x$ 의 길이를 구하여라.

4. 곡선 $r = 3\cos\theta$ 의 내부에 있고 곡선 $r = 1 + \cos\theta$ 의 외부에 있는 부분의 면적을 구하여라.

6 회전체의 체적

1) x 축을 회전축으로 할 때

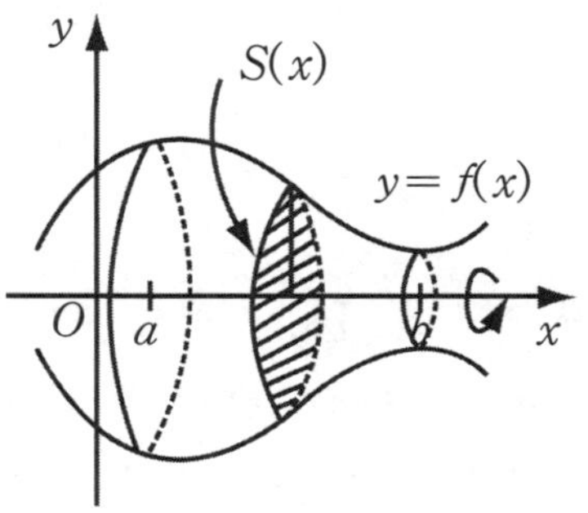

곡선 $y=f(x)$ 와 x 축 및 두 직선 $x=a$, $x=b$ ($a < b$)로 둘러싸인 부분을 x 축을 둘레로 회전해서 생기는 회전체의 부피를 구해 보자.

그림과 같이, 좌표가 x 인 점을 지나 x 축에 수직인 평면에 의한 단면은 원이 되고, 그 반지름이 길이는 $|f(x)|$ 가 된다.

그러므로 그 단면의 넓이를 $S(x)$ 라 하면,

$$S(x)=\pi\{f(x)\}^2$$

그러므로 구하는 부피 V

$$V=\int_a^b \pi\{f(x)\}^2 dx$$
$$=\pi\int_a^b \{f(x)\}^2 dx=\pi\int_a^b y^2 dx$$

2) y 축을 회전축으로 할 때

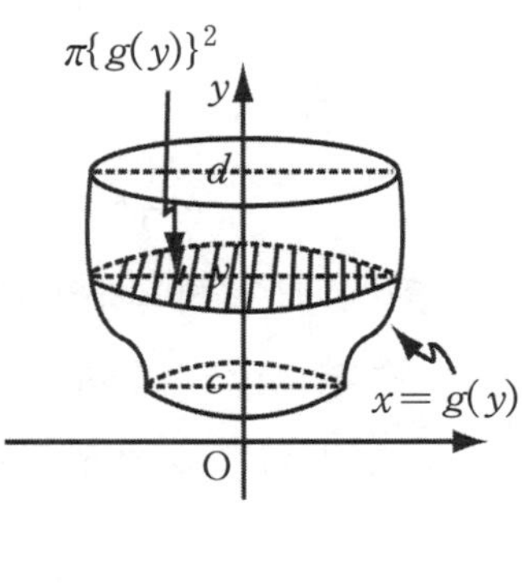

위의 1)과 같이 생각하면 곡선 $x=g(y)$ 와 y 축및 두 직선 $y=c$, $y=d$ ($c < d$) 로 둘러싸인 부분을 y 축 둘레로 회전해서 생기는 회전체의 부피는

$$V=\int_c^d \pi\{g(y)\}^2 dy$$
$$=\pi\int_c^d \{g(y)\}^2 dy=\pi\int_c^d x^2 dy$$

3) 두 곡선 사이의 부분을 회전시켰을 때의 회전체의 체적

구간 $[a,\ b]$에서 $0 \leqq g(x) \leqq f(x)$ 일 때 두 곡선 $y=f(x)$ 와 $y=g(x)$ 및 두 직선 $x=a,\ x=b\ (a<b)$로 둘러싸인 도형을 x 축의 둘레에 회전시킬 때 생기는 회전체의 체적은, 곡선 $y=f(x)$ 를 회전시킬 때 생기는 회전체의 체적에서 $y=g(x)$ 를 회전시킬 때의 회전체의 체적을 빼면 된다. 그러므로, 구하는 체적은

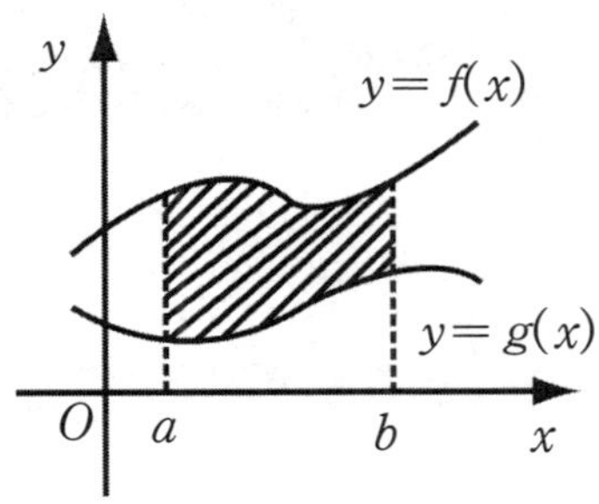

$$V = \pi\int_a^b \{f(x)\}^2 dx - \pi\int_a^b \{g(x)\}^2 dx$$

$$= \boldsymbol{\pi\int_a^b \left[\{f(x)^2 - g(x)\}^2\right] dx}$$

4) 구간 $[a,\ b]$에서 연속이라 하고, 곡선 $y=f(x)$ 와 직선 $y=0,\ x=a,\ x=b,\ (0 \leqq a \leqq b)$ 로 둘러싸인 부분을 y 축의 둘레로 돌렸을 때 생기는 입체의 연속을 생각하자. 구간 $[a,\ b]$ 를 n 개의 소구간으로 나누어 분점을

$$a=x_0,\ x_1,\ \ x_2 \cdots\cdots,\ x_{n-2},\ x_{n-1},\ x_n=b$$

라 하고 구간 $[x_{i-1},\ x_i]$ 에 속하는 임의 점 ζ_i 에 대한 y 의 값은 $f(\zeta_i)$ 가 될 것이다. 밑변이 (x_i, x_{i-1})이고 높이가 $f(\zeta_i)$ 인 직사각형을 y 축을 둘레로 돌렸을 때의 체적을 $\varDelta V_i$ 라 하면

$$\varDelta V_i = \pi {x_i}^2 f(\zeta_i) - \pi {x_{i-1}}^2 f(\zeta_i)$$

$$= \pi({x_i}^2 - {x_{i-1}}^2) f(\zeta_i)$$

$$= \pi(x_i + x_{i-1}) f(\zeta_i)(x_i - x_{i-1})$$

이므로

$$\sum_{i=1}^{n} \pi(x_i + x_{i-1})\ f(\zeta_i)\,(x_i - x_{i-1})$$

은 n 개의 직사각형들을 y 축의 둘레로 돌렸을 때의 체적의 합이 된다.

여기서 n을 무한히 크게 하고 $x_i - x_{i-1}$ 를 0에 수렴시키면 $x_i + x_{i-1} \to 2\zeta$ 가 되므로 구하고자 하는 회전체의 적분은

$$V_y = \lim_{n\to\infty} \sum_{i=1}^{n} \pi \cdot 2\zeta\ f(\zeta_i)(x_i - x_{i-1})$$

이다. 따라서 정적분의 정의에 의하여

$$V_y = \int_a^b 2\pi\ x\ y\ dx$$

예제 1 밑면의 넓이가 A, 높이가 h 인 사각뿔의 부피를 정적분으로 구하라.

풀이 그림과 같이 사각뿔의 꼭지점 O 에서 밑면에 내린 수선 OH 의 길이는 h 이다. 선분 OH 위의 점 O 로 부터의 거리가 x 인 점 P 를 잡아 그 점에서 밑면에 평행한 평면 α 로 이 입체를 자를 때 그 단면의 넓이를 $S(x)$ 라 하면

$$S(x) : A = x^2 : h^2 \qquad S(x) = \frac{x^2}{h^2}A$$

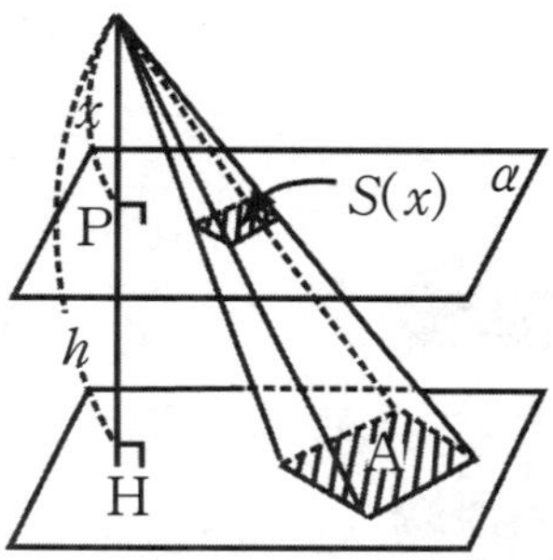

구하는 부피를 V 라고 하면

$$V = \int_0^h S(x)dx = \int_o^h \frac{x^2}{h^2}Adx$$

$$= \frac{A}{h^2}\left[\frac{1}{3}x^3\right]_0^h = \frac{1}{3}\boldsymbol{Ah}$$

예제 2 $y^2 = 8x$, $x = 2$가 x 축의 둘레로 회전한 회전체의 체적을 구하여라.

풀이 $f(x) = \sqrt{8x}$ 이므로 $x = 0$, $x = 2$ 로 둘러싸인 부분을 x 축으로 회전한 체적은

$$V = \int_0^2 \pi\{f(x)\}^2 dx$$

$$= \pi\int_0^2 y^2 dx = \pi\int_0^2 8x\, dx$$

$$= \pi\left[4x^2\right]_0^2 = \boldsymbol{16\pi}$$

예제 3 $x^2 + y^2 = r^2$ 인 원을 y 축으로 회전했을 때 생기는 회전체의 체적을 구하여라.

풀이 구하는 체적을 V_y 라 하면 원점을 중심으로 갖는 원의 방정식은 반지름이 r 일 때 $x^2 + y^2 = r^2$ 이므로

$$V_y = \pi \int_{-r}^{r} x^2 dy = \pi \int_{-r}^{r} (r^2 - y^2)\, dy$$
$$= 2\pi \int_0^r (r^2 - y^2)\, dy = 2\pi \left[r^2 y - \frac{y^3}{3} \right]_0^r$$
$$= 2\pi \left(r^3 - \frac{r^3}{3} \right) = \frac{4}{3} \pi r^3$$

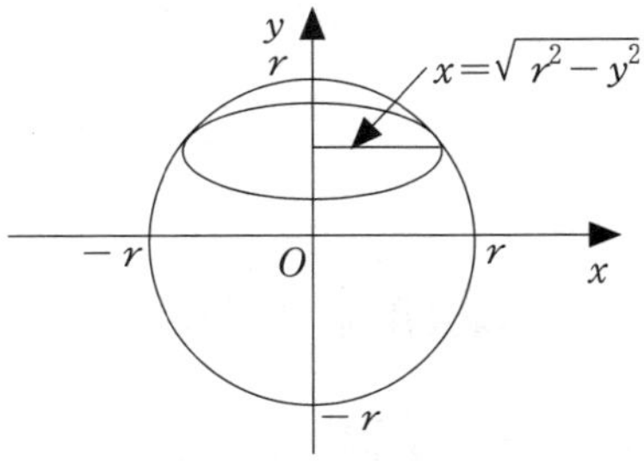

예제 4 $y = \sin x\,(0 \le x \le \pi)$ 와 x 축과의 사인도형을 x 축의 둘레로 회전하여 생긴 입체의 체적을 구하여라.

$$V = \int_0^{\pi} y^2 dy = \pi \int_0^{\pi} \sin^2 x\, dx = \frac{\pi}{2} \int_0^{\pi} (1 - \cos 2x)\, dx$$
$$= \frac{\pi}{2} \left[x - \frac{\sin 2x}{2} \right]_0^{\pi} = \frac{\pi^2}{2}$$

예제 5 두 곡선 $y = 2\sin x$, $y = \tan x \left(0 \le x < \frac{\pi}{2} \right)$ 로 둘러싸인 부분을 x 축 둘레로 회전해서 생기는 회전체의 부피를 구하라.

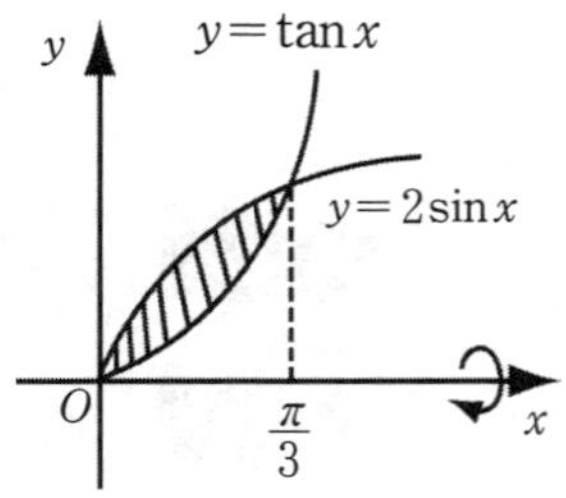

풀이 두 곡선의 교점은 x 좌표는

$2\sin x = \tan x \left(0 \le x < \frac{\pi}{2} \right)$ 에서 $x = 0,\ \frac{\pi}{3}$

$$\therefore\ V = \pi \int_0^{\frac{\pi}{3}} \{ (2\sin x)^2 - \tan^2 x \} dx$$
$$= \pi \int_0^{\frac{\pi}{3}} \{ 2(1 - \cos 2x) - (\sec^2 x - 1) \} dx$$
$$= \pi \left[3x - \sin\ 2x - \tan\ x \right]_0^{\frac{\pi}{3}} = \boldsymbol{\pi\left(\pi - \frac{3\sqrt{3}}{2} \right)}$$

예제 6 두 곡선 $y = \sin x$, $y = \sin 2x$ 가 $0 \le x \le \frac{\pi}{3}$ 에서 둘러싸인 부분을 x 축에 대하여 회전시켰을 때의 입체의 체적을 구하여라.

풀이 두 곡선의 교점의 x 좌표는 $\sin x = \sin 2x$

에서 $x = 0$, $x = \frac{\pi}{3}$

따라서, 구하는 면적은

$$V = \pi \int_0^{\frac{\pi}{3}} (\sin^2 2x - \sin^2 x)dx$$

$$= \pi \int_0^{\frac{\pi}{3}} \left(\frac{1-\cos 4x}{2} - \frac{1-\cos 2x}{2}\right)dx$$

$$= \frac{\pi}{2}\left[\frac{1}{2}\sin 2x - \frac{1}{4}\sin 4x\right]_0^{\frac{\pi}{3}} = \frac{3\sqrt{3}}{16}\pi$$

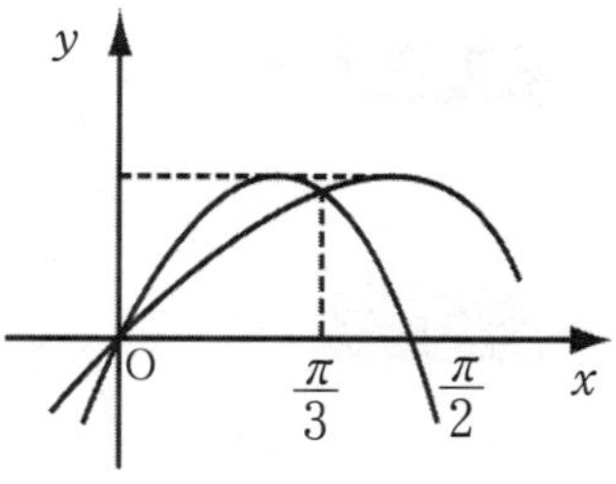

예제 7 부등식 $x^2 \leqq y \leqq 1$, $0 \leqq z \leqq x$ 로 나타내어지는 입체의 부피를 구하라.

풀이 x 를 적분변수로 보면

$x^2 \leqq 1$, $0 \leqq x$ 에서 $0 \leqq x \leqq 1$

yz 평면에 평행인 평면으로 입체를 자른 단면의 넓이는 오른쪽 그림에서

$S(x) = x(1-x^2) = x - x^3$

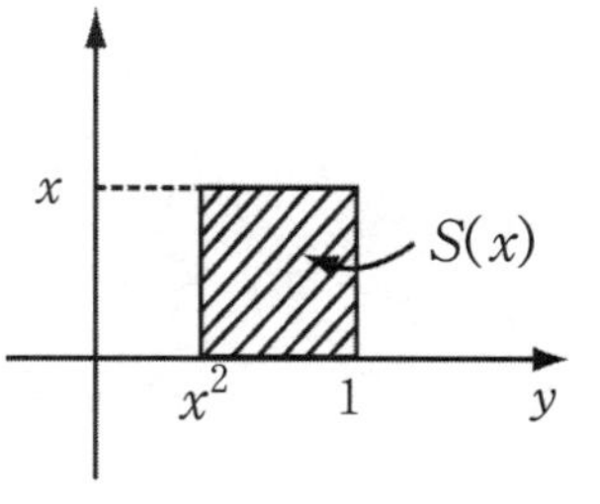

$$V = \int_0^1 S(x)dx = \int_0^1 (x - x^3)dx$$

$$= \left[\frac{1}{2}x^2 - \frac{1}{4}x^4\right]_0^1 = \frac{1}{4}$$

예제 8 구간 [0, 3] 에서 직선 $f(x) = 3x$ 와 포물선 $g(x) = x^2$ 으로 둘러싸인 부분을 x축 둘레로 회전해서 생기는 회전체의 부피를 구하라.

풀이 직선 $y=3x$ 와 포물선 $y=x^2$ 의 교점의 x 좌표는

$$V = \pi \int_0^3 [\{f(x)\}^2 - \{g(x)\}^2]dx$$

$$= \pi \int_0^3 (9x^2 - x^4)dx$$

$$= \pi\left[3x^3 - \frac{x^5}{5}\right]_0^3 = \frac{162}{5}\pi$$

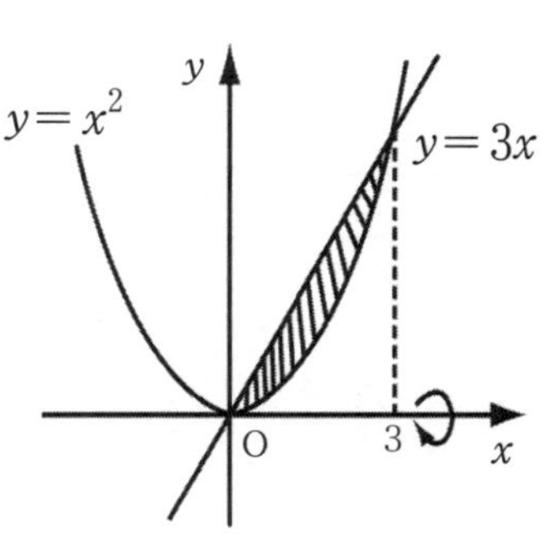

예제 9 원 $x^2+(y-b)^2=a^2$, $(b>a>0)$ 을 x 축에 대하여 회전시켰을 때 만들어지는 입체의 체적을 구하여라.

풀이 $x^2+(y-b)^2=a^2$ 에서 $y=b\pm\sqrt{a^2-x^2}$ 이고 또 x 축과 평행인 지름을 AB 라면 구하는 체적은 구간 $[-a,\ a]$ 에서 AB 윗쪽의 반원

$y_1=b+\sqrt{a^2-x^2}$

이때 x 축 사이의 부분은 x 축에 대하여 회전한 회전체에서 구간 $[-a,\ a]$에서 AB 아래쪽의 반원

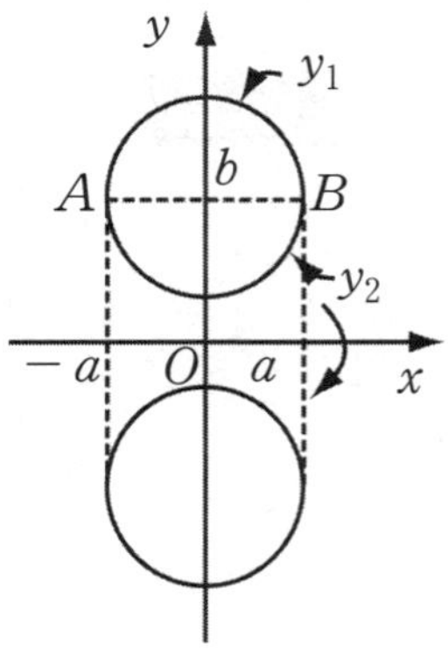

$y_2=b-\sqrt{a^2-x^2}$

이때 x 축 사이의 부분은 x 축에 대하여 회전한 입체의 체적을 뺄것과 같다.

따라서

$$V=\pi\int_{-a}^{a}({y_1}^2-{y_2}^2)dx$$

$$=\pi\int_{-a}^{a}(y_1+y_2)(y_1-y_2)dx$$

$$=\pi\int_{-a}^{a}4b\sqrt{a^2-x^2}dx$$

$$=\boldsymbol{4b\pi\int_{-a}^{a}\sqrt{a^2-x^2}}\,dx$$

한편 $\int_{-a}^{a}\sqrt{a^2-x^2}\,dx$ 는 $y=\sqrt{a^2-x^2}$ 이 원 $x^2+y^2=a^2$ 의 반원이므로 반지름 a 인 원의 면적의 $\frac{1}{2}$ 이다.

따라서,

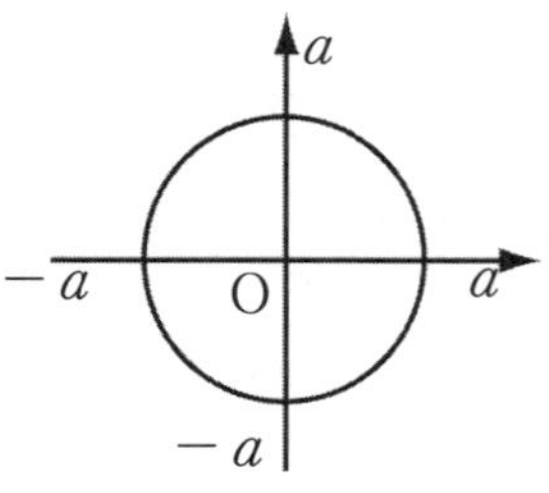

$$V=4b\pi\int_{-a}^{a}\sqrt{a^2-x^2}\,dx$$

$$=4b\pi\cdot\frac{\pi}{2}a^2$$

$$=\boldsymbol{2a^2b\pi^2}$$

예제 10 곡선 $y=2\sin x$ $(0\leq x\leq\pi)$ 와 직선 $y=1$ 로 둘러싸인 부분을 직선 $y=1$ 의 둘레로 회전해서 생기는 회전체의 부피를 구하라.

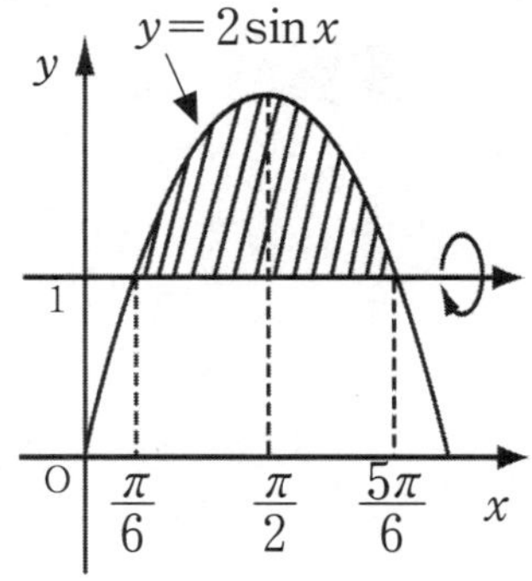

풀이 곡선과 직선의 교점의 x 좌표는

$2\sin x=1$, $\quad(0\leq x\leq\pi)$ 에서 $x=\frac{\pi}{6}$, $\frac{5}{6}\pi$

그림에서 $S(x)=(2\sin x-1)^2\pi$

따라서, 구하는 부피 V 는

$$V=2\int_{\frac{\pi}{6}}^{\frac{\pi}{2}} S(x)dx=2\pi\int_{\frac{\pi}{6}}^{\frac{\pi}{2}} (2\sin x-1)^2 dx$$

$$=2\pi\int_{\frac{\pi}{6}}^{\frac{\pi}{2}} (4\sin^2 x-4\sin x+1)\,dx$$

$$=2\pi\int_{\frac{\pi}{6}}^{\frac{\pi}{2}} \{2(1-\cos 2x)-4\sin x+1\}\,dx=\boldsymbol{\pi(2\pi-3\sqrt{3})}$$

예제 11 곡선 $y=(x^2-a^2)^2$, $(a>0)$ 이 x 축과 서로 다른 두 점에서 접하고 있을 때, 이 곡선과 x 축으로 싸인 부분을 x 축을 회전축으로 회전하여 생기는 입체의 적분을 구하라.

풀이 $y=(x^2-a^2)^2$, $(a>0)$ 은 우함수이므로, 그 그래프는 y 축에 관하여 대칭이다. 또 접점은 $(a,\ 0)$, $(-a,\ 0)$ 이다.

그러므로 구하는 체적 V 는

$$V=2\pi\int_0^a (x^4-2a^2x^2+a^4)dx=\frac{148}{315}a^9\pi$$

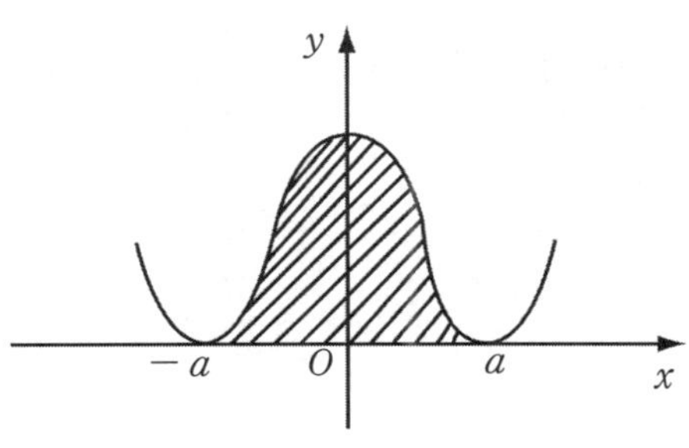

예제 12 반지름이 r 인 반원의 그릇에 물이 가득 들어 있다. 이 그릇을 30° 기울였을 때 흘러내리는 물의 양 V 를 구하여라.

풀이 $OE = r\sin 30° = \frac{r}{2}$ 이므로, 흐른물의 양은 $x=\frac{r}{2}$ 부터 $x=r$ 까지의 원호 $y=\sqrt{r^2-x^2}$ 을 x 축의 둘레로 회전시켜 만든 회전체의 체적 V_r 와 같으므로

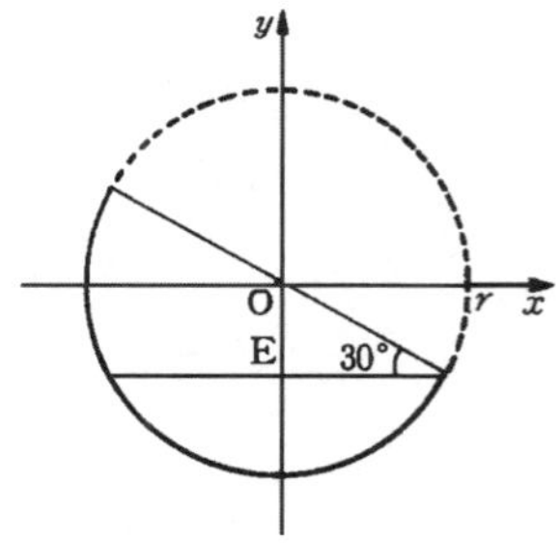

$$V_r = \pi\int_0^{\frac{\pi}{2}} y^2 dx = \pi\int_0^{\frac{\pi}{2}} (r^2 - x^2)dx$$

$$= \pi\left[r^2 x - \frac{x^3}{3}\right]_0^{\frac{\pi}{2}} = \frac{11}{24}\pi r^2$$

예제 13 타원체 $\frac{x^2}{a^2}+\frac{y^2}{b^2}+\frac{z^2}{c^2}=1$ 의 체적을 구하여라.

풀이 주어진 방정식을 고쳐 쓰면

$$\frac{y^2}{\left(b\sqrt{1-\frac{x^2}{a^2}}\right)^2}+\frac{z^2}{\left(c\sqrt{1-\frac{x^2}{a^2}}\right)^2}=1$$

이 되므로 y, z 평면에 평행인 평면으로 이 입체를 자른 단면은 $b\sqrt{1-\frac{x^2}{a^2}}$, $c\sqrt{1-\frac{x^2}{a^2}}$ 을 장축과 단축으로 하는 타원이 되므로 이 단면적은

$$\pi b\sqrt{1-\frac{x^2}{a^2}}\cdot c\sqrt{1-\frac{x^2}{a^2}}$$

이므로 구하고자 하는 체적 V 는

$$V = \int_{-a}^{a}\pi bc\left(1-\frac{x^2}{a^2}\right)dx = \pi bc\left[x-\frac{x^3}{3a^2}\right]_{-a}^{a}$$

$$= \frac{4}{3}\pi abc$$

문제 1 (1) y 축과 두 곡선 $y=\sin x$, $y=\cos x\left(0\leqq x\leqq\dfrac{\pi}{4}\right)$ 로 둘러싸인 부분을 x 축으로 회전한 회전체의 체적을 구하여라.

(2) 두 곡선 $y=x^2$ 과 $y^2=x$ 로 쌓인 부분을 x 축으로 회전시켰을 때의 면적을 구하여라.

(3) 곡선 $y=\log x$ 와 원점에서 이 곡선에 그은 접선과 x 축으로 둘러싸인 도형을 F 라 한다. 도형 F 를 x 축 둘레로 회전한 입체의 체적을 구하라.

문제 2 다음 곡선과 직선으로 둘러싸인 부분을 y 축 둘레로 회전한 입체의 체적 V 를 구하여라.

(1) $y=\log(x+1)$, $x=0$, $y=1$

(2) $y=e^x$, $x=0$, $y=e$

문제 3 극방정식 $r=3+2\cos\theta$ 의 Graph를 그려라.

7 회전체의 표면적

함수 $y=f(x)$ 가 구간 $a \leq x \leq b$ 에서 정의되고 연속일 때 x 축을 회전축으로 하여

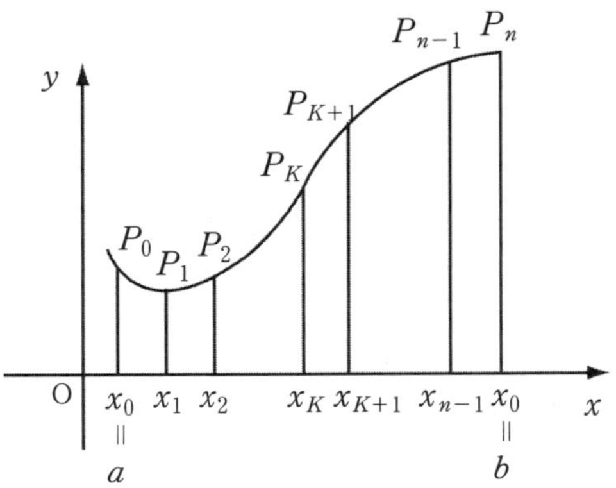

1회전하여 생기는 입체의 체적의 표면적 S 는 구간 $[a, b]$ 를 n 등분하여 $a = x_0 < x_1 < x_2 \cdots < x_k < x_{k+1} \cdots\cdots < x_n < b$ 로 할 때 $f(x)$ 를 반지름으로 하는 원의 둘레를 윗변으로 하고 $f(x_{k+1})$ 을 반지름으로 하는 원의 둘레를 밑변으로 하는 사다리꼴의 넓이 ΔS 를 생각하면

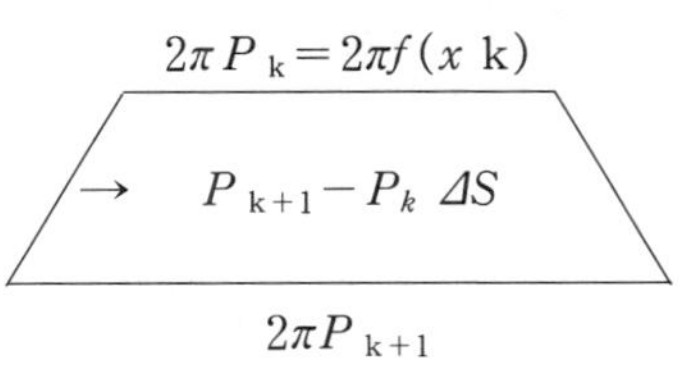

$$\Delta S \fallingdotseq 2\pi\left\{\frac{f(x_k)+f(x_{k+1})}{2}\right\}(p_{k+1}-p_k)$$

$$p_{k+1}-p_k=\sqrt{1+[f'(c_k)]^2}\,\Delta x$$

$$\lim_{\Delta x\to 0}\Delta S=2\pi\lim_{\Delta x\to 0}\left\{\frac{f(x_k)+f(x_k+\Delta x)}{2}\right\}\sqrt{1+[f'(c_k)]^2}\,\Delta x$$

$$dS=2\pi f(x_k)\sqrt{1+[f'(c_k)]^2}\,dx$$

구간 $a \leq x \leq b$ 사이의 전체의 표면적은 $\int ds$ 이므로

$$S=2\pi\int_a^b f(x)\sqrt{1+[f'(x)]^2}\,dx \;=\; 2\pi\sqrt{1+y'^2}\,dy$$

예제 1 원 $x^2+y^2=r^2$ 의 표면적을 구하여라.

풀이 $\dfrac{dy}{dx}=-\dfrac{x}{y}$

$$ds=\sqrt{1+\left(\frac{dy}{dx}\right)^2}\,dx=\sqrt{1+\frac{x^2}{y^2}}\,dx=\frac{r}{y}\,dx,$$

$$S=2\pi\int_{x=-r}^{x=r} y\,ds=2\pi\int_{-r}^{r} y\cdot\left(\frac{r}{y}\right)dx$$

$$=2\pi r\int_{-r}^{r} dx=4\pi r^2$$

예제 2 $x=0$ 과 $x=1$ 사이에 있고 곡선 $y=\frac{1}{2}x^2$ 아래의 영역을 x 축에 관하여 회전할 때 생기는 입체의 표면적을 구하여라.

풀이 그림과 같이 $f(x)=\frac{1}{2}x^2$, $f'(x)=x$ 이므로

$$S=\int_0^1 (2\pi)\frac{1}{2}x^2\sqrt{1+x^2}\,dx$$

$x=\tan\theta$ 로 치환하면

$$S=\pi\int_0^{\pi/4} \tan^2\theta\,\sec^3\theta\,d\theta$$

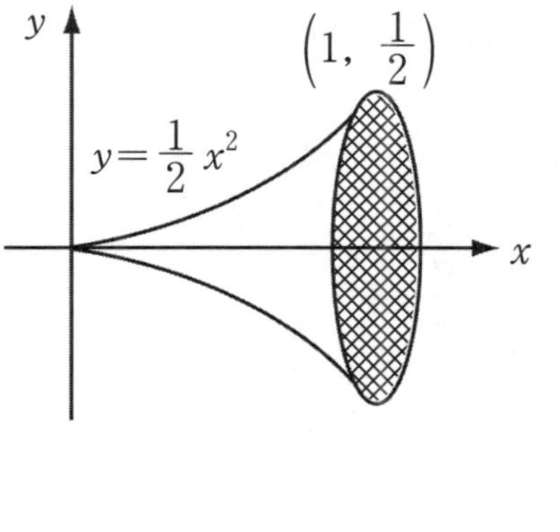

$$=\pi\left[-\frac{\log|\sec\theta+\tan\theta|}{8}+\frac{\sec\theta\,\tan\theta}{8}+\frac{\sec\theta+\tan^3\theta}{4}\right]_0^{\frac{\pi}{4}}$$

$$=\pi\left(-\frac{\log(\sqrt{2}+1)+3\sqrt{2}}{8}\right)$$

예제 3 $x=0$ 과 $x=\frac{\pi}{2}$ 사이에 있고 곡선 $y=\sin x$ 아래의 부분을 x 축 둘레로 회전시켰을 때 만들어지는 입체의 표면적을 구하라.

풀이

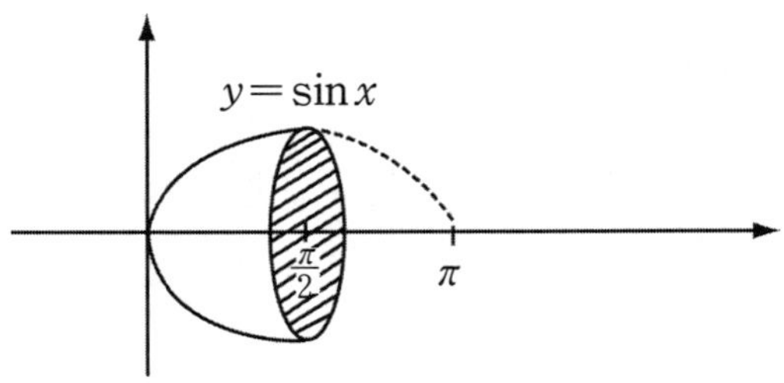

$$f'(x)=\cos x,\ S=\int_0^{\frac{\pi}{2}} 2\pi\sin x\sqrt{1+\cos^2 x}\ dx$$

우선 $u=\cos x$ 로 놓으면 $du=-\sin x\,dx$ 이고

$$S=-\pi\int_1^0 \sqrt{1+u^2}\,du=2\pi\int_0^1 \sqrt{1+u^2}\,du$$

다음에 $u=\tan\theta$ 로 치환하면

$$S=2\pi\int_0^{\frac{\pi}{4}} \sec^3\theta\ d\theta=\pi\Big[\sec\theta\tan\theta+\log|\sec\theta+\tan\theta|\Big]_0^{4\pi}$$

$$=\pi\left(\sqrt{2}+\log(\sqrt{2}+1)\right)$$

8 속도와 거리

1. 직선 위의 운동

수직선 위를 움직이는 점 P 의 시각 t 에서의 속도를 $v(t)$ 라 할 때,

1) 시각 $t=t_0$ 에서의 점 P 의 위치가 x_0 이면, 시각 t 에서의 점 P 의 위치는

$$x=x_0+\int_{t_0}^{t} v(t)dt$$

2) $t=a$ 에서 $t=b$ 까지의 동점 P 의

위치변화: $\int_a^b v(t)dt$, 경과거리: $\int_a^b |v(t)|\,dt$

2. 평면위의 운동

평면위의 운동

평면 위의 동점 $P(x, y)$ 가 $x=f(t)$, $y=g(t)$ 로 나타내어질 때,
속도 v 와 $t=a$ 에서 $t=b$ 까지의 동점 P 의 경과거리 S 는

$$v=\left(\frac{dx}{dt}, \frac{dy}{dt}\right)$$

$$S=\int_a^b \sqrt{\left(\frac{dx}{dt}\right)^2+\left(\frac{dy}{dt}\right)^2}dt=\int_a^b \sqrt{\{f'(t)\}^2+\{g'(t)\}^2}\,dt$$

예제 1 직선 궤도를 27m/sec의 속도로 달리는 열차가 제동을 건 후 t 초 후의 속도가 $v=27-0.9t(m)$ 로 주어진다고 할 때 제동을 건 후 몇 초 만에 몇 m 달린 후에 이 열차는 정지하겠는가?

풀이 열차가 정지하려면 $v=0$ 이어야 하므로

$v=27-0.9t=0 \qquad \therefore\ t=30$(초)

따라서, 30초까지 열차가 달린 거리 S 는

$$S=\int_0^{30} v\,dt=\int_0^{30}(27-0.9t)\,dt=\left[27t-\frac{0.9}{2}t^2\right]_0^{30}=\mathbf{405}\,(m)$$

예제 2 수직선 위에서 원점을 출발하여 t 초후의 속도가 $v=\cos 2t-\sin t$ 이다. 출발하여 t 초후의 점의 위치를 구하여라.

풀이

$$x=0+\int_0^{t} v\,dt=\int_0^{t}(\cos 2t-\sin t)\,dt$$

$$=\left[\frac{1}{2}\sin 2t+\cos t\right]_0^{t}$$

$$=\boldsymbol{\frac{1}{2}\sin 2t+\cos t-1}$$

예제 3 지상 30 m 의 높이에서 초속도 $28m/\sec$ 로 똑바로 위로 쏘아 올린 물체의 t 초 후의 속도가 $v(t)=28-9.8t\ m/\sec$ 라 한다.

1) 발사하고 6초가 지났을 때의 지면으로부터의 높이를 구하라.

2) 발사하고 6초가 지날 때까지 물체의 경과거리를 구하라.

풀이 발사한지 t 초 후의 속도를 $v(t)$ 라 하면,

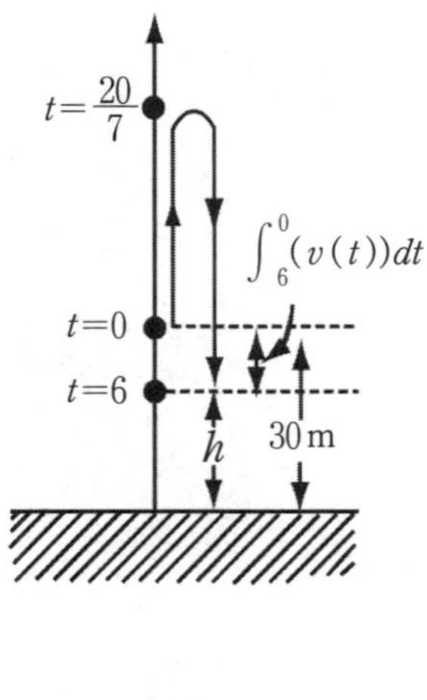

$v(t)=28-9.8t=0$ 에서 $\quad t=\dfrac{20}{7}$

따라서, $t\leqq\dfrac{20}{7}$ 일 때는 위로 올라가고

$t\geqq\dfrac{20}{7}$ 일 때는 아래로 내려온다. 높이를 h, 경과거리를 s 라 하면,

1) $h=\displaystyle\int_0^{6}(28-9.8t)\,dt+30=\mathbf{21.6}\,\boldsymbol{(m)}$

2) $s=\displaystyle\int_0^{6}|28-9.8t|\,dt$

$$=\int_0^{\frac{20}{7}}(28-9.8t)\,dt-\int_{\frac{20}{7}}^{6}(28-9.8t)\,dt=88.4m$$

예제 4 x 축 위를 운동하는 물체의 속도 v 와 시각 t 사이의 관계가 오른쪽 그래프와 같고, $t=0$ 일 때의 물체의 위치가 $x=-2$ 일 때,

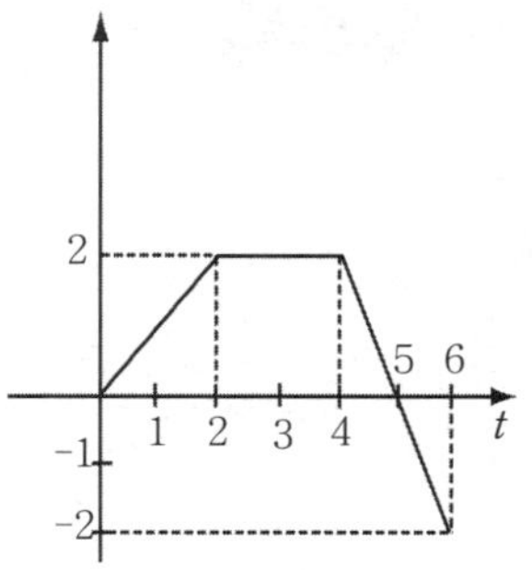

1) 시각 t 일 때의 위치 x 를 t 로 나타내어라.

2) 운동의 방향을 바꿀 때까지의 경과 거리를 구하여라.

3) $t=0$ 에서 $t=6$ 까지의 경과 거리를 구하여라.

풀이 1) $0 \leqq t \leqq 2$ 에서 $v=t$ 또, $t=0$ 일 때의 위치가 $x=-2$ 이므로,

$$x=-2+\int_0^t tdt=\frac{t^2}{2}-2 \cdots\cdots\cdots\cdots ①$$

$2 \leqq t \leqq 4$ 에서 $v=2$, $t=2$ 일 때의 위치가 ①에서 $\frac{2^2}{2}-2=0$ 이므로,

$$x=\int_2^t 2dt=2t-4 \cdots\cdots\cdots\cdots\cdots\cdots\cdots ②$$

$4 \leqq t \leqq 6$ 에서 $v=-2t+10$, $t=4$ 일 때의 위치가 ②에서 4 이므로,

$$x=4+\int_4^t (-2t+10)dt=-t^2+10t-20$$

즉, $0 \leqq t \leqq 2$: $\boldsymbol{x=\frac{t^2}{2}-2}$, $2 \leqq t \leqq 4$: $\boldsymbol{x=2t-4}$

$4 \leqq t \leqq 6$: $\boldsymbol{x=-t^2+10t-20}$

2) $t=5$ 일 때 방향이 바뀌므로, 경과 거리는

$$\int_0^5 |v|dt=\int_0^2 tdt+\int_2^4 2dt+\int_4^5 (-2t+10)dt=7$$

3) $\int_0^6 |v|dt=\int_0^5 |v|dt-\int_5^6 (-2t+10)dt=7+1=8$

예제 5 1) 좌표평면 위의 동점 P 의 원점 O 를 시점으로 하는 위치벡터 $\overrightarrow{OP}$ 가

$\overrightarrow{OP} = (e^t \cos t,\ e^t \sin t)$

로 표시된다고 한다. $t=0$ 부터 $t=2\pi$ 까지의 점 P 가 경과한 거리를 구하여라.

2) 평면 위를 운동하는 점 $P(x,\ y)$가 $x=a(t-\sin t)$, $y=a(1-\cos t)$ 로 나타내어질 때,

$t=0$ 부터 $t=\pi$ 까지의 동점 P 가 경과한 거리를 구하여라.

풀이 1) $\overrightarrow{OP} = (x,\ y)$ 라 하면, $x=e^t\cos t$, $\quad y=e^t\sin t$

$\therefore\ \dfrac{dx}{dt} = e^t(\cos t - \sin t), \qquad \dfrac{dy}{dt} = e^t(\cos t + \sin t)$

따라서, 점 P 의 속력 $|\vec{v}|$는

$$|\vec{v}| = \sqrt{\left(\frac{dx}{dt}\right)^2 + \left(\frac{dy}{dt}\right)^2}$$

$$= \sqrt{e^{2t}(\cos t - \sin t)^2 + e^{2t}(\cos t + \sin t)^2}$$

$$= \sqrt{2e^{2t}} = \sqrt{2}\,e^t$$

그러므로, 구하는 경과 거리는 S 는

$$\therefore\ S = \int_0^{2\pi} |\vec{v}|\,dt = \int_0^{2\pi} \sqrt{2}e^t\,dt = \sqrt{\mathbf{2}}\,(\boldsymbol{e^{2\pi}} - \mathbf{1})$$

2) $\dfrac{dx}{dt} = a(1-\cos t), \qquad \dfrac{dy}{dt} = a\sin t$ 이므로,

$$|\vec{v}| = \sqrt{\left(\frac{dx}{dt}\right)^2 + \left(\frac{dy}{dt}\right)^2} = \sqrt{a^2(1-\cos t)^2 + a^2\sin^2 t}$$

$$= a\sqrt{2(1-\cos t)} = a\sqrt{4\sin^2\frac{1}{2}} = 2a\left|\sin\frac{t}{2}\right|$$

따라서, 구하는 경과 거리 S 는

$$\therefore\ S = \int_0^{\pi} |\vec{v}|\,dt = 2a\int_0^{\pi}\left|\sin\frac{t}{2}\right|dt = 2a\int_0^{\pi}\sin\frac{t}{2}\,dt = 4a$$

문제 1 평면 위를 움직이는 동점 P가 $x=6t^2$, $y=t^3-12t$ 로 주어질 때 $t=0$ 에서 $t=2$ 까지 움직인 거리를 구하여라.

문제 2 x 축 위를 움직이는 점 P 의 시각 t 에서의 속도가 $v=2\sin\pi t$ 일 때

① $t=3$ 일 때 점 P의 좌표를 구하라. 단, $t=0$ 일 때 P 의 좌표는 0

② $t=0$ 부터 $t=2$ 까지 점 P 의 경과거리를 구하라.

문제 3 매끄러운 마루에서 초속 2m/sec 로 공을 굴릴 때 t 초 후의 속도 v 는 $v=2-0.5t$ 로 주어진다고 한다. 이공은 몇 m 굴러간 뒤에 정지하겠는가?

문제 4 좌표평면 위를 움직이는 점 P 의 시각 t 에서의 위치가

$x=\cos(2t^3-9t^2+12t)$, $\quad y=\sin(2t^3-9t^2+12t)$

일 때, $t=0$ 에서 $t=3$ 까지 점 P 가 경과한 거리를 구하라.

9 근사적분

연속함수의 부정적분이 존재함은 초등함수로 나타낼 수 있는 경우는 특별한 경우이다. 따라서 부정적분으로 정적분을 계산하는 기본정리

$$\int_a^b f(x)dx = \Big[F(x)\Big]_a^b = F(b) - F(a)$$

를 일반적으로 적용하기는 어렵다. 그러나 구간 $[a, b]$ 에서 연속인 함수 $f(x)$ 에 대하여는 근사다항식 $p(x)$ 가 있고 구간 $[a, b]$의 모든 x 에 대하여

$$|f(x) - p(x)| < \varepsilon$$

이면 $\int_a^b f(x)dx$ 의 근사값으로 $\int_a^b p(x)dx$ 를 주면 오차는 $\varepsilon[b-a]$ 보다 작게 된다.

실제로 ε 이 주어졌을 때 $p(x)$ 를 구하는 것은 대단히 힘든 일이지만 여기서는 $p(x)$로서 1차식과 2차식의 경우를 설명하기로 한다.

제형공식(Trapezoidal Formula)

구간 $[b-a]$를 n 등분해서 그 분점을 $a=x_0$, x_1, x_2, $\cdots$ x_{n-1}, $x_n=b$ 라 하고 이 분점에 대한 함수의 값을 각각 y_0, y_1, y_2, $\cdots$ y_{n-1}, y_n 라 할 때,

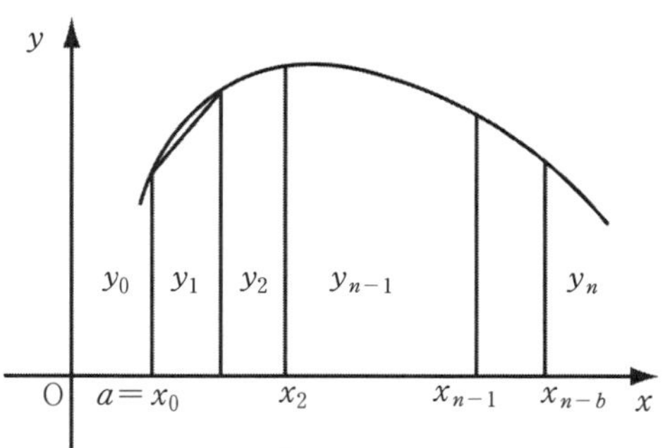

$$\frac{b-a}{n} = h$$

로 놓으면

$$\int_a^b f(x)dx \fallingdotseq \frac{1}{2}(y_0+y_1)h+\frac{1}{2}(y_1+y_2)h+\cdots+\frac{1}{2}(y_{n-1}+y_n)h$$

$$\int_a^b f(x)dx \fallingdotseq \left(\frac{1}{2}y_0+y_1+\cdots+y_{n-1}+\frac{1}{2}y_n\right)h$$

이것을 제형공식(trapezoidal formula)이라 한다.

예제 1 제형공식을 써서 $\int_0^{10} x^2 dx$ 의 근사값을 구하여라.

(단, $n=10$ 로 잡는다)

풀이 $h=\frac{10-0}{10}=1$, 분점 $x=0, 1, 2, \cdots\cdots, 10$ 에 대한

x^2 값은 0, 1, 4, ……, 100이다. 따라서

$$\int_0^{10} x^2 dx=(0+1+4+\cdots+81+\frac{1}{2}\cdot 100)=335$$

예제 2 제형공식을 써서 $\int_0^2 \sqrt{1+x^3}dx$ 의 근사치를 구하여라. (단 $n=4$ 로 잡는다)

풀이 $h=\frac{2-0}{4}=\frac{1}{2}$ 분점 $x=0, \frac{1}{2}, 1, \frac{3}{2}, 2$ 에 대한 $\sqrt{1+x^3}$ 의 값은 1, 1.061, 1.414, 2.092, 3 이므로

$$\int_0^2 \sqrt{1+x^3}dx \fallingdotseq \frac{1}{2}(0.5+1.061+1.414+2.092+1.5)=3.284$$

Simpson의 공식

곡선 위의 점들을 차례로 현으로 연결하여 사다리꼴을 만드는 대신에 포물선의 호로 연결하면 더욱 긴밀한 근사치를 얻을 수 있다.

세 점 (x_1, y_1), (x_2, y_2), (x_3, y_3)를 지나는 포물선과 직선 $x=x_1$, $x=x_3$, x 축으로 둘러싸인 면적을 S 라 하고 포물선의 방정식을

$y=ax^2+bx+c$ 라 하면

$$S=\int_{x_1}^{x_3}(ax^2+bc+c)dx=\left[\frac{1}{3}ax^3+\frac{1}{2}bx^2+cx\right]_{x_1}^{x_3}$$

$$=\frac{1}{3}a(x_3{}^3-x_1{}^3)+\frac{1}{2}b(x_3{}^2-x_1{}^2)+c(x_3-x_1)$$

$$=\frac{x_3-x_1}{6}\{2a(x_1{}^2+x_1x_3+x_3{}^2)+3b(x_1+x_3)+6c\}$$

$$=\frac{x_3-x_1}{6}\{(ax_1{}^2+bx_1+c)+(ax_3{}^2+bx_3+c)+a(x_1+x_3)^2$$
$$+2b(x_1+x_3)+4c\}$$

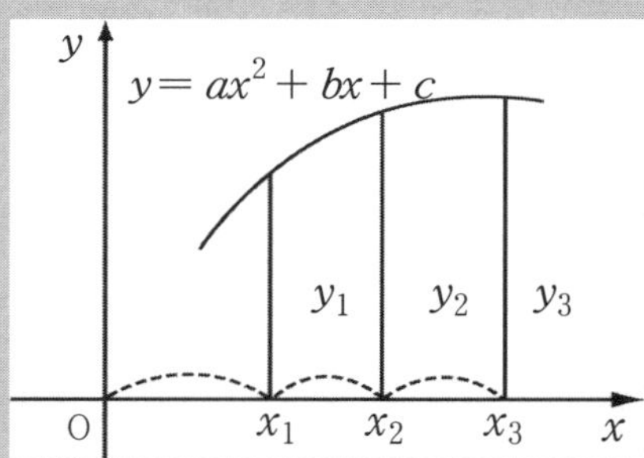

여기서 특히

$x_3-x_2=x_2-x_1=h$

일 때는

$x_3-x_1=2h,\quad x_1+x_3=2x_2$

이므로

$$a(x_1+x_3)^2+2b(x_1+x_3)+4c$$
$$=4(ax_2{}^2+bx_2+c)=4y^2$$

따라서 $S=\frac{h}{3}(y_1+4y_2+y_3)$

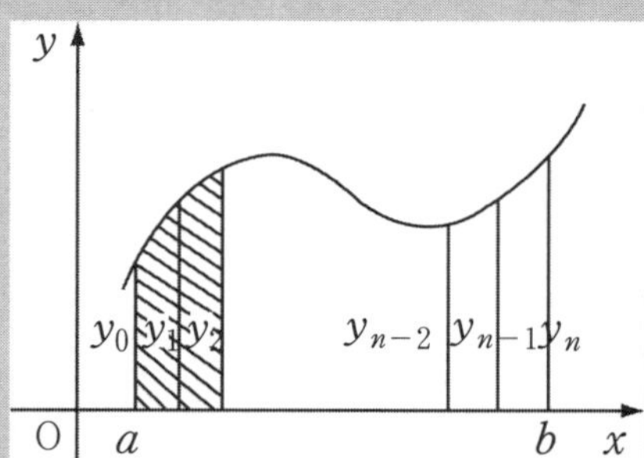

구간 $[a,\ b]$ 를 $2n$ 등분하고, 그 분점들에 대한 함수 $y=f(x)$ 의 값을 차례로 $y_0,\ y_1,\ \cdots\ y_{2n-1},\ y_{2n}$ 라 하고

$$h=\frac{b-a}{2n}$$

로 놓으면

$$\int_a^b f(x) \fallingdotseq \frac{h}{3}(y_0+4y_1+y_2)$$

$$+\frac{h}{3}(y_2+4y_3+y_4)+\cdots\frac{h}{3}(y_{2n-2}+4y_{2n-1}+y_{2n})$$

$$=\frac{h}{3}\{y_0+y_{2n}+4(y_1+y_3+\cdots+y_{2n-1})+2(y_2+y_4+\cdots+y_{2n-2})\}$$

이것을 Simpson 의 공식이라 한다.

예제 3 $\int_0^1 \frac{dx}{1+x}(=\log\ 2)$ 의 근사값을 제형공식과 Simpson 공식에 의해서 구하라.

풀이 구간 $[0,\ 1]$ 을 10등분하면 $h=\frac{1}{10}$ 이고

$$f(x)=\frac{1}{1+x}$$

에서

$y_0=1.00000$ $\qquad$ $y_1=\frac{10}{11}=0.90909$

$y_2=\frac{10}{12}=0.83333$ $\qquad$ $y_3=\frac{10}{13}=0.76923$

$y_4=\frac{10}{14}=0.71429$ $\qquad$ $y_5=\frac{10}{15}=0.66667$

$y_6=\frac{10}{16}=0.62500$ $\qquad$ $y_7=\frac{10}{17}=0.58824$

$$y_8 = \frac{10}{18} = 0.55556 \qquad y_9 = \frac{10}{19} = 0.52632$$

$$y_{10} = \frac{1}{2} = 0.50000$$

이므로 제형공식에 의한 근사값은

$$\int_0^1 \frac{dx}{1+x} \fallingdotseq \left\{\frac{1}{2}(1.00000+0.50000)+(0.90909+\ \cdots\ +0.52632)\right\}\times\frac{1}{10}$$
$$\fallingdotseq 0.693776$$

이고 Simpson의 공식에 의한 근사값은

$$\int_0^1 \frac{1}{1+x}dx$$
$$\fallingdotseq \{1.00000+0.50000+4(0.90909+0.76923\ +\ \cdots\ +\ 0.52632)$$
$$+2(0.83333+0.71429+\ \cdots\ 0.55556)\}\times\frac{1}{3}\times\frac{1}{10}$$
$$=(1.50000+4\times3.45955+2\times2.728818)\times\frac{1}{30}=0.69315$$

예제 4 Simpson 공식을 써서 다음의 근사치를 구하라. (단, $n=5$)

(1) $\int_0^{10} x^2 dx$ (2) $\int_1^2 \frac{1}{x}dx$

풀이 (1) $n=5$ 라 하면 $h=\frac{b-a}{2n}=\frac{10-0}{10}=1$

그리고 $y_0=0$, $y_1=1^2=1$, $y_2=2^2\ \cdots$, $y_{10}=10^2=100$

$$\int_0^{10} x^2 dx$$
$$\fallingdotseq \frac{1}{3}\{0+100+4(1+9+25+49+81)+2(4+16+36+64)\}=\frac{1000}{3}$$

그런데 실제로 $\int_0^{10} x^2 dx = \left[\frac{x^3}{3}\right]_0^{10} = \frac{1000}{3}$

(2) $n=5$ 라 하면, $h=\frac{1}{10}=0.1$

$$y_0=\frac{1}{1+0}=1,\quad y_1=\frac{1}{1+0.1}=\frac{1}{1.1},\quad y_2=\frac{1}{1+0.2}=\frac{1}{1.2}$$

$$y_3=\frac{1}{1.3},\quad y_4=\frac{1}{1.4},\quad \cdots\quad y_9=\frac{1}{1.9},\ y_{10}=\frac{1}{2}$$

$$\therefore\quad \int_1^2 \frac{1}{x}dx \fallingdotseq \frac{1}{30}\left\{1+\frac{1}{2}+4\left(\frac{1}{1.1}+\frac{1}{1.3}+\frac{1}{1.5}+\frac{1}{1.7}+\frac{1}{1.9}\right)\right.$$
$$\left.+2\left(\frac{1}{1.2}+\frac{1}{1.4}+\frac{1}{1.6}+\frac{1}{1.8}\right)\right\}=0.69315024$$

이것이 $\int_1^2 \frac{1}{x}dx=\log 2$ 의 근사치이다.

예제 5 $\int_0^1 \frac{1}{1+x^2}dx$ 의 근사치를 구간 [0. 1]에서 10등분하여, 제형공식 및 Simpson의 공식을 이용하여 구하여라.

풀이 제형공식에서는 $n=10$, Simpson 공식에서는 $n=5$ 일 때 $h=0.1$ 이다.

$y_0=1$	$y_5=0.8$
$y_1=0.99009900$	$y_6=0.73529411$
$y_2=0.96153846$	$y_7=0.67114093$
$y_3=0.91743119$	$y_8=0.60975609$
$y_4=0.86206896$	$y_9=0.55248618$
	$y_{10}=0.5$

제형공식에 의하면

$$\int_0^1 \frac{dx}{1+x^2} \fallingdotseq 0.1\left(\frac{1}{2}y_0+y_1+y_2+\cdots+y_9+\frac{1}{2}y_{10}\right)$$

$\fallingdotseq 0.7849$ (소수5자리이하는버림)

Simpson 공식에 의하면

$$\int_0^1 \frac{dx}{1+x^2} \fallingdotseq \frac{0.1}{3}\{(y_0+y_{10})+2(y_2+y_4+y_6+y_8)+4(y_1+y_3+y_5+y_7)\}$$

$\fallingdotseq 0.78539814$ (소수9자리이하는버림)

예제 6 Simpson 의 공식을 써서 다음의 근사치를 구하여라.(단 $n=5$)

$$\int_0^4 \frac{1}{1+x}\,dx$$

풀이 $\int_0^4 \frac{1}{1+x}\,dx = \Big[\log(1+x)\Big]_0^4 = \log\ 5$

$n=5$ 로 하여 $\int_0^4 \frac{dx}{1+x}$ 에 Simpson 의 공식을 사용하면

$h = \frac{b-a}{2n} = \frac{4}{10}$, $y_0 = 1$, $y_1 = \frac{1}{1.4}$, $y_2 = \frac{1}{1.8}$, $y_3 = \frac{1}{2.2}$

$y_4 = \frac{1}{2.6}$, $\cdots$ $y_9 = \frac{1}{4.0}$, $y_{10} = \frac{1}{5}$

$$\therefore\ \log 5 \fallingdotseq \frac{4}{30}\left\{1+\frac{1}{5}+4\left(\frac{10}{14}+\frac{10}{22}+\frac{10}{30}+\frac{10}{38}+\frac{10}{40}\right)\right.$$
$$\left.+2\left(\frac{10}{18}+\frac{10}{26}+\frac{10}{34}+\frac{10}{42}\right)\right\} = 1.60977$$

예제 7 그림을 보고 x 축의 둘레로 회전시켜서 만든 회전체의 체적의 근사치를 구하여라.

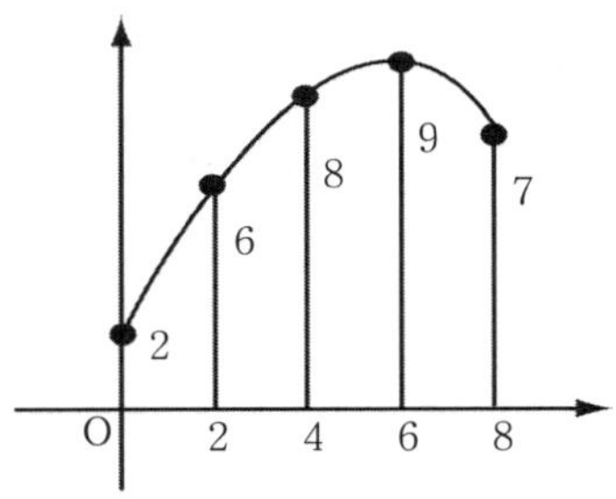

풀이 구하는 체적을 V 라고 하면

$V = \pi\int_a^b [f(x)]^2 dx$ 이다.

그런데 $y=(f(x))^2$ 을 구체적으로 알 수 없으므로 다음과 같은 표를 만들자.

x	0	2	4	6	8
y	2^2	6^2	8^2	9^2	7^2
	y_0	y_1	y_2	y_3	y_4

$h=2$

$$V = \frac{2}{3}\pi[4 + 4\times 36 + 2\times 64 + 4\times 81 + 49] = 433\pi$$

$$l = \frac{2}{3}[4 + 4\times 6 + 2\times 8 + 4\times 9 + 7] = 58$$

문제 1 제형공식을 써서 $\int_0^{10} x^2 dx$ 의 근사값을 구하라.
구간 수는 10개와 20개로 한다.

문제 2 $\int_0^2 \sqrt{1+x^2}\, dx$ 의 근사값을 구하라. $(n=4)$

(1) 제형공식을 사용하여 구하라.

(2) Simpson 공식을 사용하여 구하라.

문제 해답지

제1장 집 합

1. 수와 집합

【문제 1】

(1) $A=x^2-y^2=(x+y)(x-y)$, $8=(x+y)(x-y)\binom{8\times1}{4\times2}$, $9=(x+y)(x-y)\binom{3\times3}{9\times1}$,

$10=(x+y)(x-y)\binom{5\times2}{10\times1}$, $8=3^2-1$, $9=5^2-4^2$, 10은, $x=\frac{11}{2}$, $y=\frac{7}{2}$

은정수가 아니다.

(2) ① $2n+1=(n+1)^2-n^2$ ② $2n-1=n^2-(n-1)^2$

2. 부분 집합

【문제 1】 $2^7-2^4=128-16=112$

【문제 2】 $-3< k\leqq -1$

3. 집합의 연산

【문제 1】 생략

【문제 2】 (1) $\{0, 1, 2, 3\}$, (2) $\{0, 1, 2\}$

(3) $\{0, 1, 2\}$, $\{0, 1, 2, 3\}$, $\{0, 1, 2, 4\}$, $\{0, 1, 2, 3, 4\}$ 4개이다.

4. 여집합과 차집합

【문제 1】 (1) $(A\cap U)\cap(\phi\cup A^c)=A\cap A^c=\phi$

(2) $(A\cap A^c)\cup(A\cap B)=\phi\cup(A\cap B)=A\cap B$

(3) $(A\cup A^c)\cap(A\cup B)=U\cap(A\cup B)=A\cup B$

(4) $(A\cap B^c)^c\cap B^c=(B\cup A^c)\cap B^c$

$=(B^c\cap B)\cup(B^c\cap A^c)=\phi\cup(A\cup B)^c=(A\cup B)^c$

【문제 2】 (1) 생략

5. 유한집합의 원수의 개수

【문제 1】 $n(A\cap B)=n(A)+n(B)-n(A\cup B)=35+32-43=24$

$n(A\cap B^c)=n(A)-n(A\cap B)=35-24=11$

【문제 2】 $n(A\cap B)=n(A)+n(B)-n(A\cup B)=17$

$n(A\cap B^c)=n(A)-n(A\cap B)=52-17=35$

【문제 3】 $n(A\cup B)=n(A)+n(B)-n(A\cap B)=42+38-14=66$

【문제 4】

(1) $r=n(U)-n(A\cup B\cup C)$

$n(A\cup B\cup C)=n(A)+n(B)+n(C)-n(A\cap B)-n(A\cap C)-n(B\cap C)+n(A\cap B\cap C)$

$=37+30+25-20-17-13+5=47 \qquad \therefore\ r=50-47=3$

(2) $a=n(A)-n(A\cap B)-n(A\cap C)+n(A\cap B\cap C)=37-20-17+5=5$

【연습문제】

1. $A\cap(A\cap B)^c=A\cap(A^c\cup B^c)=(A\cap A^c)\cup(A\cap B^c)$

   $=\phi\cup(A\cap B^c)=A\cap B^c=A-B$

2. $(A\cup B)\cap(A\cap B)^c=(A\cup B)-(A\cap B)$ $\therefore\ B=\{1,\ 3,\ 4,\ 8\}$ $\therefore$ 합은 16

3. $(A\cap B)\cup(A-B)=(A\cap B)\cup(A\cap B^c)=A\cap(B\cup B^c)=A\cap U=A$

   $\therefore\ A\cap B=A$에서 $A\subset B$

4. $A\subset B$일 때 $A\cup B=B,\ A\cap B=A,$

   $\therefore\ (A\cup B)-(A\cap B)=B-A=B\cap A^c=A^c\cap B$

5. $n(A\cup B)=n(A)+n(B)-n(A\cap B)=25-10=15$

   그런데 $n(A^c\cap B^c)=n(A\cup B)^c=n(U)-n(A\cup B)=35-15=20$

제2장 명 제

1. 수의 표현

【문제 1】 (1) 2015 (2) 345

(3) 110101000010.010011 (4) $(10D)_{16}$

【문제 2】 생략

2. 명제의 역, 이, 대우

【문제 1】 (4) 거짓인 명제

【문제 2】 생략

【문제 3】 (1) $\sim p$: $9 \neq 7$ (2) q : $\sqrt{(-5)^2} \neq \pm 5$

(3) $\sim p$: $x<0$ (4) $\sim q$: x는 홀수이다.

【문제 4】 (1) $\sim p$ or q (2) p and $\sim r$

【문제 5】 (1) $\{x \mid x<0$ or $x=2,$ or $x \geqq 3\}$

(2) $\{3, 5, 7\}$ (3) $\{x \mid 0 \leqq x \leqq 3\}$

【연습문제】

1. 대우 : a and b 가 홀수이면 ab 는 홀수이다.

$a=2m+1$, $b=2n+1$, $\therefore ab=(2m+1)(2n+1)=2\{2mn+m+n\}+1$

$\therefore$ ab 는 홀수이다.

2. 대우 : $x \leqq 0$ and $y \leqq 0$ 이면 $ax+by \leqq 0$ 이다.

$x \leqq 0$ and $y \leqq 0$ 이면 $ax \leqq 0$, $by \leqq 0$ (a, b 는 정수)

따라서 $ax+by \leqq 0$ 이다.

3. 대우 : n 이 3의 배수가 아니면 n^2 도 3의 배수가 아니다.

n 이 3의 배수가 아니므로 $n=3l+1$, $n=3l+2$ 가 된다.

1) $n^2=(3l+1)^2=9l^2+6l+1=3(3l^2+2l)+1$

2) $n^2=(3l+2)^2=9l^2+12l+4=3(3l^2+4l+1)+1$

$\therefore$ n^2이 3의 배수가 아니다. $\therefore$ n^2이 3의 배수이면 n도 3의 배수이다.

4. (1) 1) $p \vee q=\{2, 3, 4, 6, 8, 9, 10, 12\}$, 2) $p \wedge q=\{6, 12\}$

3) $p^c=\{1, 3, 5, 7, 9, 11\}$

(2) 1) ϕ 2) $\{1, 2\}$

5. (1) 역 : $x^2 \neq x$ 이면 $x=1$ 이다. (T) 이 : $x=1$ 이면 $x^2=x$ 이다. (T)

대우 : $x^2=x$ 이면 $x=1$ 이다. (F)

(2) 역 : $x+y \geqq 2$ 이면 $x \geqq 1$ 이고 $y \geqq 1$ 이다. (F)

이 : $x<1$ or $y<1$ 이면 $x+y<2$ 이다. (F)

대우 : $x+y<2$ 이면 $x<1$ or $y<1$ 이다. (T)

(3) 역 : $a+c>b+d$ 이면 $a>b$ 이고 $c>d$ 이다.(F)

이 : $a\leqq b$ or $c\leqq d$ 이면 $a+c\leqq b+d$ 이다. (F)

대우 : $a+c\leqq b+d$ 이면 $a\leqq b$ or $c\leqq d$ 이다. (T)

3. 합성 명제의 진리표

【문제 1】 생략 **【문제 2】** 생략

【문제 3】 $\sim(\sim p \vee q)=p \wedge \sim q$

p : $x^2>1$ $\therefore$ $x>1$ or $x<-1$, q : $x^2>2x$ 이므로 $\sim q$: $0\leqq x\leqq 2$

$\therefore$ $p \wedge \sim q=\{x \mid 1<x\leqq 2\}$ 이다.

4. 논리 회로

【문제 1】 $[x\cdot(z+\overline{y})]+(y\cdot\overline{z})$

x	y	z	$\overline{y}+z$	$x(\overline{y}+z)$	$y\overline{z}$	$x\cdot(z+\overline{y})+(y\cdot\overline{z})$
1	1	1	1	1	0	1
1	1	0	0	0	1	1
1	0	1	1	1	0	1
1	0	0	1	1	0	1
0	1	1	1	0	0	0
0	1	0	0	0	1	1
0	0	1	1	0	0	0
0	0	0	1	0	0	0

【문제 2】

(1) $[(x\wedge\overline{x})\vee(x\wedge y)]\vee x\wedge x=\phi\vee(x\wedge y)\vee x\wedge x=[(x\wedge y)\vee x]\wedge x=x\wedge x=x$

(2)

x	y	$x\wedge\overline{x}$	$x\wedge y$	$(x\wedge\overline{x})\vee(x\wedge y)\vee x\wedge x$	x
1	1	0	1	$(0\vee 1)\vee 1\wedge 1=1$	1
1	0	0	0	$(0\vee 0)\vee 1\wedge 1=1$	1
0	1	0	0	$(0\vee 0)\vee 0\wedge 0=0$	0
0	0	0	0	$(0\vee 0)\vee 0\wedge 0=0$	0

5. 필요조건 , 충분 조건

【문제 1】 (1) 충분조건 (2) 필요조건

(3) 필요조건 (4) 필요충분조건

(5) 필요충분조건 (6) 필요조건

【문제 2】 A : $1 \leqq x \leqq 3$, B : $-1 \leqq x \leqq 5$ $\therefore$ $A \subset B$ $\therefore$ 충분조건

제3장 함수(function)

1. 함수

【문제 1】 정의역 {1, 2, 3}, 치역{ a, c }, 공역 { a, b, c, d }

【문제 2】 (1) {(−1, 0), (0, −1), (1, 0)}

(2) 생략

(3) {−1, 0, 3}

【문제 3】 (1) x 의 모든 값 (2) $-2 \leqq x \leqq 2$

(3) $x \neq -1$, $x \neq 2$

2. 함수의 graph

【문제 1】 $\{(x, y) \mid y = x^2 - 1, x \in R\}$ or $\{(x, x^2 - 1) \mid x \in R\}$

【문제 2】 (1) (2, 4), (3, 9), (4, 16), (5, 15), (6, 36)

(2) {4, 9, 16, 25, 36}

3. 함수에서 일대일 함수, 일대일 대응

【문제 1】 (1) $x_1 \neq x_2$ 이면 $f(x_1) \neq f(x_2)$ $\therefore$ f 는 일대일 함수

【문제 2】 (2) $x_1 \neq x_2$ 이지만 $f(x_1) = f(-x_1)$ $\therefore$ f 는 일대일 함수가 아니다.

4. 합성함수, 전사, 단사, 전단사 함수

【문제 1】 7

【문제 2】 $h(x) = 2x - 4$

【문제 3】 $g \circ f = 6x+1 \quad f \circ g = -6x+9$

【문제 4】 $f(4)=2$

5. 역함수

【문제 1】 $\dfrac{t-1}{t+1}$

【문제 2】 $a=3, \quad b=4$

【문제 3】 $\dfrac{3}{2}$

【연습문제】

1. $\dfrac{3}{2}$
2. (1) 1 (2) 1
3. $-\dfrac{3}{2}$
4. $f(x)=3x+1$
5. $a=2, \quad b=-1, \quad c=1$

제4장 삼각함수

1. 거듭제곱과 거듭제곱근

【문제 1】 (1) -3 (2) 3

(3) -3 (4) -3

【문제 2】 4

2. 지수의 확장

【문제 1】 (1) $a^{-1}b$ (2) $-12 \cdot 3^{\frac{1}{3}}$

(3) 625 (4) $2^{\frac{1}{6}}$

【문제 2】 (1) a^2+a+1 (2) $a^{\frac{1}{2}} - b^{\frac{1}{2}}$

3. 지수 함수

【문제 1】 $2+\sqrt{3}$

【문제 2】 (1) $x < 0$ (2) $x > -2$

제5장 로그함수

2. log의 성질

【문제 1】 (1) 1 (2) 0

(3) −2 (4) −1

【문제 2】 (1) $3a-2b$ (2) $\frac{1}{2}a-\frac{1}{2}b$

【문제 3】 (1) $x=\frac{\log 27}{\log 45}$, $y=\frac{\log 81}{\log 5}$

(2) 2

4. 지수함수와 log함수

(1) 지수함수, log함수의 graph와 성질

【문제 1】 $y=\frac{1}{2}(10^x+10^{-x})$, $(x \geqq 0)$

(2) 지수방정식, log방정식

【문제 1】 $x=0$, $x=1$

【문제 2】 $x=0$

【문제 3】 $x=6$

【문제 4】 $x=2$, $x=\frac{1}{8}$

제6장 삼각함수

2. 삼각함수의 성질

【문제 1】 $\begin{cases} C=60^\circ, & A=90^\circ, & a=20 \\ C=120^\circ, & A=30^\circ, & a=10 \end{cases}$

3. 삼각형의 넓이

【문제 1】 $r=\frac{2\sqrt{6}}{3}$

4. 삼각함수의 성질과 여러 가지 공식

【문제 1】 $\frac{\sqrt{3}}{2}$

【문제 2】 (1) $-\frac{3}{4}$ (2) $\pm\frac{7}{2}$

【연습문제】

1. $\frac{-33}{65}$
2. $\sqrt{a^2+b^2}\cos(x-\theta)$
3. 생략
4. $\frac{\sqrt{3}}{8}$

제7장 극한과 미분법

1. 함수의 극한

【문제 1】 증명생략

【문제 2】 (1) 12 (2) 27 (3) 1 (4) 3
(5) -1 (6) 4 (7) -4 (8) ∞

2. 연속함수

【문제 1】 (1) $x=0$에서 불연속

(2) $x=2$에서 불연속

【문제 2】 증명생략

【문제 3】 $x=1$, $x=-1$에서 불연속

3. 도함수

【문제 1】 (1) $\lim_{x\to0} f(x)=\lim_{x\to0}|x|(1+x)=0=f(x)$ 이므로 $\therefore$ $x=0$에서 연속

(2) $f'_{+}(0)=\lim_{h\to+0}\dfrac{h(1+h)}{h}=1$, $f'_{-}(0)=\lim_{h\to-0}\dfrac{-h(1+h)}{h}=-1$

$\therefore$ $f'(0)$는 존재하지 않는다.

【문제 2】 (1) 1 (2) $4x$ (3) $6x^2$ (4) $\dfrac{1}{2\sqrt{x+2}}$ (5) $-\dfrac{1}{(x+1)^2}$

(6) $2x+2$ (7) $-\dfrac{2}{(1+x)^2}$ (8) $2x+4$

4. 도함수의 기본공식

【문제 1】 (1) $y'=12x^2-4x-7$ (2) $y'=4x^3-6x+4$

(3) $y'=10x^4+8x^3-6x^2+2x+1$ (4) $y'=8x^3-3x^2-16x+1$

(5) $y'=\dfrac{-2}{(x-1)^2}$ (6) $y'=\dfrac{-x}{(1-x^2)^{\frac{3}{4}}(1+x^2)^{\frac{7}{4}}}$

【연습문제 A】

1. $y'=45x^4-32x^3-15x^2-6x+2$
2. $y'=-x^{-2}-6x^{-3}-6x^{-4}$
3. $y'=x^{-\frac{1}{2}}+2x^{-\frac{2}{3}}-3x^{\frac{1}{2}}$
4. $y'=-x^{-\frac{3}{2}}-2x^{-\frac{4}{3}}+\dfrac{4}{3}x^{-\frac{5}{2}}+3x^{-\frac{7}{4}}$
5. $y'=\dfrac{2}{\sqrt[3]{9x}}+\dfrac{1}{2x\sqrt{5x}}$
6. $s'=8t(t^2-3)^3$

7. $z' = \dfrac{1}{(a^2-y^2)^3} \cdot 12y$

8. $f'(x) = \dfrac{x+3}{\sqrt{x^2+6x+3}}$

9. $y' = 2x(x^2+4)(2x^3-1)^2(13x^3+36x-2)$

10. $y' = \dfrac{-12}{(2x+3)^2}$

11. $y' = \dfrac{-x^3-8x}{(x^2-4)^{\frac{3}{2}}}$

12. $\dfrac{dy}{dx} = \dfrac{\sqrt{1-y^2}}{1-2y^2}$

13. $\dfrac{dy}{dx} = \dfrac{8x}{3 \cdot (\sqrt[3]{x^2+2})\left\{(x^2+2)^{\frac{2}{3}}+1\right\}^2}$

【연습문제 B】

1. $y' = 5x(x^3+4x^2-4)$

2. $y' = \dfrac{3}{2\sqrt{x}} - \dfrac{3}{2}\sqrt{x} - x^{-\frac{3}{2}}$

3. $y' = -x^{-3} - 2x^{-\frac{3}{2}}$

4. $y' = \dfrac{1+\sqrt{2}}{2x}$

5. $f'(t) = -\dfrac{t^{\frac{1}{2}}+2t^{\frac{2}{3}}}{t^2}$

6. $y' = -30(-5x+1)^5$

7. $y' = 12(-x^2+1)(-x^3+3x+1)^3$

8. $y' = \dfrac{-x+2}{-x^2+4x+3}$

9. $\dfrac{d\theta}{dr} = \dfrac{5}{(2r+3)^2}$

10. $y' = \dfrac{5x^4}{(x+1)^6}$

11. $y' = \dfrac{x(-5x+8)}{\sqrt{x-2}}$

12. $y' = \dfrac{-4x^2+3}{\sqrt{-2x^2+3}}$

13. $y' = \dfrac{2x^2-4x+3}{\sqrt{x^2-2x+2}}$

14. $z' = (1-4w^2)^{-\frac{3}{2}}$

15. $y' = \dfrac{1}{4\sqrt{x+x\sqrt{x}}}$

16. $f'(x) = \dfrac{1}{(x+1)\sqrt{x^2-1}}$

17. $y' = 2x(x^2+3)^3(2x^3-5)^2$

18. $y' = \dfrac{10t}{(-t^2+3)^2}$

19. $y' = \frac{36x^2(x^3-1)^3}{(2x^3+1)^5}$

【연습문제 C】

1. $y' = \frac{1}{\sqrt{x}(\sqrt{x}+1)^2}$

2. $y' = 6x^2(x+2)^2(x+1)$

3. $y' = \frac{1}{4\sqrt{x+x\sqrt{x}}}$

4. $y' = \frac{-t^4+2t}{-2t^3+1}$

5. 삼각함수의 도함수

(1) sin, cos, tan 도함수

【문제 1】 (1) 3 (2) 1

【문제 2】 (1) $y' = 2\cos 2x + 9\sin 3x$

(2) $y' = 6\tan^2 2x \sec^2 2x$

(3) $y' = 2x\operatorname{cosec}^2 x(1-x^2)$

(4) $y' = 2x\cos x - x^2 \sin x$

(5) $y' = \frac{2}{3}x^{-\frac{2}{3}}\sec^2(x)^{\frac{1}{3}}\ \tan(x)^{\frac{1}{3}}$

(6) $y' = \frac{x\cos x - \sin x}{x^2}$

(7) $y' = 4\tan(2x-1)\sec^2(2x-1)$

(8) $y' = \frac{-2\sec^2 x}{(1+\tan x)^2}$

【문제 3】 (1) $y' = 3\cos 3x - 2\sin 2x$

(2) $y' = 2x\sec^2 x^2$

(3) $y' = 2\tan x\ \sec^2 x$

(4) $y' = 4x\ \operatorname{cosec}^2(1-2x^2)$

(5) $y' = \frac{3}{2\sqrt{x}}\sec^3\sqrt{x}\cdot\tan\sqrt{x}$

(6) $\rho' = -\sqrt{\csc 2\theta} \cdot \cot 2\theta$

(7) $f'(x) = x^2 \cos x + 2x \sin x$

(8) $f'(x) = \dfrac{-x \sin x - \cos x}{x^2}$

(9) $y''' = -x \cos x - 3 \sin x$

(10) $y'' = 36 \tan^2(3x-2) \sec^2(3x-2) + 18 \sec^4(3x-2)$

(11) $y' = \dfrac{\cos(x+y)}{1-\cos(x+y)}$

(12) $y'' = \dfrac{\cos x \cdot \cos y + \sin x \cdot \sin y}{\cos^2 y}$

【문제 4】 (1) $y' = 6 \cos 2x$

(2) $y' = -2 \sin \dfrac{1}{2} x$

(3) $y' = 20 \sec^2 5x$

(4) $y' = -2 \csc^2 8x$

(5) $y' = 3 \sec \dfrac{1}{3} x \ \tan \dfrac{1}{3} x$

(6) $y' = -4 \csc 4x \cot 4x$

(7) $y' = x \sin x + 2x + 4$

(8) $\rho' = \dfrac{\cos \theta}{2\sqrt{\sin \theta}}$

(9) $y' = \dfrac{-2 \cos \dfrac{3}{x}}{x^2}$

(10) $y' = 2x \cdot \sin(1-x^2)$

(11) $y' = 2(1-x) \ \sin(1-x)^2$

(12) $y' = 3 \sin(6x-4)$

(13) $y' = -\dfrac{3}{2}\{\cos(6x-9) - \cos(2x-3)\}$

(14) $y' = \sin 2x$

(15) $\rho' = \dfrac{-3\sec 2\theta\ \tan 2\theta}{(\sec 2\theta - 1)^{\frac{3}{2}}}$

(16) $\rho' = -2\dfrac{\sec^2 2\theta - 8\csc 4\theta}{(1-\cot 2\theta)^2}$

(17) $y' = x^2 \cos x$

(18) $y' = \dfrac{2\sin 2x}{\cos y}$

(19) $y' = \dfrac{-2\sec^2 2x}{3\sin 3y}$

(20) $y' = \dfrac{\cos y - \cos(x+y)}{x\sin y + \cos(x+y)}$

【문제 5】 (1) $y' = 2x\left(\cos^{-1}\dfrac{2}{x} + \dfrac{1}{\sqrt{x^2-4}}\right)$

(2) $y' = \sqrt{\dfrac{-x+a}{x+a}}$

(3) $y' = \csc^{-1}\dfrac{1}{x}$

6. 로그함수와 지수함수의 미분법

【문제 1】 (1) $y' = \dfrac{4x}{(2x^2-1)\log a}$

(2) $y' = \dfrac{2}{x-4}$

(3) $y' = \dfrac{2\log(x-4)}{x-4}$

(4) $y' = \dfrac{1}{x+1} + \dfrac{2x}{x^2+2} + \dfrac{3x^2}{x^3+3}$

(5) $y' = -\dfrac{1}{e}e^{-\frac{x}{e}}$

(6) $y' = 4xa^{2x^2}\log a$

(7) $y' = e^{x^2}3^x(2x + \log 3)$

(8) $y' = \dfrac{x(x-1)(x^2-1)^4}{(1+x^2)^3}\left[\dfrac{1}{x} + \dfrac{1}{x-1} + \dfrac{8x}{x^2-1} - \dfrac{6x}{x^2+1}\right]$

【문제 2】

(1) $y' = \log\frac{4}{(4x-5)}$

(2) $y' = \frac{x}{x^2-3}$

(3) $y' = \frac{5}{x}$

(4) $y' = \frac{6x+3}{x^2+x-1}$

(5) $y' = \log x$

(6) $y' = \sec x$

(7) $y' = \frac{2}{\sin 2x \ \log\tan x}$

(8) $y' = \frac{2-4\log x}{x^3}$

(9) $y' = x^4 \log x$

(10) $y' = 2\sin(\log x)$

(11) $y' = \log(x^2+4)$

(12) $y' = 5e^{5x}$

(13) $y' = 3x^2 e^{x^3}$

(14) $y' = 3e^{\sin 3x}\cos 3x$

(15) $y' = -2x \cdot 3^{-x^2}\log 3$

(16) $y' = -e^{-x}(\cos x + \sin x)$

(17) $y' = \frac{e^x}{\sqrt{1-e^{2x}}}$

(18) $y' = 6e^{3x}\tan^{3x} e^{\sec^2 e^{3x}}$

(19) $y' = e^{(x+ex)}$

(20) $y''' = (x^2+6x+6)e^x$

(21) 생략

(22) $y' = x^2 e^{2x}\cos 3x(\frac{2}{x}+2-3\tan 3x)$

(23) $y' = x^{e-x^2}(-2x\log x + \frac{e-x^2}{x})$

【연습문제】

1. $y' = 30x^4 + 21x^2 + 4x + 1$
2. $y' = 3x^2 + 2(a-b+c)x + (-ab-bc+ac)$
3. $y' = \frac{2}{(x+1)^2}$
4. $y' = \frac{3x^2+2x-4}{(3x+1)^2}$
5. $y' = 2(2x-1)(6x-1)$
6. $y' = \frac{x}{\sqrt{x^2-a^2}}$
7. $y' = \frac{1}{2ay+b}$
8. $y' = (x+1)^2(-x+2)^3(7x-2)$
9. $y' = \frac{-4x}{3(1-x^2)^{\frac{2}{3}}(1+x^2)^{\frac{4}{3}}}$
10. $y' = \frac{-3t^2+1}{(t^2+1)^3}$

11. $y' = \dfrac{1}{3y^2 + 4y - 1}$

12. $y' = 10x^4 + 15x^2 - 10x - 3$

13. $y' = \dfrac{1}{3}\dfrac{1}{\sqrt[3]{x^2}} - \dfrac{1}{2x\sqrt{x}}$

14. $y' = \dfrac{-x^2 + 2ax + bc - ab - ac}{(x-b)^2(x-c)^2}$

15. $y' = \dfrac{1}{2}x^{-\frac{1}{2}} - \dfrac{1}{2}x^{-\frac{3}{2}} = \dfrac{x-1}{2x^{\frac{3}{2}}}$

16. $y' = \dfrac{-1}{(1+x)\sqrt{1-x^2}}$

17. $y' = \dfrac{1}{\sqrt{x}(\sqrt{x}+1)^2}$

18. $y' = \dfrac{8}{3}x^5 - 16x^2$

19. $y' = \dfrac{2}{3\sqrt[3]{(1-2x)^4}}$

20. $y' = \dfrac{-x^3 + 8x}{(4-x^2)^{\frac{3}{2}}}$

21. $y' = -x^{-3} - 2x^{-\frac{3}{2}}$

22. $y' = \dfrac{-(t^{\frac{1}{2}} + 2t^{\frac{2}{3}})}{t^2}$

23. $y' = \dfrac{1}{4\sqrt{x + x\sqrt{x}}}$

24. $y' = \dfrac{36x^2(x^3-1)^3}{(2x^3+1)^5}$

25. $y' = \dfrac{1}{\sqrt{x}(\sqrt{x}+1)^2}$

26. $y' = 6(x+1)x^2(x+2)^2$

27. $y' = \dfrac{4x^2 - 3}{\sqrt{2x^2 - 3}}$

28. $y' = \dfrac{2(x^2 + x - 1)}{3(1+2x)^{\frac{2}{3}}(1-x^2)^{\frac{4}{3}}}$

29. $y' = \dfrac{3}{2} \cdot \dfrac{1}{(2-3t)\sqrt{2-3t}}$

30. $y' = (2x-1)(x+3)^2(10x+9)$

31. $y' = \dfrac{-4x}{(x^2 - a^2)^3}$

32. $y' = \dfrac{\sqrt{1+y^2}}{y}$

33. $y' = \dfrac{1}{3 \cdot x^{\frac{2}{3}}}$

34. $y' = (2x-1)\cos 2x - 2(x^2 - x)\sin 2x$

35. $y' = a\{\cos(ax+b)\cos(ax-b) - \sin(ax+b)\sin(ax-b)\}$

$\quad = a\cos\{(ax+b) + (ax-b)\} = a\cos 2ax$

36. $y' = \dfrac{2\sec^2 x}{(1-\tan x)^2}$

37. $y' = 2\tan x \sec^2 x$

38. $y' = 4\sec^4 x \tan x$

39. $y' = \dfrac{3}{1+9x^2}$

40. $y' = 0$

41. $y' = \dfrac{-2x}{\sqrt{1-x^4}}$

42. $y' = \dfrac{1}{\sqrt{-x^2+3x-2}}$

43. $y' = \dfrac{6x}{9x^4+1}$

44. $y' = -\dfrac{1}{x^2+1}$

45. $y' = \dfrac{1}{a^2+b^2\tan^2 x}\sec^2 x$

46. $y' = \dfrac{2\log(x+3)}{x+3}$

47. $y' = \dfrac{3x^2}{x^3+2} + \dfrac{2x}{x^2+3}$

48. $y' = \dfrac{1}{x} - \dfrac{6}{3x-4}$

49. $y' = 3\cot 3x$

50. $y' = \dfrac{x(1-x^2)^2}{(1+x^2)^{\frac{1}{2}}}\left[\dfrac{1}{x} + \dfrac{4x}{x^2-1} - \dfrac{x}{x^2+1}\right]$

51. $y' = 2x(1-x)e^{-2x}$

52. $y' = -\tan x$

53. $y' = \dfrac{1+\cos\theta}{\sin\theta}$

54. $y' = \dfrac{t^2+1}{2t}$

55. $y' = -\dfrac{2y^2}{y^2-4}$

56. $y' = -\dfrac{b^2 x}{a^2 y}$

57. $y' = -\dfrac{\sqrt[3]{y}}{\sqrt[3]{x}} = -\sqrt[3]{\dfrac{y}{x}}$

7. 도함수의 성질

【문제 1】 $\dfrac{x_1 x}{a^2} + \dfrac{y_1 y}{b^2} = 1$

【문제 2】

1. (1) $y = -2x+7$　　(2) $y = x + \dfrac{13}{4}$

2. $y = 2x+1$

3. $y = x-2$

【문제 3】

(1) $v=-4.9(m/\sec)$, $a=-9.8(m/\sec^2)$

(2) $t=2.5$초

【문제 4】

(1) $t=4$

(2) $v=39.2-9.8t,\qquad a=\frac{dv}{dt}=-9.8$

(3) $h=39.2t-4.9t^2$의 두 근이 t_1, t_2 라 하면 $t_1+t_2=\frac{39.2}{4.9}=8$

$\therefore v_1+v_2=(39.2-9.8t_1)+(39.2-9.8t_2)=78.4-9.8(t_1+t_2)=0$

【문제 5】

(1) $y'=\frac{-(x-2)}{y+1}$ (2) $y'=\frac{-y}{x}$ (3) $y'=\frac{3x^2+2xy}{30y^2-x^2}$

8. 도함수의 응용

【문제 1】 $\frac{1}{e}$

【문제 2】 (1) $\frac{1}{6}$ (2) 0 (3) 0 (4) 1

【문제 3】 (1) 0.0953 (2) 0.3090

【문제 4】 (1) $\cos x=1-\frac{x^2}{2!}+\frac{x^4}{4!}-\frac{x^6}{6!}+\dots$

(2) $\tan x=x+\frac{1}{3}x^3+\frac{2}{15}x^5+\dots$

(3) $\sin^{-1}x=x+\frac{1}{2}\cdot\frac{x^3}{3}+\frac{1}{2}\cdot\frac{3}{4}\cdot\frac{x^5}{5}+\dots$

제8장 부정적분

1. 부정적분

【문제 1】

(1) $\frac{x^5}{5} + \log x + C$

(2) $\frac{x^2}{2} + 2x + \log x + C$

(3) $2\sin x + 3\cos x + \log x + C$

(4) $e^x - 2x - e^{-x} + C$

【문제 2】

(1) $kx + C$

(2) $\frac{x^2}{2} + C$

(3) $\frac{x^6}{6} + C$

(4) $-\frac{1}{x} + C$

(5) $-\frac{1}{2x^2} + C$

(6) $\frac{2}{3}x^{\frac{3}{2}} + C$

(7) $\frac{3}{4}x^{\frac{4}{3}} + C$

(8) $2\sqrt{x} + C$

(9) $-\frac{b}{ax} + C$

(10) $\frac{2\sqrt{2p}}{3}x^{\frac{3}{2}} + C$

(11) $a^n \frac{x^{n+1}}{n+1} + C$

(12) $\frac{x^3}{3} + \log x + C$

(13) $\frac{x^4}{4} - 2\log x - 3x^{-1} + C$

(14) $3x + \log x + \sin x + C$

(15) $e^x + \log x + C$

(16) $e^x + \frac{2^x}{\log 2} + C$

(17) $\frac{x^2}{2} + x + C$

(18) $\frac{2}{3}(x+1)^{\frac{3}{2}} - \frac{2}{3}x^{\frac{3}{2}} + C$

2. 치환적분법

【연습문제】

(1) $\frac{1}{2}\log(x^2 + 2x + 3) + C$

(2) $2\sqrt{x} - 2\log(\sqrt{x} + 1) + C$

(3) $e^{\sin}\theta + C$

(4) $\frac{1}{2}\log(1+\sin 2x)+C$

(5) $-\frac{1}{x}-\frac{2}{3}(1+\log x)^{\frac{3}{2}}+C$

(6) $-e^{\frac{1}{x}}+C$

(7) $\frac{1}{2}(\log x)^2+C$

(8) $\log(e^x-1)+C$

(9) $\frac{1}{2}\log(2e^x+1)+C$

(10) $\log(\sin x)+C)$

(11) $-\log(\cos x)+C$

(12) $\log(\sec x+\tan x)+C$

(13) $x^{\frac{3}{4}}-\log(1+x^{\frac{3}{4}})+C$

(14) $2\sqrt{1-e^x}+\log(\frac{\sqrt{1-e^x}-1}{\sqrt{1-e^x}+1})+C$

3. 삼각함수의 적분법

【문제 1】

(1) $\tan x-\cot x+C$

(2) $\frac{1}{2}\tan^2 x-\log\sec x+C$

(3) $\tan x-\log x+C$

(4) $\tan x+\frac{1}{3}\tan^3 x+C$

(5) $\frac{1}{5}\sec^5 x-\frac{1}{3}\sec^3 x+C$

【문제 2】

(1) $2e^x+3\sin x+C$

(2) $x+\cos x+C$

(3) $\tan\theta+\sec\theta+C$

【문제 3】

$$\frac{2}{\sqrt{4-x^2}}+C$$

【문제 4】

(1) $-\frac{1}{4}\cos 2x+C$

(2) $\log(\sin x)+C$

(3) $\log(x+\sqrt{1+x^2})+C$

4. 부분적분법

【문제 1】

(1) $e^x\cos^2 x+\frac{1}{5}e^x(\sin 2x-2\cos 2x)+C$

(2) $x(\log x)^2-2x\log x+2x+C$

(3) $(2-x^2)\cos x+2x\sin x+C$

(4) $x\sin^{-1}x+\sqrt{1-x^2}+C$

【문제 2】

(1) $\frac{1}{2}x^2\tan^{-1}x-\frac{x}{2}+\frac{1}{2}\tan^{-1}x-C$

(2) $x\log(x^2+1)-2x+2\tan^{-1}x+C$

(3) $\frac{1}{n}\sin^{-1}x\cdot\cos x+\frac{n-1}{n}\mathrm{I}_{n-2}$

【문제 3】

(1) $\frac{1}{3}x^2\sin 3x+\frac{2}{9}x\cos 3x-\frac{2}{27}\sin 3x+C$

(2) $\frac{1}{k}x^n e^{kn}=\frac{1}{k}\int nx^{n-1}e^{kn}dx=\frac{1}{k}(x^n e^{kn}-n\,\mathrm{I}_{n-1})$

5. 유리 함수의 적분법

【문제 1】 $2\log(x+1)+3\log(x-3)+C$

【문제 2】 $\log\frac{\sqrt{x^2+1}}{x}-\frac{1}{x^2+1}+C$

【문제 3】 $\log(x+3)-\frac{1}{2}\log(x^2+2)+\frac{3}{\sqrt{2}}\tan^{-1}(\frac{x}{\sqrt{2}})+\frac{5}{2(x^2+2)}+C$

【문제 4】 $\frac{4}{3}\log(x-1)+\frac{5}{3}\log(x+2)+C$

【문제 5】 (1) $\frac{1}{y}+3\log(y-1)+C$

(2) $\frac{-2}{x+1}+\log\frac{x+1}{x}+C$

(3) $\frac{1}{2}\log\frac{z^2}{z^2+1}+C$

(4) $\log\frac{x^2+4}{x-2}+C$

(5) $\frac{2}{t^2+2}+\log\frac{t^2}{t^2+2}+C$

(6) $x-\log x(x-1)^2(x+1)^2+C$

6. 무리함수의 적분법

【문제 1】

(1) $\frac{2}{3}\{(x+1)\sqrt{x+1}-x\sqrt{x}\}+C$

(2) $\frac{1}{6}\{(2x+1)\sqrt{2x+1}-(2x-1)\sqrt{2x-1)}\}+C$

(3) $2\{(x+1)\sqrt{x+1}+x\sqrt{x}\}+C$

(4) $\frac{2}{3}(x+2)\sqrt{x+2}-\sqrt{2}x+C$

【문제 2】

(1) $-\sqrt{(x-\alpha)(\beta-x)}+(\beta-\alpha)\ \tan^{-1}\sqrt{\frac{x-\alpha}{\beta-x}}+C$

(2) $\frac{1}{3}(x^2-1)\sqrt{x^2-1}+C$

(3) $\log\left|\frac{x+\sqrt{x^2+1}-1}{x+\sqrt{x^2+1}+1}\right|+C$

【문제 3】

(1) $\frac{2}{3}\sqrt{x^3-1}+C$

(2) $-\frac{2}{3}(x+8)\sqrt{4-x}+C$

(3) $4\sqrt[4]{x}-4\log(1+\sqrt[4]{x})+C$

(4) $\frac{1}{3}\sqrt{(x^2+9)^3}+C$

【연습문제】

(1) $\frac{1}{3}(2x+3)^{\frac{3}{2}}+C$

(2) $\frac{1}{3}\log(3x+5)+C$

(3) $-\frac{1}{4x-14}+C$

(4) $x+\log(x+1)+C$

(5) $-\frac{1}{6}(1-2x^2)^{\frac{3}{2}}+C$

(6) $2x^{\frac{1}{2}}+\frac{4}{3}x^{\frac{3}{2}}+\frac{2}{5}x^{\frac{5}{2}}+x+C$

(7) $\frac{3}{2}x^2-4x+4\tan^{-1}x+C$

(8) $-\sqrt{1-x^2}+3\sin^{-1}x+C$

(9) $\frac{1}{4}e^{4x}+C$

(10) $\log\frac{1}{2+\cos x}+C$

(11) $-\frac{1}{3}(\cos^3 x+C)$

(12) $-\frac{1}{2}\csc^2 x+C$

(13) $x\log kx-x+C$

(14) $\frac{1}{1+\log a}a^x e^x+C$

(15) $\frac{2}{a^{\frac{1}{2}}\log a}(\frac{a^{4x}}{7}+\frac{2}{3}a^{2x}-1)$

(16) $\sin x-\frac{1}{3}\sin^3 x+C$

(17) $\frac{1}{2}\log(1+\tan 2x)+C$

(18) $\frac{a}{2}(e^{\frac{2}{a}x}+\frac{4}{a}x-e^{-\frac{2}{a}x})+C$

(19) $\frac{1}{\sqrt{5}}\tan^{-1}(\frac{x+5}{\sqrt{5}})+C$

(20) $\sin^{-1}(\frac{x-4}{6})+C$

(21) $\frac{(a+bx)^{n+1}}{b(n+1)}+C$

(22) $-\log(\sin x+\cos x)+C$

(23) $\frac{1}{2}(a^3+x^3)^{\frac{2}{3}}+C$

(24) $\frac{1}{3}\log(x^3-3a^2x)+C$

(25) $\frac{1}{2}\sin x^2+C$

(26) $e^{\tan\theta}+C$

(27) $\frac{1}{2}\log(x^2-4x+8)+\frac{3}{2}\tan^{-1}\left(\frac{x-2}{2}\right)+C$

(28) $-\sqrt{4x-x^2}+4\sin^{-1}\left(\frac{x-2}{2}\right)+C$

(29) $-\cos^{-1}\frac{x}{a}+C$

(30) $\frac{1}{a^2}\cdot\frac{x}{\sqrt{a^2-x^2}}+C$

(31) $\log(x-2)-\frac{3}{x-2}-\frac{1}{(x-2)^2}$

(32) $\frac{4}{7}(e^x+1)^{\frac{7}{4}}-\frac{4}{3}(e^x+1)^{\frac{3}{4}}+C$

(33) $\frac{(e^x+1)^4}{4}+C$

(34) $x-\log(1+e^x)+C$

(35) $x\sin^{-1}x+\sqrt{1-x^2}+C$

(36) $(3x^2-6)\sin x-(x^3-6x)\cos 2x+C$

(37) $\frac{4}{5a}(ax+b)^{\frac{5}{4}}+C$

(38) $2\sqrt{x}-2\log(1+\sqrt{x})+C$

(39) $\frac{1}{a^2}\tan\theta + C$ (40) $\frac{1}{4}\sec^{-1}\left(\frac{x^2}{2}\right) + C$

(41) $-\frac{xe^x}{x+1} + e^x + C = \frac{e^x}{x+1} + C$

제9장 정적분

1. 정적분의 정의

2. 정적분의 성질

3. 정적분의 계산

【문제 1】 (1) 1 (2) $\frac{\pi}{4a}$ (3) $\frac{1}{2}\log 2$

【문제 2】 (1) $\frac{1}{4}$ (2) $\frac{1}{5}(4\sqrt[3]{16} - 1)$

(3) $\frac{8}{3}$ (4) $4 - 4\log 2$

(5) $\log 4$ (6) 1

【문제 3】 (1) $\frac{\pi}{2} - 1$ (2) $\frac{1}{9}(2e^3 + 1)$

(3) $\frac{\pi}{2} - 1$

【문제 4】 (1) $\log(\sqrt{2} - 1) + \sqrt{2} - 1$ (2) $\frac{1}{4}(e^2 - 1)$

【문제 5】 (1) $6\log 2 - 3$ (2) $\pi^2 - 4$

(3) $\frac{3}{8}\log 3$ (4) $\pi - 2$

(5) $2e^2 - e$

【문제 6】 (1) 1 (2) ∞

(3) 부정 (4) $\frac{\pi}{2}$

4. 정적분의 응용

(1) 면적

【문제 1】 $\frac{1}{6}$

【문제 2】 $1-\frac{2}{e}$

【문제 3】 $\frac{8}{3}$

【문제 4】 $\frac{32}{3}$

【문제 5】 $\frac{5}{12}$

【문제 6】 $\frac{256}{3}$

【문제 7】 4

(2) 극좌표에 의한 면적

【문제 1】 $\frac{\pi a^2}{2}$

5. 곡선의 길이

【문제 1】 $\frac{1}{4}[\log(\sqrt{17}+4)+4\sqrt{17}]$

【연습문제】

1. $\frac{1}{4}\pi a^2$

2. $\frac{5}{4}\pi$

3. $\log\left(\frac{\sqrt{2}+1}{\sqrt{3}}\right)+2-\sqrt{2}$

4. $4(\frac{\pi}{3}+\frac{\sqrt{3}}{4})-\sqrt{3}-\frac{\pi}{3}$

6. 회전체의 체적

【문제 1】 (1) $\frac{\pi}{2}$ (2) $\frac{3\pi}{10}$

(3) $\frac{2}{3}\pi(3-e)$

【문제 2】 (1) $\frac{\pi}{2}(e^2-4e+5)$ (2) $\pi(e-2)$

【문제 3】 생략

7. 회전체의 표면적

8. 속도와 거리

【문제 1】 32

【문제 2】 (1) $p(\frac{4}{\pi})$ (2) $\frac{8}{\pi}$

【문제 3】 $4m$

【문제 4】 $11m$

9. 근사적분

【문제 1】 335

【문제 2】 (1) 3.284 (2) 3.240

CHAPTER

부록

평방 · 입방 · 평방근 · 입방근의 표

n	n^2	n^3	$\sqrt{n}$	$\sqrt[3]{n}$	n	n^2	n^3	$\sqrt{n}$	$\sqrt[3]{n}$
1	1	1	1.0000	1.0000	51	2601	132651	7.1414	3.7084
2	4	8	1.4142	1.2599	52	2704	140608	7.2111	3.7325
3	9	27	1.7321	1.4422	53	2809	148877	7.2801	3.7563
4	16	64	2.0000	1.5874	54	2916	157464	7.3485	3.7798
5	25	125	2.2361	1.7100	55	3025	166375	7.4162	3.8030
6	36	216	2.4495	1.8171	56	3136	175616	7.4833	3.8259
7	49	343	2.6458	1.9129	57	3249	185913	7.5498	3.8485
8	64	512	2.8284	2.0000	58	3364	195112	7.6158	3.8709
9	81	729	3.0000	2.0801	59	3481	205379	7.6811	3.8930
10	100	1000	3.1623	2.1544	60	3600	216000	7.7460	3.9149
11	121	1331	3.3166	2.2240	61	3721	226981	7.8102	3.9365
12	144	1728	3.4641	2.2894	62	3844	238328	7.8740	3.9579
13	169	2197	3.6056	2.3513	63	3969	250047	7.9373	3.9791
14	196	2744	3.7417	2.4101	64	4096	262144	8.0000	4.0000
15	225	3375	3.8730	2.4662	65	4225	274625	8.0623	4.0207
16	256	4096	4.0000	2.5198	66	4356	287496	8.1240	4.0412
17	289	4913	4.1231	2.5713	67	4489	300763	8.1854	4.0615
18	324	5832	4.2426	2.6207	68	4624	314432	8.2462	4.0817
19	361	6859	4.3589	2.6684	69	4761	328509	8.3066	4.1016
20	400	8000	4.4721	2.7144	70	4900	343000	8.3666	4.1213
21	441	9261	4.5826	2.7589	71	5041	357911	8.4261	4.1408
22	484	10648	4.6904	2.8020	72	5184	373248	8.4853	4.1602
23	529	12167	4.7958	2.8439	73	5329	389017	8.5440	4.1793
24	576	13824	4.8990	2.8845	74	5476	405224	8.6023	4.1983
25	625	15625	5.0000	2.9240	75	5625	421875	8.6603	4.2172
26	676	17576	5.0990	2.9625	76	5776	438976	8.7178	4.2358
27	729	19683	5.1962	3.0000	77	5929	456533	8.7750	4.2543
28	784	21952	5.2915	3.0366	78	6084	474552	8.8318	4.2727
29	841	24389	5.3852	3.0723	79	6241	493039	8.8882	4.2908
30	900	27000	5.4772	3.1072	80	6400	512000	8.9443	4.3089
31	961	29791	5.5678	3.1414	81	6561	531441	9.0000	4.3267
32	1024	32768	5.6569	3.1748	82	6724	551368	9.0554	4.3445
33	1089	35937	5.7446	3.2075	83	6889	571787	9.1104	4.3621
34	1156	39304	5.8310	3.2396	84	7056	592704	9.1652	4.3795
35	1225	42875	5.9161	3.2711	85	7225	614125	9.2195	4.3968
36	1296	46656	6.0000	3.3019	86	7396	636056	9.2736	4.4140
37	1369	50653	6.0828	3.3322	87	7569	658503	9.3274	4.4310
38	1444	54872	6.1644	3.3620	88	7744	681472	9.3808	4.4480
39	1521	59319	6.2450	3.3912	89	7921	704969	9.4340	4.4647
40	1600	64000	6.3246	3.4200	90	8100	729000	9.4868	4.4814
41	1681	68921	6.4031	3.4482	91	8281	753571	9.5394	4.4979
42	1764	74088	6.4807	3.4760	92	8464	778688	9.5917	4.5144
43	1849	79507	6.5574	3.5034	93	8649	804357	9.6437	4.5307
44	1939	85184	6.6332	3.5303	94	8836	830584	9.6954	4.5468
45	2025	91125	6.7082	3.5569	95	9025	857375	9.7468	4.5629
46	2116	97336	6.7823	3.5830	96	9216	884736	9.7980	4.5789
47	2209	103823	6.8557	3.6088	97	9409	912673	9.8489	4.5947
48	2304	110592	6.2982	3.6342	98	9604	941192	9.8995	4.6104
49	2401	117649	7.0000	3.6593	99	9801	970299	9.9499	4.6261
50	2500	125000	7.0711	3.6840	100	10000	1000000	10.0000	4.6416

삼각계수표

각	정현(sin)	여현(cos)	접현(tan)	각	정현(sin)	여현(cos)	접현(tan)
0°	0.0000	1.0000	0.0000	45°	0.7071	0.7071	1.0000
1°	0.0175	0.9998	0.0175	46°	0.7193	0.6947	1.0355
2°	0.0349	0.9994	0.0349	47°	0.7314	0.6820	1.0724
3°	0.0523	0.9986	0.524	48°	0.7431	0.6691	1.1106
4°	0.0698	0.9976	0.0699	49°	0.7547	0.6561	1.1504
5°	0.0872	0.9962	0.0875	50°	0.7660	0.6428	1.1918
6°	0.1045	0.9945	0.1051	51°	0.7771	0.6293	1.2349
7°	0.1219	0.9925	0.1228	52°	0.7880	0.6157	1.2799
8°	0.1392	0.9903	0.1405	53°	0.7986	0.6018	1.3270
9°	0.1564	0.9877	0.1584	54°	0.8090	0.5878	1.3764
10°	0.1736	0.9848	0.1763	55°	0.8192	0.5736	1.4281
11°	0.1908	0.9816	0.1944	56°	0.8290	0.5592	1.4826
12°	0.2079	0.9781	0.2126	57°	0.8387	0.5446	1.5399
13°	0.2250	0.9744	0.2309	58°	0.8480	0.5299	1.6003
14°	0.2419	0.9703	0.2493	59°	0.8572	0.5100	1.6643
15°	0.2588	0.9659	0.2679	60°	0.8660	0.5000	1.7321
16°	0.2756	0.9613	0.2867	61°	0.8746	0.4848	1.8040
17°	0.2924	0.9563	0.3057	62°	0.8829	0.4695	1.8807
18°	0.3090	0.9511	0.3249	63°	0.8910	0.4540	1.9626
19°	0.3256	0.9455	0.3443	64°	0.8988	0.4384	2.0523
20°	0.3420	0.9397	0.3640	65°	0.9063	0.4226	2.1445
21°	0.3584	0.9336	0.3839	66°	0.9135	0.4067	2.2460
22°	0.3746	0.9272	0.4040	67°	0.9205	0.3907	2.3559
23°	0.3907	0.9205	0.4245	68°	0.9272	0.3746	2.4751
24°	0.4067	0.9135	0.4452	69°	0.9336	0.3584	2.6051
25°	0.4226	0.9063	0.4663	70°	0.9397	0.3420	2.7475
26°	0.4384	0.8988	0.4877	71°	0.9455	0.3256	2.9042
27°	0.4540	0.8910	0.5095	72°	0.9511	0.3090	3.0777
28°	0.4695	0.8829	0.5317	73°	0.9563	0.2924	3.2709
29°	0.4848	0.8746	0.5543	74°	0.9613	0.2756	3.4874
30°	0.5000	0.8660	0.5774	75°	0.9659	0.2588	3.7321
31°	0.5150	0.8572	0.6009	76°	0.9703	0.2419	4.0108
32°	0.5299	0.8480	0.6249	77°	0.9744	0.2250	4.3315
33°	0.5446	0.8387	0.6494	78°	0.9781	0.2079	4.7046
34°	0.5592	0.8290	0.6745	79°	0.9816	0.1908	5.1446
35°	0.5736	0.8192	0.7002	80°	0.9848	0.1736	5.6713
36°	0.5878	0.8090	0.7264	81°	0.9877	0.1564	6.3138
37°	0.6018	0.7986	0.7536	82°	0.9903	0.1392	7.1154
38°	0.6157	0.7880	0.7813	83°	0.9925	0.1219	8.1443
39°	0.6293	0.7771	0.8098	84°	0.9945	0.1045	9.5144
40°	0.6428	0.7660	0.8391	85°	0.9962	0.0872	11.4301
41°	0.6561	0.7547	0.8693	86°	0.9976	0.0698	14.3007
42°	0.6691	0.7431	0.9004	87°	0.9986	0.0523	19.0811
43°	0.6820	0.7314	0.9325	88°	0.9994	0.0349	28.6363
44°	0.6947	0.7193	0.9657	89°	0.9998	0.0175	57.2900
				90°	1.0000	0.0000	∞

상용대수표(1)

수	0	1	2	3	4	5	6	7	8	9
1.0	.0000	.0043	.0086	.0128	.0170	.0212	.0253	.0294	.0334	.0374
1.1	.0414	.0453	.0492	.0531	.0569	.0607	.0645	.0682	.0719	.0755
1.2	.0792	.0828	.0864	.0899	.0394	.0969	.1004	.1038	.1072	.1106
1.3	.1139	.1173	.1206	.1239	.1271	.1303	.1335	.1367	.1399	.1430
1.4	.1461	.1492	.1523	.1553	.1584	.1614	.1644	.1673	.1703	.1732
1.5	.1761	.1790	.1818	.1847	.1875	.1903	.1931	.1959	.1987	.2014
1.6	.2041	.2068	.2095	.2122	.2148	.2175	.2201	.2227	.2253	.2279
1.7	.2304	.2330	.2355	.2380	.2405	.2430	.2455	.2480	.2504	.2529
1.8	.2553	.2577	.2601	.2625	.2648	.2672	.2695	.2718	.2742	.2765
1.9	.2788	.2810	.2833	.2856	.2878	.2900	.2923	.2945	.2967	.2989
2.0	.3010	.3032	.3054	.3075	.3096	.3118	.3139	.3160	.3181	.3201
2.1	.3222	.3243	.3263	.3284	.3304	.3324	.3345	.3365	.3385	.3404
2.2	.3424	.3444	.3464	.3483	.3502	.3522	.3541	.3560	.3579	.3595
2.3	.3617	.3636	.3655	.3674	.3692	.3711	.3729	.3747	.3766	.3784
2.4	.3802	.3820	.3838	.3856	.3874	.3892	.3909	.3927	.3945	.3962
2.5	.3979	.3997	.4014	.4031	.4048	.4065	.4082	.4099	.4116	.4133
2.6	.4150	.4166	.4183	.4200	.4216	.4232	.4249	.4265	.4281	.4298
2.7	.4314	.4330	.4346	.4362	.4378	.4393	.4409	.4425	.4440	.4456
2.8	.4472	.4487	.4502	.4518	.4533	.4548	.4564	.4579	.4594	.4609
2.9	.4264	.4639	.4654	.4669	.4683	.4698	.4713	.4728	.4742	.4757
3.0	.4771	.4786	.4800	.4814	.4829	.4843	.4857	.4871	.4886	.4900
3.1	.4914	.4928	.4942	.4955	.4969	.4983	.4997	.5011	.5024	.5038
3.2	.5051	.5065	.5079	.5092	.5105	.5119	.5132	.5145	.5159	.5172
3.3	.5185	.5198	.5211	.5224	.5237	.5250	.5263	.5276	.5289	.5302
3.4	.5315	.5328	.5340	.5353	.5366	.5378	.5391	.5403	.5416	.5428
3.5	.5441	.5453	.5465	.5478	.5490	.5502	.5514	.5527	.5539	.5551
3.6	.5563	.5575	.5587	.5599	.5611	.5623	.5635	.5647	.5658	.5670
3.7	.5682	.5694	.5705	.5717	.5729	.5740	.5752	.5763	.5775	.5786
3.8	.5798	.5809	.5821	.5832	.5843	.5855	.5866	.5877	.5888	.5899
3.9	.5911	.5922	.5933	.5944	.5955	.5966	.5977	.5988	.5999	.6010
4.0	.6021	.6031	.6042	.6053	.6064	.6075	.6085	.6096	.6107	.6117
4.1	.6128	.6138	.6149	.6160	.6170	.6180	.6191	.6201	.6212	.6222
4.2	.6232	.6243	.6253	.6263	.6274	.6284	.6294	.6304	.6314	.6325
4.3	.6335	.6345	.6355	.6365	.6375	.6385	.6395	.6405	.6415	.6425
4.4	.6435	.6444	.6454	.6464	.6474	.6484	.6493	.6503	.6513	.6522
4.5	.6532	.6542	.6551	.6561	.6571	.6580	.6590	.6599	.6609	.6618
4.6	.6628	.6637	.6646	.6656	.6665	.6675	.6684	.6693	.6702	.6715
4.7	.6721	.6730	.6739	.6749	.6758	.6767	.6776	.6785	.6794	.6803
4.8	.6812	.6821	.6830	.6839	.6848	.6857	.6866	.6875	.6884	.6893
4.9	.6902	.6911	.6920	.6928	.6937	.6946	.6955	.6964	.6972	.6981
5.0	.6990	.6998	.7007	.7016	.7024	.7033	.7042	.7050	.7059	.7067
5.1	.7076	.7084	.7093	.7101	.7110	.7118	.7126	.7135	.7143	.7152
5.2	.7160	.7168	.7177	.7185	.7193	.7202	.7210	.7218	.7226	.7235
5.3	.7243	.7251	.7259	.7267	.7275	.7284	.7292	.7300	.7308	.7316
5.4	.7324	.7332	.7340	.7348	.7356	.7364	.7372	.7380	.7388	.7396

상용대수표(2)

	0	1	2	3	4	5	6	7	8	9
5.5	.7404	.7412	.7419	.7427	.7435	.7443	.7451	.7459	.7466	.7474
5.6	.7482	.7490	.7497	.7505	.7513	.7520	.7528	.7536	.7543	.7551
5.7	.7559	.7566	.7574	.7582	.7589	.7597	.7604	.7612	.7619	.7627
5.8	.7634	.7642	.7649	.7657	.7664	.7672	.7679	.7686	.7694	.7701
5.9	.7709	.7716	.7723	.7731	.7738	.7745	.7752	.7760	.7767	.7774
6.0	.7782	.7789	.7796	.7803	.7810	.7818	.7825	.7832	.7839	.7846
6.1	.7853	.7860	.7868	.7875	.7882	.7889	.7896	.7903	.7910	.7917
6.2	.7924	.7931	.7938	.7945	.7952	.7959	.7966	.7973	.7980	.7987
6.3	.7993	.8000	.8007	.8014	.8021	.8028	.8035	.8041	.8048	.8055
6.4	.8062	.8069	.8075	.8082	.8089	.8096	.8102	.8109	.8116	.8122
6.5	.8129	.8136	.8142	.8149	.8156	.8162	.8169	.8176	.8182	.8189
6.6	.8195	.8202	.8209	.8215	.8222	.8228	.8235	.8241	.8248	.8254
6.7	.8261	.8267	.8274	.8280	.8287	.8293	.8299	.8306	.8312	.8319
6.8	.8325	.8331	.8338	.8344	.8351	.8357	.8363	.8370	.8376	.8382
6.9	.8388	.8395	.8401	.8407	.8414	.8420	.8426	.8432	.8439	.8445
7.0	.8451	.8457	.8463	.8470	.8476	.8482	.8488	.8494	.8500	.8506
7.1	.8513	.8519	.8525	.8531	.8537	.8543	.8549	.8555	.8561	.8567
7.2	.8573	.8579	.8585	.8591	.8597	.8603	.8609	.8615	.8621	.8627
7.3	.8633	.8639	.8645	.8651	.8657	.8663	.8669	.8675	.8681	.8686
7.4	.8692	.8698	.8704	.8710	.8716	.8722	.8727	.8733	.8739	.8745
7.5	.8751	.8756	.8762	.8768	.8774	.8779	.8785	.8791	.8797	.8802
7.6	.8808	.8814	.8820	.8825	.8831	.8837	.8842	.8848	.8854	.8859
7.7	.8865	.8871	.8876	.8882	.8887	.8893	.8899	.8904	.8910	.8915
7.8	.8921	.8927	.8932	.8938	.8943	.8949	.8954	.8960	.8965	.8971
7.9	.8976	.8982	.8987	.8993	.8998	.9004	.9009	.9015	.9020	.9025
8.0	.9031	.9036	.9042	.9047	.9053	.9058	.9063	.9069	.9074	.9079
8.1	.9085	.9090	.9096	.9101	.9106	.9112	.9117	.9122	.9128	.9133
8.2	.9138	.9143	.9149	.9154	.9159	.9165	.9170	.9175	.9180	.9186
8.3	.9191	.9196	.9201	.9206	.9212	.9217	.9222	.9227	.9232	.9238
8.4	.9243	.9248	.9253	.9258	.9263	.9269	.9274	.9279	.9284	.9289
8.5	.9294	.9299	.9304	.9309	.9315	.9320	.9325	.9330	.9335	.9340
8.6	.9345	.9350	.9355	.9360	.9365	.9370	.9375	.9380	.9385	.9390
8.7	.9395	.9400	.9405	.9410	.9415	.9420	.9425	.9430	.9435	.9440
8.8	.9445	.9450	.9455	.9460	.9465	.9469	.9474	.9479	.9484	.9489
8.9	.9494	.9499	.6504	.9509	.9513	.9518	.9523	.9528	.9533	.9538
9.0	.9542	.9547	.9552	.9557	.9562	.9566	.9571	.9576	.9581	.9586
9.1	.9590	.9595	.9600	.9605	.9609	.9614	.9619	.9624	.9628	.9633
9.2	.9638	.9643	.9647	.9652	.9657	.9661	.9666	.9671	.9675	.9680
9.3	.9685	.9689	.9694	.9699	.9703	.9708	.9713	.9717	.9722	.9727
9.4	.9731	.9736	.9741	.9745	.9750	.9754	.9759	.9763	.9768	.9723
9.5	.9777	.9782	.9786	.9791	.9795	.9800	.9805	.9809	.9814	.9818
9.6	.9823	.9827	.9832	.9836	.9841	.9845	.9850	.9854	.9859	.9863
9.7	.9868	.9872	.9877	.9881	.9886	.9890	.9894	.9899	.9903	.9908
9.8	.9912	.9917	.9921	.9926	.9930	.9934	.9939	.9943	.9948	.9952
9.9	.9956	.9961	.9965	.9969	.9974	.9978	.9983	.9987	.9991	.9996

현대공업수학

2008년 2월 25일 초판1쇄 발행
2014년 8월 25일 초판4쇄 발행

저 자 이 민 희
펴낸이 임 순 재
펴낸곳 **한올출판사**

등록 제11-403호
121-849
주 소 서울시 마포구 성산동 133-3 한올빌딩 3층
전 화 (02)376-4298(대표)
팩 스 (02)302-8073
홈페이지 www.hanol.co.kr
e-메 일 hanol@hanol.co.kr
정 가 18,000원

□ ISBN 978-89-8325-938-7